T0222329

So einfach ist Mathematik – Zwölf Herausforderungen im ersten Semester

Ihr Bonus als Käufer dieses Buches

Als Käufer dieses Buches können Sie kostenlos unsere Flashcard-App „SN Flashcards" mit Fragen zur Wissensüberprüfung und zum Lernen von Buchinhalten nutzen. Für die Nutzung folgen Sie bitte den folgenden Anweisungen:

1. Gehen Sie auf **https://flashcards.springernature.com/login**
2. Erstellen Sie ein Benutzerkonto, indem Sie Ihre Mailadresse angeben, ein Passwort vergeben und den Coupon-Code einfügen.

Ihr persönlicher „SN Flashcards"-App Code   E9420-94D02-5BC88-99C5A-80812

Sollte der Code fehlen oder nicht funktionieren, senden Sie uns bitte eine E-Mail mit dem Betreff **„SN Flashcards"** und dem Buchtitel an **customerservice@ springernature.com.**

Dirk Langemann

So einfach ist Mathematik – Zwölf Herausforderungen im ersten Semester

2. Auflage

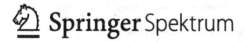 Springer Spektrum

Dirk Langemann
Institut Computational Mathematics
TU Braunschweig
Braunschweig, Deutschland

ISBN 978-3-662-63719-7   ISBN 978-3-662-63720-3 (eBook)
https://doi.org/10.1007/978-3-662-63720-3

Die Deutsche Nationalbibliothek verzeichnet diese Publikation in der Deutschen Nationalbibliografie; detaillierte bibliografische Daten sind im Internet über http://dnb.d-nb.de abrufbar.

Springer Spektrum

Planung/Lektorat: Andreas Rüdinger
Springer Spektrum ist ein Imprint der eingetragenen Gesellschaft Springer-Verlag GmbH, DE und ist ein Teil von Springer Nature.
Die Anschrift der Gesellschaft ist: Heidelberger Platz 3, 14197 Berlin, Germany

Vorwort

Schön, dass Sie da sind. Willkommen.

Sie halten ein Buch für den Studienstart in den Händen. Es richtet sich an Studierende aller Fachrichtungen, die in den ersten Semestern Mathematikvorlesungen hören. Manchmal wird die Mathematik als eine theoretische und weltabgewandte Disziplin betrachtet, die gerade am Studienbeginn eine Hürde oder zumindest eine Herausforderung ist. Aber Mathematik ist die Sprache, in der naturwissenschaftliche und immer stärker auch lebenswissenschaftliche Zusammenhänge formuliert werden. Sie ist ein natürliches Werkzeug in der Erkenntnisgewinnung und – einmal entschlüsselt – einfach.

Das Buch wird Ihnen mathematische Zusammenhänge, die in Ihren Vorlesungen behandelt werden, näherbringen, indem es die Gedankengänge ausführlich entwickelt und häufige Fragen anspricht. Wir werden diskutieren, wie sich die teilweise spröden mathematischen Schreibweisen in anschauliche Vorstellungen übersetzen lassen, warum die Definitionen der Begriffe gerade auf die Weise formuliert sind, wie sie Ihnen präsentiert werden, und wie man sich selbst einen Zugang zu den unterschiedlichen mathematischen Themen erarbeiten kann.

Dazu haben wir Themen und Begriffe aus der Analysis und der linearen Algebra ausgewählt, die nach unseren Erfahrungen von Studierenden der ersten Semester als schwierig empfunden werden, beispielsweise die Grenzwertdefinition und den Begriff der linearen Abbildung. Zu den schwierigen Begriffen gehören der Kern linearer Abbildungen, die Stetigkeit in einem Punkt und schließlich Eigenwerte und Eigenvektoren. Diese und einige weitere Begriffe mit den zugehörigen Überlegungen sind für Studienanfängerinnen und Studienanfänger[1] Herausforderungen, die leicht zu Stolperfallen werden können. Das Buch soll Sie vor diesen Stolperfallen bewahren, indem es die ausgewählten Begriffe von mehreren Seiten beleuchtet, sie veranschaulicht und sie Ihnen so zugänglich macht.

---

[1]Oft nennen wir die beiden grammatikalischen Geschlechter. Wo dies den Lesefluss zu sehr stört, meinen wir mit der weiblichen grammatikalischen Form immer auch Jungs, mit der männlichen Form ebenso immer die weibliche und beziehen gedanklich auch alle sozialen und biologischen sowie alle anderen eigenen und fremden Einordnungen ein.

Das Buch ist aus unseren in den Lehrveranstaltungen zur Ingenieurmathematik an der Technischen Universität Braunschweig gesammelten Erfahrungen und aus vielen Gesprächen mit Studierenden entstanden. Oft sind die ersten Schritte auf dem Weg zum Verstehen eines Begriffs steinig. Viele Studierende quälen sich mit den Fragen: Was soll das? Wozu ist das gut? Und warum gerade so? Wir wollen versuchen, Antworten auf diese Fragen zu geben, und das werden wir tun, indem wir mit Anschauungen, Interpretationen und Bildern Stück für Stück ein belastbares Grundverständnis der mathematischen Themen und Überlegungen aufbauen.

Wir haben die Erfahrung gemacht, dass das Grundverständnis die Basis ist, von der aus Sie den weiterführenden Inhalten der Vorlesungen zur Mathematik und zu anderen Fächern folgen können und von der aus die Lösungswege zu Übungs- und Klausuraufgaben verständlich werden. Nach einiger Beschäftigung erscheinen Ihnen die Lösungswege und Beweise als ganz natürlich.

Dieses Buch erzählt Ihnen von Mathematik und logischen Argumentationen. Dazu braucht es Sprache. Argumentationen in der Mathematik und im Alltag bedienen sich der Sprache, und sie funktionieren in der Mathematik wie im Alltag nach denselben Regeln. Wir nennen diese Regeln oft Logik. Manche sagen, Logik sei abstrakt, aber Logik ist die Grundlage all unseres Denkens. Wenn Sie das nicht so sehen, dann versuchen Sie einmal, unlogisch zu denken und eine Freundin oder einen Freund von einer unlogischen Gedankenaneinanderreihung zu überzeugen. Sie werden sehen, es klappt nicht.

Andererseits haben Sie Sachverhalte verstanden, wenn Sie sie jemandem als etwas völlig Einleuchtendes erklären können. Das Buch, das Sie in den Händen halten, wird Ihnen die Herausforderungen der Mathematikvorlesung des ersten Semesters als etwas Einleuchtendes erklären. Deshalb hat es viel geschriebenen Text und nicht ganz so viele Formelzeichen. Lassen Sie sich auf sprachliche und damit logische Argumentationen ein, reproduzieren Sie den Gang der Überlegungen in Ihrem Kopf, und entwickeln Sie für sich kurze Erklärgeschichten. Sie werden erleben, wie einfach Mathematik ist.

Zum erfolgreichen Lesen dieses Buches brauchen Sie das, was Sie in der Schule über Mathematik gelernt haben, wobei Sie die meisten Abschnitte auch ohne die Inhalte aus der gymnasialen Oberstufe verstehen werden. Zur studienorientierten Auffrischung dieser Inhalte empfehlen wir das Vorgängerbuch *So einfach ist Mathematik – Basiswissen für Studienanfänger aller Disziplinen* aus demselben Verlag. Dort erklären wir, mit der Klammersetzung und der Bruchrechnung beginnend, den mathematischen Formalismus, die Potenzgesetze, Termumformungen und Textaufgaben. Hier nutzen wir Umformungen von Termen, ohne diese selbst zu erläutern – wohl aber ihren Zweck. Außerdem benutzen wir einige mathematische Symbole wie z. B. Binomialkoeffizienten, die Sie im Anhang kurz zusammengefasst finden.

Wir empfehlen Ihnen, die Bedeutung jeder noch so kleinen formellen Schreib- oder Ausdrucksweise zu hinterfragen und diese, falls sie Ihnen nicht völlig klar ist, zu ergründen. Dabei helfen die Anhänge in diesem Band und das Stichwortver- zeichnis. Grundsätzliche Bezeichnungen und mathematische Notationen werden im Vorgängerband besprochen. Oft hilft auch ein kurzer Blick in Nachschlagewerke oder ins Internet. Insgesamt führt das Suchen nach der Bedeutung der Begriffe und Notationen dazu, dass das Lesen langsam vorangeht. Wir bemühen uns, Ihnen die Argumentationen ausführlich darzulegen und zu erklären. Aber die Arbeit liegt weiterhin auf Ihrer Seite.

Durch die angestrebte Ausführlichkeit ist es unmöglich, die vollständigen Inhalte der Analysis und der linearen Algebra aus dem ersten Semester in diesem Buch zu versammeln. Wir erklären dafür wichtige mathematische Ansätze, Ziele und Arbeitsweisen und geben uns alle Mühe, die Begriffe und Zusammenhänge so anschaulich darzustellen, dass Sie sie als ganz natürliche Gedankengänge verstehen werden.

Als eine Konsequenz aus der Themenauswahl und der beabsichtigten Ausführlichkeit verzichtet dieses Buch auf eine systematische Vollständigkeit, wie sie in einigen Vorlesungen angestrebt wird. Wir verwenden die reellen Zahlen, als würden wir sie kennen, und nutzen Ableitungen und Integrale an einigen Stellen als Abkürzung unserer Argumentationen. Im Anhang finden Sie eine Kurzzusammenfassung zum Umgang mit Differenziation und Integration. Wesentlich wichtiger als die Systematik ist uns hier die Anschaulichkeit und das Verständnis.

Deshalb ist das erste Kapitel zur gefürchteten mathematischen Definition eines Grenzwerts das längste. Schon bei diesem Thema, das meist in zwei bis drei Vorlesungen behandelt wird, tauchen viele Fragen und Nebenaspekte auf. Wir brauchen einige kleine technische Tricks, kommen aber auch zu sehr grundsätzlichen mathematischen Fragestellungen. Der mathematische Formalismus und die mathematische Sprache, die natürlich sehr exakt sind und sein müssen, werden durch eine erzählerische Darstellung und durch ihre Übersetzung in Anschauung viel einleuchtender. Wir zeigen im ersten Kapitel, wie Mathematik funktioniert – und dazu gehören kleine Beweise – und wie man sich mathematischen Fragen und Begriffen nähert. Bereits die folgenden Kapitel werden Ihnen viel leichter fallen.

Zur Arbeit mit diesem Buch empfehlen wir Ihnen einen Stift und einen Zettel, auf dem Sie die Umformungen nachvollziehen können. Wir geben uns alle Mühe, die Umformungen so ausführlich wie möglich zu beschreiben, doch die Erfahrung lehrt, dass Sie sie erst verstanden haben, wenn Sie selbst die Umformungen ausführen. Dann werden Sie ihre Natürlichkeit erkennen.

Wir haben schon angesprochen, dass dieses Buch für Sie nur langsam lesbar ist. Obwohl wir anstreben, wirklich jeden Schritt der Gedankengänge zu erklären, müssen Sie wahrscheinlich zwischen den Zeilen und Absätzen vor- und zurückschauen, um nachzuvollziehen, woher die Argumente und Voraussetzungen stammen. Dies ist bei mathematischen und naturwissenschaftlichen Texten völlig normal. Untersuchungen ergaben, dass die Augen von geübten Leserinnen und Lesern solcher Texte stärker zwischen den Zeilen hin und her springen als bei geisteswissenschaftlichen oder belletristischen Texten. Probieren Sie eine solche Lesetechnik, und vergessen Sie nicht die Bedeutung der vielen kleinen Zeichen.

Das Buch hält kleine Aufgaben und Aufforderungen für Sie bereit, aber keine Aufgaben samt Lösung und keine alten Klausuraufgaben. Das weitverbreitete Auswendiglernen von alten Klausuraufgaben hat zwar – das muss man zugeben – den ein oder anderen Studierenden eine immer gleiche Klausur von Standardaufgaben

bestehen lassen. Aber die zeit- und nervenaufwendige Lernmethode des Auswen-
diglernens hat noch niemanden dazu gebracht, Mathematik zu verstehen und für
spätere Lehrveranstaltungen anwendungsbereit zu beherrschen. Niemand lernt eine
Fremdsprache, indem er die Buchstabenfolge der Nationalhymne auswendig lernt.
Niemand wird von Ihnen im Beruf verlangen, eine Klausuraufgabe zu lösen. Aber
von Ihnen wird erwartet werden, dass Sie ein Verständnis von Ihrem Fachgebiet
haben.

Das Buch enthält auch keine Kästen mit dem, was vermeintlich wirklich wichtig
ist. Denn gäbe es etwas, das wirklich wichtig ist, dann würden wir Ihnen dieses
nicht verschweigen, sondern in einer sprachlich konzentrierten Fassung darbieten.
Das war – nur nebenbei bemerkt – die Argumentation eines indirekten Beweises.
Wichtig ist nicht irgendein Formalismus oder ein Verfahren, das man in einen
Kasten schreiben kann. Entscheidend sind Argumentationen und anschauliche
Vorstellungen. Wir bringen Ihnen diese Argumentationen und Vorstellungen entlang
von typischen Fragen nahe, und wir zeigen Ihnen, wie Sie selbst an Ihrem
Verständnis weiterarbeiten können.

Mathematik ist einfach und schön, denn sie besteht aus purem Denken, und wir
alle können gar nicht anders, als logisch zu denken.

Und jetzt viel Spaß mit Mathematik.

Vanessa Sommer und Dirk Langemann

Vorwort zur zweiten Auflage

Angeregt vom Erfolg der ersten Auflage sind neben eigenen Ergänzungen und
Ausbesserungen, für die allen aufmerksamen Leserinnen und Lesern herzlich
gedankt sei, die Flashcards neu entstanden. Diese digitalen Lernkärtchen bieten
einfache Aufgaben zur Wiederholung, Fragen, die zum Nachdenken anregen, und
Aufgaben aus einem neuen Blickwinkel. Sie haben damit die Möglichkeit, Ihr
Wissen und Ihre Argumentationen zu prüfen und zu erweitern. Viel Spaß dabei.

Braunschweig, Deutschland   Dirk Langemann

Inhaltsverzeichnis

Folgen und Grenzwerte: Was verrät mir die verzwickte Grenzwertdefinition?

Jede Mathematikvorlesung, sei sie nun für angehende Ingenieurinnen oder zukünftige Biologen, Chemikerinnen, Lehrer oder für eines der vielen anderen interessanten Studienziele, kommt zu Themen und Teilgebieten, bei denen mathematische Arbeitsweisen und Überlegungen vermittelt werden.

Diese Aussage klingt so, als ob in Mathematikvorlesungen auch nichtmathematische Arbeitsweisen und Überlegungen auftauchen. Ja, das ist so. Abhängig vom Studienfach werden Rechentechniken unterschiedlich intensiv vermittelt, denn Sie sollen später in der Lage sein, übersichtliche Probleme von Hand zu lösen, um die Natur der durch diese Probleme modellierten praktischen Anwendungen zu verstehen. Außerdem hilft dieses Verständnis dabei, die Ergebnisse von weniger übersichtlichen Problemen, die mithilfe von Computerprogrammen berechnet werden, zu interpretieren und sinnvoll zu verwenden. Die Bestimmung der Ableitung einer Funktion oder die Anwendung eines statistischen Verfahrens sind in diesem Sinne Rechentechniken und keine mathematischen Überlegungen.

Die meisten von uns haben eine intuitive Vorstellung von einem Grenzwert. Wird beispielsweise ein Kuchen unter immer mehr Gästen gerecht aufgeteilt, so erhält jeder Gast immer weniger. Im Grenzübergang, also in der Vorstellung, dass immer mehr und mehr Gäste und schließlich unendlich viele Gäste zu Besuch kommen, erhält jeder Gast immer weniger und weniger und – bei unendlich vielen Gästen – schließlich gar nichts mehr. Diese Überlegung erscheint simpel, auch wenn wir wissen, dass es nicht unendlich viele Menschen gibt.

Etwas weniger intuitiv ist die Vorstellung einer Stahlplatte in Form eines regelmäßigen n-Ecks. Die Platte ist also ein Vieleck, mit n gleich langen Seiten und gleich großen Winkeln in den n Ecken. Wir stellen uns für einen Moment vor, dass die Ecken der n-eckige Stahlplatte innen an einer Kreislinie mit gegebenem Radius befestigt sind. Für eine wachsende Anzahl von Ecken, also für ein immer größer werdendes n oder mathematisch kurz für $n \to \infty$, strebt das regelmäßige n-Eck anschaulich gegen den Kreis. Das n-Eck füllt den gegebenen Kreis mit wachsendem

D. Langemann, *So einfach ist Mathematik – Zwölf Herausforderungen im ersten Semester*, https://doi.org/10.1007/978-3-662-63720-3_1

n mehr und mehr aus. Doch das Vieleck hat für jede Anzahl n Kanten und Ecken, der Kreis aber hat weder eine gerade Kante noch eine Ecke. Oh weh.

Und es kommt noch schlimmer: Würden wir mit einem korrekten Computerprogramm die Verformungen ausrechnen, die eine n-eckige Stahlplatte unter einer fest vorgegebenen Kraft erleidet, die in der Mitte der Platte wirkt, so würden diese Verformungen für wachsende n nicht gegen die korrekt berechnete Verformung einer runden Stahlplatte, die den ganzen Kreis ausfüllt und durch dieselbe Kraft verformt wird, streben.

Der Umstand, dass wir in einigen Anwendungen einen Kreis auch nicht näherungsweise durch ein Vieleck ersetzen können, hat erhebliche praktische Konsequenzen. Oft werden kompliziert geformte Objekte wie Seen, Autos oder Organe in Computerprogrammen aus Dreiecken oder Pyramiden zusammengesetzt. Es entstehen netzartige virtuelle Geschwister der Objekte. Diese virtuellen Geschwister haben Ecken, wo ihre realen Verwandten Rundungen haben. Um Aussagen über die Qualität der Berechnungen zu erhalten, brauchen wir eine präzise Beschreibung des Grenzübergangs und einen genauen Begriff eines Grenzwerts.

Die mathematisch belastbare Definition des Grenzwertes ist ein häufiges, wenn nicht sogar das häufigste, Thema, an dem mathematische Arbeits- und Denkweisen vorgestellt werden. Einerseits beginnt der systematische Aufbau der Analysis bei der Grenzwertdefinition, weil der Grenzwertbegriff für fast alle weiterführenden Überlegungen benötigt wird. Andererseits ist der Grenzwertbegriff eine kompliziert aussehende mathematische Beschreibung für einen anschaulichen Sachverhalt, der mit wenigen Vorkenntnissen auskommt. Man kann mathematische Denkweisen am Grenzwertbegriff und an Sachverhalten, die auf dem Grenzwertbegriff aufbauen, sehr gut üben.

Da die Grenzwertdefinition und die zugehörigen Überlegungen im Grunde einfach sind, stehen sie oft am Anfang einer Mathematikvorlesung. Typische Fragen, die Lehrende in den ersten Semestern bei diesem Thema hören, lauten: „Was muss ich nun rechnen?", „Wozu brauche ich das genau?" und „Warum ist die Definition so kompliziert, wenn man doch so leicht sieht, was ein Grenzwert ist?"

Das Auftauchen solcher Fragen ist nachvollziehbar und verständlich, und wir werden in diesem Kapitel etwas zu den Fragen erfahren. Versprochen.

Vorher beschreiben wir im folgenden Abschn. 1.1 den Rahmen der Begriffe, in dem wir unsere Überlegungen zum Grenzwert vorstellen. Dann werden wir die gefürchtete Definition aufschreiben und ausführlich diskutieren. Schließlich werden wir uns an einigen Überlegungen verdeutlichen, warum es ein guter Plan ist, eine mathematisch belastbare Definition kennenzulernen.

1.1   Folgen

Eine Folge ist eine Zuordnung, die jedem $n \in \mathbb{N}$ eine Zahl a_n zuordnet. Wir bezeichnen eine Folge mit $(a_n)_{n=0}^{\infty}$. Dies bedeutet, dass der Index n von $n = 0$ ab alle natürlichen Zahlen durchläuft und dass die Folge alle zugeordneten Zahlen a_n zusammenfasst. Die Indizes n sind eine Nummerierung der Zahlen a_n, die Elemente oder Glieder der Folge heißen.

Natürlich muss die Nummerierung der Folge nicht bei $n = 0$ beginnen, die Indizes müssen nicht n heißen und die Zahlenwerte nicht a_n. Die Glieder der Folge müssen noch nicht einmal Zahlen sein. Wichtig für die Folge ist, dass sie aus endlos nummerierten Gliedern besteht.

Eine Folge hat immer unendlich viele Folgenglieder, die sich nummerieren lassen. Da das Universum höchstwahrscheinlich in alle Richtungen endlich ist, finden wir kein handfestes Beispiel einer Folge. Folgen existieren nur in unserem Denken. Dort allerdings erweisen sie sich als nützlich.

Eine Veranschaulichung einer Folge sind Ihre Vorfahren in rein weiblicher Linie. Dabei abstrahieren wir von der Realität und denken uns diese Linie als unendlich zurückverfolgbar. Natürlich wissen wir, dass wir wegen der Endlichkeit des Universums nicht unendlich viele Vorfahren haben. Es ist nun egal, ob Sie sich selbst als erstes oder nulltes oder überhaupt nicht mitgezähltes Element der Folge betrachten. Das nächste, also zweite bzw. erste oder auch nullte Element ist Ihre Mutter, das nächstfolgende die Mutter Ihrer Mutter, also Ihre Oma mütterlicherseits. So setzt sich die Folge fort. Zu jedem Index n, egal, wo Sie die Zählung beginnen, gibt es also eine Mutter, eine Oma, eine Uroma, eine Ururoma usw. Aber Vorsicht: In dieser Erklärung könnte sich eine kleine Unsauberkeit einschleichen. Wir könnten alltagssprachlich ebensogut von der Reihe weiblicher Vorfahren sprechen. In der Tat können wir uns die Namensschilder der Vorfahren in einer Reihe aufgestellt vorstellen. Mathematisch nennen wir dies jedoch eine Folge. Reihen werden uns in Kap. 2 begegnen.

Bei einer Folge können Sie auch an eine Abfolge von Episoden einer endlosen Telenovela denken. Doch gibt es hier ebenfalls eine Kollision mit der Alltagssprache. Alltagssprachlich warten wir auf die nächste Folge der Serie, aber in der Mathematik nennen wir die unendliche Abfolge alltagssprachlicher Folgen eine Folge. Eine alltagssprachliche Folge der Telenovela ist mathematisch ein Glied oder Element der Folge. Die mathematische Folge besteht aus unendlich vielen Episoden, von denen jede in einer alltagssprachlichen Folge gezeigt wird.

Jetzt kommt ein mathematiknäheres Beispiel einer Folge, und wir sind die Sorge mit der Alltagssprache los. Ist n die Anzahl der Gäste, unter denen ein Kuchen gerecht aufgeteilt wird, so erhält jeder Gast den Anteil

$$g_n = \frac{1}{n} \tag{1.1}$$

vom Kuchen. Bei $n = 4$ Gästen erhält jeder Gast einen viertel Kuchen $g_4 = \frac{1}{4}$, bei tausend Gästen jeder einen tausendstel Kuchen $g_{1000} = \frac{1}{1000}$. Die Folgenglieder errechnen wir, indem wir das passende n in Gl. 1.1 einsetzen und das zugehörige g_n ausrechnen. Die Folge selbst ist

$$(g_n)_{n=1}^{\infty} = \frac{1}{1}, \frac{1}{2}, \frac{1}{3}, \frac{1}{4}, \frac{1}{5}, \cdots$$

Die Punkte am Ende deuten an, dass die Folge niemals endet. Sie besteht aus unendlich vielen Folgengliedern.

Wir bezeichnen mit $(g_n)_{n=1}^{\infty}$ die gesamte Folge und mit g_n das einzelne Folgenglied, dessen Index n noch variabel bleibt. Wenn wir die Zuordnung mathematisch ausdrücken, so schreiben wir

$$(g_n)_{n=1}^{\infty} : \mathbb{N} \to \mathbb{R} \text{ mit } n \mapsto g_n = \frac{1}{n}.$$

Damit ist gemeint, dass die 'Folge entsteht, indem die natürlichen Zahlen $\mathbb{N}$ in die reellen Zahlen $\mathbb{R}$ abgebildet werden, dass also jedem $n \in \mathbb{N}$ ein $g_n \in \mathbb{R}$ zugeordnet wird. Da wir jeder natürlichen Zahl n ein Folgenglied zuordnen, erhalten wir unendlich viele Folgenglieder g_n.

Die Folge selbst haben wir eben als die unendliche Abfolge der Reziproken

$$\frac{1}{1}, \frac{1}{2}, \frac{1}{3}, \frac{1}{4}, \frac{1}{5}, \dots$$

aufgeschrieben. Die Zuordnung der natürlichen Zahlen zu den Elementen der Folge ist nach unserer Berechnungsvorschrift für g_n in Gl. 1.1

$$1 \mapsto \frac{1}{1}, \ 2 \mapsto \frac{1}{2}, \ 3 \mapsto \frac{1}{3}, \ 4 \mapsto \frac{1}{4}, \ 5 \mapsto \frac{1}{5}, \dots$$

Ebenso gut könnten wir die Zuordnung und die Indizes bei 0 beginnen lassen, denn die Folge mit der Zuordnung

$$0 \mapsto \frac{1}{1}, \ 1 \mapsto \frac{1}{2}, \ 2 \mapsto \frac{1}{3}, \ 3 \mapsto \frac{1}{4}, \ 4 \mapsto \frac{1}{5}, \dots$$

wäre immer noch dieselbe Folge. Jedoch sind die Berechnungsvorschriften für die beiden Zuordnungen nicht dieselben. Die zweite Variante lässt sich mit $(\tilde{g}_n)_{n=0}^{\infty}$ und $\tilde{g}_n = \frac{1}{n+1}$ beschreiben. Beachten Sie bitte, dass $(g_n)_{n=1}^{\infty}$ und $(\tilde{g}_n)_{n=0}^{\infty}$ dieselbe Folge in unterschiedlicher Form angeben. Die beiden Darstellungen sind über $g_{n+1} = \tilde{g}_n$ für $n = 0, 1, \dots$ miteinander verknüpft.

Der Anfang der Folge $(g_n)_{n=1}^{\infty}$ kann graphisch dargestellt werden, siehe Abb. 1.1. Hierbei achten wir darauf, dass wir wirklich nur den natürlichen Zahlen n Folgenglieder g_n zuordnen. Unser Diagramm zeigt also Punkte und keine Linie, denn beispielsweise ist 1.5 keine natürliche Zahl. Wir schreiben $1.5 \notin \mathbb{N}$. Damit kommt 1.5 auch nicht als Index infrage, der Zahl 1.5 ist kein Folgenglied zugeordnet, und im Diagramm bleiben die Abschnitte zwischen den natürlichen Zahlen deshalb leer.

Stellen Sie den Anfang von $(\tilde{g}_n)_{n=0}^{\infty}$ graphisch dar. Ihre Skizze wird so ähnlich wie die in Abb. 1.1 aussehen. Die Punkte rücken nur ein Stück nach links.

Abb. 1.1 Graphische
Darstellung der Folge
$(g_n)_{n=1}^{\infty}$ aus Gl. 1.1. Jeder
natürlichen Zahl $n \in \mathbb{N}, n \geq 1$
wird das zugehörige
Folgenglied g_n zugeordnet

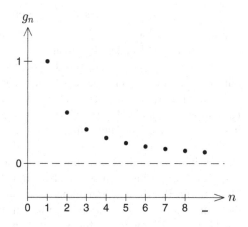

1.1.1 Beispiele für Folgen

Wir schauen uns nun einige andere Folgen an, deren Eigenschaften wir hier und in
Abschn. 1.2 und 1.4 besprechen werden. Diese Folgen werden in unterschiedlichen
Zusammenhängen auftauchen. Sie sind über ihre Tauglichkeit als einfache Beispiele
hinaus wichtig.

Wir beginnen mit der Folge, die entsteht, wenn wir, ausgehend von der Zahl 1,
die Folgenglieder immer wieder durch 2 teilen. Unser erstes Folgenglied nennen
wir $b_0 = 1$. Das nächste Folgenglied entsteht aus b_0 durch Division durch 2, also
$b_1 = b_0 : 2 = \frac{1}{2}$. Das wiederum nächste Element erhalten wir, indem wir nun b_1
durch 2 teilen, also $b_2 = b_1 : 2 = \frac{1}{4}$, und dann immer so weiter. Wir erhalten die
Folge

$$(b_n)_{n=0}^{\infty} = 1, \frac{1}{2}, \frac{1}{4}, \frac{1}{8}, \frac{1}{16}, \ldots \text{ mit } b_n = \frac{1}{2^n} = \left(\frac{1}{2}\right)^n . \qquad (1.2)$$

Diese Folge beginnt mit dem Folgenglied $b_0 = 1$, also beim Index $n = 0$. Wir
könnten die Zählung für dieselbe Folge auch bei jeder anderen natürlichen Zahl
beginnen. Wenn wir beispielsweise dem Index $n = 1$ das erste Folgenglied 1
zuordnen, dem Index $n = 2$ das zweite usw., erhalten wir ausgeschrieben

$$1 \mapsto 1, \quad 2 \mapsto \frac{1}{2}, \quad 3 \mapsto \frac{1}{4}, \quad 4 \mapsto \frac{1}{8}, \ldots$$

Die Folge bleibt wieder dieselbe, aber die Bezeichnung muss eine andere werden,
denn $b_0 = 1$ ist schon vergeben. Wir wählen eine verwandte Bezeichnung wie

$$\tilde{b}_n = \frac{1}{2^{n-1}} \text{ mit } (\tilde{b}_n)_{n=1}^{\infty} = 1, \frac{1}{2}, \frac{1}{4}, \frac{1}{8}, \frac{1}{16}, \ldots$$

Hier bemerken wir, dass dieselbe Folge einmal als $(b_n)_{n=0}^{\infty}$ mit $n = 0$ beginnend und das zweite Mal als $(\tilde{b}_n)_{n=1}^{\infty}$ bei $n = 1$ beginnend aufgeschrieben wurde. Es gilt $b_0 = \tilde{b}_1$ und $b_1 = \tilde{b}_2$ oder allgemein $b_n = \tilde{b}_{n+1}$.

Wir können uns vorstellen, dass die Glieder der Folge in den Häusern einer Straße mit einem Anfang, aber ohne ein Ende wohnen. An der Einmündung der Straße wohnt das Element 1, im nächsten Haus das Element $\frac{1}{2}$ und so weiter. Wenn jemand Hausnummern an die Häuser anbringt, dann legt er die Indizes fest. Im ersten Fall in Gl. 1.2 beginnen die Hausnummern bei $n = 0$.

Den zweiten Fall der Folge $(\tilde{b}_n)_{n=1}^{\infty}$ erhält man durch Umnummerierung der Häuser, indem man die Hausnummern abschraubt und sie am jeweiligen Nachbarhaus zur Einmündung hin wieder befestigt. Die Nummer des allererersten Hauses bleibt übrig. Bei dieser Umnummerierung ändern sich die Hausnummern, die für die Indizes stehen. Die Häuser ändern sich nicht. Die Hausnummern werden um ein Haus zur Einmündung hin verschoben. Wir nennen diese Prozedur deshalb Indexverschiebung.

Man kann sich darüber zanken, in welchem Sinne eine Folge nach einer Indexverschiebung noch dieselbe ist. Sie hat immer noch dieselben Folgenglieder, aber die Berechnungsvorschrift, also die Abbildung der natürlichen Zahlen auf diese Folgenglieder, ändert sich. Für solche Fragen werden Mathematiker gern für verschroben gehalten. Aber in diesem Fall können Sie diese Frage mit den bisher besprochenen Begriffen beantworten, wenn Sie daran denken, dass wir eine Folge als Zuordnung der natürlichen Zahlen zu den Folgengliedern definiert haben. Wir können nämlich jede Folge durch Indexverschiebung bei der ersten natürlichen Zahl beginnen lassen. Dies geschieht sogar unabhängig davon, ob wir Null oder Eins für die erste natürliche Zahl halten.

Bleiben wir noch einen Moment bei der Folge $(b_n)_{n=0}^{\infty}$ aus Gl. 1.2. Wir stellen fest, dass sich ihre Folgenglieder der Null nähern. Denn wenn wir eine beliebige Zahl immer wieder halbieren, so streben die damit berechneten Zahlen gegen null. Vielleicht entwickeln wir sogar das Gefühl, dass die Glieder b_n schneller gegen null streben als die Glieder g_n aus Gl. 1.1, auch wenn wir die Geschwindigkeit des Kleinwerdens hier noch nicht genau fassen können.

Eine Folge, die gewiss nicht gegen null strebt – ja sich der Null noch nicht einmal nähert, ist

$$(c_n)_{n=0}^{\infty} = 1, -1, 1, -1, 1, -1, \ldots \qquad (1.3)$$

Man erkennt das Prinzip, nach dem diese Folge gebildet wird, denn die Zahlen 1 und -1 wechseln sich ab. Wir kennen diese Folge, obwohl wir noch keine Vorschrift haben, wie wir die Folgenglieder aus ihrem Index berechnen. Diese Beobachtung ist wichtig, denn eine Folge besteht nicht aus ihrer Bildungsvorschrift, sondern aus ihren Elementen oder Gliedern.

Es ist auch nicht sinnvoll, die Bildungsvorschrift aus den Folgengliedern ausrechnen zu wollen, selbst wenn es bei den obigen Beispielen $(g_n)_{n=1}^{\infty}$ und $(b_n)_{n=0}^{\infty}$

so aussah, als gäbe es nur eine richtige oder zumindest eine einfachste Variante, um die Folgenglieder durch eine Bildungsvorschrift darzustellen.

Für die Folge $(c_n)_{n=0}^{\infty}$ aus Gl. 1.3 kann man die Fallunterscheidung

$$c_n = \begin{cases} 1, & \text{wenn } n \text{ gerade}, \\ -1, & \text{wenn } n \text{ ungerade} \end{cases}$$

als sehr einfach empfinden. Zumindest kann man sie den meisten Menschen erklären. Etwas schwieriger wird dies mit der Bildungsvorschrift

$$c_n = (-1)^n$$

oder gar mit

$$c_n = \cos{(n\pi)},$$

was genauso gültig ist, weil es die Folgenglieder aus Gl. 1.3 reproduziert.

Eine andere Art, Folgen zu beschreiben, sind Vorschriften wie

$$d_0 = 1, \quad d_{n+1} = \frac{1}{2}\left(d_n + \frac{2}{d_n}\right). \tag{1.4}$$

Hier kann man das Folgenglied d_n nicht direkt aus dem Index n berechnen, denn Gl. 1.4 verrät neben dem ersten Folgenglied $d_0 = 1$ nur, wie man aus dem Folgenglied d_n das nächste Folgenglied, nämlich d_{n+1}, berechnet. Solche Bildungsvorschriften werden rekursiv genannt, weil man zur Berechnung eines bestimmten Folgenglieds sozusagen rückwärts bis zum Anfang durch die Folge zurücklaufen (lat. recurrere, recurri, recursum) muss.

In diesem Beispiel berechnen wir

$$d_1 = \frac{1}{2}\left(d_0 + \frac{2}{d_0}\right) = \frac{1}{2}\left(1 + \frac{2}{1}\right) = \frac{3}{2}.$$

Davon ausgehend kommen wir zu

$$d_2 = \frac{1}{2}\left(d_1 + \frac{2}{d_1}\right) = \frac{1}{2}\left(\frac{3}{2} + \frac{2}{\frac{3}{2}}\right) = \frac{17}{12}$$

und zu

$$d_3 = \frac{1}{2}\left(d_2 + \frac{2}{d_2}\right) = \frac{1}{2}\left(\frac{17}{12} + \frac{2}{\frac{17}{12}}\right) = \frac{577}{408}.$$

Wir erhalten die Folge

$$(d_n)_{n=0}^{\infty} = 1, \frac{3}{2}, \frac{17}{12}, \frac{577}{408}, \frac{665\,857}{470\,832}, \ldots, \tag{1.5}$$

deren zuvor berechnete Folgenglieder wir hier zwar aufgeschrieben haben, für die wir jedoch keinen geschlossenen Ausdruck kennen, durch den wir sie aus dem Index n berechnen können. Manchmal findet man mit etwas Glück oder Geschick einen geschlossenen Ausdruck für die rekursiv definierten Folgenglieder. Bei der gerade betrachteten Folge $(d_n)_{n=0}^{\infty}$ ist die Suche nach einem Ausdruck, mit dem wir aus n direkt d_n berechnen könnten, ein schwieriges Unterfangen.

Bei rekursiv definierten Folgen ist es im Allgemeinen deutlich schwerer, ein Gefühl für das Verhalten der Folge zu entwickeln. Man muss schon ein großer Rechenkünstler sein, um aus den Brüchen für d_1, d_2 und d_3 in Gl. 1.5 von selbst auf den Zusammenhang $3^2 = 2 \cdot 2^2 + 1$, $17^2 = 2 \cdot 12^2 + 1$, $577^2 = 2 \cdot 408^2 + 1$ zwischen den Zählern und den Nennern der Folgenglieder mit einem Index $n \geq 1$ zu kommen. Wir werden übrigens in Abschn. 1.4 zeigen, dass dieser Zusammenhang entsprechend für die nachfolgenden Glieder gilt. Schreiben wir die eben angegebenen ersten fünf Folgenglieder aber als Dezimalbrüche

$$d_0 = 1,$$
$$d_1 = 1.5,$$
$$d_2 = 1.416\,666\ldots,$$
$$d_3 = 1.414\,215\,686\ldots,$$
$$d_4 = 1.414\,213\,562\ldots,$$

so kann man vermuten, dass die Folgenglieder sehr schnell gegen einen Wert streben. Aber Vorsicht, denn wir haben hier nur die ersten fünf Glieder einer Folge. Danach kommen noch unendlich viele andere, von denen wir genau genommen nicht viel wissen. Übrigens stehen die Punkte bei d_2 für lauter Sechsen, wogegen die Folgenglieder d_3 und d_4 kompliziertere Perioden haben.

Oft kann man eine Folge mit einer expliziten Bildungsvorschrift auch rekursiv formulieren, indem man b_{n+1} aus b_n ausdrückt. Da wir uns in Gl. 1.2 eine fortlaufende Halbierung vorgestellt haben, lautet eine mögliche rekursive Vorschrift

$$b_{n+1} = \frac{1}{2} \cdot b_n \quad \text{mit} \ b_0 = 1.$$

Der Startwert $b_0 = 1$ ist wichtig, weil sich aus unterschiedlichen Startwerten durch fortwährende Halbierung unterschiedliche Folgen ergeben. Versuchen Sie sich an rekursiven Bildungsvorschriften für die Folgen $(c_n)_{n=0}^{\infty}$ und $(g_n)_{n=1}^{\infty}$, wobei bei der letztgenannten auch der Index n in der Rekursionsvorschrift auftreten darf.

Natürlich sind auch kompliziertere Rekursionsvorschriften denkbar. Ein berühmtes Beispiel ist die Fibonacci-Folge. Mit den beiden ersten Elementen $a_0 = 1$ und $a_1 = 1$ und der Rekursionsvorschrift $a_{n+1} = a_n + a_{n-1}$ für $n = 1, 2, \ldots$ beschreibt sie laut einem Lehrbuch von Leonardo da Pisa, genannt Fibonacci, aus dem Jahre 1227 die Anzahl der Paare einer Kaninchenpopulation an aufeinanderfolgenden

Zeitpunkten, die mit n indiziert und nummeriert werden. Die Fibonacci-Folge ist gleichzeitig ein sehr frühes Beispiel für lebenswissenschaftliche Anwendungen der Mathematik. Rechnen Sie ein paar Folgenglieder aus, und denken Sie dabei über die Anwendung der Rekursionsvorschrift nach.

Dieser Abschnitt endet mit zwei weiteren Beispielen von Folgen. Das ist zum einen die Folge $(r_n)_{n=1}^{\infty}$ mit

$$r_n = \left(1 + \frac{1}{n}\right)^n. \tag{1.6}$$

In der Bildungsvorschrift in Gl. 1.6 taucht der Index n zweimal auf. Im Nenner hat er eine verkleinernde Tendenz, denn mit größer werdendem Nenner n wird der Bruch $\frac{1}{n}$ wie im ersten Beispiel zur Aufteilung des Kuchens immer kleiner, aber niemals negativ. Als Exponent sorgt n jedoch dafür, dass die kleiner werdenden Zahlen $1 + \frac{1}{n} > 1$ immer häufiger mit sich selbst multipliziert werden. So entsteht ein Tauziehen zwischen dem Kleinerwerden und dem Größerwerden. Die ersten Folgenglieder r_1, r_2 und r_3 sind

$$\left(1 + \frac{1}{1}\right)^1 = 2, \quad \left(1 + \frac{1}{2}\right)^2 = \frac{9}{4} = 2.25, \quad \left(1 + \frac{1}{3}\right)^3 = \frac{64}{27} \approx 2.370.$$

Aber welche Tendenz wird gewinnen? Zumal

$$r_{10} = \left(1 + \frac{1}{10}\right)^{10} \approx 2.594 \text{ und } r_{100} = \left(1 + \frac{1}{100}\right)^{100} \approx 2.705$$

gilt und das Wachsen der Folgenglieder r_n immer schwächer wird.

Ein ähnliches Tauziehen passiert bei der Folge $(w_n)_{n=1}^{\infty}$ mit $w_n = \sqrt[n]{n}$. Wir ziehen hier die n-te Wurzel aus n, welches selbst immer weiter wächst. Gleichzeitig bewirkt die n-te Wurzel jedoch eine immer stärkere Verkleinerung. Die Folge beginnt mit $(w_n)_{n=1}^{\infty} = 1, \sqrt{2}, \sqrt[3]{3}, \sqrt[4]{4}, \sqrt[5]{5} \ldots$ oder in gerundeten Dezimalzahlen mit $(w_n)_{n=1}^{\infty} \approx 1, 1.4142, 1.4422, 1.4142, 1.3797, \ldots$ Sind Sie sicher, welche Tendenz gewinnt?

Um solche Fragen zu beantworten, brauchen wir einige Begriffe. Zudem sind wir bei späteren innermathematischen und außermathematischen Themen an allgemeineren Fragen zum Verhalten von Folgen, zu ihren Eigenschaften und zu möglichen Schlussfolgerungen viel stärker interessiert als an speziellen Eigenschaften einzelner Folgen.

Auf den letzten zwei Seiten haben wir einige Folgenglieder ausgerechnet und die Ergebnisse als Dezimalzahlen angegeben. Vielen Studierenden fällt es leichter, eine Größenvorstellung von Dezimalzahlen zu entwickeln als von Brüchen. Für viele Betrachtungen sind Brüche jedoch genauere und handlichere Zahldarstellungen. Deshalb verwenden wir im Folgenden fast ausschließlich Zahldarstellungen als Bruch, und wir empfehlen auch Ihnen, sich mit Brüchen anzufreunden und mit ihnen zu arbeiten.

1.1.2 Eigenschaften von Folgen

In diesem Abschnitt beschreiben wir Eigenschaften von Folgen und verwenden dazu eine allgemeine Folge $(a_n)_{n=0}^\infty$, für die wir kein Bildungsgesetz konkretisieren. Wir denken uns diese Folge als gegeben. Später werden wir unterschiedliche konkrete Folgen einsetzen.

Eine Folge $(a_n)_{n=0}^\infty$ heißt streng monoton wachsend, wenn ihre Folgenglieder immer größer werden, wenn also, mathematisch formuliert, jedes nachfolgende a_{n+1} echt größer als das vorangehende a_n ist oder kurz $a_{n+1} > a_n$. Entsprechend nennen wir die Folge $(a_n)_{n=0}^\infty$ streng monoton fallend, wenn $a_{n+1} < a_n$ für alle Indizes $n \in \mathbb{N}$ gilt.

Das Wort streng steht in diesen Beschreibungen dafür, dass die Folgen in einem engeren oder strengeren Sinne wachsend bzw. fallend sind. Ihre Glieder werden tatsächlich mit wachsendem Index n immer größer bzw. immer kleiner. Etwas weiter unten werden wir den Monotoniebegriff abschwächen, und dann brauchen wir das Wort streng zur Abgrenzung.

Je nach Ausgestaltung Ihrer Vorlesung steht vor Begriffsfestlegungen wie eben bei der streng monoton wachsenden Folge gern das Wort Definition. Es bedeutet, dass ein Begriff – hier bei uns die strenge Monotonie von Folgen – festgelegt wird. Definitionen sind Begriffserklärungen. Erschrecken Sie nicht vor Definitionen, und fragen Sie sich nicht zu intensiv, warum die Begriffe gerade so heißen, wie sie heißen. Meist hat die Namensgebung der Begriffe Bezüge zu alltagssprachlichen Wörtern, aber manchmal hat sich der Bezug im Laufe der Entwicklung der Mathematik etwas verwaschen. Im jetzigen Fall sind die Bezüge gut erkennbar. Die Folge wächst, wenn die Glieder größer werden, und sie fällt, wenn die Glieder kleiner werden. Das Wort monoton besagt, dass das Größerwerden oder das Kleinerwerden der Folgenglieder für alle Indizes gültig ist. Monotonie bedeutet also, dass die Folge entweder eintönig nur wächst oder eintönig nur fällt.

Oft wird das Wort monoton weggelassen. Eine wachsende Folge bezeichnet eine monoton wachsende Folge, denn dadurch, dass es eine wachsende Folge ist, ist bereits gesagt, dass das Wachstum für alle Folgenglieder gelten soll. Wollen wir hingegen ausdrücken, dass die Folgenglieder erst anwachsen und danach fallen, dann würden wir nicht von einer wachsenden oder fallenden Folge sprechen. Betrachten Sie beispielsweise die Folge der Temperaturen zu jeder vollen Stunde ab einem Anfangszeitpunkt und ohne Endzeitpunkt. Wenn Sie die Betrachtung in den frühen Morgenstunden beginnen, so wachsen die Folgenglieder erst an und fallen dann wieder, und dies wiederholt sich unendlich oft. Die Folge der Temperaturen als Ganzes ist nicht fallend und nicht wachsend.

Außerdem haben wir das Wort streng in die Formulierung einer streng monoton wachsenden Folge aufgenommen. Wie schon angesprochen bedeutet dies, dass die Folgenglieder in einem strengen Sinne tatsächlich wachsen. Insbesondere ist durch das Wort streng ausgeschlossen, dass die Folgenglieder gleich bleiben. Auf der nächsten Seite kommen wir darauf zurück. Natürlich betreffen die Begriffe fallende Folgen ganz entsprechend. Streng monoton fallende Folgen sind solche, deren Folgenglieder tatsächlich mit jedem neuen Index kleiner werden.

Wir fragen uns nun, ob wir unseren Beispielen aus Abschn. 1.1.1 ein Wachstumsverhalten zuordnen können. Die Folgen $(g_n)_{n=1}^{\infty}$ und $(b_n)_{n=0}^{\infty}$ aus Gl. 1.1 und 1.2 haben kleiner werdende Folgenglieder. Sie sind streng monoton fallend. Die Folgenglieder von $(c_n)_{n=0}^{\infty}$ zappeln zwischen 1 und -1 hin und her. Sie werden einmal größer und dann wieder kleiner. Diese Folge ist weder monoton fallend noch monoton wachsend.

Die rekursiv definierte Folge $(d_n)_{n=0}^{\infty}$ aus Gl. 1.4 beginnt mit einem Sprung von $d_0 = 1$ nach oben zu d_1. Es gilt also $d_0 < d_1$. Gleichzeitig ist aber $d_1 > d_2$. Somit gilt keine der beiden Monotonieeigenschaften für alle Indizes n, und die Folge ist weder streng monoton wachsend noch streng monoton fallend. Diese Aussage können wir treffen, obwohl wir noch nicht sicher wissen, wie die Folge nach den von uns berechneten Gliedern weitergeht, denn unter den ersten drei Gliedern d_0, d_1, d_2 geht es einmal bergauf und einmal bergab. Allein dadurch sind die Behauptungen, es ginge immer bergauf oder es ginge immer bergab, widerlegt.

Bei der Folge $(r_n)_{n=1}^{\infty}$ aus Gl. 1.6 sieht es zwar danach aus, als würden ihre Folgenglieder immer größer, aber noch so viele Beispielrechnungen, die diese These unterstützen, beweisen sie nicht. Um zu zeigen, dass die Folge streng monoton wachsend ist, müssen wir nachweisen, dass es von jedem Folgenglied zum nächsten bergauf geht. So viele Beispiele wir auch nachrechnen, Beispiele sind kein Beweis. In Abschn. 1.4 werden wir einen Beweis für die Monotonie von $(r_n)_{n=1}^{\infty}$ angeben.

In vielen mathematischen Aussagen benötigen wir die strenge Monotonie, dass die folgenden Glieder tatsächlich größer oder kleiner als die vorigen sind, gar nicht. Oft reicht es, die Eigenschaft einer Folge sicher zu wissen, dass ihre Glieder wenigstens nicht kleiner werden. Eine Folge mit immer demselben Wert in allen Folgengliedern, die wir eine konstante Folge nennen, treibt diese Eigenschaft auf die Spitze. Ihre Folgenglieder werden niemals kleiner, obwohl sie im alltagssprachlichen Sinne nicht wachsen.

Trotzdem definieren wir auch diese Folgen als monoton wachsend. Eine monoton wachsende Folge $(a_n)_{n=0}^{\infty}$ erfüllt für alle n die Relation $a_{n+1} \geq a_n$. Hier fordern wir nicht, dass die Folgenglieder im strengen Sinne größer werden, sondern mit der Relation $\geq$ nur, dass sie wenigstens nicht kleiner werden. Entsprechend gilt bei einer monoton fallenden Folge $a_{n+1} \leq a_n$ für alle n. Wir erkennen, dass jede streng monoton wachsende Folge auch eine monoton wachsende Folge ist. Umgekehrt gilt es natürlich nicht, denn die konstante Folge 1, 1, ... ist nicht streng monoton wachsend. Sie ist jedoch gemäß der eben diskutierten Definition monoton wachsend, was alltagssprachlich komisch klingt. Wir sagen, dass die Monotonie eine schwächere Eigenschaft als die strenge Monotonie ist, weil nur eine Teilmenge der Menge der monotonen Folgen auch streng monoton ist.

Die folgenden Begriffe zu Eigenschaften von Folgen erscheinen auf den ersten Blick weniger nützlich oder verwendbar als die Monotonie. Es geht dabei um die Beschränktheit von Folgen, d. h. um die Frage, ob es Schranken gibt, über die die Folgenglieder nicht hinauswachsen oder unter die sie nie sinken.

Wir definieren: Existiert ein $s \in \mathbb{R}$ mit $a_n \leq s$ $\forall n \in \mathbb{N}$, so heißt s eine obere Schranke der Folge $(a_n)_{n=0}^{\infty}$. Existiert entsprechend ein $u \in \mathbb{R}$ mit $a_n \geq u$ $\forall n \in \mathbb{N}$, so heißt u eine untere Schranke. Eine Folge heißt beschränkt, wenn sie eine obere und eine untere Schranke besitzt, d. h., wenn $a_n \in [u, s]$ $\forall n \in \mathbb{N}$ gilt.

Damit haben wir eine etwas sperrige Beschreibung. Um sie mit Leben zu füllen, brauchen wir eine Vorstellung. Eine obere Schranke s ist irgendeine Zahl, die größer oder gleich allen Folgengliedern ist.

Nehmen wir die Beispielfolge $(g_n)_{n=1}^{\infty}$ aus Gl. 1.1. Wir wissen bereits, dass die Folge streng monoton fallend ist. Also ist das erste Folgenglied $g_1 = 1$ das größte Element der Folge. Alle anderen Folgenglieder sind kleiner. Die Zahl $s = 1$ erfüllt somit die Bedingung $g_n \leq s$ für alle Indizes n, und $s = 1$ ist eine obere Schranke. Wegen $g_1 = 1$ gibt es keine kleinere Zahl als 1, die die Bedingung $g_n \leq s$ erfüllt, und mithin ist $s = 1$ die kleinste obere Schranke.

Gleichzeitig sind alle Folgenglieder erst recht kleiner als $s = 2$ oder gar als $s = 100$, und $s = 2$ und $s = 100$ sind auch obere Schranken. Diese letzte Feststellung mag etwas seltsam erscheinen, da wir doch wissen, dass alle Folgenglieder nicht nur kleiner gleich 2 oder kleiner gleich 100 sind, sondern sogar kleiner gleich 1. Es gibt jedoch Folgen wie beispielsweise $(r_n)_{n=1}^{\infty}$ aus Gl. 1.6, bei denen wir mit einigem technischen Aufwand obere Schranken angeben werden, bei denen aber die Bestimmung der kleinsten oberen Schranke sehr schwer fällt.

Wir reden bereits über die mögliche Bestimmung einer kleinsten oberen Schranke, aber wir wissen noch nicht einmal, ob eine Folge, die überhaupt eine obere Schranke hat, damit gleichzeitig eine kleinste obere Schranke hat. Bevor wir uns dieser sperrigen Frage nähern, erinnern Sie sich bitte an die unterschiedlichen Zahlbereiche und besonders an die rationalen Zahlen $\mathbb{Q}$ und die reellen Zahlen $\mathbb{R}$. Lesen Sie etwas über die Zahlbereiche nach, beispielsweise im Vorgängerbuch oder im Internet. Hier wiederholen wir kurz, dass die rationalen Zahlen alle Brüche mit ganzzahligen Zählern und Nennern, welche ungleich null sein müssen, umfassen. Die rationalen Zahlen lassen sich als endliche oder periodische Dezimalbrüche darstellen. Dagegen enthalten die reellen Zahlen zusätzlich die irrationalen Zahlen, die Sie sich als unendliche nicht periodische Dezimalbrüche vorstellen können. Die rationalen Zahlen liegen übrigens beliebig nahe beeinander, und trotzdem passen die irrationalen Zahlen, wovon es viel viel mehr gibt, noch dazwischen. Wir sagen, dass $\mathbb{Q}$ in $\mathbb{R}$ dicht liegt.

Wir deklamieren, dass Folgen, die überhaupt eine obere Schranke haben, innerhalb der reellen Zahlen auch eine kleinste obere Schranke haben. Entsprechend haben Folgen, die eine untere Schranke haben, auch eine größte untere Schranke. Diese Eigenschaft ist nicht selbstverständlich. In den rationalen Zahlen gilt sie nicht. Wenn wir beispielsweise die Folge $(d_n)_{n=0}^{\infty}$ erst ab dem Index $n = 1$, also ohne das Element d_0, betrachten, so ist die entstehende Folge $(d_n)_{n=1}^{\infty}$ monoton fallend. Sie strebt zudem, wie wir in Abschn. 1.4 nachweisen werden, gegen $\sqrt{2}$, d. h., sie kommt der Zahl $\sqrt{2}$ von oben näher und beliebig nahe. Die beschnittene Folge $(d_n)_{n=1}^{\infty}$ hat also in den reellen Zahlen die untere Schranke $u = \sqrt{2}$ und noch viele weitere, die kleiner sind als $\sqrt{2}$. Doch größere Zahlen kommen als untere Schranke nicht infrage.

Nun ist $\sqrt{2}$ keine rationale Zahl. Wenn wir nach unteren Schranken in den rationalen Zahlen fragen, so können wir jede rationale Zahl, die kleiner als $\sqrt{2}$ ist, nehmen. Es gibt jedoch keine größte rationale Zahl, die kleiner als $\sqrt{2}$ ist. Also gibt es in den rationalen Zahlen $\mathbb{Q}$ keine größte untere Schranke.

Eben haben wir eine Behauptung deklamiert, aber deklamieren ist durch und durch kein mathematisches Wort, denn in der Mathematik begründen und beweisen wir. Speziell der Autoritätsbeweis gilt gar nichts. Deshalb würden wir an dieser Stelle gern beweisen, dass eine beschränkte Folge reeller Zahlen eine kleinste obere und eine größte untere Schranke besitzt. Der Beweis würde von uns verlangen, uns den Kopf über das Wesen und die formale Definition reeller Zahlen zu zerbrechen. Das ist ein spannendes, aber leider auch technisch aufwendiges Thema. Es enthält so viele zutiefst mathematische Überlegungen, dass die Frage nach dem Wesen der reellen Zahlen zum Erlernen mathematischen Arbeitens vielleicht ein wenig zu schwierig fürs erste Semester ist. Welch ein Schlamassel.

Außerdem ist die Frage, welche Mengen reeller Zahlen ein kleinstes Element besitzen, keineswegs trivial. Die Folge $(g_n)_{n=1}^{\infty}$ hat beispielsweise die untere Schranke $u = 0$, denn alle Folgenglieder sind positiv. Aber die Menge der g_n hat kein kleinstes Element, denn für größer werdende n werden die g_n immer kleiner. Würden wir annehmen, dass zu einem bestimmten Index m das kleinste aller Folgenglieder g_m gehört, so würde diese Annahme schon durch $g_{m+1} < g_m$ gekippt. Das ist klar, denn wenn man einen Kuchen auf mehr Gäste gerecht aufteilt, so erhält jeder Gast weniger.

Es braucht einige Überlegungen, um nachzuweisen, dass diese Situation mit der Menge der oberen Schranken in den reellen Zahlen nicht passieren kann. Für Studierende der Mathematik sind sie eine Pflichtübung, aber auch die Studierenden anderer Studiengänge sollten sich verdeutlichen, dass es sich keineswegs um einfach zu beantwortende Fragen handelt. Im Vertrauen auf die mathematische Absicherung ihrer Existenz führen wir daher hier ohne Absicherung die Begriffe Supremum $\sup (a_n)_{n=0}^{\infty}$ als kleinste obere Schranke und Infimum $\inf (a_n)_{n=0}^{\infty}$ als größte untere Schranke einer Folge $(a_n)_{n=0}^{\infty}$ ein.

Abb. 1.2 illustriert die Schranken der Folge $(b_n)_{n=0}^{\infty}$. Da die Werte der Folgenglieder zwischen 0 und 1 liegen, sind alle $s \geq 1$ obere Schranken und alle $u \leq 0$ untere Schranken. Wegen $b_0 = 1$ und weil die Folgenglieder für wachsende n immer kleiner werden, gibt es keine obere Schranke, die kleiner als 1 ist, und keine untere Schranke, die größer als 0 ist. Damit ist $s = 1$ die kleinste obere Schranke und $u = 0$ entsprechend die größte untere Schranke. Wir schreiben

$$\sup (b_n)_{n=0}^{\infty} = \sup \left\{ 1, \frac{1}{2}, \frac{1}{4}, \frac{1}{8}, \ldots \right\} = 1 \ \text{ und } \ \inf (b_n)_{n=0}^{\infty} = 0.$$

Es gibt einen Unterschied zwischen beiden Feststellungen. Das Supremum dieser Folge ist gleichzeitig ihr größter Wert $b_0 = 1$. Damit ist $b_0 = 1$ auch das Maximum

Abb. 1.2 Schranken der Folge $(b_n)_{n=0}^{\infty}$ aus Gl. 1.2, Infimum und Supremum *(fett)*. Zur besseren Übersicht liegt die n-Achse nicht bei 0 an. Im Bild sieht es so aus, als lägen die b_n auf der unteren fetten Linie. Sie wissen, dass sie knapp darüber liegen

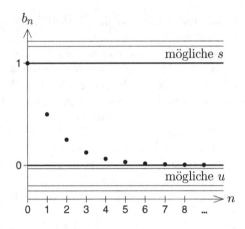

der Folge $(b_n)_{n=0}^{\infty}$. Wir sagen, dass das Supremum bei $n = 0$ angenommen wird. Hingegen hat die Folge kein minimales Element, also kein Minimum. Das Infimum wird nicht angenommen, denn zu keinem Index $n \in \mathbb{N}$ gehört ein Folgenglied mit dem Wert 0.

Supremum und Infimum verallgemeinern die Begriffe Maximum und Minimum, und das speziell für Mengen mit unendlich vielen Elementen wie beispielsweise Folgen.

Prüfen Sie die anderen Beispielfolgen auf die Existenz von oberen und unteren Schranken. Überlegen Sie, bei welchen Folgen Sie ohne größere Rechnung Aussagen über die Beschränktheit oder gar über Infimum und Supremum finden.

1.2   Die gefürchtete Grenzwertdefinition

Bei einigen Folgen haben wir ein gutes Gefühl dafür, gegen welchen Wert sie für größer werdende n streben. So spürt man intuitiv, dass die Werte g_n aus Gl. 1.1 ebenso wie die Werte b_n aus Gl. 1.2 für $n \to \infty$ gegen 0 streben, siehe Abb. 1.1. Wir sagen, die Folgen konvergieren gegen den Grenzwert 0. Die Begriffe des Grenzwerts und der Konvergenz wollen wir genauer und damit mathematisch belastbarer formulieren.

Vorher halten wir einen Moment inne. In manchen Erklärungen und in einigen Köpfen geistert die Formulierung herum, dass sich eine Folge, wie beispielsweise $(g_n)_{n=1}^{\infty}$, dem Grenzwert beliebig nah annähert, ihn aber nicht erreicht. Das ist in diesem Fall richtig, denn die Reziproken der natürlichen Zahlen werden mit wachsendem n immer kleiner, streben für $n \to \infty$ gegen ihren Grenzwert 0, erreichen ihn aber nicht. Schließlich ist 0 nicht das Reziproke irgendeiner natürlichen Zahl. Daraus dürfen wir aber auf keinen Fall schließen, dass Folgen sich ihrem Grenzwert immer nur nähern, ihn aber nie erreichen würden. Denken Sie beispielsweise an die konstante Folge 1, 1, ..., die aus lauter Einsen besteht. Sie strebt gegen 1, weil sie immer schon beim Wert 1 ist. Auch dieser konstanten Folge würden wir einen Grenzwert zuordnen, nämlich den Grenzwert 1. Ähnlich ergeht es der Folge 0, 1, 2, 3, 4, 4, 4, ..., deren Glieder nach einem furiosen Anfang alle den Wert 4 haben. Diese Folge nähert sich der 4, erreicht sie und bleibt dort. Ihr Grenzwert ist 4. Bei den letzten beiden Folgen trägt der Grenzwertbegriff nichts wirklich Überraschendes zu den Folgen bei. Es wird sich aber als günstig erweisen, den Extremfall einer solchen perfekten Annäherung an den Grenzwert einzubeziehen und nicht als Sonderfall zu behandeln.

Nach diesem Einschub definieren wir: Die Folge $(a_n)_{n=0}^{\infty}$ konvergiert gegen den Grenzwert a, wenn

$$\forall \varepsilon > 0 \; \exists N \; : \; |a_n - a| < \varepsilon \; \forall n > N. \tag{1.7}$$

Wir schreiben $\lim_{n \to \infty} a_n = a$. Manchmal liest man auch $(a_n)_{n=0}^{\infty} \to a$, was Sie aber nur benutzen sollten, wenn Sie mit dem Begriff des Grenzwerts sicher umgehen.

Bevor wir uns an eine Diskussion machen, lesen wir die definierende Gl. 1.7. In ihr steht: Für alle positiven ε, und seien sie noch so klein, gibt es ein N, sodass der Abstand zwischen dem Folgenglied a_n und dem Grenzwert a für alle Indizes n, die größer als N sind, kleiner als ε ist. Das müssen wir uns erst einmal auf der Zunge zergehen lassen.

Der Betrag $|a_n - a|$ ist der Abstand zwischen dem Folgenglied a_n und dem Grenzwert a. Dieser Abstand soll ab einem bestimmten Index N für immer, also für alle größeren Indizes $n > N$, kleiner als ε sein. Wenn der Abstand zwischen a_n und a kleiner als ε ist, wenn also $|a_n - a| < \varepsilon$ gilt, dann liegt a_n im offenen Intervall $(a - \varepsilon, a + \varepsilon)$.

Der zentrale Punkt der Grenzwertdefinition ist die Forderung, dass es für alle $\varepsilon > 0$ solch einen Index N gibt. Wenn das der Fall ist, nennen wir die Folge $(a_n)_{n=0}^{\infty}$ konvergent und a ihren Grenzwert oder Limes. Da sie so leicht überlesen, vergessen oder übergangen werden kann, betonen wir die Formulierung, dass es für alle $\varepsilon > 0$ einen solchen Index N gibt – noch einmal: Für alle! Wir kommen darauf zurück. Nicht nur für ein $\varepsilon > 0$, sondern für alle $\varepsilon > 0$.

Übrigens heißt eine Folge, die nicht konvergiert, divergent. Wir sagen, sie divergiert. Jede Folge, die keinen Grenzwert hat, ist eine divergente Folge.

Bei der obigen Forderung für alle $\varepsilon > 0$ denken wir an „alle noch so kleinen $\varepsilon > 0$", denn für kleinere ε wird die Bedingung, die Folgenglieder a_n ab dem Index N im Intervall $(a - \varepsilon, a + \varepsilon)$ einzufangen, immer stärker. Es wird mit kleiner werdendem ε immer schwerer, die Folgenglieder einzufangen. Eine Vergrößerung des ε stellt hingegen keine Schwierigkeit dar, denn alle Elemente, die im Intervall $(a - \varepsilon, a + \varepsilon)$ für ein bestimmtes ε liegen, sind erst recht in dem entsprechenden Intervall für ein vergrößertes ε.

Wir können uns ein Bild für ein konvergentes Verhalten machen, wenn wir uns einen unsterblichen, aber alternden und schwächer werdenden Menschen vorstellen. Der Index n nummeriere die Tage seines Lebens und a_n seinen Aufenthaltsort um 15 Uhr am Tag Nr. n. Da alle Menschen sterblich sind und damit die möglichen Indizes n endlich, taugt dieses Bild nicht als echtes Beispiel einer Folge, aber zusammen mit der Unterstellung der Unsterblichkeit können wir jedem Tag ab seiner Geburt den Aufenthaltsort des gedachten Menschen zur genannten Uhrzeit zuordnen.

Der gedachte unsterbliche Mensch hat möglicherweise eine sehr bewegte Jugend, und wir finden ihn für kleine n an den verrücktesten Orten überall auf der Welt, etwa in einer mongolischen Jurte oder auf einem Kahn am Orinoco. Irgendwann macht sich das beginnende Alter bemerkbar, und unser Reisender beschränkt sich auf Kontinente mit dem Anfangsbuchstaben E. Später bereist er vielleicht nur noch Deutschland, wehrt sich auch dienstlich gegen beschwerliche Fahrten, um sich mit Eintritt ins Rentenalter auf Niedersachsen und etwas später auf die Lüneburger Heide zu beschränken. Er bewegt sich mit fortschreitendem Alter nur noch durch Egestorf, und noch später trifft man ihn nur noch auf seinem Grundstück an. Man kann dieses Bild weiter fortspinnen. Zunächst tappt er durch sein Haus, und schließlich sitzt er jeden Tag in seinem Lehnstuhl. Dieses Bild soll uns zeigen, dass sein Aktionsradius immer kleiner wird. Zu jedem noch so kleinen Abstand ε von seinem Lehnstuhl auf seinem Grundstück in Egestorf finden wir einen Zeitpunkt, ausgedrückt durch den Tag N, ab dem er den durch den Abstand von seinem Lehnstuhl beschriebenen Aktionsradius nicht mehr verlässt. Sein Aufenthaltsort konvergiert gegen den Lehnstuhl. Diese Veranschaulichung hält einer strengen Betrachtung nicht stand, weil weder Mensch noch Lehnstuhl punktförmig sind und der Mensch nicht wie eine Zahlenfolge konvergiert.

Mit dem Bild des unsterblichen Reisenden wird deutlich, dass der Zeitpunkt N umso später liegt, je kleiner der Aktionsradius ε ist. Geben wir den Aktionsradius Europa vor, so ist das kleinstmögliche N der Zeitpunkt des sich bemerkbar machenden Alters. Auch alle späteren Zeitpunkte würden sicherstellen, dass der Reisende sich auf Europa beschränkt, da er sich nur noch in viel kleineren Gebieten innerhalb Europas bewegt. Ist der Aktionsradius Niedersachsen, so können wir für N den Renteneintritt oder jeden späteren Zeitpunkt wählen.

Konvergenz ist nun so definiert, dass wir zu jedem Aktionsradius $\varepsilon > 0$ einen Zeitpunkt N finden, ab dem die Folge $(a_n)_{n=0}^{\infty}$ diesen Aktionsradius nicht mehr verlässt. Das N in Gl. 1.7 ist dabei ein N in Abhängigkeit von ε. Man kann dies durch die Schreibweise $N = N(\varepsilon)$ in den Formalismus aufnehmen.

Ein Extrembeispiel liefert uns die konstante Folge 1, 1, ... mit $a_n = 1$ für alle n. Zweifellos strebt sie gegen den Grenzwert $a = 1$. Da alle Folgenglieder 1 sind, ist $a_n - a = 0$ für alle n. Damit gilt für alle $\varepsilon > 0$ ohne weitere Rechnung $0 = |a_n - a| < \varepsilon$, und zwar für alle Indizes n. Wenn wir die Grenzwertdefinition für diese konstante Folge konkretisieren, dann klingt dies so: Für alle $\varepsilon > 0$ und insbesondere für kleine $\varepsilon > 0$ finden wir ein N, beispielsweise $N = 0$, sodass $|a_n - 1| < \varepsilon$ für alle $n > N = 0$ gilt. Die konstante Folge konvergiert also im Sinne der gefürchteten Grenzwertdefinition. In diesem sehr speziellen Fall hängt N gar nicht von ε ab. Wir können trotzdem $N(\varepsilon) = 0$ schreiben und die Abhängigkeit als konstant ansehen. Bemerken Sie bitte, dass die Aussagen richtig bleiben, wenn wir uns für ein anderes N, z. B. für $N = 17$ entscheiden. Auch dann wäre $|a_n - 1| < \varepsilon$ für alle $n > 17$, weil die Abschätzung ja sogar für alle $n > 0$ gilt.

Nachdem wir uns verdeutlicht haben, was in Gl. 1.7 steht, dürfen und müssen wir uns fragen, warum die Definition des Grenzwerts so sperrig ist, wo wir auf der anderen Seite doch ein gutes Gefühl dafür haben, wogegen Folgen konvergieren. Und die Antwort darauf ist, dass unser Gefühl keinesfalls verlässlich ist. Unter den bisher aufgezählten Beispielfolgen gibt es einige, bei denen das Konvergenzverhalten sofort einsichtig ist und keiner weiteren Diskussion bedarf. Wir verwenden diese Folgen gern, um unsere Konzepte zu prüfen und zu illustrieren. Es gibt aber auch andere, wie z. B. die Folge $(r_n)_{n=1}^{\infty}$ aus Gl. 1.6 oder die beschriebene n-eckige Platte, bei denen unsere Intuition auf eine harte Probe gestellt wird. Gefühle und Intuitionen sind in der Mathematik hilfreich, als Argumente taugen sie jedoch nicht.

Mathematiker, und uns sind aus früherer Zeit fast nur Männer auf diesem Gebiet bekannt, haben bis ins 19. Jahrhundert hart um den Begriff des Grenzwerts gerungen. Wir verwenden mit Gl. 1.7 heute eine Formulierung, die auf Augustin-Louis Cauchy (1789–1857) zurückgeht. Sie enthält die Eigenschaft, dass die Folge dem Grenzwert beliebig nahe kommt und dass sie in dieser Nähe auch bleibt, denn Gl. 1.7 enthält die Forderung, dass $|a_n - a| < \varepsilon$ für alle Indizes n ab diesem bestimmten, von ε abhängigen Index N gilt. Die Vorstellung, dass a_n dem Grenzwert a beliebig nahe kommt, drückt sich darin aus, dass das Verweilen in der Nähe des Grenzwerts a für alle $\varepsilon > 0$ gilt, und wir denken dabei, wie bereits erwähnt, insbesondere an kleine und beliebig kleine $\varepsilon > 0$.

Wenn wir in den folgenden Beispielen mögliche N bestimmen, so führt uns unsere Rechnung manchmal auf N, die keine natürlichen Zahlen sind, also auch nicht als Index infrage kommen. Gl. 1.7 fordert aber die Abschätzung für den Abstand $|a_n - a| < \varepsilon$ lediglich für Indizes $n > N$, also ab dem nächsten möglichen Index. Trotzdem ist es nicht besonders schön. Manchmal wird deshalb zusätzlich gefordert, dass N eine natürliche Zahl sein soll und dass die Abschätzung für den Abstand für $n \geq N$ gültig ist. Überlegen Sie, ob dies etwas am Gehalt der Definition ändert und wie man die nun folgenden Beispiele in diesem Fall formulieren müsste.

1.2.1 Beispielfolge $(g_n)_{n=1}^{\infty}$ mit $g_n = \frac{1}{n}$

Mittlerweile ist unsere intuitive Vorstellung von Konvergenz selbst dann von der Definition in Gl. 1.7 geprägt, wenn wir sie nicht auswendig kennen. Wenn wir die Definition beispielsweise für die Folge $(g_n)_{n=1}^{\infty}$ aus Gl. 1.1, von der wir bereits wissen, dass sie gegen null strebt, konkretisieren wollen, gerät dies zu einer simplen Angelegenheit. Wir müssen in Abhängigkeit von ε ein solches N finden, dass der Abstand des Folgengliedes g_n von null kleiner als ε ist. Nun ist $g_n = \frac{1}{n}$ aber der Anteil, den einer von n Gästen gerechterweise von einem Kuchen bekommt. Dieser Anteil ist kleiner als ε, wenn die Anzahl der Gäste größer als $N = \frac{1}{\varepsilon}$ ist. Formell schreiben wir

$$\forall \varepsilon > 0 \; \exists N = \frac{1}{\varepsilon} : \left| \frac{1}{n} - 0 \right| < \varepsilon \; \forall n > N,$$

und die Existenz eines N haben wir durch seine Konkretisierung nachgewiesen. Wir können in diesem Fall schlicht das kleinste N ausrechnen, das die Forderung in Gl. 1.7 erfüllt. Der rechnerische Schritt zu diesem Nachweis besteht in der Äquivalenz der Ungleichungen

$$\left|\frac{1}{n} - 0\right| = \frac{1}{n} < \varepsilon \text{ und } n > \frac{1}{\varepsilon} = N, \tag{1.8}$$

aber der eigentliche Inhalt liegt in der Argumentation: Wenn $n > N$ ist, dann bekommt jeder Gast weniger als $\frac{1}{N}$ vom Kuchen. Zu jeder noch so kleinen Größe des Kuchenstücks $\varepsilon > 0$ können wir eine Anzahl Gäste $N = \frac{1}{\varepsilon}$ angeben. Somit finden wir zu jedem $\varepsilon > 0$ einen Index N, nämlich $N = \frac{1}{\varepsilon}$, ab dem die Folgenglieder g_n näher als ε an null liegen.

Durch mehrfaches Erklären drehen wir uns hier ein wenig im Kreis. Denken Sie sich in die Lage, jemandem die Grenzwertdefinition beizubringen, und reproduzieren Sie die Argumentation. Benutzen Sie dazu gern die Abb. 1.3. Um den Grenzwert 0 ist beispielhaft ein Intervall $(0 - \varepsilon, 0 + \varepsilon) = (-\varepsilon, \varepsilon)$ eingezeichnet. Markiert man dieses Intervall auf der vertikalen Achse, so ergibt sich bildhaft ein Schlauch um die waagerechte Linie, die den Grenzwert markiert. Darum wird dieses Intervall auch als ε-Schlauch bezeichnet. Abb. 1.3 zeigt exemplarisch, dass Sie für beliebig schmale ε-Schläuche, d. h. für beliebig kleine ε, einen Index N finden, ab dem die Folgenglieder im ε-Schlauch liegen.

1.2.2   Beispielfolge $(b_n)_{n=0}^{\infty}$ mit $b_n = \frac{1}{2^n}$

Wir versuchen es noch einmal an einem etwas weniger simplen und dadurch klarer erkennbaren Beispiel. Wir nehmen die Folge b_n, von der wir wissen, dass sie gegen null strebt. Um dies anhand der Definition des Grenzwerts zu überprüfen, müssen wir in Abhängigkeit von $\varepsilon > 0$ ein N so angeben, dass

Abb. 1.3 Folge $(g_n)_{n=1}^{\infty}$ aus Gl. 1.1, Grenzwert 0 und ε-Schlauch $(0 - \varepsilon, 0 + \varepsilon)$ für ein beispielhaftes ε. Ab dem Index N oder ab jedem größeren Index liegen alle Folgenglieder im ε-Schlauch. Das gilt noch immer, wenn wir N mutwillig vergrößern

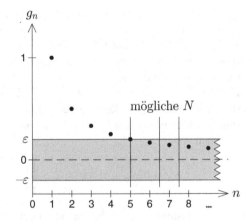

$$\forall \varepsilon > 0 \; \exists N : \left| \frac{1}{2^n} - 0 \right| < \varepsilon \; \forall n > N \tag{1.9}$$

gültig wird. Wir fragen uns zuerst, für welche n die innere Abschätzung erfüllt ist. Wir finden, dass

$$\left| \frac{1}{2^n} - 0 \right| = \frac{1}{2^n} < \varepsilon \text{ gleichbedeutend mit } 2^n > \frac{1}{\varepsilon} \tag{1.10}$$

ist. Die Umkehrfunktion zum Potenzieren zur Basis 2 ist das Logarithmieren zur Basis 2. Der Logarithmus ist monoton wachsend, d. h., $\log_2 x$ wird mit größer werdendem x größer, und damit gilt

$$n = \log_2 2^n > \log_2 \frac{1}{\varepsilon} = N.$$

Wenn immer $n > N$ ist, gilt die innere Abschätzung in Gl. 1.10. Damit haben wir in Abhängigkeit von ε ein N, nämlich $N = \log_2 \frac{1}{\varepsilon}$, gefunden, das Gl. 1.9 zu einer wahren Aussage macht. Eine Umformung des Logarithmusterms ergibt $N = -\log_2 \varepsilon$. Die Logarithmusfunktion ist monoton wachsend, und sie hat eine Polstelle beim Argument 0, wie Sie in Abb. 1.4 nachschauen sollten. Wenn das positive ε kleiner und kleiner wird, strebt $\log_2 \varepsilon$ gegen $-\infty$. Damit wird in der letzten Form noch deutlicher, dass N mit kleiner werdendem ε wächst.

1.2.3 Beispielfolge $(c_n)_{n=0}^{\infty}$ mit $c_n = (-1)^n$

Als drittes Beispiel betrachten wir die Folge $(c_n)_{n=0}^{\infty}$ mit $c_n = (-1)^n$ aus Gl. 1.3. Sie konvergiert nach unserem Gefühl nicht. Würden wir annehmen, dass sie dennoch gegen ein c konvergiert, so müssten wir für beliebige $\varepsilon > 0$ einen Index N finden, ab dem alle Folgenglieder im ε-Schlauch um c, also im offenen Intervall $(c - \varepsilon, c + \varepsilon)$ liegen. Wir finden aber schnell ein ε, für das dies sicher nicht gilt. Wir wählen $\varepsilon = \frac{1}{2}$ oder $\varepsilon = \frac{1}{7}$, sodass 1 und -1 unmöglich zugleich in einem ε-Schlauch, der die Breite 2ε hat, um irgendeinen Wert c liegen. Da bei der Folge $(c_n)_{n=0}^{\infty}$ auf jede 1 eine -1 folgt und umgekehrt, liegt von c_n und c_{n+1} immer nur ein Folgenglied im ε-Schlauch. Wir finden also für unser gewähltes $\varepsilon > 0$ kein N, ab dem alle späteren Folgenglieder im ε-Schlauch liegen. Die Forderung in Gl. 1.7, dass es für alle $\varepsilon > 0$ ein N gäbe, ist also mit der Angabe eines $\varepsilon > 0$, für das es kein N gibt, zu Fall gebracht. Die Folge $(c_n)_{n=0}^{\infty}$ konvergiert gegen keinen Wert c. Sie konvergiert nicht.

Wir betonen erneut, dass die Grenzwertdefinition in Gl. 1.7 für alle $\varepsilon > 0$ ein solches N verlangt. Wir haben eben nachgewiesen, dass es für $\varepsilon = \frac{1}{7}$ kein solches N gibt und damit nicht für alle. Daran ändert auch nichts, dass wir ein großes ε angeben könnten, für dass wir ein passendes N finden. Beispielsweise liegen alle Folgenglieder im ε-Streifen um die Null, wenn $\varepsilon = 2$ ist. Für $\varepsilon = 2$ gibt es also $N = 0$, sodass alle c_n mit $n > N = 0$ im ε-Schlauch um die Null $(-\varepsilon, \varepsilon) = (-2, 2)$

liegen. Aber die Grenzwertdefinition verlangt $\forall \varepsilon > 0$ usw., und ein einzelnes ε wie $\varepsilon = 2$ beweist keine Allaussage.

Eine blonde Frau beweist schließlich nicht, dass alle Frauen blond sind. Aber eine einzige dunkelhaarige Frau widerlegt die Behauptung, alle Frauen seien blond.

1.2.4   Noch eine Beispielfolge

In den bisherigen Beispielen konnten wir recht einfach das kleinste N in Abhängigkeit von ε ausrechnen, für das die Grenzwertdefinition zu einer wahren Aussage wurde, oder wir konnten zeigen, dass es für ein bestimmtes $\varepsilon > 0$ kein solches N gibt. Das muss nicht immer derartig gradlinig gelingen, was aber nicht schlimm ist, denn es ist nur die Existenz eines N gefordert, keineswegs die Angabe des kleinstmöglichen N. Wir illustrieren dies an einem weiteren Beispiel, bei dem wir zwei mögliche N und $\tilde{N}$ ausrechnen. Zuerst bestimmen wir das kleinstmögliche N, und dann benutzen wir eine Abschätzung, um die Rechnung zu vereinfachen. Allerdings wird die Überlegung dadurch um den argumentativen Schritt der Abschätzung schwieriger. Aber sehen wir uns die Überlegung an.

Wir betrachten jetzt eine Folge $(z_n)_{n=1}^{\infty}$, die dadurch entsteht, dass wir die Folge $(g_n)_{n=1}^{\infty}$ leicht abändern. Die Folgenglieder seien

$$z_n = \frac{1}{n} + \frac{1}{n^2}.$$

Wir sehen wieder, dass diese Folge gegen 0 konvergiert, weil die beiden Terme mit wachsendem n immer kleiner und kleiner werden. Die Abschätzung in Gl. 1.8 können wir nicht analog anwenden, denn aus

$$n > \frac{1}{\varepsilon} \quad \text{folgt} \quad z_n = \frac{1}{n} + \frac{1}{n^2} < \varepsilon + \varepsilon^2.$$

Aus $n > \frac{1}{\varepsilon}$ folgt aber nicht die Bedingung $z_n = |z_n - 0| < \varepsilon$ aus der Grenzwertdefinition. Also suchen wir ein zur Folge $(z_n)_{n=1}^{\infty}$ passendes N. Wir fragen uns, ob wir für ein N sicher sein können, dass die Ungleichung

$$|z_n - 0| = \frac{1}{n} + \frac{1}{n^2} < \varepsilon \tag{1.11}$$

für alle $n > N$ gilt. Zur Beantwortung dieser Frage gibt es zwei unterschiedliche Zugänge. Bisher haben wir jeweils versucht, die Ungleichung so umzuformen, dass wir eine Abschätzung $n > \ldots$ gefunden haben, für die die Ungleichung gilt. Der Term, der jetzt durch die drei Punkte ... markiert wurde, diente dann als Index N. Da wir jetzt eine Ungleichung mit einem quadratischen Term haben, wird uns dies nicht ohne Weiteres gelingen.

Der erste Zugang zur Lösung besteht darin, über die Ungleichung 1.11 intensiv nachzudenken und nach einem geeigneten N Ausschau zu halten, das nicht das bestmögliche N sein muss. Dieser Zugang erfordert eine Vorstellung vom Verhalten der beteiligten Terme. Im Fall der Ungleichung 1.11 wird sich dies nicht als wirklich schwierig herausstellen, aber im Allgemeinen ist der Erfolg des intensiven Nachdenkens nicht garantiert. Ein Vorteil dieses Zugangs besteht darin, dass wir sehr großzügig nach irgendeinem geeigneten N Ausschau halten und uns dadurch die Suche so einfach wie möglich machen können.

Der zweite Zugang besteht darin, die Stelle N auszurechnen, ab der die Ungleichung 1.11 gilt. Dazu muss man diejenigen kritischen Indizes n_{crit} ausrechnen, bei denen statt der Kleinerrelation eine Gleichheit gilt. Bei dieser Rechnung kann als kritische Grenze n_{crit} eine beliebige reelle Zahl herauskommen. Durch Betrachtung der Terme und etwas Argumentation erkennt man nach der Rechnung, ob die betrachtete Ungleichung für Indizes n gilt, die größer oder die kleiner als die kritische Grenze n_{crit} sind. Bisher haben wir diesen Zugang angewendet, weil die Abschätzungen genügend einfach waren. Betrachten Sie die vorigen Abschätzungen bitte noch einmal von diesem Standpunkt aus und identifizieren Sie die jeweiligen n_{crit}.

Der entscheidende Nachteil dieses Vorgehens besteht im Allgemeinen darin, dass wir eine recht komplizierte Gleichung lösen müssen, um n_{crit} zu bestimmen. Manchmal ist das Lösen der entstehenden Gleichung schlicht unmöglich. Einige Studierende empfinden diesen Zugang trotzdem als angenehmer. Möglicherweise liegt das daran, dass man erst rechnen kann und später nachdenken muss.

Wir führen beide Zugänge vor und beginnen mit dem ersten. Dazu betrachten wir den Term

$$\frac{1}{n} + \frac{1}{n^2}. \tag{1.12}$$

Wir stellen fest, dass n^2 für größer werdende n sehr viel schneller groß wird als n selbst. Deshalb wird $\frac{1}{n^2}$ sehr viel schneller klein als das Reziproke von n. Der Term 1.12 besteht also im Wesentlichen aus $\frac{1}{n}$ und einem sehr viel schneller klein werdenden Kleinkram. Wir möchten wissen, ab welchem $n > N$ der Term 1.12 kleiner als ein gegebenes, aber beliebiges $\varepsilon > 0$ wird. Der Ausdruck $\frac{1}{\varepsilon}$, den wir bei der Betrachtung der Folge $(g_n)_{n=1}^{\infty}$ gefunden haben, eignet sich nicht dazu, denn eingesetzt in den Term 1.12 entsteht

$$\frac{1}{\frac{1}{\varepsilon}} + \frac{1}{(\frac{1}{\varepsilon})^2} = \varepsilon + \varepsilon^2,$$

was größer als ε ist. Es ist aber nicht viel größer. Wenn wir ein N probieren, das etwas größer als $\frac{1}{\varepsilon}$ ist, könnten wir Erfolg haben. Besser als das Ausprobieren von Termen für N ist es, zielgerichtet zu suchen. Dazu könnten wir feststellen, dass $n^2 \geq n$ für alle $n \in \mathbb{N}$ gilt und dass diese Ungleichung für große n immer gröber wird. Wir wissen damit, dass

$$\frac{1}{n} + \frac{1}{n^2} \leq \frac{1}{n} + \frac{1}{n} = \frac{2}{n}$$

für alle Indizes $n \geq 1$ gilt. Sollte es uns nun gelingen, $\frac{2}{n}$ kleiner als ein gegebenes $\varepsilon > 0$ zu machen, so ist der Term 1.12, der ja kleiner als $\frac{2}{n}$ ist, erst recht kleiner als ε. Also nehmen wir $N = \frac{2}{\varepsilon}$ und überprüfen, dass für alle $n > N$ die Abschätzung

$$\frac{1}{n} + \frac{1}{n^2} \leq \frac{2}{n} < \frac{2}{N} = \frac{2}{\frac{2}{\varepsilon}} = \varepsilon$$

gilt. Wir finden also für alle $\varepsilon > 0$ ein geeignetes N, nämlich $N = \frac{2}{\varepsilon}$. Dieses N ist nicht das bestmögliche, aber das stört die Argumentation nicht. Damit haben wir für die Folge $(z_n)_{n=1}^{\infty}$ nachgewiesen, dass sie gegen 0 konvergiert, und wir haben dies direkt aus der Grenzwertdefinition getan, um uns mit ihr vertraut zu machen. Dieser Zugang gelingt nicht immer so direkt. Doch in der Übungsphase haben wir ein vergleichsweise einfaches Beispiel gewählt, bei dem wir ein geeignetes N gut finden konnten.

Eine alternative Überlegung für diesen ersten Zugang ist übrigens

$$\frac{1}{n} + \frac{1}{n^2} < \frac{1}{N} + \frac{1}{N^2} = \frac{\varepsilon}{2} + \frac{\varepsilon^2}{4} < \varepsilon,$$

und da N mindestens 1 ist, liegt $\varepsilon = \frac{2}{N}$ zwischen 0 und 2, sodass $\frac{\varepsilon^2}{4} \leq \frac{\varepsilon}{2} \cdot \frac{\varepsilon}{2} \leq \frac{\varepsilon}{2}$ die letzte Abschätzung begründet.

Der zweite Zugang ist rechenlastig. Wir berechnen zunächst die kritischen n_{crit}, für die der Term 1.12 gleich ε wird, d. h.

$$\frac{1}{n_{\mathrm{crit}}} + \frac{1}{n_{\mathrm{crit}}^2} = \varepsilon.$$

Ein wenig Bruchrechnung und Termumformung liefert uns

$$\frac{n_{\mathrm{crit}} + 1}{n_{\mathrm{crit}}^2} = \varepsilon, \quad n_{\mathrm{crit}} + 1 = \varepsilon n_{\mathrm{crit}}^2 \quad \text{und} \quad 0 = n_{\mathrm{crit}}^2 - \frac{n_{\mathrm{crit}}}{\varepsilon} - \frac{1}{\varepsilon}. \tag{1.13}$$

Wir haben eine quadratische Gleichung in der Unbekannten n_{crit} erhalten und berechnen die beiden Nullstellen

$$n_{\mathrm{crit},1} = \frac{1}{2\varepsilon} + \sqrt{\frac{1}{4\varepsilon^2} + \frac{1}{\varepsilon}} \quad \text{und} \quad n_{\mathrm{crit},2} = \frac{1}{2\varepsilon} - \sqrt{\frac{1}{4\varepsilon^2} + \frac{1}{\varepsilon}}.$$

Der letzte Term in Gl. 1.13 beschreibt eine nach oben geöffnete Parabel in n_{crit}. Sie erkennen dies, wenn Sie sich n_{crit}, das Sie gern kurzzeitig in x umbenennen können, auf der waagerechten Achse vorstellen und auf der senkrechten Achse den quadratischen Ausdruck $n_{\mathrm{crit}}^2 - \frac{1}{\varepsilon} n_{\mathrm{crit}} - \frac{1}{\varepsilon}$ eintragen.

Beim Berechnen der Nullstellen haben wir herausgefunden, dass wir den Wurzelterm, der übrigens Diskriminante der quadratischen Gleichung heißt, für alle $\varepsilon > 0$

auswerten können, weil er positiv ist. Damit hat die Parabel in n_{crit} zwei reelle
Nullstellen, nämlich $n_{\text{crit},1}$ und $n_{\text{crit},2}$. Da die Parabel nach oben geöffnet ist, hat
sie zwischen den Nullstellen Werte kleiner als null und außerhalb der Nullstellen
Werte größer als null.

Wir bezeichnen die größere der beiden Nullstellen mit $\tilde{N} = n_{\text{crit},1} > n_{\text{crit},2}$, und
wir verwenden die Bezeichnung $\tilde{N}$, um es vom obigen N zu unterscheiden. Dann
gelten für alle $n > \tilde{N}$, also für alle n oberhalb der größeren Nullstelle der nach oben
geöffneten Parabel, die Abschätzungen

$$0 < n^2 - \frac{n}{\varepsilon} - \frac{1}{\varepsilon}, \quad \frac{n+1}{\varepsilon} < n^2 \text{ und damit } \frac{n+1}{n^2} < \varepsilon.$$

Wir haben somit gezeigt, dass wir zu allen $\varepsilon > 0$ ein $\tilde{N}$ ausrechnen können, sodass
ab diesem Index, also für alle $n > \tilde{N}$, die Bedingung 1.11 gilt. Damit haben
wir anhand dieses zweiten Zugangs gezeigt, dass die Folge $(z_n)_{n=1}^{\infty}$ gegen 0
konvergiert. Bedenken Sie bitte, dass die Rechnung relativ einfach war, weil wir
ein einfaches Beispiel gewählt haben. Der zweite Zugang kann für kompliziertere
Terme in den Folgengliedern technisch sehr aufwendig werden. Er liefert aber, wenn
er gelingt, das bestmögliche $\tilde{N}$. In unserem Fall gilt also $\tilde{N} \leq N$, wie Sie zu
Übungszwecken sicher gern nachrechnen. Wir merken uns, dass wir zum Nachweis
der Grenzwerteigenschaft aus der Definition nicht das bestmögliche N, sondern nur
irgendein N brauchen.

Idealerweise kombiniert man beide Zugänge, rechnet und formt um, wo dies
nötig ist, behält aber mögliche Abschätzungen der Terme im Blick.

Wir hatten die Beantwortung typischer Fragen versprochen. Beginnen wir mit
der Frage, warum die Grenzwertdefinition so kompliziert ist, wie sie ist, wo wir
doch eine intuitive Vorstellung von Konvergenz und damit vom Grenzwert haben.
Im Ringen um eine mathematisch belastbare, streng formale und von der Intuition
befreite Definition hat sich diese Definition von Augustin-Louis Cauchy als die
einfachste durchgesetzt. Persönlich nachvollziehen kann man die Einfachheit nur,
wenn man versucht, eine eigene Grenzwertdefinition zu entwickeln, und dann
konsequent überprüft, ob sie zu dem intuitiven Begriff des Strebens einer Folge
gegen einen Grenzwert passt. Für die bestehende Grenzwertdefinition spricht, dass
viele mathematische Beweise mit ihr gelingen, wie wir in Abschn. 1.3 sehen
werden.

Okay. Wenn wir im Vertrauen auf das frühere Ringen und die millionenfache
Anwendung akzeptiert haben, dass die Grenzwertdefinition in Gl. 1.7 eine einfache
Definition ist, so taucht vielleicht die Frage auf, warum wir den Grenzwert
überhaupt definieren müssen. Nun, ja, tiefes Luftholen. Mathematik beschäftigt sich
mit Begriffen aus unserem Denken und operiert auf ihnen durch logisch belastbare
Schlüsse. Vor allem in Zweifelsfällen stehen Begriffe und Schlüsse auf Gefühlen
und Intuitionen nicht sicher.

Eine weitere häufige Frage von Studierenden lautet: „Was muss man nun
rechnen?" Mathematik besteht nicht nur aus dem Rechnen. Einige Rechenaufgaben
enthalten ein wenig Mathematik, und Mathematik macht das Rechnen leichter, aber

Mathematik und Rechnen sind keineswegs dasselbe. An der Grenzwertdefinition üben wir unser Argumentationsvermögen und unsere logischen Schlussweisen, und deshalb taucht diese gefürchtete Definition in fast allen Mathematikvorlesungen auf. Wollten wir nur Grenzwerte für Klausuraufgaben ausrechnen, so bräuchten wir ein paar Rechenregeln und einige spezielle Grenzwerte. Wirklich ausrechnen können Grenzwerte heute Computeralgebrasysteme, oft sogar besser als die meisten Wissenschaftler. Doch Computer können nicht nachdenken oder gar neue Zugänge zu Problemen entwickeln.

Wozu braucht man die Grenzwertdefinition genau? Wir schauen in den folgenden Abschn. 1.3 und werden sehen, dass eine gründliche Begriffsdefinition für die Untersuchung von Schlussfolgerungen über konvergente Folgen wichtig ist.

1.3   Kleine Beweise

Jetzt nutzen wir die Grenzwertdefinition, um Beziehungen zwischen den Eigenschaften von Folgen zu beweisen. Wir formulieren die Beziehungen als mathematische Sätze, die wir beweisen werden. Für diese Beweise brauchen wir unsere mathematisch belastbare Grenzwertdefinition.

Manche Studierenden schrecken vor Beweisen zurück, aber Beweise sind einerseits das Kernstück der Mathematik und andererseits die Spielwiese unseres Denkens und damit unserer Begriffe. Sie sind Beispiele für Argumentationen, und da wir in der Mathematik keine Aussage einfach hinnehmen, sondern sie immer begründen, herleiten, motivieren usw., beweisen wir in der Mathematik fortwährend. Hier trauen wir uns, vor die Beweise das Wort Beweis zu schreiben. Aber bevor wir mit dem eigentlichen Beweis beginnen, denken wir ein wenig über die im jeweiligen Satz formulierte Aussage nach und werden sehen, dass der anschließende Beweis die Ergebnisse dieses Nachdenken nur formalisiert.

Satz 1.1 *Jede konvergente Folge ist beschränkt.*

Der Satz besagt, dass eine Folge $(a_n)_{n=0}^{\infty}$, die gegen einen Grenzwert konvergiert, nicht zwischendurch beliebig groß oder betragsgroß negativ werden kann. Wir nennen den Grenzwert a und formulieren die Aussage etwas mathematischer: Wenn $\lim_{n \to \infty} a_n = a$ gilt, dann gibt es eine untere Schranke $u \in \mathbb{R}$ und eine obere Schranke $s \in \mathbb{R}$, sodass $a_n \in [u, s] \ \forall n \in \mathbb{N}$ gilt.

Bleiben wir noch einen Moment bei dieser Behauptung, und fragen wir uns, was es hieße, wenn die Behauptung nicht stimmen würde. Dann müsste es eine Folge geben, die konvergiert, aber nicht beschränkt ist, also eine Folge, die gegen einen Grenzwert strebt und gleichzeitig größer als jede denkbare obere Schranke s oder kleiner als jede denkbare untere Schranke u wird.

Wenn eine Folge aber jede denkbare obere Schranke s übersteigt, dann gibt es zu jedem $s \in \mathbb{R}$ ein Folgenglied a_n, das größer als s ist. Wie in dem – zugegeben sinnlosen – Kleinejungsspiel „Wer kennt die größte Zahl?" kann man zu jedem

Vorschlag s ein noch größeres Element a_n der Folge präsentieren. Die Aussage des Satzes 1.1 ist nun, dass sich ein unbeschränktes Wachstum nicht mit der Konvergenz einer Folge vereinbaren lässt, dass also aus der Konvergenz einer Folge $(a_n)_{n=0}^{\infty}$ die Beschränktheit zwingend folgt.

Die Beweisidee ist überschaubar: Wenn eine Folge konvergiert, dann liegen alle Folgenglieder ab dem Index N in dem ε-Schlauch, zu dem dieses N gehört. Das unendlich lange Ende der Folge ab N besteht aus Folgengliedern, die größer als $a - \varepsilon$ und kleiner als $a + \varepsilon$ sind. Der Anfang – sozusagen die Jugend der Folge – besteht nur aus endlich vielen Folgengliedern, nämlich aus denen mit $n < N$.

Bei diesen Formulierungen haben wir so getan, so wäre N eine natürliche Zahl und würde als Index auftreten. In unseren Beispielen haben wir oft solche N in Abhängigkeit von ε ausgerechnet, die keine natürlichen Zahlen waren. Das ist aber nicht schlimm, denn in der Grenzwertdefinition brauchen wir nur die Existenz eines N, sodass wir unbesorgt die nächstgrößere natürliche Zahl verwenden können.

Unter endlich vielen Werten gibt es einen größten und einen kleinsten Wert, also ein Maximum und ein Minimum. Wir sehen dies, wenn wir die endlich vielen Werte sortieren und den ersten und letzten Wert finden. Bei unendlich vielen Zahlen wie bei den Elementen der Folge $(b_n)_{n=0}^{\infty}$, vgl. Abb. 1.2, kann es dagegen passieren, dass es kein kleinstes Element gibt und wir statt eines Minimums nur seine Verallgemeinerung, nämlich das Infimum, finden.

Nachdem wir all diese Überlegungen diskutiert haben, sammeln wir sie in kompakterer Form in einem mathematisch formulierten Beweis.

Beweis: Die Folge $(a_n)_{n=0}^{\infty}$ konvergiere gegen den Grenzwert a, d. h. $\lim\limits_{n \to \infty} a_n = a$. Wir wählen unter allen ε ein festes aus. Zu diesem ausgewählten ε gibt es ein N, und es gibt sogar eine natürliche Zahl $N \in \mathbb{N}$, sodass

$$|a_n - a| < \varepsilon \ \forall n > N \ \text{ und damit } a_n \in (a - \varepsilon, a + \varepsilon) \ \forall n > N$$

gilt. Wir sehen also, dass das unendlich lange Ende der Folge durch $a - \varepsilon$ von unten und durch $a + \varepsilon$ von oben beschränkt ist.

Die endlich lange Jugend der Folge, also die Werte $a_0, \ldots, a_N$ bis zum Beginn des unendlich langen Endes, können wir durch ihren maximalen und minimalen Wert abschätzen. Formal notieren wir die etwas banal erscheinende Abschätzung für die Folgenglieder $a_n, n = 0, \ldots, N$ aus der Jugend der Folge als

$$u_{\text{anf}} = \min_{n=0,\ldots,N} \{a_0, \ldots, a_N\} \le a_n \le \max_{n=0,\ldots,N} \{a_0, \ldots, a_N\} = s_{\text{anf}}. \tag{1.14}$$

Hier steht nur, dass jeder Schüler einer Klasse nicht kleiner als der kleinste Schüler der Klasse und nicht größer als der größte Schüler der Klasse ist. Diese Aussage ist extrem simpel, aber sie formalisiert unsere Vorüberlegungen, dass wir im endlich langen Anfang der Folge ein größtes und ein kleinstes Element finden.

Jetzt wissen wir, dass die ersten N Folgenglieder nicht größer als $s_{\text{anf}} \in \mathbb{R}$ werden und dass die danach folgenden unendlich vielen Elemente nicht größer als $a + \varepsilon$

sind. Kein Folgenglied wird also größer als das Maximum von beiden. Analog gilt dies für die untere Grenze, und wir haben

$$u = \min\{u_{\mathrm{anf}}, a - \varepsilon\} \le a_n \le \max\{s_{\mathrm{anf}}, a + \varepsilon\} = s$$

für alle $n \in \mathbb{N}$ nachgewiesen. Die Folge $(a_n)_{n=0}^{\infty}$, deren Konvergenz wir vorausgesetzt hatten, ist damit beschränkt, und unsere Behauptung ist bewiesen. $\square$

Das war eine wirklich ausführliche Diskussion des kleinen Satzes 1.1. Wahrscheinlich wird die Präsentation dieses Satzes in Ihrer Vorlesung kürzer ausfallen. Hier haben Sie gelesen, wie Sie die oft sehr reduziert und formal notierten Zusammenhänge mit Leben füllen können.

Vor lauter Ausführlichkeit ist uns in Gl. 1.14 eine gewisse Ungenauigkeit unterlaufen. Der Index n taucht in zwei Bedeutungen auf, nämlich einmal als Index n von den Elementen a_n, $n = 0, \ldots, N$, die durch ihr Minimum und Maximum abgeschätzt werden, und einmal als Laufindex für die Beschreibung des Minimums und Maximums. Wahrscheinlich würde man deshalb einen der Indizes anders bezeichnen, z. B. mit $\tilde{n}$. Überlegen Sie, an welchen Stellen dies im Beweis sinnvoll oder notwendig wäre.

Übrigens gilt die Umkehrung von Satz 1.1 nicht. Zwar haben wir bewiesen, dass jede konvergente Folge beschränkt ist, aber nicht jede beschränkte Folge ist konvergent. Beispielsweise haben wir bestätigt, dass die alternierenden Folge $(c_n)_{n=0}^{\infty}$ aus Gl. 1.3, bei der sich die Glieder -1 und 1 abwechseln, nicht konvergiert. Gleichwohl verlässt sie das Intervall $[-1, 1]$ nie und ist beschränkt. Die Eigenschaft einer Folge, konvergent zu sein, ist also einschränkender als die, beschränkt zu sein. Die konvergenten Folgen bilden eine Teilmenge der Menge der beschränkten Folgen.

Wir werden das Beweisen mit einem weiteren Satz üben, der aus der Beschränktheit der Folge und einer weiteren Bedingung, nämlich ihrer Monotonie, auf die Konvergenz der Folge schließt. Bei dieser zweiten Diskussion eines Beweises werden wir nicht ganz so ausführlich sein. Die Argumentation hat eine gewisse Schönheit, also genießen Sie bitte.

Satz 1.2 (Monotoniekriterium) *Eine beschränkte und monoton wachsende Folge* $(a_n)_{n=0}^{\infty}$ *ist in $\mathbb{R}$ konvergent.*

Diese Aussage stellen wir uns bildlich vor. Die Folge wächst und wächst, wird aber nie größer als eine obere Schranke s. Da die Folgenglieder immer größer als ihr vorangehendes Folgenglied sind, bleibt ihnen nur, irgendwann fast stehen zu bleiben. Natürlich muss die Folge nicht bis zu der uns gerade bekannten Schranke s wachsen, sondern kann vorher nahezu aufhören zu wachsen. Sie bemerken sicher, dass wir mit Formulierungen wie „fast stehen bleiben" und „nahezu aufhören zu wachsen" das Wort konvergieren vermeiden wollen, und doch wird die Folge gegen einen Grenzwert konvergieren. Genau das enthält der jetzt folgende Beweis.

Beweis: Da die Folge $(a_n)_{n=0}^{\infty}$ durch s von oben beschränkt ist, hat sie auch eine kleinste obere Schranke, nämlich ihr Supremum $s_{\min} = \sup\limits_{n \in \mathbb{N}} a_n$, das wir als kleinste obere Schranke mit $s_{\min}$ bezeichnen. Hier müssen wir uns wieder auf die Deklamation verlassen, dass die Natur der reellen Zahlen $\mathbb{R}$ die Existenz einer kleinsten oberen Schranke gewährleistet.

Da $s_{\min}$ die kleinste obere Schranke ist, ist jeder kleinere Wert $s_{\min} - \varepsilon$ mit $\varepsilon > 0$ keine obere Schranke. Wenn $s_{\min} - \varepsilon$ keine obere Schranke ist, so gibt es ein Element der Folge, welches größer ist. Wir nennen es a_N, oder genau genommen benennen wir den Index dieses einen Elements der Folge mit N, und es gilt $a_N > s_{\min} - \varepsilon$.

Andererseits wächst die Folge $(a_n)_{n=0}^{\infty}$ monoton, sodass alle nachfolgenden Folgenglieder wenigstens nicht kleiner als a_N sind. Es gilt also $a_n \geq a_N \; \forall n > N$. Gleichzeitig sind alle $a_n \leq s_{\min} < s_{\min} + \varepsilon$ kleiner gleich der kleinsten oberen Schranke und damit kleiner als jeder größere Wert wie $s_{\min} + \varepsilon$. Zusammengefasst gilt also

$$\forall \varepsilon > 0 \; \exists N : s_{\min} - \varepsilon < a_n < s_{\min} + \varepsilon \; \forall n > N.$$

In der inneren Abschätzung steht, dass a_n sich ab dem Index $n > N$ von $s_{\min}$ um höchstens ε unterscheidet. Diese Aussage gilt unabhängig von der speziellen Wahl von $\varepsilon > 0$, also insbesondere für sehr kleine $\varepsilon > 0$, für die das zugehörige N größer wird. Damit haben wir genau die definierende Forderung in Gl. 1.7 nachgewiesen, und die Folge $(a_n)_{n=0}^{\infty}$ konvergiert gegen $s_{\min}$. □

Ganz analog kann man den Beweis für monoton fallende beschränkte Folgen führen. Alternativ überlegt man sich, dass aus einer monoton fallenden Folge durch Multiplikation mit -1 eine monoton wachsende Folge wird, für die man die Aussage des Satzes 1.2 nutzen kann.

Wesentlich kritischer ist eine Frage, die wir hier nur anreißen wollen. Es geht darum, in welchem Zahlenbereich die Aussage von Satz 1.2 gilt. Wir haben im Beweis gesehen, dass der Grenzwert der beschränkten monoton wachsenden Folge gleich ihrem Supremum $s_{\min} = \sup\limits_{n \in \mathbb{N}} a_n$ ist.

Es könnte nun passieren, dass dieses Supremum eine reelle, aber keine rationale Zahl ist, dass also $s_{\min} \in \mathbb{R} \setminus \mathbb{Q}$ gilt. Gleichzeitig können die Folgenglieder alle rationale Zahlen sein, d. h. $a_n \in \mathbb{Q} \; \forall n \in \mathbb{N}$. Wir werden in Abschn. 1.4 mit der rekursiv definierten Folge $(d_n)_{n=0}^{\infty}$ aus Gl. 1.4 ein solches Beispiel betrachten. Wir verraten im Voraus: Die Folge $(d_n)_{n=0}^{\infty}$ rationaler Zahlen hat einen irrationalen Grenzwert.

Innerhalb der rationalen Zahlen $\mathbb{Q}$ gilt Satz 1.2 nicht, denn es könnte passieren, dass die Folge $(a_n)_{n=0}^{\infty}$ mit rationalen Gliedern $a_n \in \mathbb{Q}$ alle Voraussetzungen erfüllt, dass ihr Supremum und damit ihr Grenzwert aber nicht im Bereich der rationalen Zahlen liegt. Wenn wir nur die rationalen oberen Schranken anschauen, würden wir unter ihnen keine kleinste rationale obere Schranke finden. Der Beweis wäre innerhalb der rationalen Zahlen damit hinfällig. Deshalb ist die kleine Notiz „in $\mathbb{R}$" in Satz 1.2 wichtig. Ohne die Notiz wäre der Satz falsch.

Auf den ersten Blick erscheint es vielleicht seltsam, einer Folge rationaler Zahlen die Konvergenz abzusprechen, bloß weil ihr Grenzwert irrational ist. Wir wissen doch, dass sie gegen einen Wert a, wenn auch gegen einen irrationalen Wert $a \in \mathbb{R}\backslash\mathbb{Q}$ strebt. Rein formal gibt es aber dann keinen Wert a in den betrachteten rationalen Zahlen $\mathbb{Q}$, der der definierenden Anforderung in Gl. 1.7 genügt. Damit konvergiert eine solche Folge nicht in $\mathbb{Q}$, wohl aber in $\mathbb{R}$.

Die entscheidende Eigenschaft der reellen Zahlen heißt Vollständigkeit. Bei der Unterscheidung von rationalen und reellen Zahlen wirkt die Frage nach der Zugehörigkeit des Grenzwerts etwas künstlich oder akademisch. Das Nachdenken darüber soll uns darauf vorbereiten, dass wir Konvergenz mit komplizierteren Objekten als reellen oder rationalen Zahlen diskutieren wollen. Denken Sie beispielsweise an die Dichte der Normalverteilung mit Erwartungswert 0. Für kleiner werdende Varianz σ^2 wird die Gauß-Glocke

$$\varrho(x) = \frac{1}{\sigma\sqrt{2\pi}} e^{-\frac{x^2}{2\sigma^2}} \quad \text{mit} \quad \int\limits_{-\infty}^{\infty} \varrho(x)\,dx = 1$$

immer stärker zusammengepresst, der Buckel wird immer schmaler, höher und krummer. Zeichnen Sie die Gauß-Glocken für unterschiedliche σ, oder suchen Sie Darstellungen. Im Grenzfall $\sigma^2 = 0$ können Sie $\varrho = \varrho(x)$ nicht auswerten, weil Sie durch $\sigma = 0$ dividieren müssten. Auch der Grenzwert der Funktionen $\varrho = \varrho(x)$ für $\sigma \to 0$ ist keine Funktion, denn bei $x = 0$ streben die Funktionswerte $\varrho(0)$ gegen unendlich. Andererseits existiert aber der Grenzwert der Zufallsereignisse für $\sigma \to 0$. Ohne Varianz, also für $\sigma^2 = 0$, liegt keine Streuung vor, und der Ausgang des Zufallsexperiments ist immer der Erwartungswert 0. Die Frage, ob ein Grenzwert existiert oder nicht, hängt davon ab, in welcher Menge wir uns bewegen.

Diese Anmerkung soll Ihnen verdeutlichen, dass die Frage des Zahlbereichs $\mathbb{Q}$ oder $\mathbb{R}$ sehr wohl eine Rolle spielt und keine Spinnerei von Mathematikern ist. Vergleichen Sie sie mit der Frage, ob es „hier" giftige Skorpione gebe? Wenn „hier" Ihren Garten im Weserbergland beschreibt, so ist die Antwort hoffentlich Nein. Wenn „hier" Europa meint, dann ist die Antwort Ja.

Wir schließen diesen Abschnitt mit dem Vergleichskriterium für Folgen. Wir sperren eine unbekannte Folge zwischen zwei als bekannt gedachten Folgen ein.

Satz 1.3 (Vergleichskriterium) *Wenn für zwei Folgen $(u_n)_{n=0}^{\infty}$ und $(s_n)_{n=0}^{\infty}$ mit* $\lim\limits_{n\to\infty} u_n = \lim\limits_{n\to\infty} s_n = a$ *die Einschließung* $u_n \leq a_n \leq s_n$ *$\forall n \in \mathbb{N}$ gilt, dann konvergiert auch die Folge $(a_n)_{n=0}^{\infty}$ gegen a.*

Beweis: In einem langen Gang ohne Ausweg befindet sich die Übeltäterin A zwischen der Polizistin Ulli und dem Polizisten Stephan. Ihre Aufenthaltsorte zum Zeitpunkt n seien mit a_n für A, u_n für Ulli und s_n für Stephan bezeichnet. A kann weder an Ulli noch an Stephan vorbei. Wenn sich Ulli und Stephan in diesem endlosen Film für $n \to \infty$ beide auf denselben Punkt a zubewegen, so bleibt der Übeltäterin A nichts anderes übrig, als auch gegen den Punkt a zu konvergieren. $\square$

Schließlich erwähnen wir die Rechenregel, dass die Summe von zwei konvergenten Folgen gegen die Summe der Grenzwerte konvergiert. Formal liest sich das als

$$\lim_{n \to \infty} (a_n + z_n) = \lim_{n \to \infty} a_n + \lim_{n \to \infty} z_n. \tag{1.15}$$

In dieser Beziehung steht, dass wir die Summenbildung und die Grenzwertbildung vertauschen können, wenn alle Grenzwerte existieren. Die Summe der Grenzwerte ist dann gleich dem Grenzwert der Summe.

Solche Vertauschbarkeitsaussagen sind keineswegs selbstverständlich, vgl. Kap. 8. Beispielsweise ist die Summe der Wurzeln zweier Zahlen nicht die Wurzel der Summe, wie wir an $\sqrt{16+9} \neq \sqrt{16} + \sqrt{9}$ eindrucksvoll sehen. Auch im täglichen Leben sind Handlungen nicht vertauschbar. Sie können eine Flasche Fassbrause erst öffnen und dann austrinken. Umgekehrt wird es kaum funktionieren. Da die Vertauschbarkeit von mathematischen Handlungen etwas Besonderes ist, werden solche Aussagen wie in Gl. 1.15 aufgezählt und gern formal bewiesen. Der Beweis ist aber nicht zuletzt deshalb langweilig, weil das Ergebnis so ungeheuer einsichtig ist. Zu einem systematischen Aufbau der Analysis gehört er hinzu, weil nur solche Aussagen in späteren Argumentationen verwendet werden, deren Gültigkeit durch einen Beweis gesichert ist. Der Beweis selbst gehört jedoch nicht zu den Herausforderungen, um die es hier geht. Er ist bis zur Trivialität einfach. Schwierig ist allein die Einsicht, warum er nötig ist.

Wir wollen die Rechenregel in Gl. 1.15 aber keineswegs als etwas Schematisches begreifen und verwenden, sondern bei jedem Rechenschritt mitdenken, ob unsere Umformungen sinnvoll und logisch einwandfrei sind.

1.4 Typische Grenzwerte

In diesem Abschnitt bestimmen wir einige Grenzwerte, deren Behandlung einen größeren technischen Aufwand erfordert. Gleichzeitig üben wir die Grenzwertdefinition, die wir bei den manchmal eher technischen Umformungen nicht aus den Augen verlieren.

Wir beginnen mit dem Grenzwert $\lim_{n \to \infty} q^n$. Wir fragen uns also, wogegen die Folge der Zahlen q^0, q^1, q^2, ... strebt. Diese Folge der Potenzen entsteht, wenn wir mit der Zahl $q^0 = 1$ beginnend die Folgenglieder immer wieder mit q multiplizieren. Eine solche Folge $(q^n)_{n=0}^{\infty}$ wird eine geometrische Folge genannt. Bemerken Sie bitte, dass der Index n in dieser kurzen Notation als Potenz auftaucht. Die Folgenglieder sind $a_n = q^n$.

Wir sehen, dass negative Zahlen q zu Potenzen mit abwechselndem Vorzeichen, wir sagen, mit alternierendem Vorzeichen, führen. Andererseits sehen wir, dass Zahlen q mit einem Betrag kleiner als 1 bei wiederholter Multiplikation mit sich selbst immer kleiner und kleiner werden und ähnlich wie die Folge $(b_n)_{n=0}^{\infty}$ gegen null streben.

Wir könnten hier ausholen und sehr formell feststellen, dass positive $q \in [0, 1)$ kleiner als 1 eine monoton fallende Folge $(q^n)_{n=0}^{\infty}$ bilden, die durch $u = 0$ und $s = 1$ beschränkt ist und die deshalb nach Satz 1.2 konvergiert. Da die Folgenglieder q^n für wachsende n unter jede positive Schranke fallen, konvergiert die Folge gegen null. Für den übersichtlichen Fall einer geometrischen Folge ist das natürlich etwas überformalisiert.

Ähnlich formell argumentieren wir noch einmal. Wir nehmen die negativen q hinzu und betrachten jetzt $q \in (-1, 1)$. Das Vergleichskriterium aus Satz 1.3 wenden wir auf $-|q|^n \leq q^n \leq |q|^n$ an. Eben haben wir formell begründet, dass die Potenzen $|q|^n$ nichtnegativer Zahlen $|q|$ mit $1 > |q| \geq 0$ gegen null streben. Also schließen wir, dass in diesem Fall auch $q^n \to 0$ gilt.

Für $q = 1$ bleiben die Potenzen 1, für $q > 1$ wachsen sie über alle Maßen, und wir fassen unsere Überlegungen zur Fallunterscheidung

$$\lim_{n \to \infty} q^n = \begin{cases} 0 & \text{für } q \in (-1, 1), \\ 1 & \text{für } q = 1, \\ \text{n. ex.} & \text{für } q \leq -1, \\ \infty & \text{für } q > 1 \end{cases} \tag{1.16}$$

zusammen. Hier steht n. ex. für einen nicht existierenden Grenzwert, und ∞ für eine Folge, die gegen ∞ strebt, also über alle Maßen wächst. Dabei ist ∞ kein Grenzwert, da es keine Zahl ist. Wir könnten in Gl. 1.7 auch keinen Abstand von ∞ definieren. Wir verwenden das Zeichen aber abkürzend, wenn die Folge immer größer und größer wird und dabei für jedes $s \in \mathbb{R}$ ein Index N existiert, ab dem die Folgenglieder größer als s sind und bleiben. Suchen Sie nach Verbindungen dieser Formulierung zur Grenzwertdefinition. Wir nennen eine Folge, die in diesem Sinne gegen ∞ oder in analoger Weise gegen $-\infty$ strebt, bestimmt divergent.

Seien Sie bitte vorsichtig mit der Alltagssprache. Das Wort bestimmt kommt daher, dass sich das Verhalten der Folge näher bestimmen lässt. Eine bestimmt divergente Folge divergiert in bestimmter Weise, nämlich gegen ∞ oder $-\infty$. Sie zappelt nicht. Alltagssprachlich verwenden wir das Wort bestimmt eher als verheißungsvolles Versprechen: Claudia wird bestimmt ein selbstgetöpfertes Geschenk mitbringen, und die Meinungen darüber werden bestimmt divergieren. Nein, diese Bedeutung von bestimmt ist in der Mathematik nicht gemeint.

Für $q < -1$ dagegen zappeln die Potenzen zwischen positiven und negativen Zahlen, wobei die Beträge immer größer werden. Die Folge ist divergent, aber nicht bestimmt divergent. Manchmal werden solche Folgen deshalb auch unbestimmt divergent genannt. Den Fall $q = -1$ haben wir mit der Folge $(c_n)_{n=0}^{\infty}$ in Gl. 1.3 bereits diskutiert.

Es bleibt die Frage, warum wir so eine lange Diskussion um das Verhalten von q^n für $n \to \infty$ geführt haben. Zum einen fixieren wir damit Zusammenhänge, zum anderen üben wir uns in der Anwendung der Sätze und Vorüberlegungen. Drittens ergeben sich, wie hier mit der bestimmt divergenten Folge, immer Teilaspekte, die wir entlang dieser Beispiele erfahren. Wenn wir für die Wahrnehmung dieser Teilaspekte einen handfesten Grund brauchen, vernebelt uns die Suche nach diesem Warum den Blick auf die nebenbei erworbenen Fähigkeiten. Und nur ganz nebenbei: In Kap. 2 über die Reihen werden wir die Folge $(q^n)_{n=0}^{\infty}$ der Potenzen q^n intensiv einsetzen.

Jetzt diskutieren wir eine Auswahl von Folgen, auf deren Grenzwerte wir erst durch weitere Überlegungen kommen. Manche davon muten etwas technisch an. Doch die technischen Schritte sind nur Hilfsmittel. Vielmehr geht es um die übergeordneten Gedankengänge, und zu ihrer Umsetzung brauchen wir die untergeordneten technischen Schritte. An jedem der Beispiele werden wir unterschiedliche Arbeitstechniken demonstrieren.

1.4.1   Die Folge $(r_n)_{n=1}^{\infty}$ mit $r_n = \left(1 + \frac{1}{n}\right)^n$

Die Folge und ihr Tauziehen zwischen der vergrößernden und der verkleinernden Tendenz für $n \to \infty$ haben wir uns im Umfeld von Gl. 1.6 bereits angeschaut. Jetzt benutzen wir den Satz 1.2, um nachzuweisen, dass diese Folge konvergiert, selbst wenn wir noch nicht wissen, gegen welchen Wert. Satz 1.2 sagt aus, dass beschränkte und zugleich monotone Folgen konvergieren. Wir prüfen die beiden Voraussetzungen.

Zuerst weisen wir nach, dass die Folge $(r_n)_{n=1}^{\infty}$ monoton wächst, dass also das nächste Folgenglied nicht kleiner als das vorige ist. Zu zeigen ist somit $r_n \leq r_{n+1}$. Es wäre ausreichend, wenn dies ab einem Index N, also für $n > N$, gilt, denn die endlich lange Jugend der Folge ist für ihr Konvergenzverhalten unerheblich.

Die zweite Voraussetzung in Satz 1.2, nämlich die Beschränktheit, werden wir nach der Monotonie nachprüfen, indem wir $r_n \leq 3 \ \forall n \in \mathbb{N}$ zeigen. Auch hier würde es wieder reichen, wenn die Beschränktheit für das unendlich lange Ende der Folge gilt. Aber wie bereits bei Satz 1.1 ändert der endlich lange Anfang die Eigenschaft der Beschränktheit nicht.

Die Beschränktheit von unten, also beispielsweise $0 \leq r_n$, sehen wir den Folgengliedern ohne besonderen Beweis an, weil die Glieder r_n aus n-ten Potenzen positiver Zahlen bestehen. Sie sind sogar größer als eins.

Wenn wir schließlich die Monotonie und die Beschränktheit der Folge $(r_n)_{n=1}^{\infty}$ gezeigt haben werden, wenden wir sehr kurz den Satz 1.2 an. Wir werden, ohne erneut darüber nachzudenken, mithilfe der bereits bewiesenen und damit gültigen Aussage des Satzes folgern, dass die Folge $(r_n)_{n=1}^{\infty}$ auch beschränkt ist.

Wir beginnen mit der Monotonie, und es wird technisch. Um die Monotonie nachzuweisen, nehmen wir die Potenz der Summe im Folgenglied r_n mittels der binomischen Formel auseinander und schreiben die entstehenden Ausdrücke zunächst ein wenig um.

Aber halt. Gelegentlich taucht bei Lernenden die Frage auf, warum man bei einem Beweis gerade auf die gewählte Art vorgeht und wie man selbst darauf kommen soll. Darauf entgegnen wir, dass gelungene Beweise mathematische Schmuckstücke sind, die meisterlich geschliffen und über lange Zeit immer wieder verbessert wurden. Die jeweilige Argumentation, die Ihnen in Vorlesungen oder in Lehrbüchern präsentiert wird, hat das große Ballkleid angezogen und erscheint in bestem Lichte. Ein trickreich gewählter Einstieg führt die Argumentation bestmöglich zum Ziel.

Vor allem bei längeren, aufwendigeren Beweisen wie dem folgenden, kann es sehr schwierig sein, einen eigenen Einstieg zu finden. Vermutlich würden viele studierte Mathematikerinnen und Mathematiker recht lange brauchen, wenn sie ohne äußere Hilfe unvorbereitet beweisen sollten, dass die Folge $(r_n)_{n=1}^{\infty}$ konvergiert. Also genießen Sie für einen Moment das Ballkleid der Argumentation. Wir werden erleben, dass der Einstieg, den Ausdruck r_n mittels der binomischen Formel trickreich umzuformen, erfolgreich die Monotonie der Folge $(r_n)_{n=1}^{\infty}$ bestätigt.

Die verallgemeinerte binomische Formel für $(x + y)^n$ liefert uns nach dem Weglassen der weiteren Potenzen von 1, mit denen multipliziert wird, den Ausdruck

$$r_n = \left(1 + \frac{1}{n}\right)^n = 1^n \left(\frac{1}{n}\right)^0 + \binom{n}{1}\left(\frac{1}{n}\right)^1 + \binom{n}{2}\left(\frac{1}{n}\right)^2 + \ldots + \binom{n}{n}\left(\frac{1}{n}\right)^n.$$

Das sieht wüst aus, gilt aber, und man rechnet es leicht nach. Man sollte solche Umformungen nachrechnen, um ein Gefühl für die Ausdrücke, hier beispielsweise für den Umgang mit den Binomialkoeffizienten, und die Bedeutung der Punkte ... zu bekommen.

Schreibt man nun die Binomialkoeffizienten gemäß ihrer Definition länglich auf und kürzt den zweiten Summanden gleich zur 1, so erhält man

$$r_n = 1 + 1 + \frac{n(n-1)}{1 \cdot 2} \cdot \frac{1}{n^2} + \frac{n(n-1)(n-2)}{1 \cdot 2 \cdot 3} \cdot \frac{1}{n^3} + \ldots$$
$$\ldots + \frac{n(n-1) \cdot \ldots \cdot (n - (n-1))}{1 \cdot 2 \cdot \ldots \cdot n} \cdot \frac{1}{n^n}.$$

Jetzt fassen wir die Nenner aus den Binomialkoeffizienten im k-ten Summanden, von $k = 0$ beginnend, zu Fakultäten $k! = 1 \cdot 2 \cdot \ldots \cdot k$ zusammen und verteilen die Faktoren n aus den Potenzen n^k im Nenner unter die herunterzählenden Faktoren $n(n-1) \cdot \ldots \cdot (n-k)$ im Zähler. Wir finden

$$r_n = 1 + 1 + \frac{1}{2!} \cdot \frac{n}{n} \cdot \frac{n-1}{n} + \frac{1}{3!} \cdot \frac{n}{n} \cdot \frac{n-1}{n} \cdot \frac{n-2}{n} + \ldots$$
$$\ldots + \frac{1}{n!} \cdot \frac{n}{n} \cdot \frac{n-1}{n} \cdot \frac{n-2}{n} \cdot \ldots \cdot \frac{n-(n-1)}{n}$$

und schreiben dies unter Verwendung von $\frac{n}{n} = 1$ als

$$r_n = 1 + 1 + \frac{1}{2!}\left(1 - \frac{1}{n}\right) + \frac{1}{3!}\left(1 - \frac{1}{n}\right)\left(1 - \frac{2}{n}\right) + \ldots$$
$$\ldots + \frac{1}{n!}\left(1 - \frac{1}{n}\right)\left(1 - \frac{2}{n}\right) \cdot \ldots \cdot \left(1 - \frac{n-1}{n}\right). \tag{1.17}$$

Wir haben bis hierhin das Folgenglied r_n anders aufgeschrieben, aber seinen Wert nicht verändert. Wenn Sie die Umformung nicht schon in dieser Form einleuchtend finden, sei Ihnen ein Zettel und ein Stift empfohlen, mit dem Sie jeden einzelnen Schritt nachvollziehen. Achten Sie dabei vor allem darauf, welcher Term sich in welchen umgeformten Term verwandelt.

Weit bohrender sind für viele Studierende allerdings zwei andere Fragen. Erstens die Frage, warum wir dies so und nicht anders tun. Je länger man die Umformungen erklärt, desto bohrender wird diese Frage. Kurz zur Erinnerung: Wir formen das Folgenglied auf diese Weise um, weil wir damit r_n und r_{n+1} werden vergleichen können, was wir in der ursprünglichen Form in Gl. 1.6 wegen des Tauziehens nicht können. Die zweite Frage lautet oft: Muss ich das können? Wir fragen zurück: In welchem Sinne können? Aber, nein. Die technischen Anteile der Beweise kann kaum jemand ohne Vorbereitung herunterleiern. Die aufwendigeren Umformungen sind die, die sich als einfachst mögliche Wege herausgestellt haben. Oft sind es kleine Kunstwerke, die man betrachten und nachvollziehen soll. Auswendiglernen soll man sie nicht.

Kommen wir nun zur eigentlichen Abschätzung. Wir gehen in zwei Teilschritten vor. Zunächst vergrößern wir den Ausdruck auf der rechten Seite von Gl. 1.17, indem wir die Nenner n zu $n + 1$ vergrößern. Die betreffenden Quotienten werden kleiner, und von den Einsen wird weniger abgezogen. Der Ausdruck wird größer, und es gilt

$$r_n \le 1 + 1 + \frac{1}{2!}\left(1 - \frac{1}{n+1}\right) + \frac{1}{3!}\left(1 - \frac{1}{n+1}\right)\left(1 - \frac{2}{n+1}\right) + \ldots$$
$$\ldots + \frac{1}{n!}\left(1 - \frac{1}{n+1}\right)\left(1 - \frac{2}{n+1}\right) \cdot \ldots \cdot \left(1 - \frac{n-1}{n+1}\right).$$

An dieser Stelle würden wir vielleicht intuitiv das Kleinerzeichen $<$ setzen, weil die rechte Seite echt größer geworden ist. Das stimmt, wenn tatsächlich Summanden auf der rechten Seite auftauchen, die wir durch die Veränderung von n zu $n + 1$ vergrößert haben. Solche Summanden tauchen jedoch erst ab $n \ge 2$ auf. Durch die Wahl des Zeichens $\le$ in der letzten Formel bleibt sie auch für $n = 1$ gültig, was zugegeben eine eher unnötige Spielerei ist.

Im zweiten Teilschritt ergänzen wir einen Term, und zwar einen, der die Summe mit einem weiteren Summanden, sozusagen mit dem Summanden der Nummer $n + 1$, konsequent fortsetzt. Das sieht dann so

$$r_n \leq 1 + 1 + \frac{1}{2!} \left(1 - \frac{1}{n+1}\right) + \frac{1}{3!} \left(1 - \frac{1}{n+1}\right) \left(1 - \frac{2}{n+1}\right) + \cdots$$

$$\cdots + \frac{1}{n!} \left(1 - \frac{1}{n+1}\right) \left(1 - \frac{2}{n+1}\right) \cdot \ldots \cdot \left(1 - \frac{n-1}{n+1}\right) + \cdots$$

$$\cdots + \frac{1}{(n+1)!} \left(1 - \frac{1}{n+1}\right) \left(1 - \frac{2}{n+1}\right) \cdot \ldots \cdot \left(1 - \frac{n-1}{n+1}\right) \left(1 - \frac{n}{n+1}\right)$$

$$= r_{n+1}$$

aus. Jetzt sehen wir, wozu die Umformungen nützlich waren. Denn rechts vom Vergleichszeichen steht nun ein Ausdruck für r_{n+1}, was wir überprüfen können, wenn wir r_{n+1} mittels Gl. 1.17 darstellen, indem wir $n+1$ für n einsetzen. Damit haben wir endlich – tiefes Luftholen – nachgewiesen, dass $r_n \leq r_{n+1}$ für alle n gilt und dass die Folge $(r_n)_{n=1}^{\infty}$ monoton wachsend ist.

Der Nachweis der Beschränktheit ist etwas kürzer. Wir starten von der bereits produzierten Darstellung in Gl. 1.17 und vergrößern diesmal die rechte Seite, indem wir die Terme in den Klammern, die alle positiv und kleiner als eins sind, durch Einsen ersetzen. Wir bekommen die Abschätzung

$$r_n = \left(1 + \frac{1}{n}\right)^n \leq 1 + 1 + \frac{1}{2!} + \frac{1}{3!} + \ldots + \frac{1}{n!}. \tag{1.18}$$

Diese Abschätzung, in die wir die Definition der Folge $(r_n)_{n=1}^{\infty}$ noch einmal hineingeschrieben haben, sieht geradezu hübsch aus. Wir können sie als einen Lohn der aufwendigen Umformungen ansehen, denn ohne die Umformungen hätten wir diese Abschätzung kaum nachweisen können. Wir merken sie uns, und werden in Kap. 2 auf sie zurückkommen. An der jetzigen Stelle können wir über die Summe der Reziproken der Fakultäten noch keine Aussage machen. Wir können aber die hübsche rechte Seite weiter vergrößern, indem wir $n! = 1 \cdot 2 \cdot 3 \cdot \ldots \cdot n \geq 1 \cdot 2 \cdot 2 \cdot \ldots \cdot 2 = 2^{n-1}$ nutzen. Damit verwandelt sich die Abschätzung in

$$r_n \leq 1 + 1 + \frac{1}{2^1} + \frac{1}{2^2} + \ldots + \frac{1}{2^{n-1}}. \tag{1.19}$$

Und zum Abschluss überlegen wir uns, was die Summe von einem Halben und einem Viertel und einem Achtel usw. ist. Addiert man zum Halben ein Viertel, so fehlt zur Eins, also zum Ganzen, gerade ein Viertel. Dazu kommt im nächsten Summanden ein Achtel, und jetzt fehlt noch ein Achtel zur Eins. So geht es mit den nächsten Summanden weiter, und die Summe von einem Halben und einem Viertel und einem Achtel usw. bleibt immer kleiner als 1. Wir konstatieren, dass $r_n \leq 3$ und genau genommen sogar $r_n < 3$ für alle n gilt. Die Folge $(r_n)_{n=1}^{\infty}$ ist somit beschränkt.

Damit haben wir gezeigt, dass die Folge $(r_n)_{n=1}^{\infty}$ monoton und beschränkt ist. Jetzt kommt die Anwendung des Satzes 1.2, welcher besagt, dass jede monotone und beschränkte Folge auch konvergent ist. Und die Folge $(r_n)_{n=1}^{\infty}$ ist konvergent.

Sie konvergiert allerdings nicht gegen die von uns verwendete obere Schranke 3, sondern gegen eine Zahl, die Sie möglicherweise schon als Euler'sche Zahl kennen, welche aber durch den Grenzwert

$$e = \lim_{n \to \infty} \left(1 + \frac{1}{n}\right)^n$$

erst definiert wird. Sie kann also nicht auf bereits bekannte Größen zurückgeführt werden. Die Euler'sche Zahl e wird übrigens nicht kursiv geschrieben, weil sie keine Variable ist, die unterschiedliche Werte annehmen kann. Sie ist das eine Ergebnis des Tauziehens zwischen der Verkleinerung des Ausdrucks durch den Nenner n und seiner Vergrößerung durch den Exponenten n. Nebenbei bemerkt und ohne dass wir hier einen Beweis angeben können, ist die Zahl e irrational, kann also nicht als Quotient ganzer Zahlen dargestellt werden. Außerdem ist sie transzendent, also auch nicht Lösung einer Polynomgleichung.

Der Beweis ist fast vier Seiten lang geworden. Das liegt zum einen daran, dass er unter den Beweisen ein längerer ist, und zum anderen daran, dass wir hier möglichst viele Schritte ausführlich erklärt haben. Nehmen Sie sich ein DIN-A4-Blatt, und schreiben Sie darauf alle Umformungen und ein jeweils kurzes Stichwort, warum diese hier gelten. Es entsteht eine typische Vorlesungsmitschrift. Hier haben wir an dem Beweis den Umgang mit technisch aufwendigeren Umformungen innerhalb eines übergeordneten Gedankengangs geübt. Alle folgenden Beweise werden kürzer. Versprochen.

1.4.2 Die Folge $(w_n)_{n=1}^{\infty}$ mit $w_n = \sqrt[n]{n}$

Das Tauziehen zwischen dem wachsenden n unter der Wurzel und der n-ten Wurzel können wir diesmal schneller entscheiden. Wir verwenden die Abkürzung $a_n = w_n - 1 = \sqrt[n]{n} - 1$. Für $n > 1$ ist auch die n-te Wurzel aus n größer als 1, und die a_n sind positiv. Wir könnten die a_n als Folgenglieder auffassen, aber wir nennen sie lieber Abkürzungen, weil wir von ihren möglichen Eigenschaften als Folge keinen Gebrauch machen.

Wegen $w_n^n = n$, was Sie wegen der unterschiedlichen Rollen von n unbedingt nachrechnen sollten, gilt $n = (1 + a_n)^n$. Die binomische Formel liefert uns

$$n = (1 + a_n)^n = 1^n + \binom{n}{1} 1^{n-1} a_n^1 + \binom{n}{2} a_n^2 + \binom{n}{3} a_n^3 + \ldots + \binom{n}{n} a_n^n,$$

wobei wir die Potenzen $1^{n-2} = 1$, $1^{n-3} = 1$ usw. nicht aufgeschrieben haben. Damit haben wir eine Summe von n positiven Summanden, denn innerhalb jedes Summanden werden nur positive Zahlen miteinander multipliziert. Wenn wir einige Summanden weglassen, verkleinern wir die Summe. Das tun wir jetzt und lassen nur die erste Eins und den Summanden mit a_n^2 übrig. Nur für $n > 1$ bzw. $n \geq 2$ gibt es überhaupt einen Summanden mit a_n^2. Da es um die Konvergenz der Folge $(w_n)_{n=1}^{\infty}$ geht, spielt der Anfang der Folge keine Rolle, und $n \geq 2$ ist keine Einschränkung.

Durch das Weglassen entsteht

$$n > 1 + \frac{n(n-1)}{2} \cdot a_n^2 \quad \text{und damit} \quad n - 1 > \frac{n(n-1)}{2} \cdot a_n^2.$$

Wegen $n \geq 2$ können wir durch $n - 1 \neq 0$ und durch n dividieren. Wir finden zusammen mit der Positivität von a_n die Einschließung

$$\frac{2}{n} > a_n^2 > 0.$$

Jetzt bemühen wir das Vergleichskriterium aus Satz 1.3. Die beiden Polizisten Ulli und Stephan sind $\frac{2}{n}$, was gegen 0 strebt, und die konstante Folge 0, die schon immer null ist. Der Übeltäterin a_n^2 bleibt nichts anderes übrig, als auch gegen null zu streben. Aus $a_n^2 \to 0$ folgt $a_n \to 0$ und damit $w_n = a_n + 1 \to 1$. Deshalb gilt $\lim_{n \to \infty} \sqrt[n]{n} = 1$. Das Tauziehen hat diesmal einen eindeutigen Sieger: Die n-te Wurzel ist stärker als das Wachstum des Radikanden n.

Als eine Nachbemerkung bilden wir den Logarithmus dieses Grenzwerts. Wir ahnen, dass der Logarithmus des Grenzwerts gleich dem Grenzwert des Logarithmus ist, auch wenn wir dies erst in Kap. 5 als Stetigkeit der Logarithmusfunktion genauer betrachten. Der Grenzwert und der Logarithmus sind vertauschbar. Es entsteht

$$0 = \ln 1 = \ln \lim_{n \to \infty} \sqrt[n]{n} = \lim_{n \to \infty} \ln \sqrt[n]{n} = \lim_{n \to \infty} \frac{1}{n} \ln n.$$

Wir erkennen wieder ein Tauziehen. Die kleiner werdenden Reziproken $\frac{1}{n}$ treten im Produkt gegen den größer werdenden Logarithmus $\ln n$ an, und der Logarithmus verliert. Wir sagen, dass er langsamer wächst als n.

1.4.3   Die rekursiv definierte Folge $(d_n)_{n=0}^{\infty}$

Um uns der rekursiv definierten Folge $(d_n)_{n=0}^{\infty}$ aus Gl. 1.4 zu nähern, brauchen wir deutlich andere Techniken. Wir sind schon darauf aufmerksam geworden, dass die Folgenglieder

$$(d_n)_{n=0}^{\infty} = 1, \frac{3}{2}, \frac{17}{12}, \frac{577}{408}, \frac{665\,857}{470\,832}, \dots,$$

ab $n \geq 1$ das Kunststückchen $3^2 = 2 \cdot 2^2 + 1$ sowie $17^2 = 2 \cdot 12^2 + 1$ und $577^2 = 2 \cdot 408^2 + 1$ erfüllen.

Nehmen wir für einen Moment an, dass ein Folgenglied $d_n = \frac{u}{v}$, das wir so als gekürzten Bruch darstellen, dieses Kunststück auch kann, dass also $u^2 = 2v^2 + 1$ gilt. Es ist wichtig, dass dies vorerst nur eine Annahme ist, denn wir wissen dies nicht von allen Folgengliedern. Unter dieser Annahme, dass $u^2 = 2v^2 + 1$ gilt, beginnen wir eine Argumentation und rechnen dazu d_{n+1} aus. Mit der Rekursion entsteht

$$d_{n+1} = \frac{1}{2}\left(d_n + \frac{2}{d_n}\right) = \frac{1}{2}\left(\frac{u}{v} + \frac{2v}{u}\right) = \frac{u^2 + 2v^2}{2uv} = \frac{\tilde{u}}{\tilde{v}},$$

wobei wir im letzten Schritt dem Zähler von d_{n+1} den Namen $\tilde{u}$ und dem Nenner von d_{n+1} den Namen $\tilde{v}$ gegeben haben. Wir rechnen nach, dass das Kunststück auch für d_{n+1} klappt, dass also $\tilde{u}^2 = 2\tilde{v}^2 + 1$ gilt. Dazu bestimmen wir $\tilde{u} = u^2 + 2v^2$ und $\tilde{v} = 2uv$ unter der Annahme $u^2 = 2v^2 + 1$ und erhalten einerseits

$$2\tilde{v}^2 + 1 = 2(2uv)^2 + 1 = 8u^2v^2 + 1 = 8(2v^2 + 1)v^2 + 1$$

$$= 16v^4 + 8v^2 + 1 = (4v^2 + 1)^2$$

und andererseits

$$\tilde{u}^2 = (u^2 + 2v^2)^2 = (1 + 2v^2 + 2v^2)^2 = (1 + 4v^2)^2.$$

Die beiden Terme sind gleich, und für den Zähler $\tilde{u}$ und den Nenner $\tilde{v}$ von d_{n+1} gilt $\tilde{u}^2 = 2\tilde{v}^2 + 1$. Wir haben nachgewiesen, dass aus der Annahme, d_n erfülle das Kunststück, folgt, dass auch d_{n+1} das Kunststück erfüllt.

Zusätzlich erfüllt $d_1 = \frac{3}{2}$ das Kunststück in Form von $3^2 = 2 \cdot 2^2 + 1$. Damit folgt dies auch für d_2 und wegen d_2 für d_3 und immer so weiter, sodass schließlich außer dem allerersten d_0 alle Folgenglieder $d_1, d_2, d_3, \ldots$ als Bruch $\frac{u}{v}$ mit $u^2 = 2v^2 + 1$ darstellbar sind.

Wir nennen das hier verwendete Beweisprinzip vollständige Induktion. Es besteht aus einem Induktionsanfang und dem Induktionsschritt. Wir veranschaulichen das Beweisprinzip an einer Linie aufgestellter Dominosteine. Der Induktionsanfang besteht im Umfallen des ersten Dominosteins. Der Induktionsschritt besagt, dass unter der Annahme, der n-te Dominostein fiele um, auch der nächste, also der $(n + 1)$-te Dominostein umfällt. Unter diesen beiden Bedingungen fallen – gemäß dem gesunden Menschenverstand und unabhängig davon, dass vollständige Induktion furchtbar schwierig klingt – alle Dominosteine um.

Bei unserem obigen Nachweis haben wir die vollständige Induktion benutzt, ohne die Beweistechnik oder die logische Schlussweise so zu nennen. Unsere Behauptung war, dass alle Folgenglieder ab d_1 als Bruch $\frac{u}{v}$ mit $u^2 = 2v^2 + 1$ darstellbar sind. Dazu haben wir den Induktionsanfang gemacht, indem wir die Behauptung für d_1 durch Angabe von Zähler und Nenner nachgeprüft haben. Der Induktionsschritt bestand darin, dass wir unter der Annahme, d_n sei so darstellbar, nachgewiesen haben, dass dann auch d_{n+1} als solch ein Bruch darstellbar ist.

Wir sehen jetzt, dass alle Folgenglieder d_n mit $n \geq 1$ als ein Bruch darstellbar sind, und wir haben rekursive Rechenvorschriften für Zähler und Nenner. Wir indizieren Zähler und Nenner ab jetzt wie die Folgenglieder d_n mit dem Index n und erhalten

$$d_n = \frac{u_n}{v_n} \text{ mit } u_{n+1} = u_n^2 + 2v_n^2 \text{ und } v_{n+1} = 2u_n v_n,$$

indem wir u und v als u_n und v_n ansehen und $\tilde{u}$ und $\tilde{v}$ nun mit u_{n+1} und v_{n+1} ansprechen.

Wie eben gezeigt, gilt für $n \geq 1$ die Beziehung $u_n^2 = 2v_n^2 + 1$. Insbesondere ist also $u_n > v_n$, und v_{n+1} ist damit mehr als doppelt so groß wie das Quadrat von v_n, denn in der Iterationsvorschrift für v_{n+1} wird v_n mit $2u_n > 2v_n$ multipliziert. Die Nenner werden also sehr schnell sehr viel größer. Durch das fortwährende Quadrieren werden sie beliebig groß. Sie bilden eine bestimmt divergente Folge $v_n \to \infty$.

Die Quadrate der Folgenglieder erfüllen

$$d_n^2 = \frac{u_n^2}{v_n^2} = \frac{2v_n^2 + 1}{v_n^2} = 2 + \frac{1}{v_n^2} > 2,$$

was wegen $v_n \to \infty$ für $n \to \infty$ gegen zwei konvergiert. Dies können wir mit der Grenzwertdefinition noch formeller nachweisen, denn für alle $\varepsilon > 0$, so klein sie auch sein mögen, finden wir ein N, sodass

$$\frac{1}{v_n^2} < 2\sqrt{2} \cdot \varepsilon \; \forall n > N$$

gilt. Dazu brauchen wir nur ein v_n, das die innere Abschätzung erfüllt, und schon gilt sie wegen des monotonen Wachstums der Folge $(v_n)_{n=1}^{\infty}$ für alle folgenden Nenner. Mit dieser trickreichen Wahl, die sich wieder als guter Einstieg erweisen wird, gilt

$$2 < d_n^2 = 2 + \frac{1}{v_n^2} < 2 + 2\sqrt{2} \cdot \varepsilon < 2 + 2\sqrt{2} \cdot \varepsilon + \varepsilon^2 = (\sqrt{2} + \varepsilon)^2 \; \forall n > N.$$

Da für alle $\varepsilon > 0$ ein solches N existiert und damit auch für beliebig kleine ε, bleibt den Quadraten $d_n^2 > 2$ nichts anderes übrig, als gegen 2 zu konvergieren. Wieder unter Verwendung der Tatsache, dass das Wurzelziehen und die Grenzwertbildung vertauschbar sind, vgl. Kap. 5 zur Stetigkeit, folgt daraus, dass die Folge $(d_n)_{n=0}^{\infty}$ gegen $\sqrt{2}$ strebt.

Wir hätten das Resultat leichter haben können, wenn wir auf beiden Seiten der Iterationsvorschrift den Grenzwert gebildet und dann wiederum die Stetigkeit der auftretenden Funktionen verwendet hätten. Mit der Vertauschbarkeit der Addition und der Division mit der Grenzwertbildung würden wir nämlich

$$\lim_{n \to \infty} d_{n+1} = \lim_{n \to \infty} \frac{1}{2}\left(d_n + \frac{2}{d_n}\right) = \frac{1}{2}\left(\lim_{n \to \infty} d_n + \frac{2}{\lim\limits_{n \to \infty} d_n}\right)$$

bekommen. Hierbei müssen wir zwingend das Bewusstsein entwickeln, dass die Vertauschbarkeit von mathematischen Handlungen keineswegs selbstverständlich ist. Handlungen sind nicht oft vertauschbar, denken Sie beispielsweise an Kämmen und Photographieren. Wir werden uns in Kap. 8 ausführlich mit der Frage der Vertauschbarkeit befassen. Hier haben wir sie schon benutzt, und mit der Überlegung

$$d = \lim_{n \to \infty} d_n = \lim_{n \to \infty} d_{n+1},$$

über deren Gültigkeit Sie kurz nachdenken sollten, erhalten wir

$$d = \frac{1}{2}\left(d + \frac{2}{d}\right) \text{ also } d = \sqrt{2} \notin \mathbb{Q},$$

was wiederum Sie durch zwei Umformungsschritte nachrechnen. Die negative Lösung der entstehenden quadratischen Gleichung kommt als Grenzwert nicht infrage, da alle Folgenglieder d_n positiv sind.

Schließlich thematisieren wir noch, dass wir mit diesem Beispiel eine Folge gefunden haben, deren Folgenglieder alle rational sind, denn sie lassen sich als Brüche darstellen, deren Grenzwert aber irrational ist. Die Irrationalität von $\sqrt{2}$ sehen wir schnell, wenn wir annehmen, dass $\sqrt{2}$ rational wäre und sich somit als Bruch $\frac{p}{q}$ mit natürlichen Zahlen p und q darstellen ließe. Dann müsste $p^2 = 2q^2$ gelten. Die eindeutige Primfaktorzerlegung von p und q enthält jeweils eine Anzahl von Zweien, und damit sind die Anzahlen des Primfaktors 2 in p^2 und in q^2 gerade. Deshalb enthält die Primfaktorzerlegung von $2q^2$ eine ungerade Anzahl Zweien, und $2q^2$ gleicht keinem p^2. Damit ist $\sqrt{2}$ keine rationale Zahl.

Die Folge $(d_n)_{n=0}^{\infty}$ konvergiert also im Bereich der reellen Zahlen $\mathbb{R}$, aber nicht im Bereich der rationalen Zahlen $\mathbb{Q}$. Das wirkt auf den ersten Blick seltsam. Es ist aber verständlich, wenn wir uns verdeutlichen, dass es in $\mathbb{Q}$ keinen Grenzwert gibt, gegen den $(d_n)_{n=0}^{\infty}$ konvergieren könnte. In den rationalen Zahlen $\mathbb{Q}$ ist die Folge $(d_n)_{n=0}^{\infty}$ nicht konvergent. Wir haben die reellen Zahlen immer parat und sind so an sie gewöhnt, dass wir vielleicht mit dieser Aussage hadern, da unsere Folge ja gegen $\sqrt{2} \in \mathbb{R}\setminus\mathbb{Q}$ konvergiert.

Zu Aussagen über die Existenz von Objekten, hier der Existenz eines Grenzwerts, gehört zwingend die Bestimmung, wo es dieses Objekt geben wird. Denken Sie an den Großmutterspruch, zu jedem Topf gäbe es einen Deckel. Würden Sie alle Deckel aus Ihrer Küche verbannen, so wäre die Aussage in Ihrer Küche falsch, auch wenn sich in anderen Küchen möglicherweise passende Deckel zu Ihren Töpfen finden ließen. Lesen Sie dies bitte als ein Plädoyer für die wichtigen kleinen Informationen in mathematischen Aussagen wie die Notiz „in $\mathbb{R}$" in Satz 1.2 – wie in anderen Aussagen übrigens auch. Der Satz „Ich rufe Dich heute nicht an." ändert seine Aussage durch das Weglassen des Worts „heute" wesentlich.

Würden wir die Natur der reellen Zahlen studieren, so würden wir feststellen, dass es zwar Folgen rationaler Zahlen, wie z. B. $(d_n)_{n=1}^{\infty}$, mit einem irrationalen Grenzwert gibt, dass aber alle in irgendeinem Sinne konvergenten Folgen reeller

Zahlen auch gegen eine reelle Zahl konvergieren. Diese Eigenschaft der reellen Zahlen haben wir bereits als Vollständigkeit kennengelernt.

1.4.4 Der Grenzwert $a = \lim\limits_{n \to \infty} \dfrac{\sqrt[n]{n!}}{n}$

Manchmal müssen wir sehr erfinderisch sein, um Grenzwerte zu bestimmen. Hier präsentieren wir Ihnen ein Beispiel, zu dessen Bezwingung wir einen Ausflug in die Integralrechnung machen. Mathematikvorlesungen scheuen sich davor, den systematischen Aufbau durcheinander zu bringen. Wir tun es hier, denn Sie kennen Integrale bereits und werden diese, wo es nötig ist, auch einsetzen. Selbstverständlich muss man beim Definieren von Begriffen aufpassen, dass man nicht einen Begriff durch einen anderen definiert, zu dessen Definition man wieder den ersten Begriff benötigt. Es soll keine sich im Kreise drehende Erklärungskette entstehen.

Doch hier definieren wir nichts. Vielmehr wollen wir in diesem Abschnitt den Grenzwert a ausrechnen. Ja, a steht in der kleinen Überschrift, ein paar Zeilen zurück. Die n-ten Folgenglieder sind der n-te Teil der n-ten Wurzeln aus der Fakultät $n! = 1 \cdot 2 \cdot \ldots \cdot n$. Eine intuitive Vorhersage des Grenzwerts a der Terme für $n \to \infty$ fällt sicher schwer. Wir können den Grenzwert aber ausrechnen, indem wir mit dem Vertauschbarkeitsargument seinen Logarithmus berechnen. Wir erhalten

$$\ln a = \lim_{n \to \infty} \ln \sqrt[n]{\frac{1 \cdot 2 \cdot \ldots \cdot n}{n \cdot n \cdot \ldots \cdot n}} = \lim_{n \to \infty} \frac{1}{n} \left(\ln \frac{1}{n} + \ln \frac{2}{n} + \ldots + \ln \frac{n}{n} \right).$$

Wie Sie in Abb. 1.4 erkennen, steht auf der rechten Seite dieser Gleichung eine Näherung für das Integral, das die Fläche zwischen der x-Achse und der Funktion $y = \ln x$ beschreibt. Die Näherung besteht darin, dass n rechteckige Streifen der Breite $\frac{1}{n}$ von der x-Achse bis an die Funktion reichen. Für $n \to \infty$ werden die Streifen immer schmaler, immer zahlreicher und füllen die Fläche immer besser aus. Schauen Sie zum Vergleich in die Definition des bestimmten Integrals als Grenzwert seiner Ober- und Untersumme.

Hier finden wir

$$\ln a = \lim_{n \to \infty} \frac{1}{n} \left(\ln \frac{1}{n} + \ln \frac{2}{n} + \ldots + \ln \frac{n}{n} \right) = \int_{0}^{1} \ln x \, \mathrm{d}x.$$

Ehe wir, z. B. mittels partieller Integration von $1 \cdot \ln x$, eine Stammfunktion der Logarithmusfunktion bestimmen, können wir das Bild von der Seite anschauen und feststellen, dass das gesuchte Integral dieselbe Fläche beschreibt wie die unter der e-Funktion im Intervall $(-\infty, 0]$, denn die Logarithmusfunktion ist die Umkehrfunktion zur Exponentialfunktion. Allerdings liegt die gesuchte Fläche zwischen der x-Achse und der Funktion $y = \ln x$ unterhalb der x-Achse, und wir

Abb. 1.4 $y = \ln x$ und die Annäherung der Fläche zwischen y und der x-Achse durch eine endliche Anzahl von rechteckigen Streifen der Breite $\frac{1}{n}$. Beispielsweise hat der Streifen ganz links die Fläche $\frac{1}{n} \ln \frac{1}{n}$

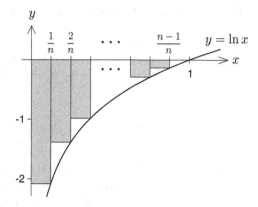

müssen unsere Überlegungen um ein Minuszeichen ergänzen. Es folgt

$$\ln a = \int\limits_0^1 \ln x\, \mathrm{d}x = -\int\limits_{-\infty}^0 \mathrm{e}^y\, \mathrm{d}y = -1,$$

und wir haben damit den Grenzwert

$$a = \mathrm{e}^{-1} = \frac{1}{\mathrm{e}} = \lim_{n\to\infty} \frac{\sqrt[n]{n!}}{n}$$

ermittelt. Wir erinnern uns, dass $\ln a = -1$ eine Umkehrung von $a = \mathrm{e}^{-1}$ ist.

Mit der Grenzwertbetrachtung wird auch klar, dass der Ausdruck $\sqrt[n]{n!}$ etwa so schnell wächst wie n, denn der Quotient aus $\sqrt[n]{n!}$ und n strebt gegen die Zahl $\frac{1}{\mathrm{e}}$. Bis auf Kleinkram ist also $\sqrt[n]{n!}$ ungefähr $\frac{n}{\mathrm{e}}$, und wir könnten speziell für große n den komplizierten Ausdruck $\sqrt[n]{n!}$ durch den einfacheren Ausdruck $\frac{n}{\mathrm{e}}$ annähern. Leider bleibt bei dieser Aussage offen, für wie große n dies mit welcher Genauigkeit möglich ist. Da aber $\sqrt[n]{n!}$ für $n \to \infty$ wie n wächst, können wir sofort schließen, dass

$$\lim_{n\to\infty} \frac{1}{\sqrt[n]{n!}} = 0$$

gilt, dass also das Wachstum der Fakultät gegen die n-te Wurzel im Tauziehen gewinnt.

1.5   Noch mehr Begriffe

Im kommenden Abschnitt werden wir über das eben beobachtete Wachstumsverhalten von Folgen genauer nachdenken.

1.5.1 Landau'sches Ordnungssymbol

Das Schrecklichste an den Landau'schen Ordnungssymbolen ist ihre formale Definition. Wir wollen ausdrücken, dass die Beträge der Folgenglieder von $(a_n)_{n=0}^{\infty}$ höchstens so schnell wie die Beträge von $(b_n)_{n=0}^{\infty}$ wachsen. Wir schreiben $a_n = \mathcal{O}(b_n)$, wenn

$$\exists c \in \mathbb{R}, \ c > 0 \ \exists N \ : \ \left|\frac{a_n}{b_n}\right| \leq c \quad \forall n > N$$

erfüllt ist. Wieder sind wir an einen Punkt gekommen, an dem wir mathematischen Formalismus lesen und interpretieren müssen. Dort steht, dass es einen positiven Wert c gibt, sodass ab einem Index N die Folgenglieder a_n betragsmäßig nicht größer als $c \cdot |b_n|$ sind. Sie lassen sich also in ein Intervall einsperren, nämlich

$$-c \cdot |b_n| \leq a_n \leq c \cdot |b_n| \quad \forall n > N.$$

Die Folgenglieder können ein Vielfaches von b_n nicht überholen. Die Beträge $|a_n|$ werden im Verhältnis zu den Beträgen $|b_n|$ nicht beliebig groß. Deshalb sagen wir, dass die Folge $(a_n)_{n=0}^{\infty}$ für $n \to \infty$ nicht schneller wächst als die Folge $(b_n)_{n=0}^{\infty}$, auch wenn der Faktor c groß sein kann.

Wir haben eben ein Beispiel gesehen. Der Term $\sqrt[n]{n!}$ wächst bis auf kleine Abweichungen wie n. Eine Verdopplung von n verdoppelt bis auf kleinere Abweichungen auch den genannten Term. Hier gilt also $\sqrt[n]{n!} = \mathcal{O}(n)$ und sogar gleichzeitig $n = \mathcal{O}(\sqrt[n]{n!})$. Suchen Sie unter Verwendung des Grenzwerts a aus Abschn. 1.4 nach denkbaren Konstanten c für die zugehörigen Abschätzungen.

Mit dem Landau'schen Ordnungssymbol $\mathcal{O}$ können wir Aussagen über das prinzipielle Wachstumsverhalten von Folgen oder allgemeineren mathematischen Ausdrücken machen. In unserem Beispiel wächst der Term $\sqrt[n]{n!}$ im Wesentlichen wie n. Wir sagen, er wächst annähernd linear.

Andere mathematische Ausdrücke haben ein anderes Wachstumsverhalten. Die Fläche einer Pizza wächst beispielsweise mit dem Quadrat ihres Durchmessers oder ihres Radius r, also mit $\mathcal{O}(r^2)$, und das gilt sogar dann, wenn die Pizza ein wenig unrund gerät.

Gern wird gefragt, warum die Konstante c in der Definition des Landau'schen Ordnungssymbols nicht eingeschränkt ist. Es kann passieren, dass die Terme a_n viel größer als die Terme b_n sind und dass die Folge $(a_n)_{n=0}^{\infty}$ trotzdem nicht schneller als $(b_n)_{n=0}^{\infty}$ wächst. Dabei stellen wir uns c wie einen Umrechnungskurs vor. Das Landau'sche Ordnungssymbol diskutiert nicht die konkrete Größe sondern das Wachstumsverhalten der Folgen.

Ein Beispiel, bei dem derselbe Gedanke verwendet wird, ohne dass der Name Ordnungssymbol oder das Symbol $\mathcal{O}$ auftaucht, sind die Baukosten von Gebäuden. Diese wachsen proportional mit dem umbauten Volumen. Trotzdem glaubt niemand, dass die Näherung genau ist, die Baukosten sind nur ungefähr proportional zum umbauten Volumen. Würden wir also ein geplantes Gebäude in jeder Dimension auf die Hälfte schrumpfen, so würden sich seine Baukosten im Prinzip achteln. Sie wachsen oder sinken in Abhängigkeit von der Kantenlänge a wie $\mathcal{O}(a^3)$.

Die Landau'schen Ordnungssymbole, so mathematisch wir sie auch definiert haben, sind etwas Laxes. Sie reduzieren die Ausdrücke auf ihre wichtigsten oder dominanten Terme. In den angewandten Wissenschaften werden sie deshalb gern zu Plausibilitätsüberlegungen verwendet. Solange man den Plausibilitätsüberlegungen folgen kann, sind sie gesunder Menschenverstand, und wenn aus ihnen Mathematik wird, gehören sie immer noch zum gesunden Menschenverstand. Schauen Sie für die Landau-Symbole auch in Kap. 12.

1.5.2 Häufungspunkte

Das Schönste an den Überlegungen zu Häufungspunkten ist das Nachdenken über die Definition: Eine Zahl p heißt Häufungspunkt der Folge $(a_n)_{n=0}^{\infty}$, wenn

$$\forall \varepsilon > 0 \ \forall N \ \exists n > N \ : \ |a_n - p| < \varepsilon$$

erfüllt ist. Vergleichen Sie diese Definition eines Häufungspunkts mit der Grenzwertdefinition in Gl. 1.7. Dort hieß es, dass es für jede noch so kleine Umgebung einen Moment N gibt, ab dem die Folge für immer in dieser Umgebung bleibt.

Die Definition eines Häufungspunkts besagt dagegen, dass es für jede noch so kleine Umgebung und für jeden Zeitpunkt N mindestens einen späteren Zeitpunkt n geben soll, zu dem a_n in diese Umgebung des Häufungspunkts kommt.

Wir hatten bei der Grenzwertdefinition einen unsterblichen Reisenden besprochen, der schließlich in der Lüneburger Heide, auf seinem Grundstück und in seinem Lehnstuhl bleibt. Er konvergiert.

Für einen Häufungspunkt reicht es, wenn es für jede Umgebung einen späteren Zeitpunkt gibt, an dem der Reisende noch einmal in diese Umgebung kommt. Es gibt kein letztes Mal, zu dem der Reisende diese Umgebung besucht. Es finden unendlich viele Besuche statt. Damit liegen in jeder Umgebung eines Häufungspunkts unendlich viele Folgenglieder. Die Besuche häufen sich also in diesen Punkten, daher der Name. Denken Sie an einen anderen, ebenfalls unsterblichen Weltenbummler, der nie ein letztes Mal am Düsseldorfer Flughafen eincheckt.

Wir sehen, dass ein Grenzwert, wenn er denn existiert, auch ein Häufungspunkt ist, dass aber nicht jeder Häufungspunkt ein Grenzwert ist, denn der Reisende darf die Umgebung eines Häufungspunkts wieder verlassen, sofern es denn jedes Mal ein Wiedersehen geben wird. Überlegen Sie, warum der Grenzwert einer konvergenten Folge ihr einziger Häufungspunkt ist.

Wir gönnen uns zum Abschluss einen Satz, den wir später brauchen werden.

Satz 1.4 *Jede beschränkte Folge hat mindestens einen Häufungspunkt in $\mathbb{R}$.*

Die Folge hat unendlich viele Glieder, und diese wissen in einem endlich langen Intervall nicht wohin, ohne dass sie sich zusammenballen. Oft wird der Satz ohne das Wort „mindestens" formuliert. Sagt man, Gunter oder Gundula habe ein Haus in Monaco, so ist nicht ausgeschlossen, dass er oder sie nicht vielleicht ein zweites oder drittes Haus dort hat.

Vor dem Beweis erklären wir den Begriff der Teilfolge. Wenn Sie aus einer Folge unendlich viele Folgenglieder auswählen und ihre Reihenfolge beibehalten, so bilden die ausgewählten Folgenglieder wieder eine Folge, und diese wird Teilfolge der ursprünglichen Folge genannt. Man kann sich vorstellen, dass man aus der ursprünglichen Folge endlich oder unendlich viele Folgenglieder streicht. Wenn die übrig bleibenden Folgenglieder wieder eine Folge bilden, so ist es eine Teilfolge. Der Fall, dass wir kein einziges Folgenglied streichen, ist ausdrücklich eingeschlossen. Eine Folge ist also eine Teilfolge von sich selbst.

Beweis: Wir zeigen, dass jede beschränkte Folge eine monotone Teilfolge hat, und diese ist nach Satz 1.2 konvergent. Die Teilfolge strebt ihrem Grenzwert zu. Da die Teilfolge aber unendlich viele Glieder hat, kommt die ursprüngliche Folge an dem Grenzwert beliebig oft und beliebig nahe vorbei. Der Grenzwert der konvergenten Teilfolge ist damit ein Häufungspunkt der ursprünglichen Folge.

Wir weisen jetzt nach, dass jede beschränkte Folge eine monotone Teilfolge hat, und definieren dazu nur für den hiesigen kurzzeitigen Gebrauch den Begriff der Spitze: Ein Folgenglied heißt eine Spitze, wenn alle späteren Folgenglieder kleiner sind. Würden wir in der graphischen Darstellung auf einer Spitze stehen, so könnten wir von ihr den gesamten Folgenrest für $n \to \infty$ überblicken.

Wir unterscheiden zwei Fälle. Erstens kann es sein, dass es nur endlich viele Spitzen gibt. Dann nehmen wir die letzte Spitze und zählen ein Folgenglied weiter. Das ist dann keine Spitze, denn wir sind schon hinter der letzten. Da das aktuelle Folgenglied hinter der letzten Spitze selbst keine Spitze ist, gibt es ein weiter hinten liegendes größeres Folgenglied. Das aber ist auch keine Spitze, also gibt es noch ein weiter hinten liegendes größeres Folgenglied usw. Es gibt also immer noch größere Folgenglieder mit größeren Indizes. Diese wählen wir aus, und die so ausgewählten Glieder bilden eine monoton wachsende Teilfolge. Nach Voraussetzung ist auch die Teilfolge beschränkt, und damit ist sie nach Satz 1.2 in $\mathbb{R}$ konvergent.

Das war vielleicht etwas verwirrend – zugegeben. Mit einer Skizze, in der Sie eine allgemeine Folge eintragen und deren Spitzen markieren, wird sich alles in Klarheit auflösen.

Gibt es aber zweitens unendlich viele Spitzen, so wird jede folgende Spitze kleiner als die davor sein, weil Sie von der vorigen Spitze über alle folgenden Glieder hinüberschauen können. Die Spitzen bilden also eine monoton fallende Teilfolge, und diese ist wieder konvergent. □

Rückblickend haben wir unterschieden, ob die beschränkte Folge unendlich viele Spitzen oder endlich viele Spitzen hat. Hat sie unendlich viele, so bilden die Spitzen eine monoton fallende Teilfolge. Hat die Folge jedoch nur endlich viele Spitzen, so finden wir hinter der letzten Spitze eine monoton wachsende Teilfolge. Damit gibt es in jedem Fall eine monotone Teilfolge, die selbst beschränkt ist, weil die gesamte Folge beschränkt ist. Mit Satz 1.2 hat diese beschränkte monotone Teilfolge einen Grenzwert, der ein Häufungspunkt der Folge ist, und Satz 1.4 ist bewiesen.

Reihen: Wie kann man unendlich viele Zahlen addieren?

Natürlich kann man nicht unendlich viele Zahlen addieren. Oder zumindest nicht, ohne darüber nachzudenken, was wir als Ergebnis ansehen wollen.

Probieren wir es beispielsweise mit unendlich vielen Einsen. Dann wird das einzig mögliche Ergebnis von $1 + 1 + 1 + \ldots$ unendlich lauten, denn das Ergebnis wird größer als jede natürliche Zahl, die jeweils die Summe von endlich vielen Einsen ist. Unendlich ∞ ist aber keine Zahl und auch nicht als Zahl interpretierbar.

Denken wir uns beispielsweise unendlich viele rote Bonbons und tun einen blauen Bonbon dazu. Jetzt sind es immer noch unendlich viele Bonbons. Ja, einer mehr als unendlich viele sind immer noch unendlich viele. Sie erkennen das leicht, wenn Sie sich die roten Bonbons nummeriert vorstellen. Auf allen Bonbons mögen Aufkleber mit Nummern sein. Nun ziehen Sie die Nummer 1 von einem roten Bonbon ab und kleben sie auf das blaue. Sie haben ein rotes Bonbon ohne Nummer. Auf dieses kleben Sie die Nummer 2. Sie haben wieder ein rotes Bonbon ohne Nummer, das bald darauf die Nummer 3 zieren wird. Wenn wir uns diese Umnummerierung in verschwindender Zeit durchgeführt vorstellen, erkennen Sie, dass Sie alle roten Bonbons und das blaue mit genau den Nummern versehen können, die Sie vorher für die Zählung der roten Bonbons gebraucht haben. Unendlich viele und einer mehr bleiben unendlich viele. Wir müssten $\infty + 1 = \infty$ ansetzen. Selbst wenn uns dieser Ausdruck noch nicht die blanke Furcht ins Gesicht treibt, befällt uns doch ein Gruseln, sobald wir versuchen, auf beiden Seiten unendlich abzuziehen. Dann wäre $1 = 0$. Nicht auszudenken! Die Summe von unendlich vielen Einsen hat also keinen bestimmten Wert.

Selbst bei der Summe von unendlich vielen Nullen beschleicht uns ein mulmiges Gefühl. Ein Geldschein ist zwar sehr dünn, aber sehr viele davon können recht schwer sein. Berechnen Sie spaßeshalber, wie viel Geld Sie tragen könnten. Ein Hunderteuroschein wiegt etwa ein Gramm, also ziemlich wenig, und ist 0,1 Millimeter dick. Würde man das vermutete Vermögen der reichsten Familie Deutschlands in Hundertern auszahlen, so könnte man bei Einhaltung der maximalen Zuladung

© Der/die Autor(en), exklusiv lizenziert durch Springer-Verlag GmbH, DE, ein Teil
von Springer Nature 2021
D. Langemann, *So einfach ist Mathematik – Zwölf Herausforderungen im ersten
Semester*, https://doi.org/10.1007/978-3-662-63720-3_2

eine durchgehende Parkschlange von 3er BMWs vom Vierzylinder-Hochhaus in München bis zum fünf Kilometer entfernten Marienplatz mit diesem Bargeld voll beladen. Überschlagen Sie nebenbei, ob das Papiervolumen in die Autos passt.

Ein sehr großes Vielfaches von sehr wenig kann sehr groß sein, und ein noch größeres Vielfaches von noch weniger kann noch größer sein. Sind Sie immer noch überzeugt, dass unendlich viele Nullen zusammen null ergeben?

Noch schlimmer wird es, wenn wir unendlich oft abwechselnd 1 und -1 addieren. Addieren wir jeweils eine gerade Anzahl dieser Summanden, so haben wir gleich viele Einsen und Minuseinsen, und die Summe ist null. Bei einer ungeraden Anzahl ist die Summe eins, wenn wir mit einer Eins begonnen haben. Diese Überlegung sagt uns nichts darüber, welchen Wert wir der entsprechenden Summe mit unendlich vielen Summanden zuordnen können, und wir können ihr auch keinen Wert sinnvoll zuordnen. Die Überlegung weist aber dennoch in die richtige Richtung, denn wir führen die unendlich lange Summe auf endliche Summen zurück, die wir ausrechnen können, und betrachten den Grenzwert dieser endlichen Summen. Auf geht's.

2.1   Der Begriff der Reihe

Fabienne und Fabien sitzen vor zwei runden Camemberts und warten, weil ihnen aufgetragen wurde, zu warten. Fabienne wartet einfach so. Hingegen Fabien nimmt ein Messer und teilt einen der Käse mittendurch. Es liegen jetzt ein ganzer und zwei halbe Käse auf dem Tisch. Nach einer Weile teilt Fabienne eine der Hälften in zwei Viertel, was Streit hervorruft, weil Fabien dies gerade tun wollte. Nun liegen auf dem Tisch ein ganzer, ein halber und zwei viertel Käse. Insgesamt sind es immer noch zwei.

Nach dem Streit einigen sich Fabienne und Fabien darauf, eines der Viertel weiter zu halbieren und dann eines der entstehenden Achtel und so weiter und so fort. Da beide Kinder überhaupt nicht hungrig sind und keinen Camembert mögen, bleiben bis zum Ende ihrer Experimentierfreude insgesamt zwei ganze Käse auf dem Tisch. Das letzte Teilstück wird immer weiter geteilt. Auf dem Tisch liegen schließlich ein ganzer, ein halber, ein viertel, ein achtel, ein sechzehntel usw. Käse.

Man kann dieser Geschichte etwas Mathematik abgewinnen, denn ein Ganzes, ein Halbes, ein Viertel usw. sind

$$2 = 1 + \frac{1}{2} + \frac{1}{4} + \frac{1}{8} + \frac{1}{16} + \frac{1}{32} + \ldots = \sum_{k=0}^{\infty} \frac{1}{2^k} \tag{2.1}$$

zwei Käse. Die Punkte zeigen dabei an, dass die Teilung immer weiter geht. Die Summe hat unendlich viele Summanden. Es bleiben jedoch insgesamt zwei Käse. Diesmal haben wir ein sinnvolles Ergebnis erhalten.

Wir können argumentieren, dass

$$1 + \frac{1}{2} + \frac{1}{2} = 1 + \frac{1}{2} + \frac{1}{4} + \frac{1}{4} = 1 + \frac{1}{2} + \frac{1}{4} + \frac{1}{8} + \frac{1}{8} = 2$$

und deshalb

$$1 + \frac{1}{2} = \frac{3}{2} = 2 - \frac{1}{2} \quad \text{und} \quad 1 + \frac{1}{2} + \frac{1}{4} = \frac{7}{4} = 2 - \frac{1}{4}$$

und immer so weiter gilt. Bei der Summe von endlich vielen der besagten Summanden fehlt der letzte Summand bis zur 2. Die fehlende Differenz zur 2 entspricht dem Käsestück, das weiter geteilt wird. Die endlichen Summen konvergieren also mit wachsender Anzahl Summanden gegen 2.

Diese endlichen Summen der ersten Summanden a_0, a_1, ..., a_n nennen wir Partialsummen $s_n = a_0 + a_1 + \ldots + a_n$ der unendlichen Summe $a_0 + a_1 + \ldots$. In einer mathematischen Definition einer Reihe liest sich das so:
Die Reihe

$$\sum_{k=0}^{\infty} a_k = a_0 + a_1 + a_2 + a_3 + \ldots \tag{2.2}$$

mit den Summanden a_k, $k \in \mathbb{N}$ ist die Folge $(s_n)_{n=0}^{\infty}$ der Partialsummen

$$s_n = \sum_{k=0}^{n} a_k = a_0 + a_1 + a_2 + \ldots + a_n. \tag{2.3}$$

An dieser Definition ist ein unscheinbares Wort besonders wichtig. Es ist das Wort „ist". Die Reihe in Gl. 2.2, also die Summe der unendlich vielen Summanden a_k, ist die Folge der Partialsummen in Gl. 2.3. Die Reihe oder unendliche Summe wird als eine Folge, und zwar als Folge der Partialsummen definiert. Deshalb können wir die Begriffe aus der Beschäftigung mit Folgen auf Reihen übertragen. Konvergiert die Partialsummenfolge $(s_n)_{n=0}^{\infty}$, so heißt die Reihe konvergent, und ihr Grenzwert heißt Wert oder Summe der Reihe. Eine Reihe hat (!) einen Wert, nämlich die Summe der unendlich vielen Summanden, wenn die Summe denn existiert, aber die Reihe ist (!) die Partialsummenfolge.

In Gl. 2.2 stehen am Ende Pünktchen. Sie zeigen an, dass es unendlich viele Summanden gibt, die sich konsequent fortsetzen und addiert werden. In Gl. 2.3 stehen die Pünktchen zwischen den anfänglichen und dem letzten Summanden. Die Summen haben also einen letzten Summanden, und es werden in jeder Partialsumme nur endlich viele Summanden addiert.

Beachten Sie bitte, dass die Summanden a_0, a_1, ... der Reihe eine Folge $(a_k)_{k=0}^{\infty}$ bilden. Die Partialsummen $(s_n)_{n=0}^{\infty}$ bilden ebenfalls eine – und fast immer eine andere – Folge, nämlich die Partialsummenfolge. Falls diese Partialsummenfolge konvergiert, ist ihr Grenzwert der Wert der Reihe, d. h.

$$a_0 + a_1 + a_2 + \ldots = \lim_{n \to \infty} s_n.$$

Noch einmal, weil es manchmal als verwirrend empfunden wird. Links steht eine unendliche Summe. Rechts steht ein Grenzwert.

Im Beispiel von Fabienne und Fabien ist die Folge der Summanden die Folge

$$(a_k)_{k=0}^{\infty} = 1, \ \frac{1}{2}, \ \frac{1}{4}, \ \frac{1}{8}, \ldots \ \text{mit} \ a_k = \frac{1}{2^k}.$$

Die Folge der Partialsummen $s_n = a_0 + a_1 + \ldots + a_n$ der ersten $n+1$ Summanden ist

$$(s_n)_{n=0}^{\infty} = 1, \ 1 + \frac{1}{2}, \ 1 + \frac{1}{2} + \frac{1}{4}, \ 1 + \frac{1}{2} + \frac{1}{4} + \frac{1}{8}, \ldots,$$

was wir zu

$$(s_n)_{n=0}^{\infty} = 1, \ \frac{3}{2}, \ \frac{7}{4}, \ \frac{15}{8}, \ \frac{31}{16} \ldots$$

ausrechnen können. Wir sehen, dass

$$\sum_{k=0}^{\infty} a_k = \lim_{n \to \infty} \sum_{k=0}^{n} a_k = \lim_{n \to \infty} s_n = 2$$

gilt. Damit haben wir die unendliche Summe mit der Folge der Partialsummen identifiziert. Da die Reihe eine Folge, nämlich die Partialsummenfolge, ist, ist das Wort Konvergenz angebracht. Die Reihe konvergiert gegen 2. Wir sagen, dass die Reihe oder unendliche Summe den Wert 2 hat.

An einer Stelle des Zahlenbeispiels haben wir den Index der Folgenglieder von k in n geändert. Wir brauchen bei der Definition der Partialsummen zwei Bezeichnungen, einen für den Index n von s_n, den anderen als Laufindex k in der endlichen Summe $s_n = a_0 + a_1 + \ldots + a_n$, wenn wir sie mit dem Summenzeichen schreiben. Beim Entschlüsseln der Notation sollten wir uns bewusst machen, dass aus $k = n$ auch $a_k = a_n$ folgt, weil es dieselben Folgenglieder sind.

Die Reihe als unendliche Summe über die Folge ihrer Partialsummen zu definieren, erscheint vielleicht als Umweg, denn in dem Beispiel von Fabienne und Fabien war uns die Summe der unendlich vielen Summanden intuitiv klar. Man könnte meinen, dass man die Reihe mit ihrem Wert identifizieren könnte. Angesichts der vielen Zweifelsfälle und Seltsamkeiten, die wir eingangs dieses Kapitels gesammelt haben und von denen uns noch einige begegnen werden, und angesichts der unendlichen Summen, denen wir keinen Wert zuweisen können, kommen wir mit einer Definition, die eher darauf zielt, einen Wert auszurechnen, jedoch in Schwierigkeiten.

Oft hören wir, dass Studierende Folgen und Reihen nicht auseinanderhalten könnten. Unglücklicherweise hilft uns die Alltagssprache bei diesen beiden mathematischen Begriffen nicht weiter. Als eine Eselsbrücke kann man daran denken, dass eine Filmserie oder Filmreihe (engl. series) die Abfolge oder Folge (engl. sequence) der Episoden zusammenaddiert. Insgesamt ergibt sich der Inhalt der Filmserie als Summe aller schon gesehenen Episoden. Besser als solch eine brüchige Brücke ist es, sich zu merken, dass das Wort Reihe eine unendliche Summe von Summanden bezeichnet. Versuchen Sie, den argumentativen Umweg über die Partialsummenfolge gedanklich zu reproduzieren.

Nun verschärfen wir den Begriff der Konvergenz einer Reihe mit einem weiteren Begriff, nämlich dem der absoluten Konvergenz. Wieder schlägt uns die Alltagssprache ein Schnippchen. Ein absolut überzeugendes Argument mag manchem noch überzeugender erscheinen als ein überzeugendes Argument. Eine Reihe aber konvergiert, oder sie konvergiert nicht. Sie konvergiert nicht mehr oder weniger. Das Wort absolut stammt von den absoluten Beträgen der Summanden. Wir nennen eine Reihe nämlich absolut konvergent, wenn die Summe der absoluten Beträge der Summanden ebenfalls konvergiert.

Selbstverständlich ist es schwieriger für eine Reihe, absolut zu konvergieren, als nur zu konvergieren. Schließlich sind die Beträge nie negativ. Die unendliche Summe der Beträge ist eine Summe von unendlich vielen nichtnegativen Zahlen. Damit ist deren Partialsummenfolge monoton wachsend, aber nicht notwendigerweise streng monoton wachsend, weil immer noch 0 als Summand auftreten kann.

Bei genaueren Überlegungen stellt sich heraus, dass die absolute Konvergenz einer Reihe der verlässlichere Begriff ist. Wir können beispielsweise die Summanden einer absolut konvergenten Reihe, die immer auch konvergent ist, in ihrer Reihenfolge beliebig vertauschen, ohne den Wert der Reihe zu verändern, wie wir dies von endlichen Summen wegen der Gültigkeit des Kommutativgesetzes $a + b = b + a$ kennen. Bei konvergenten, aber nicht absolut konvergenten Reihen geht das Vertauschen der Summanden nicht. Das führt zwar etwas weit, aber ein Beispiel als Warnung halten Sie aus.

Wir betrachten die Reihe

$$1 - \frac{1}{2} + \frac{1}{2} - \frac{1}{3} + \frac{1}{3} - \frac{1}{4} + \frac{1}{4} - \frac{1}{5} + \frac{1}{5} - \frac{1}{6} \pm \ldots = 1, \qquad (2.4)$$

bei der die Reziproken der natürlichen Zahlen einmal abgezogen und wieder hinzuaddiert werden. Ihre Partialsummenfolge

$$1, \frac{1}{2}, 1, \frac{2}{3}, 1, \frac{3}{4}, 1, \frac{4}{5}, 1, \frac{5}{6}, \ldots$$

konvergiert fraglos gegen 1. Ohne die Reihenfolge der Summanden zu ändern, könnten wir den zweiten und dritten Summanden sowie den vierten und fünften Summanden addieren und würden jeweils null erhalten. Die Reihe in Gl. 2.4 schiebt sich wie ein Seeräuberfernrohr zusammen. Deshalb heißen solche Reihen

Teleskopreihen. Nebenbei bemerkt, kann man diese Eigenschaft nutzbar machen, wenn man andere Reihen in diese Form bringt. Beispielsweise ist

$$\frac{1}{2} + \frac{1}{6} + \frac{1}{12} + \frac{1}{20} + \ldots = \sum_{k=1}^{\infty} \frac{1}{k(k+1)} = \sum_{k=1}^{\infty} \left(\frac{1}{k} - \frac{1}{k+1} \right) = 1$$

genau die obige Teleskopreihe. Prüfen Sie es mit etwas Bruchrechnung und dem Ausschreiben der Summanden nach. Wir sind uns nun sicher, dass der Wert der Reihe in Gl. 2.4 tatsächlich 1 ist.

Jetzt sortieren wir die Reihe in Gl. 2.4 hinterhältig um. Bisher wechseln sich positive und negative Summanden ab. Nun nehmen wir zwei positive Summanden und einen negativen, dann wieder zwei positive und einen negativen und immer so weiter. Es entsteht die Reihe

$$1 + \frac{1}{2} - \frac{1}{2} + \frac{1}{3} + \frac{1}{4} - \frac{1}{3} + \frac{1}{5} + \frac{1}{6} - \frac{1}{4} + \frac{1}{7} + \frac{1}{8} - \frac{1}{5} + \ldots$$

Bei einer endlichen Summe, bei der abwechselnd positive und negative Summanden auftreten, würde dieses hinterhältige Umsortieren dazu führen, dass am Ende viele negative Summanden übrig wären, die noch abgezogen werden müssten. Jetzt aber gibt es kein Ende, denn wir haben unendlich viele Summanden, und alle Summanden werden verbraucht.

Um jede dritte Partialsumme der umsortierten Reihe anzuschauen, setzen wir Klammern. Voll Schrecken erkennen wir, dass die Reihe

$$\left(1 + \frac{1}{2} - \frac{1}{2} \right) + \left(\frac{1}{3} + \frac{1}{4} - \frac{1}{3} \right) + \left(\frac{1}{5} + \frac{1}{6} - \frac{1}{4} \right) + \left(\frac{1}{7} + \frac{1}{8} - \frac{1}{5} \right) + \ldots$$

uns einen Streich gespielt hat. In der ersten Klammer steht eine Eins, und in jeder weiteren Klammer steht etwas Positives. Die Partialsummen ab der vierten sind alle größer als 1. Zudem steht in jeder Klammer ein Ausdruck größer null, und die Partialsummen der ersten sechs, neun, zwölf usw. Summanden wachsen immer weiter. Damit haben wir durch Umsortieren aus den Summanden der Reihe in Gl. 2.4 eine Reihe gebastelt, deren Wert größer als 1 ist. Tatsächlich ist der Wert der umsortierten Reihe $1 + \ln 2 > 1$.

Bei konvergenten, aber nicht absolut konvergenten Reihen kann man durch geeignetes Umsortieren der Summanden sogar jeden reellen Wert erreichen. Aber das führt leider wirklich zu weit.

Wir können aber an dieser Stelle zeigen, dass absolut konvergente Reihen auch konvergieren. Nehmen wir an, es gilt

$$\tilde{s} = \sum_{k=0}^{\infty} |a_k| = \lim_{n \to \infty} \sum_{k=0}^{n} |a_k| = \lim_{n \to \infty} \tilde{s}_n \text{ mit } \tilde{s}_n = \sum_{k=0}^{n} |a_k|,$$

wobei die Tilden anzeigen, dass es sich um die Partialsummen der Beträge $|a_k|$ handelt. Unsere Annahme besteht somit darin, dass die Reihe der absoluten Beträge $|a_k|$ einen endlichen Wert $\tilde{s} \in \mathbb{R}$ hat. Dann gibt es laut der Grenzwertdefinition für jedes $\varepsilon > 0$ ein N, sodass $|\tilde{s} - \tilde{s}_n| < \varepsilon$ für alle $n > N$ gilt. Damit ist

$$|\tilde{s} - \tilde{s}_n| = \sum_{k=0}^{\infty} |a_k| - \sum_{k=0}^{n} |a_k| = \sum_{k=n+1}^{\infty} |a_k| < \varepsilon,$$

denn die beiden voneinander subtrahierten Summen unterscheiden sich um die übrig bleibenden Summanden mit den Indizes $k = n+1$, $n+2$, ... Die endliche Summe $|a_0| + \ldots + |a_n|$, die in der Reihe $\tilde{s}$ enthalten ist, wird von dieser als $\tilde{s}_n$ wieder abgezogen. Übrig bleibt die unendliche Summe $|a_{n+1}| + |a_{n+2}| + \ldots$, die selbst wieder eine Reihe ist. Wir wissen somit, dass das unendlich lange Ende der unendlichen Summe der Beträge kleiner als jedes $\varepsilon > 0$ wird.

Jetzt holen wir zum Schlag aus und verwenden die Dreiecksungleichung. Für manchen Studierenden scheint sie in ihrer schlichten Schönheit schwer verdaulich. Sie besagt, dass der Betrag der Summe kleiner gleich der Summe der Beträge ist. Am Anfang ist es möglicherweise schwer vorstellbar, an wie vielen Stellen die schlichte Dreiecksungleichung gute Dienste leistet.

Denken Sie zur Veranschaulichung an ein Spiel, bei dem Sie Plus- und Minuspunkte bekommen können, je nachdem, ob Sie gewinnen oder verlieren. Es scheint klar, dass der Betrag der Summe, also das vorzeichenbereinigte Endergebnis Ihres Spielabends, zumindest nicht größer als die Summe der Beträge der einzelnen Zahlen ist. Die Summe der Beträge würde bedeuten, dass Sie alle Punkte als Pluspunkte bekommen, eben so, als hätten Sie jedes Ihrer Spiele gewonnen.

Wir wenden die Dreiecksungleichung an und finden

$$\left| \sum_{k=n+1}^{m} a_k \right| \leq \sum_{k=n+1}^{m} |a_k| \leq \sum_{k=n+1}^{\infty} |a_k| < \varepsilon. \tag{2.5}$$

Damit liegen die Partialsummen $s_n = a_0 + a_1 + \ldots + a_n$ der Reihe über die ursprünglichen Summanden a_k beliebig nahe beieinander, denn $\forall \varepsilon > 0 \ \exists N : |s_m - s_n| < \varepsilon \ \forall n, m > N$. Überlegen Sie sich, dass aus dieser Eigenschaft innerhalb der reellen Zahlen folgt, dass die Partialsummenfolge $(s_n)_{n=0}^{\infty}$ gegen ein $s \in \mathbb{R}$ konvergiert. Überlegen Sie sich außerdem, dass $-\tilde{s} \leq s \leq \tilde{s}$ gilt.

Eine inhaltlich einfache, wenn auch technisch manchmal schwer zu bewerkstelligende, Möglichkeit, die Konvergenz einer Reihe nachzuweisen, bietet das Majorantenkriterium: Wenn eine konvergente Reihe $c = \sum_{k=0}^{\infty} c_k$ mit $|a_k| \leq c_k$ für alle $k \in \mathbb{N}$ existiert, dann konvergiert $\sum_{k=0}^{\infty} a_k$ absolut. Wir nennen die Reihe der c_k dann eine konvergente Majorante (lat. maior = größer) zu a_k, weil sie diese Summanden majorisiert, d. h. übertrifft.

Der Nachweis dieses Kriteriums ist leicht. Die Partialsummen $\tilde{s}_n = |a_0| +$
$|a_1| + \ldots + |a_n|$ bilden eine monoton wachsende Folge, die durch den Wert c der
konvergenten Majorante von oben beschränkt ist. Nach dem Monotoniekriterium
in Satz 1.2 ist damit die Partialsummenfolge konvergent, ohne dass wir ihren
Grenzwert kennen. Die Reihe über die a_k ist absolut konvergent, d. h., die Summe
über die Beträge $|a_0| + |a_1| + \ldots + |a_n|$ konvergiert für $n \to \infty$ gegen einen Wert
zwischen 0 und c.

Wenn wir jeden Summanden $|a_k|$ zu c_k vergrößern und die Summe dann immer
noch konvergiert, dann konvergiert auch die Reihe über die $|a_k|$. So einfach
lässt sich das Majorantenkriterium zusammenfassen. Es ist ein Kriterium, keine
Berechnungsvorschrift. Es sagt uns nichts über den Wert der Reihe. Es bestätigt
uns beim Vorliegen der Voraussetzungen nur, dass die Reihe konvergiert.

Ähnlich funktioniert das Minorantenkriterium. Wenn man die Summanden
der Reihe verkleinert und eine divergente Reihe mit nichtnegativen Summanden
erhält, nämlich eine divergente Minorante (lat. minor = kleiner), so bleibt der
ursprünglichen unendlichen Summe nichts anderes übrig, als zu divergieren, denn
sie ist größer als die Minorante. Von der Minorante aus betrachtet, werden die
Summanden vergrößert. Somit ist der Wert der unendlichen Summe größer als der
Wert der Minorante. Strebt die Minorante bereits gegen unendlich, so wird die Reihe
mit vergrößerten Summanden erst recht gegen unendlich streben.

Wir werden dieses Argument bei der Diskussion der harmonischen Reihe in
Abschn. 2.2 verwenden. Hier ist der Auftrag an Sie, das Minorantenkriterium aus
eigener Kraft mathematisch zu formulieren. Seien Sie mutig. Versuchen Sie es.

Wir kommen zu einem Satz, der eine notwendige, aber nicht hinreichende
Bedingung für die Konvergenz einer Reihe liefert. Wenn Sie die Wörter notwendig
und hinreichend erschrecken, dann denken Sie daran, dass es für die biologische
Mutterschaft notwendig ist, rein biologisch eine Frau zu sein. Es reicht aber nicht
aus.

Wir hatten am Anfang des Kapitels darüber gesprochen, dass die Summe von
unendlich vielen Einsen keinen Zahlenwert hat. Ihre Partialsummenfolge besteht
aus den Summen der ersten n Einsen. Für $a_k = 1 \; \forall k \in \mathbb{N}$ gilt also $s_n = a_0 +$
$\ldots + a_n = n + 1 \; \forall n \in \mathbb{N}$, und diese Folge ist divergent, also $s_n = n + 1 \to \infty$ für
$n \to \infty$. Damit im Gegensatz die Partialsummenfolge konvergieren kann, müssen
ihre Folgenglieder in einem ε-Schlauch um den Wert der Reihe liegen, wie wir es
in Gl. 2.5 schon angedacht haben. Intuitiv sehen wir, dass die Summanden in der
Tendenz betragsmäßig immer kleiner und schließlich beliebig klein werden müssen.

Satz 2.1 *Konvergiert die Reihe* $\displaystyle\sum_{k=0}^{\infty} a_k$, *so bilden ihre Summanden a_n eine Nullfolge.*

Hier wird behauptet, dass aus der Konvergenz der Reihe, also aus der Konvergenz der Partialsummenfolge $(s_n)_{n=0}^{\infty}$, folgt, dass die Folgenglieder a_n gegen null
konvergieren, dass also $\lim\limits_{n \to \infty} a_n = 0$ gilt. Genau die Konvergenz gegen null ist in

dem Wort Nullfolge versteckt. Eine Nullfolge ist schlicht eine Folge, die gegen null konvergiert.

Ausdrücklich wird nicht behauptet, dass aus der Konvergenz der Folge $(a_n)_{n=0}^{\infty}$ gegen null folgt, dass die Reihe konvergiert. In der Tat muss eine Reihe, deren Summanden gegen null konvergieren, nicht konvergieren. In Abschn. 2.2 werden wir mit der harmonischen Reihe ein Beispiel dafür besprechen.

Umgekehrt sagt Satz 2.1, dass aus der Konvergenz der Reihe die Nullfolgeneigenschaft der Summanden folgt, dass also jede konvergente Reihe Summanden hat, die gegen null konvergieren. Es gibt somit keine konvergente Reihe, deren Summanden nicht gegen null konvergieren. Die Nullfolgeneigenschaft von $(a_n)_{n=0}^{\infty}$ ist notwendig für die Konvergenz der Reihe. Wir sagen, die Konvergenz $\lim_{n\to\infty} a_n = 0$ ist eine notwendige Bedingung. Aber sie ist keine hinreichende Bedingung, denn die Konvergenz der Summanden gegen null reicht für die Konvergenz der Reihe nicht aus, vgl. harmonische Reihe, Abschn. 2.2.

Falls Sie schaudernd oder verwirrt auf die notwendige, aber nicht hinreichende Bedingung starren, denken Sie noch einmal an notwendige und hinreichende Bedingungen für eine Schwangerschaft, und deuten Sie den vorigen Absatz.

Beim Beweis von Satz 2.1 werden wir wieder die formelle Definition des Grenzwerts nutzen und finden damit einen weiteren Beleg dafür, dass wir mit dieser Definition einen guten Fang gemacht haben. Unsere Intuition lässt sich von unendlich vielen Summanden allzu leicht in die Irre führen.

Beweis: Wir bezeichnen die Partialsummen der Reihe wieder mit s_n. Da diese konvergieren, haben sie einen Grenzwert, den wir s nennen. Definitionsgemäß muss für jedes $\varepsilon > 0$ ein N existieren, sodass $|s_n - s| < \varepsilon$ für alle $n > N$ gilt. Wenn diese Ungleichung für alle $n > N$ gilt, so gilt sie damit auch für $n + 1 > n$. Wir erhalten $|s_{n+1} - s| < \varepsilon \; \forall n > N$. Die beiden letzten Ungleichungen sagen dasselbe aus und formulieren es etwas unterschiedlich. Ihre Addition ergibt die Abschätzung

$$|s_{n+1} - s| + |s_n - s| < 2\varepsilon.$$

Nun verwenden wir einen ganz üblen Trick. Wir schreiben den Abstand zweier aufeinanderfolgender Partialsummen $|s_{n+1} - s_n|$ in der Form $|s_{n+1} - s_n| = |s_{n+1} - s - s_n + s|$, d. h., wir haben die nahrhafte Null $0 = -s + s$ hinzugefügt und damit den Abstand nicht verändert. Wir können ihn nun mit der Dreiecksungleichung

$$|s_{n+1} - s_n| = |s_{n+1} - s - (s_n - s)| \le |s_{n+1} - s| + |s_n - s| < 2\varepsilon$$

abschätzen. Ja, wieder die gute alte Dreiecksungleichung, ein ewig erfolgreicher Zauber. Hier haben wir sie in der Form $|u + v| \le |u| + |v|$ mit $u = s_{n+1} - s$ und $v = -(s_n - s)$ verwendet. Machen Sie sich klar, dass die Dreiecksungleichung gilt, z. B. indem Sie den Betrag der Summe von zwei Kontoständen mit der Summe der Beträge der Kontostände vergleichen. Das ist natürlich nur interessant, wenn mindestens einer der Kontostände im Minus ist.

Zurück beim Beweis machen wir uns bewusst, dass die Differenz $s_{n+1} - s_n$ der beiden Partialsummen gerade das Element a_{n+1} ist, weil alle anderen Summanden $a_0 + \ldots + a_n$ in beiden Partialsummen s_n und s_{n+1} stecken. Die letzte Abschätzung wird so zu $|a_{n+1}| < 2\varepsilon$. Wir wissen also, dass es zu jedem $\varepsilon > 0$ ein $N \in \mathbb{N}$ gibt, sodass $|a_{n+1} - 0| < 2\varepsilon$ für alle $n > N$ gilt. Haben wir damit schon gezeigt, dass die Folge $(a_n)_{n=0}^{\infty}$ gegen null konvergiert?

Ja, das haben wir. Und jetzt müssen Sie ganz tapfer sein. Wir wollen zeigen, dass für jedes $\varepsilon > 0$ usw. usw. ... gilt. Die Punkte stehen für die Grenzwertdefinition. Wenn eine Aussage für jedes $\varepsilon > 0$ gelten soll, dann gilt diese Aussage auch für jede Wahl von $2\varepsilon > 0$. Denn in beiden Fällen erreichen wir mit ε bzw. mit 2ε alle positiven Zahlen, insbesondere beliebig kleine. Ebenso ist es egal, ob etwas ab N oder ab $N + 1$ gilt. Wir haben also schon gezeigt, dass wir die Folgenglieder beliebig klein kriegen. Und fertig.

Na gut, wenn Sie wollen, können Sie die Argumentation für $\tilde{\varepsilon} = 2\varepsilon$ und $\tilde{N} = N + 1$ umschreiben. Dann gibt es zu jedem $\tilde{\varepsilon} > 0$ ein $\tilde{N}$ usw. usw. ... Sie kennen die Grenzwertdefinition mittlerweile auswendig, und dadurch wird es vermutlich ein bisschen langweilig. Super! □

2.2 Prominente Reihen

Hier kommt ein Aufmarsch der Promis unter den Reihen, und wir versprechen Ihnen nur die Prominentesten der Promis.

2.2.1 Die geometrische Reihe

In Gl. 1.19 ist Ihnen eine endliche Summe begegnet, die aus den Potenzen von einhalb bestand. Wenn Sie genau hinschauen, dann taucht $1 = (\frac{1}{2})^0$ zweimal auf. Dort hatten wir diskutiert, dass die Summe für eine beliebige Anzahl von Summanden kleiner als 3 bleibt. Auch im Beispiel von Fabienne und Fabien taucht eine Summe von Potenzen von einhalb auf. Diesmal war es eine unendliche Summe, also die Reihe dieser Potenzen. Allgemein bezeichnen wir die Reihe der Potenzen von q, also die Reihe

$$\sum_{k=0}^{\infty} q^k = 1 + q + q^2 + q^3 + q^4 + \ldots$$

als geometrische Reihe. Hier ist $a_k = q^k$. Wir finden einen möglichen Wert der Reihe, indem wir das schöne Produkt $(1 + q + q^2 + \ldots + q^n)(1 - q)$ aus einer Partialsumme der geometrischen Reihe und dem zunächst überraschenden Faktor $1 - q$ betrachten. Das Ausmultiplizieren der zweiten Klammer liefert

$$(1 + q + q^2 + \ldots + q^n)(1 - q) = (1 + q + \ldots + q^n) - (1 + q + \ldots + q^n)q$$

und damit

$$(1 + q + q^2 + \ldots + q^n)(1 - q) = (1 + q + \ldots + q^n) - \ldots$$
$$- (q + q^2 + \ldots + q^n + q^{n+1}).$$

Die Potenzen $q, q^2, \ldots, q^n$ werden auf der rechten Seite einmal addiert und sofort wieder abgezogen. Wir vereinfachen diese Differenz und gewinnen die Beziehung $(1 + q + q^2 + \ldots + q^n)(1 - q) = 1 - q^{n+1}$. Für alle $q \neq 1$ ist $1 - q \neq 0$, und wir dividieren durch $1 - q$. Es entsteht

$$1 + q + q^2 + \ldots + q^n = \frac{1 - q^{n+1}}{1 - q} \quad \text{für alle } q \neq 1.$$

Siehe da, auf der linken Seite stehen die Partialsummen der geometrischen Reihe. Wenn die geometrische Reihe konvergiert, muss also

$$\sum_{k=0}^{\infty} q^k = \lim_{n \to \infty} (1 + q + q^2 + \ldots + q^n) = \lim_{n \to \infty} \frac{1 - q^{n+1}}{1 - q}$$

gelten. Ganz rechts reagieren einzig die Potenzen von q darauf, dass n gegen unendlich geht. Wenn wir q immer wieder mit sich selbst multiplizieren, so strebt q^n und damit auch q^{n+1} gegen null, falls $|q| < 1$ ist, vgl. Gl. 1.16.

Für alle anderen q gilt dies nicht. Für $|q| > 1$ konvergiert q^n nicht. Für $q = 1$ ist die Division durch $1 - q$ nicht ausführbar. Die geometrische Reihe konvergiert auch nicht für $q = 1$, weil sie die Summe von unendlich vielen Einsen wäre. Und für $q = -1$ wird die Reihe zu $1 - 1 + 1 - 1 + 1 - 1 \pm \ldots$ Wir haben bereits am Anfang dieses Kapitels besprochen, dass sie keinen Grenzwert hat.

Wir dürfen somit

$$\sum_{k=0}^{\infty} q^k = 1 + q + q^2 + q^3 + q^4 + \ldots = \frac{1}{1 - q} \quad \text{für } |q| < 1 \qquad (2.6)$$

festhalten, und es uns merken. Ganz lax dürfen wir sogar die Multiplikation

$$(1 + q + q^2 + q^3 + q^4 + \ldots)(1 - q) = 1 \quad \text{für } |q| < 1$$

ausführen, wenn wir die Konvergenz der geometrischen Reihe für $|q| < 1$ einmal nachgewiesen haben.

Wieder die Bedingung $|q| < 1$. Sie ist wichtig. Wir dürfen auf sie keinesfalls verzichten. Das wäre verführerisch, denn es scheint so, als könnten wir die rechte Seite auch für andere q auswerten. Probieren wir es für $q = -1$ und $q = 2$. Wir finden

$$\sum_{k=0}^{\infty}(-1)^k = 1 - 1 + 1 - 1 \pm \ldots \neq \frac{1}{1-(-1)} = \frac{1}{2}$$

oder gar

$$\sum_{k=0}^{\infty}2^k = 1 + 2 + 4 + 8 + \ldots \neq \frac{1}{1-2} = -1.$$

Beide Werte sind Unfug. Der erste Wert hat aber einen verführerischen Charme, denn die Partialsummen dieser Reihe zappeln zwischen 0 und 1. Tatsächlich war man sich im Laufe der Mathematikgeschichte nicht immer einig, ob man die Zuweisung eines Wertes zu dieser unendlichen Summe nicht dennoch vertreten könnte. Aber Sie wissen ja bereits, dass die unendliche Summe $1 - 1 + 1 - 1 \pm \ldots$ keinen Wert hat und werden diesem Charme nicht erliegen.

Die klein aussehende Bedingung $|q| < 1$ ist wie viele andere klein aussehende Bedingungen wichtig, und die geometrische Reihe konvergiert für $|q| < 1$, also für alle q mit $-1 < q < 1$. Übrigens wäre für alle anderen q die notwendige Bedingung aus dem Satz 2.1 nicht erfüllt.

2.2.2 Die Exponentialreihe

In Gl. 1.18 sind wir einer Summe begegnet, die aus den Reziproken der Fakultäten der natürlichen Zahlen besteht. Setzen wir diese bis ins Unendliche zu

$$\sum_{k=0}^{\infty}\frac{1}{k!} = \frac{1}{0!} + \frac{1}{1!} + \frac{1}{2!} + \frac{1}{3!} + \ldots$$

fort, so erhalten wir die Exponentialreihe oder zumindest einen Spezialfall davon. Warum diese Reihe Exponentialreihe heißt und warum dies eigentlich nur ein Spezialfall ist, werden wir gleich sehen.

Wir können nämlich nachweisen, dass diese Reihe gegen die Euler'sche Zahl e konvergiert. Aber nicht so eilig. Wir erinnern uns zuerst, wie wir die Euler'sche Zahl definiert haben, d. h. daran, was e eigentlich ist. Wir hatten sie in Kap. 1 als Grenzwert der Folge $(r_n)_{n=1}^{\infty}$ aus Gl. 1.6 definiert.

In Gl. 1.18 haben wir innerhalb des dortigen Nachweises, dass die Folge $(r_n)_{n=1}^{\infty}$ konvergiert, festgehalten, dass jedes Folgenglied r_n kleiner als die n-te Partialsumme unserer jetzigen Exponentialreihe ist. Das heißt

$$r_n = \left(1 + \frac{1}{n}\right)^n \leq \sum_{k=0}^{n}\frac{1}{k!}.$$

In dieser Ungleichung steht, dass die Folgenglieder r_n kleiner gleich den Partial-summen der Exponentialreihe sind. Für $n \geq 2$ gilt sogar das echte Kleinerzeichen. Wenn wir auf beiden Seiten den Grenzwert bilden, so kann der Grenzwert der r_n für $n \to \infty$ nur kleiner gleich dem Grenzwert der Partialsummen sein. Vielleicht verwundert Sie im ersten Moment, dass das Kleinerzeichen nicht erhalten bleibt.

Bedenken Sie, dass zwei Folgen gegen denselben Wert konvergieren können, auch wenn die Folgenglieder die Kleinerrelation für jeden Index n streng erfüllen. Suchen wir dafür ein überschaubares Beispiel: Wie wäre es mit $(-2b_n)_{n=0}^{\infty}$ und $(-b_n)_{n=0}^{\infty}$ mit $b_n = 2^{-n}$ aus Gl. 1.2? Alle Glieder beider Folgen sind kleiner null, sie erfüllen die echte Kleinerrelation $-2b_n < -b_n$, und doch konvergieren beide Folgen gegen null.

Nach dieser Vergewisserung halten wir

$$\mathrm{e} = \lim_{n \to \infty} r_n \leq \lim_{n \to \infty} \sum_{k=0}^{n} \frac{1}{k!} = \sum_{k=0}^{\infty} \frac{1}{k!} \tag{2.7}$$

fest. Die Euler'sche Zahl ist gemäß dieser Abschätzung nicht größer als der Wert der Exponentialreihe.

Bei der Diskussion des Grenzwerts der Folge $(r_n)_{n=1}^{\infty}$ haben wir ausführlich die binomische Formel benutzt und die entstehenden Terme abgeschätzt. Wir schreiben die binomische Formel für r_n noch einmal mit dem Summensymbol auf und lassen die Summanden ab dem Index N weg. Dann wird die Summe kleiner, und mit $N \leq n$ erhalten wir

$$r_n = \left(1 + \frac{1}{n}\right)^n = \sum_{k=0}^{n} \binom{n}{k} \left(\frac{1}{n}\right)^k \geq \sum_{k=0}^{N} \binom{n}{k} \left(\frac{1}{n}\right)^k.$$

Ganz genau wie in der Umformulierung bis hin zu Gl. 1.17 schreiben wir alle Summanden der letzten Summe bis N nun in der Form

$$r_n \geq \sum_{k=0}^{N} \frac{1}{k!} \left(1 - \frac{1}{n}\right) \left(1 - \frac{2}{n}\right) \cdot \ldots \cdot \left(1 - \frac{k-1}{n}\right).$$

Jetzt werden in allen Faktoren die Zähler $1, \ldots, k$ zu N vergrößert, sodass die Produkte in den Summanden und damit auch die Summe noch kleiner werden. Der Index k läuft von 0 bis N, und für $k = 0$ und $k = 1$ taucht kein Faktor auf, es sind also höchstens $N - 1$ Faktoren, und durch Hinzunahme von zusätzlichen solchen Faktoren werden die Summanden noch kleiner. Es gilt also

$$r_n \geq \sum_{k=0}^{N} \frac{1}{k!} \left(1 - \frac{N}{n}\right) \cdot \ldots \cdot \left(1 - \frac{N}{n}\right) = \sum_{k=0}^{N} \frac{1}{k!} \left(1 - \frac{N}{n}\right)^{N-1}$$

für jedes feste $N \leq n$. Die Überlegung, dass diese Abschätzung für jedes feste N gilt, ist deshalb wichtig, weil wir die Rollen der N und n jetzt in gewissem Sinne tauschen werden. Wir halten nämlich N fest und lassen n gegen unendlich laufen. Dann geht der Term in der Klammer der rechten Seite gegen 1, denn das N ist ja fest, und wir finden

$$\mathrm{e} = \lim_{n \to \infty} r_n \geq \lim_{n \to \infty} \sum_{k=0}^{N} \frac{1}{k!} \left(1 - \frac{N}{n}\right)^{N-1} = \sum_{k=0}^{N} \frac{1}{k!}. \qquad (2.8)$$

Damit wissen wir, dass e für alle N größer gleich der N-ten Partialsumme der Exponentialreihe ist. Dies gilt, wie gesagt, für jedes $N \in \mathbb{N}$, denn wir können bei dem Grenzübergang $n \to \infty$ für jedes noch so große N argumentieren, dass wir die Grenzwertbetrachtung für $n \to \infty$ erst jenseits des Index N beginnen. Die Jugend dieser Folge ist wie immer für ihren Grenzwert egal.

Da e größer gleich jeder Partialsumme der Exponentialreihe ist, ist es somit auch größer gleich dem Grenzwert der Partialsummenfolge, also größer gleich dem Wert der Exponentialreihe.

Die Euler'sche Zahl e ist nicht größer, siehe Gl. 2.7, und nicht kleiner, siehe Gl. 2.8, als die Exponentialreihe. Ihr bleibt nichts anderes übrig, als gleich der Exponentialreihe zu sein.

In der Mathematik werden solche Erkenntnisse gern als Satz formuliert. Wir formulieren gleich eine erweiterte Aussage.

Satz 2.2 *Für alle reellen x gilt*

$$\mathrm{e}^x = \sum_{k=0}^{\infty} \frac{x^k}{k!} = \frac{x^0}{0!} + \frac{x^1}{1!} + \frac{x^2}{2!} + \frac{x^3}{3!} + \ldots = 1 + x + \frac{x^2}{2!} + \frac{x^3}{3!} + \ldots \qquad (2.9)$$

Beweis: Für $x = 1$ haben wir den Satz bereits bewiesen. Sie sollten jetzt versuchen, die Aussage aus eigener Kraft für andere Exponenten zu beweisen. Dazu hier einige Hinweise. Für positive x können Sie mit

$$\mathrm{e}^x = \lim_{n \to \infty} \left(1 + \frac{x}{n}\right)^n = \lim_{n \to \infty} \left[\left(1 + \frac{x}{n}\right)^{\frac{n}{x}}\right]^x$$

argumentieren, dass mit $n \to \infty$ genauso $\frac{n}{x}$ gegen unendlich strebt. Allerdings müssen Sie darüber nachdenken, wie Sie den Exponenten x am Grenzwert vorbeischieben, d. h., wie Sie die Potenzbildung mit der Grenzwertbildung vertauschen. Hilfreich sind dabei Stetigkeitsüberlegungen, vgl. Kap. 5, oder – wenn Sie dem systematischen Aufbau folgen, weil wir zum Beweis der Stetigkeit der Exponentialfunktion $f(x) = a^x$ die e-Funktion erst definieren müssen – Überlegungen mithilfe der Grenzwertdefinition und des ε-Schlauchs.

Danach können Sie die obigen Abschätzungen zur Konvergenz der Exponentialreihe und die aus Abschn. 1.4 auf die Abhängigkeit von x analog übertragen. Probieren Sie es aus. Sie schaffen das, und es ist ungemein lehrreich, selbst einen Beweis zu führen.

Um die Aussage für negative Exponenten nachzuweisen, beginnen Sie mit

$$\lim_{n\to\infty} \left(1+\frac{x}{n}\right)^n \left(1-\frac{x}{n}\right)^n = \lim_{n\to\infty} \left(1-\frac{1}{n^2}\right)^n = \lim_{n\to\infty} \left[\left(1-\frac{1}{n^2}\right)^{n^2}\right]^{\frac{1}{n}}$$

für $x>0$. Jetzt müssen Sie ein wenig genauer überlegen, wie Sie die n-te Wurzel im Term auf der rechten Seite argumentativ korrekt mit dem ε-Schlauch zusammenbringen, um zu zeigen, dass dieser Grenzwert 1 ist. Sie erhalten nach einer Umstellung eine Folge mit dem Grenzwert e^{-x}. Mit ein wenig Geschick können Sie jetzt beweisen, dass die Exponentialreihe auch für negative Exponenten die Behauptung in Gl. 2.9 erfüllt. □

2.2.3 Die harmonische Reihe

Die harmonische Reihe heißt nicht harmonisch, weil sie besonders friedliebend ist. Pythagoras von Samos – ja genau, der mit dem Satz des Pythagoras – hat sich bei seinen philosophischen und naturwissenschaftlichen Studien auch mit Tönen beschäftigt. Nach unterschiedlichen Legenden wird ihm zugeschrieben, wenigstens mittelbar den Zusammenhang zwischen der Länge einer Saite und der Tonhöhe ihrer Grundfrequenz gefunden zu haben.

Sie sollten dazu wissen, dass ein Ton fast immer viele Frequenzen enthält. Eine Gitarrensaite schwingt nicht nur mit ihrer Grundfrequenz. Dieser aseptische Ton würde sehr technisch klingen. Vielmehr erklingen gleichzeitig Oberwellen mit der doppelten, dreifachen, vierfachen usw. Frequenz. Dies sind, nebenbei bemerkt, die Naturtöne, die Sie – mit einiger Übung – einem Blasinstrument ohne Verlängerung des Rohrs, also nur durch unterschiedliches Anblasen, entlocken können.

Die Frequenzen der Oberwellen entsprechen den Grundfrequenzen von Saiten der halben, drittel, viertel usw. Länge. Von dieser Beziehungskiste zwischen Harmonie und Zahlenwelt oder, wenn Sie wollen, zwischen der Musik und der Mathematik, hat die harmonische Reihe

$$\sum_{k=1}^{\infty} \frac{1}{k} = 1 + \frac{1}{2} + \frac{1}{3} + \frac{1}{4} + \frac{1}{5} + \frac{1}{6} + \frac{1}{7} + \dots$$

ihren Namen. Übrigens können Sie die Schwingung jedes Bauteils oder Werkstücks als Summe von sogenannten Eigenschwingungen ausdrücken, vgl. Kap. 10. Mathematisch heißt die daraus erwachsende Theorie Fourier-Analyse. Sie nutzen sie mit jedem Bildaufruf im Internet, mit jedem MP3-Song und an vielen anderen Stellen. Mathematik arbeitet für Sie, und manchmal, ohne dass Sie dies bemerken.

Doch zurück zur harmonischen Reihe. Sie ist ein Grenzgänger. Sie sieht gut aus. Die Folge ihrer Summanden konvergiert gegen null. Sie erfüllt damit die notwendige Bedingung von Satz 2.1. Wenn Sie Ihren Taschenrechner bitten, die Summe der Reihe auszurechnen, kann es passieren, dass der Taschenrechner einen Wert ausspuckt. Natürlich wissen die meisten Computeralgebrasysteme, dass die Summe unendlich ist, aber wenn Sie Ihren Taschenrechner dazu bringen, nacheinander die Summanden als Dezimalzahlen auszurechnen und zu addieren, erhalten Sie je nach Rechengenauigkeit, Verfahren und Geduld unterschiedliche Werte zwischen 10 und 100. Lassen Sie sich von den Kommastellen nicht täuschen. Alle Werte sind grundfalsch, denn die harmonische Reihe divergiert.

Sie ist ein Beispiel dafür, dass Satz 2.1 nicht umkehrbar ist. Die Konvergenz der Summanden gegen null, wie sie bei der harmonischen Reihe gegeben ist, sichert nicht die Konvergenz der Reihe.

Die Divergenz der harmonischen Reihe werden wir jetzt nachweisen. Zuerst setzen wir ein paar eigentlich nicht nötige Klammern, nämlich

$$\sum_{k=1}^{\infty} \frac{1}{k} = 1 + \frac{1}{2} + \left(\frac{1}{3} + \frac{1}{4}\right) + \left(\frac{1}{5} + \frac{1}{6} + \frac{1}{7} + \frac{1}{8}\right) + \dots$$

$$+ \left(\frac{1}{9} + \dots + \frac{1}{16}\right) + \left(\frac{1}{17} + \dots\right),$$

sodass wir jeweils die Reziproken der natürlichen Zahlen zwischen zwei Zweierpotenzen 2, 4, 8, 16, 32, ... inklusive der größeren Zweierpotenz in einer Klammer zusammengefasst haben. Als nächstes suchen wir eine Minorante dieser Reihe, indem wir jedes Reziproke zur kleinsten Zahl in der jeweiligen Klammer verkleinern. Dadurch wird die rechte Seite des Ausdrucks kleiner. Wir erhalten die Minorante

$$\sum_{k=1}^{\infty} \frac{1}{k} \geq 1 + \frac{1}{2} + \left(\frac{1}{4} + \frac{1}{4}\right) + \left(\frac{1}{8} + \frac{1}{8} + \frac{1}{8} + \frac{1}{8}\right) + \dots$$

$$+ \left(\frac{1}{16} + \dots + \frac{1}{16}\right) + \left(\frac{1}{32} + \dots\right.$$

und zählen nun die gleichen Summanden in den Klammern zu

$$\sum_{k=1}^{\infty} \frac{1}{k} \geq 1 + \frac{1}{2} + \left(2 \cdot \frac{1}{4}\right) + \left(4 \cdot \frac{1}{8}\right) + \left(8 \cdot \frac{1}{16}\right) + \left(16 \cdot \frac{1}{32}\right) + \dots$$

zusammen. Jede Klammer enthält genau $\frac{1}{2}$. Zwar brauchen wir für jede weitere Klammer immer mehr Summanden, doch jeweils nur endlich viele. Die Reihe besteht aus unendlich vielen Summanden. Summanden sind reichlich vorhanden, und wir finden unendlich viele solche Klammern. Die Minorante entspricht einer Reihe, bei der unendlich oft $\frac{1}{2}$ addiert wird. Sie wird unendlich groß. Sie ist divergent, und damit ist die harmonische Reihe, die größer als die divergente Minorante ist, ebenfalls divergent.

Noch schlanker, aber mit mehr mathematischen Vorkenntnissen, hätte man dieses Ergebnis bekommen können, wenn man die Partialsummen ganz ähnlich wie in Abb. 1.4 mit einem Integral verglichen hätte. Nehmen Sie ein Stück Papier, und zeichnen Sie über das Intervall [1, 2] eine Säule der Höhe 1, über [2, 3] eine Säule der Höhe $\frac{1}{2}$ und immer so weiter bis zum Intervall [n, $n + 1$], über dem Sie eine Säule der Höhe $\frac{1}{n}$ einzeichnen. Der Flächeninhalt aller Säulen zusammen ist die n-te Partialsumme der harmonischen Reihe. Wenn Sie in dasselbe Koordinatensystem die Funktion $f(x) = \frac{1}{x}$ einzeichnen, sehen Sie, dass die n-te Partialsumme größer ist als die Fläche unter dem Graphen der Funktion. Es gilt

$$\sum_{k=1}^{n} \frac{1}{k} \geq \int_{1}^{n+1} \frac{1}{x}\,\mathrm{d}x = \ln x \Big|_{x=1}^{n+1} = \ln(n + 1).$$

Zeichnen Sie es, und Sie werden sehen, warum die Ungleichung gilt. Da der Logarithmus mit $n \to \infty$ immer größer und beliebig groß wird, wird auch die n-te Partialsumme beliebig groß, und die harmonische Reihe divergiert.

Die Bezeichnung als Grenzgänger ist für die harmonische Reihe ganz gerechtfertigt, denn würde sie nur ein klein wenig schneller fallen, dann würde sie konvergieren. Mit fast demselben Argument zeigen Sie, dass die Reihe

$$\sum_{k=1}^{\infty} \frac{1}{k^{1+\varepsilon}} = 1 + \frac{1}{2^{1+\varepsilon}} + \frac{1}{3^{1+\varepsilon}} + \frac{1}{4^{1+\varepsilon}} + \frac{1}{5^{1+\varepsilon}} + \dots \tag{2.10}$$

für jedes noch so kleine $\varepsilon > 0$ konvergiert. Diesmal schätzen Sie die Reihe durch das Integral über $f(x) = \frac{1}{x^{1+\varepsilon}}$ nach oben ab. Die Säulen sollen unter der Funktion bleiben. Probieren Sie es aus, und rücken Sie die Säulen eventuell einen Schritt nach links.

2.3 Konvergenzkriterien

In diesem Abschnitt wird es um sogenannte Konvergenzkriterien für Reihen gehen. Ein Konvergenzkriterium ermöglicht es, relativ einfach Aussagen darüber zu machen, ob eine Reihe konvergiert. Wichtig ist an dieser Stelle, zwischen einem Kriterium für die Konvergenz und der möglichen Berechnung des Werts einer Reihe zu unterscheiden. Mit dem Majoranten- und dem Minorantenkriterium, die wir unter dem Namen Vergleichskriterien für Reihen zusammengefasst haben, kennen wir bereits Konvergenzkriterien.

Ein Kriterium ist eine Entscheidungshilfe und keine Berechnungsvorschrift. Damit folgt das Wort Kriterium unserem Alltagssprachgebrauch. Hier eine Eselsbrücke: Wenn die Einstellungskriterien für einen bestimmten Job aus einer Kochlehre, dem Lkw-Führerschein und einem Philosophiediplom bestehen, so kann man mit den Kriterien zwar entscheiden, ob ein Bewerber die Anforderungen für diesen Job erfüllt, aber sie enthalten kein Verfahren, wie man jemanden für diesen seltsamen Job findet.

Die folgenden beiden Kriterien beruhen auf der Idee, dass eine Reihe konvergiert, wenn wir sie durch eine geometrische Reihe mit $q \in [0, 1)$ majorisieren können. Wir beginnen mit einer einfachen Situation. Nehmen wir an, dass der nächstfolgende Summand a_{k+1} betragsmäßig kleiner gleich dem Betrag von a_k multipliziert mit dem positiven Faktor $q < 1$ ist und dass dies für jeden Summanden gilt. Dann werden die Summanden immer kleiner, denn sie werden jeweils mit q multipliziert. Wir schreiben dies in Formelzeichen auf und erhalten

$$|a_1| \leq q|a_0|, \quad |a_2| \leq q|a_1| \quad \text{und damit} \quad |a_2| \leq q|a_1| \leq q^2|a_0|.$$

Für höhere Indizes gilt ebenfalls $|a_k| \leq q|a_{k-1}| \leq q^2|a_{k-2}| \leq \ldots$, und schließlich finden wir $|a_k| \leq q^k|a_0|$ für alle k. Wir nutzen die Abschätzung in der Reihe und erhalten

$$\sum_{k=0}^{\infty} |a_k| = |a_0| + |a_1| + |a_2| + \ldots \leq |a_0| + q|a_0| + q^2|a_0| + \ldots = |a_0| \sum_{k=0}^{\infty} q^k.$$

Wir sehen, dass im Fall $0 \leq q < 1$ eine konvergente Majorante, nämlich eine geometrische Reihe mit Vorfaktor, existiert, deren Wert wir ausrechnen können. Doch das Ausrechnen würde wenig nützen, denn wir wissen dann nur, dass die Reihe der Beträge nicht größer als die Summe der geometrischen Reihe mal dem Vorfaktor $|a_0|$ ist. Den Wert der Reihe über die $|a_k|$ oder über die a_k würden wir nicht erfahren. Wir bemerken wieder die Wichtigkeit der Bedingung $q < 1$, die wir bei der Diskussion der geometrischen Reihe hervorgehoben haben. Dort haben wir die Voraussetzung $|q| < 1$ für die Konvergenz der geometrischen Reihe betont. Hier haben wir eine Majorante mit positiven Summanden gesucht und deshalb $q \in [0, 1)$ festgelegt. Für diese nichtnegativen q sind die Formulierungen $q < 1$ und $|q| < 1$ gleichbedeutend.

Andererseits können wir aus der konvergenten Majorante ablesen, dass die Reihe über die $|a_k|$ konvergiert, dass also die Reihe über die Summanden a_k absolut konvergiert. Vor Kurzem haben wir nachgewiesen, dass aus der absoluten Konvergenz die Konvergenz einer Reihe folgt. Also konvergiert die Reihe über die a_k.

Unser hergeleitetes Konvergenzkriterium lautet: Wenn die Beträge $|a_k|$ der Summanden a_k einer Reihe immer mit mindestens einem Faktor $q < 1$ kleiner werden, dann konvergiert die Reihe absolut.

Beispielsweise können wir die Reihe

$$\frac{1}{1} + \frac{1}{2} + \frac{1}{8} + \frac{1}{16} + \frac{1}{64} + \frac{1}{128} + \frac{1}{512} + \dots$$

mit diesem Kriterium untersuchen. Wir erkennen das Bildungsgesetz der Summanden, denn sie nehmen abwechselnd mit dem Faktor $\frac{1}{2}$ und $\frac{1}{4}$ ab. Sie nehmen also mindestens um den Faktor $q = \frac{1}{2}$ ab. Wir finden die konvergente Majorante

$$\frac{1}{1} + \frac{1}{2} + \frac{1}{8} + \frac{1}{16} + \frac{1}{64} + \frac{1}{128} + \frac{1}{512} + \dots \leq \frac{1}{1} + \frac{1}{2} + \frac{1}{4} + \frac{1}{8} + \dots = 2,$$

und unsere Reihe konvergiert. Nebenbei können wir in diesem Fall den Wert der untersuchten Reihe sogar ausrechnen. Wenn wir nämlich immer zwei Summanden zusammenfassen, erhalten wir

$$\left(\frac{1}{1} + \frac{1}{2}\right) + \left(\frac{1}{8} + \frac{1}{16}\right) + \left(\frac{1}{64} + \frac{1}{128}\right) + \left(\frac{1}{512} + \dots = \frac{3}{2} + \frac{3}{16} + \frac{3}{128} + \dots\right.$$

und nach dem Ausklammern und Auffinden einer geometrischen Reihe

$$\dots = \frac{3}{2}\left[1 + \frac{1}{8} + \frac{1}{64} + \dots\right] = \frac{3}{2}\sum_{k=0}^{\infty}\left(\frac{1}{8}\right)^k = = \frac{3}{2} \cdot \frac{1}{1 - \frac{1}{8}} = \frac{12}{7}.$$

Unser so entwickeltes Kriterium – und hier müssen wir mit der Formulierung sehr genau aufpassen – besagt: Wenn die Summanden a_k wie q^k mit festem $q \in [0, 1)$ abklingen, dann konvergiert die betrachtete Reihe. Es liefert uns eine hinreichende Bedingung für die Konvergenz. Diese hinreichende Bedingung ergänzt die notwendige Bedingung aus Satz 2.1. Dort stand, dass aus der Konvergenz der Reihe folgt, dass die Summanden gegen null streben. Unser Kriterium liefert uns, dass die Reihe gewiss konvergiert, wenn die Summanden wie q^k oder schneller gegen null streben.

Zwischen der hinreichenden und der notwendigen Bedingung bleibt eine Lücke, in der die notwendige Bedingung erfüllt ist und die hinreichende nicht. Für Reihen in dieser Lücke liefert unser Kriterium keine Aussage. Denn die harmonische Reihe und die Reihe in Gl. 2.10 mit etwas schneller fallenden Summanden erfüllen beide die notwendige Bedingung, aber beide nicht die hinreichende Bedingung aus dem Kriterium, und tatsächlich divergiert die harmonische Reihe, und die Reihe in Gl. 2.10 konvergiert für jedes $\varepsilon > 0$. Außerhalb der Lücke haben wir dagegen sehr wohl sichere Aussagen. Ist die notwendige Bedingung nicht erfüllt, dann konvergiert die Reihe sicher nicht. Ist dagegen die hinreichende Bedingung erfüllt, dann konvergiert die Reihe sicher.

2.3.1 Quotientenkriterium

Obwohl wir die Lücke nicht ganz schließen können, d. h., obwohl wir keine sinnvolle, gleichzeitig notwendige und hinreichende Bedingung für die Konvergenz von
Reihen finden, versuchen wir dennoch, die Lücke zu verkleinern. Dazu schreiben
wir das bisher entwickelte Kriterium noch einmal auf. Wir wissen bis jetzt, dass die
Reihe $a_0 + a_1 + a_2 + \ldots$ konvergiert, wenn es ein $q < 1$ gibt, für das

$$|a_{k+1}| \leq q|a_k| \quad \text{bzw.} \quad \left| \frac{a_{k+1}}{a_k} \right| \leq q < 1 \quad \text{für alle} \ n \geq N \qquad (2.11)$$

gilt. Der Faktor q ist als Abschätzung eines Betrages nach oben automatisch
positiv. Außerdem haben wir in die Formulierung hineingeschrieben, dass die
Abschätzung erst ab einem Index N gelten muss, denn der Anfang der Reihe, also
eine endliche Anzahl von Summanden am Beginn der Reihe, ist für die Frage, ob
die Reihe konvergiert, uninteressant. Endlich viele Summanden können auf ganz
herkömmliche Weise addiert werden. Sie verändern den Wert der Reihe, aber sie
ändern nichts daran, ob die Reihe konvergiert oder nicht.

Damit sind die Quotienten ab dem Index N durch q beschränkt. Sie liegen
für $n > N$ im Intervall $[0, q]$. Davor liegen höchsten endlich viele Quotienten
außerhalb dieses Intervalls. Endlich viele Werte bilden keinen Häufungspunkt, und
damit liegen alle Häufungspunkte der Quotienten im Intervall $[0, q]$. Und es gibt
mindestens einen Häufungspunkt, denn nach Satz 1.4 hat die beschränkte Folge der
Quotienten mindestens einen Häufungspunkt.

Nach diesen Überlegungen formulieren wir unser Kriterium anders: Wenn die
Beträge der Quotienten beschränkt bleiben und alle Häufungspunkte in einem
Intervall $[0, q]$ mit $q < 1$ liegen, dann konvergiert die Reihe.

Noch mathematischer klingt es, wenn wir als Hilfsmittel den Limes superior
einführen. Der Limes superior einer von oben beschränkten Folge ist ihr größter
Häufungspunkt. Sollte die Folge nach oben unbeschränkt sein, so definieren wir
ihren Limes superior als ∞. Mit diesem Begriff lautet unser Kriterium, das auch
Quotientenkriterium heißt: Wenn der Limes superior der Beträge der Quotienten
aufeinanderfolgender Folgenglieder

$$p = \limsup_{k \to \infty} \left| \frac{a_{k+1}}{a_k} \right| < 1$$

erfüllt, dann konvergiert die Reihe $a_0 + a_1 + a_2 + \ldots$ absolut.

Wir schauen zuerst, ob wir mit der mathematischer aussehenden Formulierung
des Quotientenkriteriums die Aussage unseres Kriteriums getroffen haben. Und
das haben wir. Denn wenn der Limes superior $p < 1$ ist, dann ist er sicher nicht
unendlich, und die Folge der Quotienten ist beschränkt. Damit hat sie einen
Häufungspunkt, und der größte von ihnen ist laut der Bedingung echt kleiner
als 1. Wir erinnern uns an die Definition des Häufungspunkts. Die Folge – hier
die Folge der Quotienten – kommt unendlich oft an dem Häufungspunkt vorbei,

d. h., die Beträge der Quotienten landen unendlich oft im ε-Schlauch um p, also im Intervall $(p - \varepsilon, \, p + \varepsilon)$, und zwar für jedes $\varepsilon > 0$. Nun ist p aber der größte Häufungspunkt, also der größte Wert mit dieser Eigenschaft. Damit können nicht unendlich viele Quotienten größer gleich $p + \varepsilon$ sein, denn, wären sie es, so würden sie eine beschränkte Folge bilden, die nach Satz 1.4 einen Häufungspunkt oberhalb von p hätte. Es gibt nur endlich viele Quotienten größer gleich $p + \varepsilon$. Damit taugt dieser Wert für unseren Faktor $q = p + \varepsilon$ in Gl. 2.11. Wählen wir N groß genug, so bleiben alle Quotienten für $n > N$ betragsmäßig unter $q = p + \varepsilon$. Da $\varepsilon > 0$ beliebig klein wird, sind die Forderungen $q < 1$ und $p < 1$ identisch, denn wir können zu jedem $p < 1$ ein q zwischen p und 1 finden.

Als nächstes verdeutlichen wir uns, was das Quotientenkriterium aussagt und was es nicht aussagt. Es macht die Aussage, dass aus $p < 1$ die Konvergenz der Reihe folgt. Es macht keine Aussage über die Konvergenz der Reihe, wenn $p \geq 1$ ist. Aber Vorsicht, keine Aussage zu machen, bedeutet nicht, die Konvergenz der Reihe zu widerlegen. Leider wird in Diskussionen oft vergessen, dass jemand, der z. B. keine Aussage darüber machen kann, ob es Gott gibt, keineswegs behauptet, dass es keinen Gott gibt. Er kann es nur nicht mit Bestimmtheit sagen oder widerlegen. So ergeht es uns mit dem Quotientenkriterium auch. Wenn $p \geq 1$ ist, ist schlicht keine Aussage über die Konvergenz der Reihe möglich.

Wir probieren dies an einigen Beispielen aus. Für $p = 1$ haben wir mit der harmonischen Reihe ein prominentes Beispiel einer nicht konvergenten Reihe. Setzen wir die Folgenglieder g_k aus Gl. 1.1 in das Kriterium ein, so erhalten wir

$$p = \limsup_{k \to \infty} \left| \frac{g_{k+1}}{g_k} \right| = \limsup_{k \to \infty} \left| \frac{\frac{1}{k+1}}{\frac{1}{k}} \right| = \limsup_{k \to \infty} \left| \frac{k}{k+1} \right| = 1,$$

wobei die Folge der Quotienten hier sogar konvergiert und damit ihr Grenzwert der einzige Häufungspunkt ist. Gleichzeitig divergiert die Reihe

$$\sum_{k=1}^{\infty} g_k = 1 + \frac{1}{2} + \frac{1}{3} + \ldots = \infty.$$

Das Quotientenkriterium liefert uns keine Aussage, weil die Bedingung $p < 1$ nicht erfüllt ist.

Noch leichter haben wir es mit der Reihe $1 + 1 + 1 + \ldots$, deren Summanden nicht fallen und die damit die notwendige Bedingung in Satz 2.1 nicht erfüllen. Dass $1 + 1 + 1 + \ldots$ divergiert, sehen wir sofort daran, dass die Partialsummen beliebig groß werden. Auch diese Reihe liefert $p = 1$ und sogar $q = 1$. Unser Kriterium ist nicht erfüllt.

Auf der anderen Seite finden wir ebenso Reihen mit $p = 1$, die konvergieren. Ein Beispiel erhalten wir, wenn wir die geometrische Reihe aus Gl. 2.1 verdoppeln, indem wir jeden Summanden doppelt auftauchen lassen. Dann ist

$$4 = 1 + 1 + \frac{1}{2} + \frac{1}{2} + \frac{1}{4} + \frac{1}{4} + \frac{1}{8} + \frac{1}{8} + \frac{1}{16} + \frac{1}{16} + \frac{1}{32} + \dots$$

Wenn wir, ganz ohne eine Notation für die Summanden einzuführen, die Quotienten aufeinanderfolgender Summanden bilden, erhalten wir die Folge der Quotienten

$$\left(\left| \frac{a_{k+1}}{a_k} \right| \right)_{k=0}^{\infty} = 1, \frac{1}{2}, 1, \frac{1}{2}, 1, \frac{1}{2}, \dots,$$

weil wir abwechselnd den Summanden gleich lassen und halbieren. Die Quotientenfolge nimmt abwechselnd zwei Werte an und hat somit zwei Häufungspunkte. Ihr größter Häufungspunkt ist $p = 1$, und die Reihe konvergiert trotzdem. Wir finden bestätigt, dass wir für $p \geq 1$ keine Aussage aus dem Quotientenkriterium erhalten.

Wir können dies sogar noch weiter verschärfen. Wir können beispielsweise eine Reihe angeben, die konvergiert, obwohl $p = \infty$ ist. Ihre Quotienten bilden also eine unbeschränkte Folge. Wir nehmen die geometrische Reihe und ergänzen sehr viel schneller fallende Summanden

$$1 + 1 + \frac{1}{2} + \frac{1}{20} + \frac{1}{4} + \frac{1}{400} + \frac{1}{8} + \frac{1}{8000} + \frac{1}{16} + \frac{1}{160000} + \frac{1}{32} + \dots$$

Die Quotienten bilden die Folge

$$\left(\left| \frac{a_{k+1}}{a_k} \right| \right)_{k=0}^{\infty} = 1, \frac{1}{2}, \frac{1}{10}, 5, \frac{1}{100}, 50, \frac{1}{1000}, 500, \frac{1}{10000}, 5000, \dots,$$

und diese ist unbeschränkt. Sie hat die Teilfolge 5, 50, 500, ... $\to \infty$ und einen Häufungspunkt bei 0. Also ist $p = \infty$, und die Reihe konvergiert dennoch, nämlich gegen die Summe der beiden absolut konvergenten geometrischen Reihen

$$\sum_{k=0}^{\infty} \frac{1}{2^k} + \sum_{k=0}^{\infty} \frac{1}{20^k} = \frac{1}{1 - \frac{1}{2}} + \frac{1}{1 - \frac{1}{20}} = \frac{58}{19}.$$

Wir haben die absolute Konvergenz der geometrischen Reihen betont, weil erst diese Eigenschaft erlaubt, die Reihenfolge der Summanden zu ändern, und die Umsortierung war für die Berechnung des Wertes der obigen Reihe nötig.

Wir blicken auf die Abschätzung der Quotienten in Gl. 2.11 zurück und betrachten noch einmal die Formulierung, dass die Quotienten kleiner gleich einem q, das seinerseits kleiner als 1 ist, sein sollen. Manchmal wird dies damit verwechselt, dass die Quotienten einfach nur kleiner als 1 sein sollen. Aber diese beiden Bedingungen sind nicht identisch, und die zweite genügt auch nicht, um die Konvergenz der Reihe zu sichern. Beispielsweise sind alle Quotienten aufeinanderfolgender Folgenglieder der harmonischen Reihe kleiner als 1, aber die harmonische Reihe konvergiert nicht.

Die Ungleichung 2.11 besagt nämlich mehr als nur, dass die Quotienten kleiner als 1 sind. Sie sagt, dass die Quotienten der 1 auch nicht beliebig nahe kommen dürfen. Manchmal spricht man auch davon, dass sie von der 1 weg beschränkt sein müssen.

2.3.2 Wurzelkriterium

Nachdem wir das Quotientenkriterium besprochen haben, drücken wir die Eigenschaft, dass die Summanden einer Reihe mindestens so schnell wie die Summanden einer geometrischen Reihe fallen, noch einmal anders aus. Wenn

$$p = \limsup_{k \to \infty} \sqrt[k]{|a_k|} < 1$$

gilt, dann konvergiert die Reihe $a_0 + a_1 + a_2 + \ldots$ absolut. Dieses Kriterium heißt Wurzelkriterium, und es basiert auf derselben Idee wie das Quotientenkriterium. Der Nachweis ist wieder leicht, denn wie in Abschn. 2.3.1 gibt es unter dieser Bedingung höchstens endlich viele Indizes k, für die $\sqrt[k]{|a_k|} \geq p + \varepsilon$ mit einem beliebigen $\varepsilon > 0$ ist. Wir können ε also so wählen, dass $q = p + \varepsilon < 1$ gilt. Ab einem Index N, der größer als die angesprochenen endlich vielen Indizes ist, gilt dann

$$\sqrt[k]{|a_k|} < q \quad \text{für} \quad k > N \quad \text{und damit} \quad |a_k| < q^k.$$

Folglich ist $|a_{N+1}| + |a_{N+2}| + \ldots < q^{N+1} + q^{N+2} + \ldots$ Wir haben die Konvergenz einer möglicherweise komplizierteren Reihe wieder durch die Angabe einer konvergenten Majorante nachgewiesen.

Diesmal haben wir noch etwas mehr gewonnen. Nehmen wir einmal an, dass der größte Häufungspunkt p der Folge $(\sqrt[k]{|a_k|})_{k=1}^{\infty}$ größer als 1 ist. Dann gibt es unendlich viele von diesen Wurzeln, die in einer beliebig kleinen Umgebung von p liegen. Ist $p > 1$, so sind diese Wurzeln auch größer als 1. Da die Ausdrücke beim Erheben in die k-te Potenz nur noch größer werden, gibt es unendlich viele Summanden $|a_k|$, wenn auch nicht zwingend alle, die größer als 1 sind. Die notwendige Bedingung in Satz 2.1 ist verletzt, und die Reihe divergent. Anschaulich ausgedrückt, ist die Summe aus unendlich vielen Zahlen größer 1 auch unendlich groß. Und die Reihe $|a_0| + |a_1| + |a_2| + \ldots$ divergiert, weil höchstens noch positive Terme hinzukommen. Damit konvergiert die Reihe $a_0 + a_1 + a_2 + \ldots$ zumindest nicht absolut.

Während das Quotientenkriterium für alle $p \geq 1$ keine Aussage zuließ, macht das Wurzelkriterium nur für $p = 1$ keine Aussage, wobei selbstverständlich das jeweilige p aus den Kriterien gemeint ist. Der Bereich der Unentschiedenheit ist beim Wurzelkriterium also kleiner.

Es gibt einige wenige Reihen, bei denen sich die Aussagekraft des Quotientenkriteriums und des Wurzelkriteriums unterscheiden. Ein Beispiel haben wir weiter oben schon aufgeschrieben. Es ist die Reihe

$$1 + 1 + \frac{1}{2} + \frac{1}{20} + \frac{1}{2^2} + \frac{1}{20^2} + \frac{1}{2^3} + \frac{1}{20^3} + \frac{1}{2^4} + \frac{1}{20^4} + \frac{1}{2^5} + \cdots$$

mit der Folge der k-ten Wurzeln

$$\left(\sqrt[k]{|a_k|} \right)_{k=1}^{\infty} = 1,\ 1,\ 2^{-\frac{1}{3}},\ 20^{-\frac{1}{4}},\ 2^{-\frac{2}{5}},\ 20^{-\frac{2}{6}},\ 2^{-\frac{3}{7}},\ 20^{-\frac{3}{8}}, \ldots$$

Da sowohl die Exponenten an 2 als auch die an 20 gegen $-\frac{1}{2}$ streben, hat diese Folge die beiden Häufungspunkte $\frac{1}{\sqrt{2}}$ und $\frac{1}{\sqrt{20}}$, die beide kleiner als 1 sind. Das Wurzelkriterium liefert uns die Gewissheit, dass diese Reihe konvergiert.

Übrigens gilt allgemein, dass das Wurzelkriterium schärfer als das Quotientenkriterium ist. Wenn also das Quotientenkriterium eine Aussage über die Konvergenz zulässt, dann tut es das Wurzelkriterium erst recht. Man könnte sich fragen, warum es das Quotientenkriterium überhaupt gibt. Das liegt daran, dass es für viele tatsächlich auftretende Reihen einfacher ist, die Häufungspunkte der Quotienten zu bestimmen als die der k-ten Wurzeln.

2.3.3 Leibniz-Kriterium

Hier kommt noch ein Kriterium von ganz anderer Bauart. Es ist nach Gottfried Wilhelm Leibniz (1646–1716) benannt und lautet: Wenn die Beträge der Summanden monoton fallen und gegen null konvergieren und die Summanden alternierende Vorzeichen haben, dann konvergiert die Reihe.

Alternierende Vorzeichen bedeutet, dass sich positive und negative Summanden abwechseln. Um Summanden mit dem Betrag 0 brauchen wir uns nicht zu kümmern, denn dann wäre der Summand selbst 0 und alle folgenden Summanden müssten auch null sein, weil wir gefordert haben, dass die Beträge der Summanden monoton fallen. Es entstünde eine endliche Summe.

Nun betrachten wir also die Summe $a_0 + a_1 + a_2 + \ldots$ mit der Eigenschaft $|a_0| \geq |a_1| \geq |a_2| \geq \ldots$. Außerdem wechselt das Vorzeichen. Da der erste Summand für die Frage, ob die Reihe konvergiert, egal ist, können wir ohne Beschränkung der Allgemeinheit annehmen, dass $a_0 > 0$ ist. Dann ist $a_1 < 0$, $a_2 > 0$, $a_3 < 0$, $a_4 > 0$ und immer so weiter.

Es gilt $a_{2k} > 0$ für gerade Indizes $2k, k \in \mathbb{N}$ und $a_{2k+1} < 0$ für ungerade Indizes $2k + 1, k \in \mathbb{N}$. Wegen der monoton fallenden Beträge gilt zudem $a_{2k} + a_{2k+1} \geq 0$ und $a_{2k+1} + a_{2k+2} \leq 0$. Die Partialsummen zu geraden Indizes erfüllen

$$s_{2n+2} = a_0 + \ldots + a_{2n} + a_{2n+1} + a_{2n+2} = s_{2n} + a_{2n+1} + a_{2n+2} < s_{2n}.$$

Die letzte Kleinerrelation gilt, weil der negative Summand a_{2n+1} betragsgrößer ist als der positive folgende Summand a_{2n+2}. Damit bilden die Partialsummen mit geraden Indizes eine monoton fallende Folge.

Ganz analog erkennen Sie, dass die Partialsummen mit ungeraden Indizes kleiner als die geraden sind und dass sie eine monoton wachsende Folge bilden. Eine Skizze ist hilfreich. Damit sind sowohl die monoton fallende Teilfolge der Partialsummen mit geraden Indizes als auch die monoton wachsende Teilfolge mit ungeraden Indizes beschränkt, denn sie können schließlich nicht aneinander vorbei. Es bleibt ihnen nach Satz 1.2 nichts anderes als zu konvergieren. Da zudem die Summanden a_k gegen null konvergieren, folgt aus $s_{2n+1} = s_{2n} + a_{2n+1}$, dass die Teilfolgen $(s_{2n})_{n=0}^{\infty}$ und $(s_{2n+1})_{n=0}^{\infty}$ gegen denselben Wert konvergieren, gegen den dann die ganze Partialsummenfolge strebt.

Wir passen wieder auf, dass wir einer Wahrheit nicht mehr entnehmen, als in ihr steckt. Das Leibniz-Kriterium sagt nichts über die absolute Konvergenz. So erfüllt die alternierende harmonische Reihe

$$1 - \frac{1}{2} + \frac{1}{3} - \frac{1}{4} + \frac{1}{5} - \frac{1}{6} \pm \dots$$

zwar das Leibniz-Kriterium, und sie ist konvergent. Die alternierende harmonische Reihe ist aber nicht absolut konvergent, weil die Betragsbildung in jedem Summanden auf die harmonische Reihe führt, die bekanntlich divergent ist.

Zum Ende dieses Kapitels könnte man die Frage stellen, wozu man unendliche Summen betrachtet, und wir könnten ausholen und beteuern, dass man jede Schwingung und damit auch jedes Geräusch als unendliche Summe einfacherer Schwingungen darstellen kann.

Es entsteht eine Reihe, deren Summanden vergleichsweise einfache Schwingungen sind. Da der Wert der Reihe endlich ist, klingen die Summanden nach Satz 2.1 ab, und man kann die unendliche Summe durch eine Summe mit endlich vielen Summanden mit passabler Genauigkeit annähern, indem man die kleinen Summanden weglässt und nur endlich viele Summanden speichert. Sie benutzen dies bei Speicherformaten wie MP3 oder JPEG, ohne es zu bemerken. Wir zeigen Ihnen in Abschn. 10.3.2 ein paar erste Gedanken zu Schwingungen einer Saite.

Wenn Ihnen das zu weit hergeholt ist, so kann man die Exponentialreihe aus Gl. 2.9

$$e^x = 1 + x + \frac{x^2}{2!} + \frac{x^3}{3!} + \dots$$

einfach schön finden. Nebenbei können Sie mit dem Wurzel- und mit dem Quotientenkriterium die absolute Konvergenz der Exponentialreihe für alle $x \in \mathbb{R}$ nachweisen. Beide Male entsteht der Limes superior $p = 0 < 1$, und zwar unabhängig von x. Bei der Verwendung des Wurzelkriteriums bekommen Sie allerdings schwierigere Ausdrücke, die Sie aber mit den Werkzeugen aus Kap. 1 beherrschen können. Schauen Sie sich danach um.

In Kap. 11 werden wir die Reihen

$$\sin x = x - \frac{x^3}{3!} + \frac{x^5}{5!} - \frac{x^7}{7!} \pm \dots \quad \text{sowie} \quad \cos x = 1 - \frac{x^2}{2!} + \frac{x^4}{4!} - \frac{x^6}{6!} \pm \dots$$

bestimmen. Man erkennt, dass für betragskleine Werte x die Näherungen

$$\sin x \approx x \quad \text{oder} \quad \sin x \approx x - \frac{x^3}{6}$$

recht passabel und für viele praktische Bereiche brauchbar genau sind. Die erste Näherung $\sin x \approx x$ hat zudem den Charme, dass die gebogene Sinusfunktion durch eine Gerade angenähert wird. Wir sprechen von einer Linearisierung, weil die nichtlineare Funktion $f(x) = \sin x$ zumindest in der Nähe von $x = 0$ durch die lineare Funktion $g(x) = x$ angenähert wird.

Die Welt ist zwar fast überall nichtlinear, doch rechnet es sich mit linearen Zusammenhängen leichter.

Und noch ein Tipp: Häufig werden Reihen mit dem Summensymbol geschrieben. Es ist kürzer und offenbar besser die Bildungsvorschrift für die Summanden. Wir haben das Summensymbol in diesem Abschnitt nur in Maßen verwendet. Erschrecken Sie nicht vor ihm. Übersetzen Sie vielmehr die kompakte Schreibweise in für Sie möglichst einfach lesbare, ggf. längere Darstellungen. Die Reihe für $\sin x$ finden Sie beispielsweise in der Form

$$\sin x = \sum_{k=0}^{\infty} \frac{(-1)^k x^{2k+1}}{(2k+1)!},$$

aus der Sie die Summanden ablesen können. Umgekehrt ist es oft schwieriger. Man findet auch nicht zu jeder unendlichen Summe eine kompakte Schreibweise mit dem Summensymbol. Das ist nicht schlimm, denn das Summensymbol ist nur eine mögliche Schreibweise für eine Reihe.

Es kann sein, dass diese Ausblicke auf spätere Themen Ihre Frage nach dem Wozu nicht beantwortet. Manche Studierende meinen eine ganz konkrete berufs-praktische Anwendung, wenn sie „Wozu braucht man das?" fragen. Aber Moment, wir diskutieren hier Themen aus dem ersten Semester. Auf diesen Themen baut vieles weitere auf.

Viele Berufe kann man lange ausüben, ohne jemals zählen zu müssen – zumindest nicht weiter als bis fünf. Trotzdem bleiben nur wenige Berufe übrig, die man ausüben kann, wenn man nicht in der Lage ist, weiter als bis fünf zu zählen oder es in absehbarer Zeit zu lernen.

Komplexe Zahlen: Wie rechnet man mit etwas, das es nicht gibt?

3

Wir haben in der Schule gelernt, dass man aus einer negativen Zahl keine Wurzel ziehen kann. Wir präzisieren dieses Nichtkönnen: Es gibt keine reelle Zahl, die als Quadratwurzel einer negativen Zahl angesehen werden kann.

Diese Aussage können wir leicht begründen, indem wir uns auf den Begriff der Wurzel besinnen. Eine Zahl x ist Wurzel oder genauer Quadratwurzel einer Zahl a, wenn $x \cdot x = a$ gilt, wenn also die Zahl x mit sich selbst multipliziert die Zahl a ergibt. Da $x \cdot x$ sowohl für positive x als auch für negative x eine positive Zahl ist, gilt immer $x \cdot x = a \geq 0$. Durch das Größergleichzeichen haben wir $x = 0$ mit ins Boot geholt. Da alle Quadrate a reeller Zahlen x nichtnegativ sind, können nur nichtnegative Zahlen $a \geq 0$ eine reelle Wurzel x haben.

Andererseits stellen wir fest, dass nach dieser Beschreibung sowohl $x = 3$ als auch $x = -3$ als Wurzel von $a = 9$ infrage kommen. Damit $\sqrt{9}$ ein eindeutig bestimmter Ausdruck ist und keine Auswahl zwischen 3 und -3 offen bleibt, haben wir uns darauf geeinigt, nur die nichtnegative Zahl 3 als Wurzel aus 9 anzuerkennen. Wir müssten genauer formulieren: Eine Zahl $x \geq 0$ ist die Quadratwurzel einer Zahl $a \geq 0$, wenn $x \cdot x = a$ gilt.

Die Idee der Wurzel kann man interessierten Kindern beibringen, sobald sie die Multiplikation beherrschen, also lange bevor sie gebrochene oder reelle Zahlen kennen. Manche Kinder suchen gern nach den Wurzeln natürlicher Zahlen und stellen fest, dass 25 eine Wurzel hat, 24 aber nicht. Damit meinen sie, dass es eine natürliche Zahl, nämlich $x = 5$ gibt, die $x \cdot x = 25$ erfüllt, dass es aber keine natürliche Zahl gibt, die mit sich selbst multipliziert 24 ergibt. In dieser Gedankenwelt hat also $a = 25$ eine Wurzel, $b = 24$ aber nicht.

Sie kennen die reellen Zahlen bereits und haben sicher kein Problem mit der Aussage $\sqrt{24} = 4.89897949\ldots \in \mathbb{R} \backslash \mathbb{Q}$. Es handelt sich um eine irrationale Zahl. Sie wissen, dass die Dezimalstellen ohne periodische Wiederholungen scheinbar wirr unendlich lange durcheinander auftauchen. Aber Sie kennen diese Zahl bestenfalls vage.

© Der/die Autor(en), exklusiv lizenziert durch Springer-Verlag GmbH, DE, ein Teil von Springer Nature 2021
D. Langemann, *So einfach ist Mathematik – Zwölf Herausforderungen im ersten Semester*, https://doi.org/10.1007/978-3-662-63720-3_3

Wenn Sie noch einmal darüber nachdenken, dass nur nichtnegative reelle Zahlen Wurzeln haben und dass 24 für das Schulkind keine Wurzel hatte, so könnten Sie annehmen, dass es eine hypothetische Größe – wenn auch nicht aus dem Bereich der reellen Zahlen – gibt, die die Rolle der Wurzel von -1 übernimmt. Aus Sicht von jemandem, der nur die reellen und keine weiteren Zahlen kennt, wäre diese Größe etwas Neues, rein Erdachtes, etwas, das es gar nicht gibt.

Erste Frage: In welchem Sinne gibt es $\sqrt{24} = 4.89897949\ldots$? Zweite Frage: Wieso können Sie mit der Ihnen nur vage bekannten Zahl $\sqrt{24}$ rechnen, obwohl es diese für das Schulkind nicht gibt? Wir probieren, ob wir mit etwas rechnen können, das es gar nicht gibt oder zumindest nicht zu geben scheint.

3.1   Tun wir mal so, als ob

Zuerst stellen wir uns auf den Standpunkt, dass es nur die natürlichen Zahlen

$$\mathbb{N} = \{0,\ 1,\ 2,\ 3,\ \ldots\}$$

gibt. Wir befinden uns in der Zahlenwelt eines Grundschulkinds. Dieses Kind würde mit vollem Recht behaupten, dass es keine Zahl gibt, die mit sich selbst multipliziert 24 ergibt. In seiner Zahlenwelt gibt es auch keine Lösung von $2-5$, und deshalb haben Sie in der zweiten Klasse der Grundschule möglicherweise

$$2 - 5 = \text{n. l.}$$

mit n. l. für „nicht lösbar" aufgeschrieben. Die Aussage ist bei aller heutiger Verwunderung darüber vollkommen korrekt, wenn Sie sie als

$$2 - 5 = \text{n. l. in } \mathbb{N}$$

formulieren. Wir haben in Kap. 1 bei der Diskussion der Folge $(d_n)_{n=0}^{\infty}$ aus Gl. 1.4 die Frage angerissen, in welchem Sinne es einen Grenzwert gibt oder nicht gibt. Ganz ähnlich ist es hier. Die Behauptung, es gäbe kein Ergebnis für $2-5$ ist innerhalb der natürlichen Zahlen $\mathbb{N}$ wahr und innerhalb der ganzen Zahlen $\mathbb{Z} = \{\ldots, -2, -1, 0, 1, 2, 3, \ldots\}$ falsch. Im Anhang B finden Sie übrigens die Zahlbereiche mit kurzen erklärenden Einordnungen.

Obwohl es die Differenz $2-5$ zweier natürlicher Zahlen nicht in den natürlichen Zahlen gibt, können wir dennoch Rechenregeln aufstellen, die gelten müssten, wenn es solche Zahlen gäbe. Die Addition des Ergebnisses von $2-5$ und der Zahl $5 \in \mathbb{N}$ müsste wieder 2 ergeben, weil wir von der Zahl 2 zunächst 5 abgezogen und dann wieder hinzuaddiert hätten. Würden wir $x = 2 - 5$ bezeichnen und damit, was immer es sein könnte, rechnen, so würden wir $x + 5 = 2$ als einzig sinnvolle Festlegung empfinden.

Wir könnten uns auch fragen, was $x \cdot x$ sein sollte. Wenn wir die Gültigkeit des binomischen Lehrsatzes $(a - b)^2 = a^2 - 2ab + b^2$ nicht aufgeben, würden wir $x \cdot x = (2 - 5)^2 = 2^2 - 2 \cdot 2 \cdot 5 + 5^2 = 2^2 + 5^2 - 2 \cdot 2 \cdot 5 = 9$ herausbekommen. Sie sehen, dass wir mit $x = 2 - 5$ sehr wohl rechnen können, obwohl $2 - 5$ in der Zahlenwelt des Schulkinds, das nur natürliche Zahlen kennt, nicht vorkommt. Beachten Sie bitte, dass wir zur Rechnung mit $x = 2 - 5$ kein Zahlzeichen für diese negative ganze Zahl einführen mussten. Außerdem haben wir die Rechenmethoden angewendet, die das Schulkind aus den natürlichen Zahlen kennt.

Die Erweiterung des Zahlbereichs auf die ganzen Zahlen macht die Subtraktionsaufgabe $2 - 5$ zu $x = 2 - 5 = -3 \in \mathbb{Z}$ lösbar. Die ganzen Zahlen können als Differenzen natürlicher Zahlen geschrieben werden. So ist beispielsweise das Zahlzeichen $-3 \notin \mathbb{N}$ als Differenz von Paaren natürlicher Zahlen

$$-3 = 0 - 3 = 1 - 4 = 2 - 5 = \ldots$$

definiert. Diese Paare müssen demselben nichtnatürlichen Wert entsprechen, damit die Rechenregeln der Addition, Subtraktion und Multiplikation in den ganzen Zahlen gültig bleiben. Alle weiteren Rechenvorschriften ergeben sich folgerichtig, auch wenn ihre formale Herleitung etwas sperrig erscheint. Da Sie die ganzen Zahlen schon kennen, wird die Herleitung Ihnen als Zeitverschwendung vorkommen: Wir führen die formale Differenz $a - b$ für Paare natürlicher Zahlen $a, b \in \mathbb{N}$ als neue Zahlzeichen ein. Falls $a \geq b$ ist, können wir die Differenz ausrechnen und erhalten wieder natürliche Zahlen. Falls $a < b$ ist, so ist $a - b = 0 - (b - a)$, und wir identifizieren die Differenz $a - b \notin \mathbb{N}$ mit dem Ergebnis von $0 - (b - a) \notin \mathbb{N}$, das entsteht, wenn wir von $0 \in \mathbb{N}$ die Zahl $b - a \in \mathbb{N}$ abziehen. Es gibt also Differenzen, die als natürliche Zahlen interpretiert werden können, und Differenzen, die gewiss keine natürlichen Zahlen sind. Die Rechenvorschriften, die das Schulkind für die natürlichen Zahlen kennt, sollen auch für die Differenzen gelten. Wir erhalten für zwei der neuen Zahlen $a - b$ und $c - d$ die Regeln

$$(a - b) + (c - d) = (a + c) - (b + d) \text{ und } (a - b)(c - d)$$
$$= ac + bd - (ad + bc), \tag{3.1}$$

wobei auf der linken Seite die Summe bzw. das Produkt der Differenzen steht und auf der rechten Seite jeweils wieder die Differenzen, die für die neu eingeführten Zahlzeichen stehen. Die Hauptschwierigkeit bei den Gl. 3.1 besteht darin, sie nicht nur als Rechnungen anzusehen, sondern sich zu verdeutlichen, dass die beiden neuen Zahlen $a - b$ und $c - d$, die natürlich sein können aber nicht müssen, zu der neuen Zahl $(a + c) - (b + d)$ addiert werden, die wiederum als Differenz zweier natürlicher Zahlen $a + c \in \mathbb{N}$ und $b + d \in \mathbb{N}$ dargestellt wird. Entsprechend ist ihr Produkt die Differenz von $ac + bd \in \mathbb{N}$ und $ad + bc \in \mathbb{N}$.

3.2   Komplexe Zahlen

Wir durchleben denselben Prozess noch einmal. Wir befinden uns in der Zahlenwelt der reellen Zahlen. In dieser Zahlenwelt gibt es keine Lösung von $x^2 = -1$. Es ist in den reellen Zahlen korrekt, die Aufgabe, ein x mit $x^2 = -1$ zu bestimmen, als unlösbar zu betrachten. Nachdem wir uns in Abschn. 3.1 mit der Frage beschäftigt haben, wie man mit Differenzen rechnet, die es – zumindest aus der Sicht der natürlichen Zahlen – nicht gibt, fällt es Ihnen möglicherweise weniger schwer, sich ein Gebilde vorzustellen, das mit i bezeichnet wird und das die Eigenschaft

$$i^2 = -1 \qquad\qquad (3.2)$$

hat. Natürlich ist i $\notin \mathbb{R}$ nicht reell, weil es keine reelle Wurzel aus -1 gibt. Selbst wenn wir unbedingt darauf beharren wollen, dass es sie nicht gibt, so können wir uns dennoch die Größe i vorstellen (lat. imaginari = sich vorstellen), für die auf einer rein technischen Ebene Gl. 3.2 gilt. Von dieser Vorstellung hat die imaginäre Einheit i ihren Namen.

Da wir die Gültigkeit der Potenzgesetze nicht aufgeben wollen, haben wir mit Gl. 3.2 gleichzeitig festgelegt, dass $(iy)^2 = i^2 y^2 = -1 \cdot y^2 = -y^2$ gelten muss. Wenn also $y = \sqrt{a}$ mit $a \geq 0$ gilt, so hat iy die Rolle einer Quadratwurzel aus $-a$, denn das Quadrat von iy ist $-a \leq 0$.

Wir könnten jetzt frohlocken und uns damit zufrieden geben, dass wir, sehr lax ausgedrückt, Wurzeln aus negativen Zahlen ziehen können. Wir schreiben übrigens nicht $\sqrt{-1}$ für die imaginäre Einheit, denn $-i$ ist ebenfalls eine Lösung der Gleichung $x^2 = -1$, und wir können mangels eines Größenvergleichs mit der Null nicht festlegen, welche der beiden Lösungen i und $-i$ die Wurzel aus -1 sein soll.

Nach der Freude über die Wurzeln aus negativen Zahlen kämen wir sicher bald darauf, quadratische Gleichungen wie $x^2 - 2x + 2 = 0$ lösen zu wollen. Wegen $x^2 - 2x + 2 = (x - 1)^2 + 1 \geq 1 > 0$ hat diese quadratische Gleichung keine reellen Lösungen.

Doch halt. Wer will das? Wozu? Manche Studierende fragen leicht zwanghaft sofort nach dem Warum und dem Wozu, selbst am Beginn eines auf mehrere Jahre angelegten Studiums. Deshalb versuchen wir einen Einschub zum Warum und Wozu. Erleben Sie jetzt und hier eine Anwendung. Der Einschub wird etwas wüst und greift thematisch vor. Die Frage nach dem Wozu eines Werkzeugs verlangt nach der Benutzung des Werkzeugs. Erschrecken Sie nicht. Der Einschub ist etwa eine Seite lang.

Wir betrachten ein mechanisches System, das aus einer Masse m besteht, welche mit einer Feder der Federkonstanten k und mit einem Dämpfer der Dämpfung d an einer Wand befestigt ist. Es reagiert bei Auslenkung aus seiner Ruhelage um einen Weg s mit der rücktreibenden Kraft $F_k = -ks$. Die Auslenkung $s = s(t)$ ist eine zeitabhängige Größe. Der Dämpfer wirkt der Geschwindigkeit $s'(t)$ entgegen. Er bremst die Masse mit $F_d = -ds'(t)$. Andererseits ist nach der Newton'schen

Bewegungsgleichung die wirkende Kraft gleich der Masse mal der Beschleunigung. Wir erhalten die Differenzialgleichung

$$ms''(t) = -ks(t) - ds'(t) \quad \text{oder} \quad ms''(t) + ds'(t) + ks(t) = 0$$

mit positiven Konstanten m, d und k. Diese Gleichung verknüpft die gesuchte Funktion $s = s(t)$ mit ihren Ableitungen und hat daher die Bezeichnung Differenzialgleichung. Im weiteren Verlauf Ihres Studiums werden Sie diskutieren, dass solch eine lineare Differenzialgleichung Lösungen der Bauart $s(t) = e^{\lambda t}$ mit noch zu bestimmenden Werten λ hat. Wenn wir diese Lösungen ansetzen, so finden wir $s'(t) = \lambda e^{\lambda t}$ und $s''(t) = \lambda^2 e^{\lambda t}$. Aus der Differenzialgleichung wird

$$m\lambda^2 e^{\lambda t} + d\lambda e^{\lambda t} + ke^{\lambda t} = (m\lambda^2 + d\lambda + k)e^{\lambda t} = 0.$$

Die möglichen λ sind wegen $e^{\lambda t} \neq 0$ $\forall t$ die Lösungen von $m\lambda^2 + d\lambda + k = 0$. Für einheitenbefreite $m = 1$, $d = 2$ und $k = 2$ entsteht unser obiges Beispiel einer quadratischen Gleichung. Nach der Bestimmung der $\lambda \notin \mathbb{R}$ brauchen wir zur Angabe von $s(t)$ gleich eine Interpretation von $e^{\lambda t}$ für nichtreelle λ. Auch dieses Werkzeug werden wir in diesem Kapitel bereitstellen.

Wenn Sie nun noch weiter fragen, warum und wozu man solch ein System untersuchen sollte, so seien Sie versichert, dass dieses einfache schwingende System, das Federschwinger genannt wird, der Prototyp jeglicher Schwingung ist. Egal, ob Sie eine schwingende Gitarrensaite, ein klapperndes Auto, ein periodisches Ökosystem oder das wiederkehrende Krisenverhalten von wirtschaftlichen Zusammenhängen studieren wollen – Sie werden sich mit oszillierenden Systemen beschäftigen müssen.

Okay, das war harter Stoff, viel schwieriger, als nur quadratische Gleichungen zu lösen. Kommen wir zurück zu $x^2 - 2x + 2 = 0$. Die pq-Formel beschert uns die Lösungen $x_{1,2} = 1 \pm \sqrt{-1}$. Das doppelte Zeichen $\pm$ zeigt, dass wir auf i und $-$i kommen werden, weshalb wir das Wurzelzeichen mit Bauchschmerzen stehen lassen. Die Lösungen von $x^2 - 2x + 2 = 0$ sind $x_1 = 1 + i$ und $x_2 = 1 - i$. Wir erkennen, dass wir uns Gedanken darüber machen müssen, was die Summe aus einer reellen Zahl $1 \in \mathbb{R}$ und der imaginären Einheit i $\notin \mathbb{R}$ sein soll.

Wollen wir die gewöhnliche Addition und Multiplikation mit den reellen Zahlen und zusätzlich der imaginären Einheit ausführen, so kommen wir auf Zahlen der Bauart $x + iy$ mit reellen Zahlen $x, y \in \mathbb{R}$, denn alle Terme, die i^2 enthalten, können wir wegen Gl. 3.2 vereinfachen. Multiplizieren wir beispielsweise $x + iy$ mit i, so erhalten wir

$$(x + iy) \cdot i = ix + i^2 y = ix - y = -y + ix.$$

Das ist wieder ein Ausdruck, der aus einer reellen Zahl $-y$ besteht, zu dem ein reelles Vielfaches ix der imaginären Einheit i hinzuaddiert wird. Mit Gl. 3.2 haben wir $i^2 y$ zur reellen Zahl $-y \in \mathbb{R}$ vereinfacht.

Wir werden in Abschn. 3.2.1 sehen, dass wir auch mit den anderen Standard-
rechenoperationen keine Ergebnisse erzielen, die sich nicht in der Form $x + \mathrm{i}y$ mit
reellen x und y darstellen lassen. Wir nennen deshalb die Menge dieser neuen Zahlen
einen Zahlbereich, nämlich den Zahlbereich der komplexen Zahlen

$$\mathbb{C} = \{x + \mathrm{i}y : x, y \in \mathbb{R}\}.$$

Streng genommen gehören zur Definition von $\mathbb{C}$ die Rechenoperationen innerhalb
der Menge $\mathbb{C}$. Sie werden jedoch gleich sehen, dass wir in $\mathbb{C}$ völlig normal rechnen,
geradezu langweilig normal.

3.2.1 Kartesische Darstellung

In diesem Abschnitt werden wir einigen Bezeichnungen begegnen, die uns das
Nachdenken über komplexe Zahlen erleichtern. Manche dieser Bezeichnungen
entstammen einem abstrakteren Zugang zum Zahlbereich der komplexen Zahlen.
Trotzdem sollten Sie die Begriffe und Bezeichnungen verinnerlichen, weil die
Kenntnis des Wortschatzes zu einer Thematik die Grundvoraussetzung dafür ist,
Aussagen aus dieser Thematik zu verstehen und den Argumentationen zu folgen.
    Wir klären zunächst, wie wir komplexe Zahlen miteinander addieren und
multiplizieren. Wir nehmen zwei komplexe Zahlen $x + \mathrm{i}y \in \mathbb{C}$ und $u + \mathrm{i}v \in \mathbb{C}$,
die durch die Paare (x, y) bzw. (u, v) reeller Zahlen dargestellt werden, und rechnen
unter Verwendung der definierenden Relation 3.2 der imaginären Einheit nach, dass
bei der Addition und Multiplikation wieder komplexe Zahlen in dieser Darstellung
herauskommen.
    Für die Addition entsteht

$$(x + \mathrm{i}y) + (u + \mathrm{i}v) = (x + u) + \mathrm{i}(y + v),$$

wobei $x + u \in \mathbb{R}$ und $y + v \in \mathbb{R}$ wieder reelle Zahlen sind. Würden wir die
komplexen Zahlen als Paare notieren, könnten wir $(x, y) + (u, v) = (x + u, y + v)$
schreiben, wodurch vielleicht deutlicher wird, dass wir damit eine Addition komplexer Zahlen definiert haben. Auf der linken Seite steht das Zeichen $+$ für die
Addition in $\mathbb{C}$, auf der rechten Seite steht $+$ für die herkömmliche Addition reeller
Zahlen. Natürlich ist die komplexe Addition als folgerichtige Erweiterung der
Addition im Reellen entstanden. Wegen dieser Folgerichtigkeit unterscheiden wir
die Pluszeichen nicht dauerhaft. Wir unterscheiden zwischen der Addition in $\mathbb{C}$ und
der in $\mathbb{R}$ nur kurzfristig an dieser Stelle.
    Für die Multiplikation ist es ein klein wenig komplizierter, denn für

$$(x + \mathrm{i}y) \cdot (u + \mathrm{i}v) = xu + \mathrm{i}yu + \mathrm{i}xv + \mathrm{i}^2 yv = (xu - yv) + \mathrm{i}(yu + xv)$$

brauchen wir Gl. 3.2 zur Vereinfachung. In der Paarnotation lautet die Multiplikation $(x, y) \cdot (u, v) = (xu - yv, yu + xv)$, und vielleicht würden wir uns wundern,

warum dies eine Multiplikation sein soll. Beim Ausmultiplizieren des Ausdrucks $(x + iy) \cdot (u + iv)$ erscheint das Produkt jedoch als folgerichtige Fortsetzung der Multiplikation. Nebenbei bemerkt, sollte man das entstehende Produkt nicht auswendig lernen, denn auswendig gelernt ist es wie die Aneinanderreihung fremdsprachlicher Zeichen. Dagegen kann man es als ausmultipliziertes Produkt kaum vergessen.

Bei der Darstellung komplexer Zahlen fällt auf, dass wir zwei reelle Zahlen (x, y) in jeder komplexen Zahl finden. Wir können die komplexen Zahlen also nicht wie die reellen auf einer Zahlengeraden anordnen, sondern wir brauchen zwei Koordinatenrichtungen. In Abb. 3.1 sehen Sie eine zweidimensionale Darstellung mit x auf der horizontalen Achse und y auf der vertikalen Achse. Wir haben ein kartesisches Koordinatensystem, in dem wir die komplexen Zahlen $z = x + iy$ als Punkte (x, y) eintragen. Die Form $z = x + iy$ nennen wir deshalb die kartesische Darstellung einer komplexen Zahl. Die (x, y)-Ebene, die wir durch das Koordinatensystem beschreiben, heißt Gauß'sche Zahlenebene.

Wir nennen $x = \operatorname{Re} z$ den Realteil der komplexen Zahl z und $y = \operatorname{Im} z$ ihren Imaginärteil. Der Imaginärteil ist selbst wieder eine reelle Zahl, denn es ist die reelle Zahl y. In der Gauß'schen Zahlenebene heißt deshalb die horizontale Achse die reelle Achse und die vertikale die imaginäre Achse.

Übrigens ist auch die Zahl $1 \in \mathbb{R}$ eine komplexe Zahl. In Langform können wir sie als $1 = 1 + i \cdot 0$ schreiben. Es gilt $\operatorname{Re} 1 = 1$ und $\operatorname{Im} 1 = 0$. Da dies mit jeder reellen Zahl $x \in \mathbb{R}$ klappt, sind die reellen Zahlen eine Teilmenge der komplexen Zahlen, d. h. $\mathbb{R} \subset \mathbb{C}$. Die reellen Zahlen liegen auf der reellen Achse in der Gauß'schen Zahlenebene.

Genau genommen brauchen wir zu der Aussage, dass es sich bei $\mathbb{R}$ um eine echte Teilmenge von $\mathbb{C}$ handelt, noch mindestens eine komplexe Zahl, die keine reelle Zahl ist. Diese Zahl haben wir schon, nämlich $z = i = 0 + i \cdot 1$ mit $\operatorname{Re} i = 0$ und $\operatorname{Im} i = 1$. Deshalb liegt in Abb. 3.1 die imaginäre Einheit $i \in \mathbb{C} \backslash \mathbb{R}$, die gleich der Zahl $i = 0 + i \cdot 1$ ist, auf der imaginären Achse, obwohl an der Achse an dieser Stelle der Imaginärteil $y = 1 \in \mathbb{R}$ steht.

Abb. 3.1 Gauß'sche Zahlenebene mit der komplexen Zahl $z = x + iy \in \mathbb{C}$ in kartesischer Darstellung und der zu ihr konjugiert komplexen Zahl $\bar{z} = x - iy$. Der Imaginärteil y ist eine reelle Zahl, aber auf der imaginären Achse liegen nichtreelle komplexe Zahlen, z. B. $i \in \mathbb{C} \backslash \mathbb{R}$ (kleiner Kreis) mit $\operatorname{Im} i = 1$

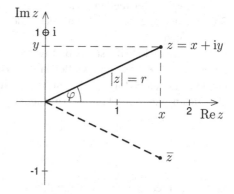

Lassen Sie uns auf die Rechenoperationen zurückkommen. Wir können subtra-
hieren, wie wir addiert haben, nämlich $(x + iy) - (u + iv) = (x - u) + i(y - v)$. Nur
die Division macht einige Schwierigkeiten. Der Quotient

$$\frac{x + iy}{u + iv}$$

der beiden komplexen Zahlen $x + iy$ und $u + iv$ sieht nicht wie eine komplexe
Zahl $a + ib$ mit $a, b \in \mathbb{R}$ in kartesischer Darstellung aus. Um nachzuweisen, dass
wirklich eine komplexe Zahl herauskommt, dass wir also die Division innerhalb
der komplexen Zahlen ausführen können und nicht etwa „nicht lösbar" dahinter
schreiben müssen, brauchen wir einen Trick. Sie kennen ihn möglicherweise vom
Rationalmachen des Nenners bei Ausdrücken, in denen Summen von Wurzeln unter
dem Bruchstrich vorkommen. Wir erweitern nämlich den Bruch mit der Zahl $u - iv$,
die wir gleich die zu $u + iv$ konjugiert komplexe Zahl nennen werden, und finden

$$\frac{x + iy}{u + iv} \cdot \frac{u - iv}{u - iv} = \frac{xu + yv + i(yu - xv)}{u^2 + v^2} = \frac{xu + yv}{u^2 + v^2} + i\frac{yu - xv}{u^2 + v^2}.$$

Der Nenner ist nun reell. Die Division $(x + iy):(u + iv)$ ist somit für alle Divisoren
$u + iv \neq 0 \in \mathbb{C}$ ausführbar. Die Forderung $u + iv \neq 0 = 0 + i0$ bedeutet, dass
der Realteil u und der Imaginärteil v nicht zugleich null sind. Durch 0 können
wir natürlich nicht in $\mathbb{R}$ und ebensowenig in den komplexen Zahlen $\mathbb{C}$ oder in
irgendeiner anderen Struktur dividieren.

Wir sind glücklich, dass wir alle Grundrechenarten in den komplexen Zahlen $\mathbb{C}$
wie gewohnt ausführen können. Solche Strukturen heißen in der Algebra übrigens
Körper. Die rationalen Zahlen $\mathbb{Q}$ und die reellen Zahlen $\mathbb{R}$ sind weitere Beispiele für
Körper, vgl. Abschn. 6.1.1.

Eben haben wir den Bruch zweier komplexer Zahlen erweitert, indem wir im
Nenner das Vorzeichen vor dem Imaginärteil umgekehrt haben. Die so entstehende
Zahl $\bar{z} = x - iy$ heißt die zu $z = x + iy$ konjugiert komplexe Zahl, und sie wird
mit einem Strich über der Zahl bezeichnet. In Abb. 3.1 erkennen wir, dass sie eine
Spiegelung an der reellen Achse ist. Der etwas sperrige Name entstammt anderen
Sphären der Algebra, und wir verwenden ihn in diesem Stadium am besten als
Eigennamen.

Ein anderer Begriff ist der Betrag einer komplexen Zahl. Sie kennen den Betrag
einer reellen Zahlen und vielleicht den Betrag eines Vektors. In beiden Fällen
können Sie den Betrag als Abstand vom Nullpunkt interpretieren. Dieses Konzept
übertragen wir in die komplexen Zahlen. Der Satz des Pythagoras liefert uns aus
Abb. 3.1 den Betrag

$$|z| = \sqrt{x^2 + y^2}.$$

Schließlich rechnen Sie die Gültigkeit der Aussagen

$$\operatorname{Re} z = \frac{1}{2}(z + \bar{z}), \quad \operatorname{Im} z = \frac{1}{2i}(z - \bar{z}) = \frac{i}{2}(\bar{z} - z) \text{ und } |z|^2 = z \cdot \bar{z}$$

nach, indem Sie z in $x + iy$ übersetzen und die Aussagen mit dieser Übersetzung aufschreiben. Sie werden sehen, dass sich die Aussagen als direkte Folgerung aus der Festlegung der konjugiert komplexen Zahl $\bar{z} = x - iy$ ergeben.

Die Division komplexer Zahlen können Sie jetzt in der Form

$$\frac{1}{z} = \frac{1}{z} \cdot \frac{\bar{z}}{\bar{z}} = \frac{\bar{z}}{|z|^2}$$

schreiben. Da Sie in $\mathbb{C}$ schon multiplizieren können, reicht es, die Division für den Zähler 1 zu formulieren. Denken Sie darüber nach, warum.

3.2.2 Polardarstellung

Wir können die komplexen Zahlen $z = x + iy$ nicht nur über ihre kartesische Darstellung eindeutig als Punkte in der Gauß'schen Zahlenebene adressieren, sondern auch durch ihren Abstand vom Ursprung $r = |z|$ und durch ihren Winkel φ mit der reellen Achse, den wir natürlich mathematisch positiv, also entgegen dem Uhrzeigersinn zählen. Schauen Sie in Abb. 3.1.

Wir erkennen ein rechtwinkliges Dreieck mit den Eckpunkten $0 \in \mathbb{C}, x \in \mathbb{R} \subset \mathbb{C}$ auf der reellen Achse und $z \in \mathbb{C}$. Eine kurze Erinnerung an die Definition des Sinus und des Kosinus zum eingezeichneten Winkel φ überzeugt uns von $x = r \cos \varphi$ und $y = r \sin \varphi$. Wir erhalten die Polardarstellung einer komplexen Zahl

$$z = x + iy = r(\cos \varphi + i \sin \varphi) \text{ mit } x = r \cos \varphi, \ y = r \sin \varphi. \tag{3.3}$$

Die Polardarstellung hat ihren Namen von den Polarkoordinaten, bei denen Punkte durch ihren Winkel zu einer festgelegten Achse und den Abstand vom Nullpunkt beschrieben werden. Zum Beispiel in der Schifffahrt und in der Robotik sind die Polarkoordinaten sehr nützlich.

Die Polardarstellung gewinnt an Kraft, wenn wir die Euler'sche Identität

$$e^{i\varphi} = \cos \varphi + i \sin \varphi \tag{3.4}$$

verwenden. Man kann sie schulterzuckend hinnehmen. Man kann sich aber auch darüber freuen, dass die Euler'sche Identität eine Potenz mit einem imaginären Exponenten definiert. Es ist keineswegs klar, was das sein könnte. Während man die Potenzen mit natürlichen Exponenten über die mehrfache Ausführung der Multiplikation definiert und dann allein wegen der Beibehaltung der Potenzgesetze auch zur eindeutigen Definition der Potenzen für negative und gebrochene Exponenten kommt, so liefert diese Erweiterung noch keinen Grund dafür, welche

Ergebnisse beim Potenzieren mit komplexen Exponenten zu erwarten sind und ob diese überhaupt sinnvoll definiert werden können.

Wenn man jedoch den Exponenten $\mathrm{i}\varphi$ in die Exponentialreihe in Gl. 2.9 einsetzt, entsteht

$$\mathrm{e}^{\mathrm{i}\varphi} = \sum_{k=0}^{\infty} \frac{(\mathrm{i}\varphi)^k}{k!} = 1 + \mathrm{i}\varphi + \frac{(\mathrm{i}\varphi)^2}{2!} + \frac{(\mathrm{i}\varphi)^3}{3!} + \frac{(\mathrm{i}\varphi)^4}{4!} + \dots,$$

und nach dem mehrfachen Ausnutzen der definierenden Relation $\mathrm{i}^2 = -1$ aus Gl. 3.2 bei $\mathrm{i}^3 = -\mathrm{i}$, $\mathrm{i}^4 = 1$ usw. haben wir

$$\mathrm{e}^{\mathrm{i}\varphi} = 1 + \mathrm{i}\varphi - \frac{\varphi^2}{2!} - \frac{\mathrm{i}\varphi^3}{3!} + \frac{\varphi^4}{4!} \pm \dots$$

$$= \left(1 - \frac{\varphi^2}{2!} + \frac{\varphi^4}{4!} \pm \dots\right) + \mathrm{i}\left(\varphi - \frac{\varphi^3}{3!} \pm \dots\right).$$

Für die Sortierung nach den reellen und imaginären Anteilen im letzten Schritt haben wir Summanden vertauscht und dafür, ohne es vorher noch einmal anzusprechen, die absolute Konvergenz der Exponentialreihe ausgenutzt. Scharfes Hingucken und ein Vergleich mit den Reihen für $\cos\varphi$ und $\sin\varphi$, die wir am Ende von Kap. 2 gegeben haben, beweist die Euler'sche Identität in Gl. 3.4. Schauen Sie dazu auch in Kap. 11.

Leider bietet uns dieser eher technische Beweis keinerlei intuitiven Zugang zum Verständnis von $\mathrm{e}^{\mathrm{i}\varphi}$. Trotzdem ist es gut, dass wir die Euler'sche Identität bewiesen haben. Andererseits können wir Ihnen versichern, dass sie einer der ganz wenigen Zusammenhänge ist, der unserem intuitiven Verständnis kaum zugänglich ist. Wir brauchen Potenzen mit imaginären oder, allgemeiner, nichtreellen Exponenten beispielsweise, um die Lösungen $\mathrm{e}^{\lambda t}$ für nichtreelle λ beim oben erwähnten Federschwinger interpretieren zu können.

Wir schreiben die Polardarstellung jetzt als

$$z = r(\cos\varphi + \mathrm{i}\sin\varphi) = r\mathrm{e}^{\mathrm{i}\varphi},$$

und in dieser Form wird die Multiplikation und Division von komplexen Zahlen bei Anwendung der Potenzgesetze besonders leicht durchführbar.

Möchte man die kartesische Darstellung in die Polardarstellung umrechnen, so muss man zu gegebenen x und y den Radius r und den Winkel φ aus der Polardarstellung finden. Der umgekehrte Weg ist in Gl. 3.3 angegeben. Der Schlüssel für die gesuchte Umrechnung sind die Winkelfunktionen. Beispielsweise hat die Zahl $z = 1 + \mathrm{i}$ den Betrag $|z| = \sqrt{1^2 + 1^2} = \sqrt{2}$. Zeichnen wir den Punkt in die Gauß'sche Zahlenebene ein, so lesen wir an der diagonalen Lage ab, dass $\varphi = \frac{\pi}{4}$ ein möglicher Winkel ist.

Oh Schreck, wenn wir uns, von diesem Winkel beginnend, noch einmal ganz im Kreis herumdrehen, so blicken wir wieder in dieselbe Richtung. Offenbar ist die

Polardarstellung nicht eindeutig, denn es gilt

$$z = 1 + i = \sqrt{2}e^{i\frac{\pi}{4}} = \sqrt{2}e^{i(\frac{\pi}{4}+2\pi)} = \sqrt{2}e^{i(\frac{\pi}{4}+4\pi)} = \ldots,$$

d. h., wir können zum Winkel φ ein Vielfaches des Vollwinkels hinzuaddieren oder abziehen, ohne dass sich der adressierte Punkt und mithin die komplexe Zahl ändert. Wir werden diese Beobachtung ausgiebig nutzen, wenn wir in Abschn. 3.3 Wurzeln aus komplexen Zahlen ziehen.

Den jetzigen Abschnitt schließen wir mit der Überlegung, dass einerseits

$$e^{i(\varphi+\psi)} = \cos(\varphi + \psi) + i\sin(\varphi + \psi)$$

und wegen der Potenzgesetze andererseits

$$e^{i(\varphi+\psi)} = e^{i\varphi}e^{i\psi} = (\cos\varphi + i\sin\varphi)(\cos\psi + i\sin\psi)$$

gilt. Da beide Ausdrücke gleich sein müssen, brauchen wir den zweiten nur nach seinem Real- und seinem Imaginärteil zu sortieren und erhalten die Additionstheoreme

$$\cos(\varphi + \psi) = \cos\varphi\cos\psi - \sin\varphi\sin\psi \quad \text{und}$$

$$\sin(\varphi + \psi) = \sin\varphi\cos\psi + \cos\varphi\sin\psi.$$

Die Additionstheoreme sind elementargeometrisch wesentlich schwieriger zu beweisen. Da man sie leicht bekommt, braucht man sie nicht auswendig zu lernen, denn man kann sie sich jederzeit neu beschaffen.

Wichtig ist es, sich zu verdeutlichen, dass der Kosinus der Summe $\varphi + \psi$ der Winkel φ und ψ keineswegs die Summe der Kosinus der Winkel ist. Die Reihenfolge von Handlungen ist im Allgemeinen nicht vertauschbar, was wir in Kap. 8 genauer besprechen werden. Die Additionstheoreme enthalten die Möglichkeit, den Sinus und den Kosinus der Summe der Winkel durch die Sinus und Kosinus der einzelnen Winkel auszudrücken.

3.3 Wurzeln und der Hauptsatz der Algebra

Wir haben mit i und $-$i bereits die Lösungen von $x^2 = -1$ und damit zwei Quadratwurzeln aus $a = -1$ gefunden. Da wir in der Gauß'schen Zahlenebene und damit in den komplexen Zahlen keinen Größenvergleich der durch zwei reelle Größen x und y definierten Punkte haben, können wir nicht wie im Reellen eine der Wurzeln auswählen und diese eine Wurzel als alleingültige erklären. Vielmehr erhalten wir mehrere Wurzeln. Doch sehen Sie selbst.

Wir suchen die n-ten Wurzeln der in Polardarstellung gegebenen komplexen Zahl $a = se^{i\psi} \in \mathbb{C}$ mit einem reellen Abstand $s \geq 0$ und einem reellen Winkel ψ. Wir bezeichnen die gesuchte Wurzel mit $z = re^{i\varphi}$. Wir machen also den Ansatz $re^{i\varphi}$ mit dem Winkel $\varphi \in \mathbb{R}$ und einem Betrag $r \geq 0$ für die gesuchten Wurzeln. Durch $r \geq 0$ ist gleichzeitig ausgedrückt, dass r reell ist, weil Größenvergleiche nicht in $\mathbb{C}$, wohl aber in $\mathbb{R}$ möglich sind. Gesucht sind nun r und φ in unserem Ansatz, sodass

$$z^n = a$$

gilt. Das ist eine Polynomgleichung, und nach dem Einsetzen des gegebenen a und unseres Ansatzes für z wird sie zu

$$\left(re^{i\varphi}\right)^n = r^n e^{in\varphi} = se^{i\psi}.$$

Damit die angegebenen Zahlen gleich sind, müssen sie in der Gauß'schen Zahlenebene denselben Punkt bezeichnen. Die Abstände r^n und s vom Ursprung sind also gleich. Da r eine nichtnegative reelle Zahl ist, ist die einzige Möglichkeit $r = \sqrt[n]{s}$.

Etwas schwieriger wird es bei den Winkeln, denn die beiden Strahlen vom Ursprung zum Punkt $z^n = a$ müssen in dieselbe Richtung zeigen. Das heißt aber nicht, dass die Winkel denselben Zahlenwert haben müssen. Man könnte den Zeiger einmal oder mehrmals ganz herumgedreht haben, und er zeigt wieder in dieselbe Richtung. Deshalb erhalten wir beim Vergleich der Winkel, dass

$$n\varphi = \psi \quad \text{oder} \quad n\varphi = \psi + 2\pi \quad \text{oder} \quad n\varphi = \psi + 4\pi \quad \text{usw.}$$

gilt. Wir bekommen mehrere Lösungen für φ, nämlich

$$\varphi_0 = \frac{\psi}{n}, \quad \varphi_1 = \frac{\psi}{n} + \frac{2\pi}{n}, \quad \varphi_2 = \frac{\psi}{n} + \frac{4\pi}{n}, \ldots, \quad \varphi_{n-1} = \frac{\psi}{n} + \frac{2(n-1)\pi}{n}.$$

Ab dem Index $n-1$ ist es nicht sinnvoll, noch mehr Lösungen anzugeben, denn für den Index n ergibt sich mit $\frac{2n\pi}{n}$ als zweitem Summanden wieder eine volle Umrundung. Sie gelangen wieder zu demselben Punkt wie mit φ_0. Die Lösungen $\varphi_0, \ldots, \varphi_{n-1}$ zeigen jedoch alle in unterschiedliche Richtungen und ergeben unterschiedliche Lösungen der Polynomgleichung $z^n = a$.

Wir erhalten zwei zweite Wurzeln, drei dritte Wurzeln usw. aus jeder komplexen Zahl, die nicht gerade null ist. Anders ausgedrückt hat die Gleichung $z^n = a$ für alle $a \neq 0$ genau n unterschiedliche Lösungen. Diese Lösungen liegen auf den Ecken eines regelmäßigen n-Ecks um den Ursprung, denn sie haben alle denselben Betrag, und der Winkel rückt in immer gleichen Schritten vor.

Im Reellen ist dies anders. Für reelle $a > 0$ finden wir zwei reelle z mit $z^n = a$, wenn n gerade ist, und eine reelle Wurzel z, wenn n ungerade ist. Wir sehen, dass wir in $\mathbb{C}$ mehr Lösungen erhalten. Dort gilt aber noch viel mehr.

Als Hauptsatz der Algebra wird die Aussage bezeichnet, dass jede Polynomgleichung, d. h. jede Gleichung der Form

$$p(x) = a_n x^n + a_{n-1} x^{n-1} + \ldots + a_1 x + a_0 = 0 \tag{3.5}$$

mit beliebigen komplexen Koeffizienten $a_0, \ldots, a_n$ mindestens eine Lösung $z_0 \in \mathbb{C}$ hat, mit der $p(z_0) = 0$ gilt. Dabei müssen wir konstante Polynome $p(x) = a_0$, denen wir den Polynomgrad $n = 0$ zuordnen, ausschließen, denn konstante Polynome mit $a_0 \neq 0$ haben keine Nullstellen. Im Folgenden ist also $n \geq 1$.

Mithilfe der Polynomdivision kann man

$$(a_n x^n + a_{n-1} x^{n-1} + \ldots + a_1 x + a_0) : (x - z_0) = b_{n-1} x^{n-1} + \ldots + b_1 x + b_0$$

ohne Rest dividieren und so $p(x) = (x - z_0)(b_{n-1} x^{n-1} + \ldots + b_1 x + b_0)$ darstellen. Um nachzuweisen, dass sich die Polynomdivision $p(x) : (x - z_0)$ für eine Nullstelle z_0 mit $p(z_0) = 0$ tatsächlich ohne Rest ausführen lässt, benutzt man $p(x) = p(x) - p(z_0)$ und betrachtet stattdessen die Polynomdivision $(p(x) - p(z_0)) : (x - z_0)$. Man sortiert den entstehenden Ausdruck durch Ausklammern gleicher Koeffizienten nach Quotienten der Art $(x^k - z_0^k) : (x - z_0)$ und zeigt für diese, dass die Polynomdivision Polynome liefert. Dazu verwendet man eine Umformung, die wir bei der Herleitung der geometrischen Reihe erfolgreich eingesetzt haben. Man kann diese Umformung auch als Verallgemeinerung der dritten binomischen Formel ansehen. Versuchen Sie es.

Auf das Polynom mit den Koeffizienten $b_0, \ldots, b_{n-1}$ vom Grade $n-1$ kann man den Hauptsatz wieder anwenden, wenn $n - 1 \geq 1$ ist, und erhält eine weitere Nullstelle z_1. Betreibt man dies immer weiter, so entsteht eine multiplikative Darstellung des Polynoms als

$$p(x) = a_n (x - z_0)(x - z_1) \cdot \ldots \cdot (x - z_{n-1}), \tag{3.6}$$

wobei wegen $p(z_k) = 0$ für $k = 0, \ldots, n-1$ in den Faktoren $x - z_k$ die Lösungen der Polynomgleichung 3.5, also die Nullstellen des Polynoms p auftauchen. Wir können in $\mathbb{C}$ somit jedes Polynom n-ten Grades mit $n \geq 1$ als Produkt von Faktoren der Form $z - z_k$ mit einer Nullstelle z_k und einer reellen Zahl a_n darstellen. Da die Terme $z - z_k$ lineare Funktionen der Variablen z sind, heißen die Faktoren $z - z_k$ Linearfaktoren, und die Darstellung in Gl. 3.6 heißt Linearfaktorzerlegung des Polynoms p.

Der Hauptsatz der Algebra trifft eine reine Existenzaussage über eine Nullstelle eines Polynoms. Er hilft kaum dabei, die Nullstelle eines Polynoms tatsächlich auszurechnen. Die einzige Hilfe besteht in der Garantie, dass jedes nichtkonstante Polynom in $\mathbb{C}$ tatsächlich eine Nullstelle hat.

Obwohl wir den Hauptsatz der Algebra hier nicht beweisen, wollen wir ein wenig über ihn nachsinnen. Die Linearfaktorzerlegung enthält die n Nullstellen $z_0, \ldots, z_{n-1}$ eines Polynoms n-ten Grades. Damit ist sie eindeutig, denn gäbe es noch eine Nullstelle mehr, so wäre das Polynom konstant null.

Die Linearfaktorzerlegung entspricht der Primfaktorzerlegung ganzer Zahlen, mit der jede ganze Zahl in eindeutiger Weise als Produkt von Primfaktoren und eventuell dem Faktor -1 dargestellt werden kann. Das passt wunderbar dazu, dass man innerhalb der Menge der Polynome wie auch innerhalb der ganzen Zahlen alle Grundrechenarten außer der Division ausführen kann. Sie gehören zu derselben algebraischen Struktur.

Die Existenz der Linearfaktorzerlegung jedes Polynoms in $\mathbb{C}$ macht auch eine Aussage über die algebraische Struktur der komplexen Zahlen. Wir haben sie konstruiert, weil wir Polynomgleichungen wie z. B. $x^2 = -1$ lösen wollten, und wir haben mit der Menge der komplexen Zahlen eine Struktur erhalten, in der jede Polynomgleichung lösbar ist. Wir nennen diese Eigenschaft algebraisch abgeschlossen und winken mit diesem Begriff den Abstraktionen der Algebra zu, für die es im ersten Semester wahrscheinlich zu früh ist.

Funktionen: Sind eine Eheschließung und ein Ehepaar dasselbe?

Natürlich nicht! Was für eine komische Frage! Diese Entgegnungen sind bei einer Straßenumfrage sicher die häufigsten auf die in der Kapitelüberschrift gestellte Frage.

Eine Eheschließung dauert in Abhängigkeit davon, was man dafür ansieht, zwischen einer Viertelstunde und einer Woche, und eine Ehe dauert hoffentlich länger. Ein Ehepaar ist aber keine Ehe, sondern etwas, das bei dem Vorgang der Eheschließung aus zwei vorher unverheirateten Leuten entsteht. Die Frage, wie lange ein Ehepaar dauert, erscheint absurd.

Wenn wir die Frage hören, ob eine Eheschließung und ein Ehepaar dasselbe seien, realisieren wir sofort, dass es sich um zwei grundsätzlich verschiedene Begriffe handelt. Die Eheschließung ist ein Vorgang oder ein Prozess, als dessen Resultat ein Ehepaar entsteht.

Bei den meisten Alltagsbegriffen realisieren wir ebenso schnell, ob sie im richtigen semantischen Kontext verwendet werden. Die Frage, was eine Gurke von einer Zucchini unterscheidet, erscheint uns sinnvoller als die dadaistisch anmutende Frage, ob es nachts kälter sei als draußen. Die Spontaneität, mit der wir üblicherweise sinnvolle von absurden Fragen unterscheiden können, begründet sich daraus, dass wir die meisten Alltagsbegriffe samt ihren Eigenschaften und Anwendungen recht gut kennen, auch wenn wir sie nicht exakt definieren können.

Etwas anders ergeht es vielen Studierenden bei der Frage nach einer Funktion oder nach dem Funktionswert. Aus der Schule bringen die meisten eine Vorstellung von einem Funktionsgraphen, also der skizzenhaften Darstellung einer Funktion in einem Koordinatensystem, mit. Auf die Frage, was eine Funktion ist, hört man Antworten wie „so etwas wie $y = f(x)$", „na, eine Kurve, die man zeichnet", „ich kann ein Beispiel aufschreiben" oder „etwas, wo man die Nullstellen bestimmt."

Seien Sie versichert, dass diese Aussagen nicht falsch sind. Sie sind aber auch nicht besonders hilfreich. Die Aussagen deuten darauf hin, dass die Sprecherinnen

© Der/die Autor(en), exklusiv lizenziert durch Springer-Verlag GmbH, DE, ein Teil von Springer Nature 2021
D. Langemann, *So einfach ist Mathematik – Zwölf Herausforderungen im ersten Semester*, https://doi.org/10.1007/978-3-662-63720-3_4

und Sprecher, von denen sie stammen, offenbar weit besser wissen, was eine Zucchini ist, als dass sie sagen könnten, was eine Funktion ist.

Auf der anderen Seite wissen wir, dass viele naturwissenschaftliche Sachverhalte durch Funktionen ausgedrückt werden. So ist der Luftwiderstand eines Fahrzeugs eine Funktion der Geschwindigkeit des durch die Luft bewegten Querschnitts und der Form des Fahrzeugs, die im c_w-Wert zusammengefasst wird. Um sinnvoll darüber nachdenken zu können, was das Wort Funktion in diesem Beispiel heißt, werden wir uns über den Begriff der Funktion Gedanken machen.

Selbstverständlich besprechen wir hier Funktionen im Sinne der Mathematik und reden nicht über die Funktion des Gehörknöchelchens, die Selbstreinigungsfunktion eines Herdes, die Funktion des Generalsekretärs oder die musikalische Funktion der Zwischendominante. Es gibt viele Arten von Funktionen, aber in einem Mathematikbuch geht es um mathematische Funktionen. War doch klar.

Viele Leute und darunter auch solche, die Mathematik lehren, verwenden die Begriffe Funktion und Funktionswert, Funktionsgraph usw. im Sprachgebrauch etwas schwammig. Wir sprechen schließlich nicht wie gedruckt und wissen trotzdem meistens, was gemeint ist. Damit die Schwammigkeit jedoch nicht zur Undurchsichtigkeit wird, versuchen wir in diesem Kapitel, die Begriffe zu sortieren. Wahrscheinlich wird auch Ihre Mathematikvorlesung mindestens einmal versuchen, die Begriffe Funktion und Funktionswert sauber zu trennen.

Zu dieser Begriffsklärung werden wir den Funktionsbegriff von anderen mathematischen Sachverhalten und Arbeitstechniken möglichst abstrahieren, damit uns die anderen Sachverhalte beim Verständnis des Funktionsbegriffs nicht in die Quere kommen. Lassen Sie sich darauf ein, denn man kann nur über die Begriffe nachdenken, die man kennt.

Etwa ab der Mitte dieses Kapitels verstehen wir die Formulierung: Eine Funktion f ordnet einem Argument x seinen Funktionswert $y=f(x)$ zu. Die Zuordnung, sozusagen der Vorgang $f : x \mapsto y$, ist die Funktion oder die Abbildung des Arguments x auf das Bild y. Das Resultat dieser Zuordnung für ein spezielles x ist dessen Funktionswert $y = y(x)$.

4.1   Funktion oder Abbildung

Es gibt wohl kaum jemanden, der bei der Behandlung von quadratischen Funktionen in der Schule nicht „die Funktion x^2" behandelt hat. Auch im Studium werden Sie von „der Funktion x^2" hören. Selbst Leute, die Mathematik unterrichten und dabei über Definitions- und Wertebereiche von Funktionen sprechen, reden manchmal von „der Funktion x^2". Es ist kurz und klingt einfach, und meistens ist allen Beteiligten klar, dass damit eine Funktion gemeint ist, die Argumente x auf Funktionswerte y abbildet, indem das jeweilige x quadriert wird. Zudem ist meistens allen Beteiligten klar, dass für das Argument x Zahlen eingesetzt werden. In der obigen Aufzählung wird „die Funktion x^2" in einem vergleichsweise klar umrissenen Zusammenhang verwendet.

Sobald wir in einem etwas allgemeineren Rahmen über Funktionen und ihre Eigenschaften nachdenken, tun wir gut daran, uns genauer damit zu beschäftigen, was eine Funktion ist und auf welche Argumente die Funktion anwendbar ist. Das Quadrieren ist auf alle Zahlen, die wir kennen, problemlos anwendbar, aber beispielsweise können wir einen Punkt oder eine Gerade nicht quadrieren. Wir können zwar einen Meter sehr anschaulich zu einem Quadratmeter quadrieren und damit die Fläche eines Quadrats mit einer ein Meter langen Seite ausrechnen, aber jede Vorstellung versagt bei einem Quadrat-Euro.

Noch eindrücklicher erscheint dies bei der Wurzelfunktion. Wir können von „der Funktion $\sqrt{x}$" sprechen, wenn wir uns sicher sind, dass wir selbst und die Zuhörerinnen und Zuhörer wissen, dass wir für x nur nichtnegative Zahlen einsetzen und dass wir als Ergebnis in den meisten Fällen eine irrationale Zahl erwarten. In Kap. 3 haben wir einen weiteren Punkt angerissen, denn sollten wir negative Zahlen für x zulassen, haben wir zwei komplexe Quadratwurzeln aus x. Es wäre nicht mehr eindeutig, welchen Funktionswert man aus x erhält.

In den letzten drei Absätzen haben wir der Funktion des Quadrierens oder des Wurzelziehens mit Absicht keinen Namen gegeben, aber wir haben erkannt, dass es sich um Handlungen mit den Argumenten x handelt. Wir können uns eine Funktion als einen Automaten vorstellen, in den man ein x hineingibt und der daraus nach einer Funktionsvorschrift ein y erzeugt. Nehmen wir die Funktion des Schälens. Ja, das ist kein Scherz, Funktionen im Sinne der Mathematik können auch auf unmathematische Objekte angewandt werden. Oft ist es für das Verständnis eines Begriffs sogar sehr nützlich, ihn aus der Verzahnung mit anderen Begriffen herauszunehmen und ihn in einem möglichst unmathematischen Zusammenhang zu erproben.

Die Funktion des Schälens stellen wir uns als einen Schälautomaten vor. In diesen Schälautomaten gehen Argumente x hinein und aus diesen werden Funktionswerte y, sozusagen geschälte x, hergestellt. Wäre x eine Kartoffel, stellt die Funktion des Schälens, also unser gedachter Schälautomat, daraus eine geschälte Kartoffel her. Aus einem Apfel wird unter Anwendung der Funktion des Schälens ein geschälter Apfel. Dieser wundersame Automat könnte Birnen, Gurken, Möhren und viele andere Sorten Obst und Gemüse schälen. Wenn wir es nicht genauer festgelegt haben, kann er vielleicht sogar ein gekochtes Ei schälen. Übrigens sind die Funktionen Kochen und Schälen bei Kartoffeln beinahe vertauschbar, bei Eiern denke man nur an den Versuch, sie erst zu schälen und dann zu kochen, siehe auch Kap. 8.

Der gedachte Schälautomat schält einfach alles, so wie die „Funktion x^2" scheinbar alles quadriert. Es bleibt aber selbst bei dem gedachten Schälautomaten offen, was er mit einem Gegenstand macht, den man typischerweise nicht schälen kann, beispielsweise einer Tasse oder einem Handtuch. Auch der gedachte Schälautomat ist also nur auf eine eingeschränkte Menge von Argumenten anwendbar. Wenn wir an eine etwas realistischere Variante eines Schälautomaten denken, gibt es eine genauer umrissene und strenger beschränkte Menge von Dingen, die er schälen kann. Diese Dinge sind der Definitionsbereich des Schälautomaten.

Vielleicht ist Ihnen aufgefallen, dass wir für die unterschiedlichen x das Wort Argument verwendet und das Wort Wert gemieden haben. In der typischen Bezeichnung sind die y Funktionswerte, also Werte, die bei Anwendung der betrachteten Funktion auf x entstehen. Die Argumente x sind meistens Zahlen und werden als solche ebenfalls gern als Werte bezeichnet. Mit Blick auf die Funktion sind die x ihre Argumente oder Urbilder.

4.1.1 Definition einer Funktion

Lassen Sie uns die Überlegungen zum Begriff der Funktion oder der Abbildung, was genau dasselbe ist, ein wenig sortieren. Wir ändern die Bezeichnung und bilden nicht wie eben Argumente x auf Funktionswerte y ab, sondern Argumente u auf Funktionswerte v. Inhaltlich ändert dies nichts, aber es soll uns von den allzu bekannten Beispielen lösen.

Definition 4.1 Eine Funktion $f : \mathcal{U} \to \mathcal{V}$ ist eine Zuordnung, die jedem Element $u \in \mathcal{U}$ des Definitionsbereichs $\mathcal{U}$ genau ein Element $v \in \mathcal{V}$ des Wertebereichs $\mathcal{V}$ vermöge $f : u \mapsto v$, d. h. $f(u) = v$ zuordnet.   ◆

Diese Definition enthält das Wort „vermöge", das von einigen Mathematikern trotz seiner Angestaubtheit gern verwendet wird. Man könnte dort ebenso „vermittels" oder „mittels" einsetzen. Dieses Wort steht dafür, dass die Abbildung f als Funktion vom Definitionsbereich $\mathcal{U}$ in den Wertebereich $\mathcal{V}$ eingeführt wird, was durch den Pfeil $\to$ angezeigt wird. Die Rechenvorschrift, wie aus $u \in \mathcal{U}$ das Bild $f(u) = v$ wird, ist in gewissem Sinne ein Hilfsmittel. Die Vorschrift in ihrer Konkretisierung $u \mapsto v = f(u)$ für einzelne Argumente wird durch den anders aussehenden Pfeil $\mapsto$ von der Funktion selbst unterschieden.

In der Definition 4.1 einer Funktion verstecken sich wichtige kleine Wörter und Informationen, die wir im Folgenden beleuchten. Wir beginnen mit den Mengen $\mathcal{U}$ und $\mathcal{V}$. Wir stellen uns eine Funktion f als einen Automaten vor, der ein Element u aus der Menge $\mathcal{U}$ zu einem Element v aus einer eventuell anderen Menge $\mathcal{V}$ verarbeitet. Egal, welches Element der Menge $\mathcal{U}$ der Automat bekommt, er spuckt immer ein Ergebnis seines Tuns aus, das wir $f(u) = v$ nennen. Wichtig ist, dass die Funktion auf jedes Element u aus dem Definitionsbereich $\mathcal{U}$ angewendet werden kann und dass das Ergebnis dieser Anwendung auch wirklich als ein Element v aus dem Bildbereich $\mathcal{V}$ bestimmt ist, dass der Automat also weiß, was er machen soll.

Ein wichtiges Wort ist das Wort genau. Jedem Argument u aus $\mathcal{U}$ wird genau ein v aus $\mathcal{V}$ zugeordnet. Bei gegebener Funktion f legt das Argument u den Funktionswert v eindeutig und unabänderlich fest. Die Funktion sucht sich nicht aus, welchen Wert aus einer Menge von Möglichkeiten sie annimmt. Sie arbeitet wie ein Automat. Wenn man ihr ein u gibt, produziert sie ein v, und zwar aus einem u jedes Mal immer dasselbe v. Deshalb ist auch $u \mapsto \pm\sqrt{u}$ keine Funktion, denn es stehen sowohl die Wurzel $\sqrt{u}$ von u als auch ihr Negatives $-\sqrt{u}$ zur Auswahl. Insofern ist die Auflösungsformel für quadratische Gleichungen, die auch als p-q-Formel bekannt ist, keine Funktion der Koeffizienten der Gleichung, denn sie liefert im Allgemeinen zwei Lösungen. Die Wurzel im Komplexen mit ihrer Vieldeutigkeit ist ebenfalls keine Funktion.

Zur Definition 4.1 gehört ein Definitionsbereich $\mathcal{U}$. Dieser Definitionsbereich ist nicht direkt durch die Funktion gegeben, sondern taucht als eigene Menge in der Definition der Funktion auf. Wichtig ist hier, dass die Funktion auf alle Elemente des Definitionsbereichs angewendet werden kann. Das heißt aber nicht, dass der Definitionsbereich alle Objekte enthält, auf die diese Funktion theoretisch angewendet werden könnte. Ein Beispiel für diese Festlegung ist die Funktion $f : [0, 1] \rightarrow \mathbb{R}$, die das Intervall $[0, 1]$ in die reellen Zahlen abbildet und dies vermöge der Zuordnung $u \mapsto f(u) = u + 1$ tut. Die Addition einer Eins zum Argument können wir für alle Zahlen ausführen, aber f ist nur für die Zahlen u aus dem Intervall $[0, 1]$ beschrieben. Genau genommen ist $f(2)$ also nicht definiert. Diese Funktion f hat bei $u = 2$ keinen Funktionswert, weil es sie dort gar nicht gibt. Im Moment kommt uns dies sicher haarspalterisch oder gar unnötig vor. Denken Sie an den Kartoffelschälautomaten. Sie würden nie auf die Idee kommen, Tomaten mit einer Kartoffelschälmaschine zu schälen, auch wenn sie den Automaten für Sellerie möglicherweise nutzen könnten. Die strikte Beschränkung einer Funktion auf einen Definitionsbereich wird in Abschn. 4.2 eine besondere Rolle spielen. Wir werden sehen, dass viele Eigenschaften einer Funktion entscheidend von ihrem Definitionsbereich abhängen.

Synonym zum Wort Funktion verwenden wir in der Mathematik das Wort Abbildung. Die Funktion $f : \mathcal{U} \rightarrow \mathcal{V}$ ist also zugleich eine Abbildung der Menge $\mathcal{U}$ in die Menge $\mathcal{V}$. Sie bildet jedes Element $u \in \mathcal{U}$ vermöge $u \mapsto f(u) = v$ auf ein Element $v \in \mathcal{V}$ ab. Das Element u heißt dabei Argument oder Urbild und das Element v Bild oder Funktionswert von u. Die eigentliche Ausführung der Funktion, also der Prozess, wie aus u das zugehörige Bild v wird, nennt man Funktionsvorschrift oder Abbildungsvorschrift.

Vielleicht ist Ihnen aufgefallen, dass in Definition 4.1 keine Rechenoperationen in den beteiligten Mengen $\mathcal{U}$ und $\mathcal{V}$ benötigt werden. Die Argumente und Bilder von Funktionen müssen keine Zahlen und keine mathematischen Gebilde sein. Wir sehen die Natur von Funktionen bzw. Abbildungen sogar klarer, wenn wir den Funktionsbegriff an einem nichtmathematischen Beispiel erläutern. Die Funktion und der Funktionsbegriff bleiben mathematische Konzepte, auch wenn wir sie auf etwas so Nichtmathematisches wie das Schälen anwenden.

Ein weiteres solches Beispiel ist die Zuordnung, die einem Menschen seine Mutter im biologischen Sinne[1] zuordnet. Da jeder Mensch eine und nur eine Mutter im biologischen Sinne hat, kann diese Zuordnung zumindest theoretisch auf

---

[1]Mit dem Wissen um alternative Lebensformen und die nicht überall legalen Möglichkeiten der Reproduktionsmedizin beziehen wir uns bei diesem Beispiel auf die gegenwärtige deutsche Rechtslage, vgl. Berliner Kammergericht, Beschluss vom 30.10.2014 – 71 III 254/13, kurz und zum Genießen: „Der oder die Gebärende ist standesamtlich die Mutter." Ganz sicher ist sich §1591 des BGB: „Mutter eines Kindes ist die Frau, die es geboren hat."

jeden Menschen angewendet werden und ergibt jeweils ein eindeutiges Ergebnis. Selbstverständlich erscheint, dass das Ergebnis zwar eindeutig, aber nicht immer dasselbe ist.

In diesem Beispiel ist der Definitionsbereich die Menge aller Menschen, denn die Funktion, die einem Menschen seine Mutter zuordnet, kann auf jeden angewandt werden. Der Definitionsbereich kann aber auch eine eingeschränkte Menge sein, beispielsweise die Menge der Bewohner und Bewohnerinnen eines Bergdorfs als Teilmenge der Menge aller Menschen. Dieser zweite Fall erfordert, dass alle Mütter der Einwohner dieses Bergdorfs auch im Wertebereich sind, dass die Funktion also angewendet werden kann. Am sichersten wäre es, wenn wir als Wertebereich weiter die Menge aller Menschen, die leben oder jemals gelebt haben, verwenden.

In Abb. 4.1 sind zwei Mengen dargestellt. Die eine Menge ist $\mathcal{U} = \{A, B, C, D\}$. Die Elemente der Menge sind Buchstaben, die wir uns als Abkürzungen für die Kinder Anna, Bert, Conrad und Dorothea im Bergdorf vorstellen können. Wenn wir annehmen, dass alle zugehörigen Mütter noch in dem Bergdorf wohnen, könnte unser Wertebereich $\mathcal{V} = \{K, M, N\}$ aus den denkbaren Müttern Karin, Maria und Nina bestehen. Unsere Funktion f ordnet jedem Kind seine Mutter zu. Die erste der beiden dargestellten Möglichkeiten in Abb. 4.1 haben wir f_1 genannt, und sie besagt

$$f_1(A) = K, \quad f_1(B) = K, \quad f_1(C) = M, \quad f_1(D) = N. \tag{4.1}$$

In unserer Übersetzung sind also Anna und Bert Kinder von Karin, Conrads Mutter ist Maria, und Nina hat die Tochter Dorothea. Es handelt sich bei der Zuordnung f_1 um eine Funktion oder Abbildung, weil jedem Kind genau eine Mutter zugeordnet wurde.

Die zweite dargestellte Funktion f_2 in Abb. 4.1 unterscheidet sich von f_1 nur dadurch, dass $f_2(C) = N$ ist. Nun ist also Nina die Mutter von Conrad, oder formell ausgedrückt: Das Argument Conrad wird auf das Bild Nina abgebildet.

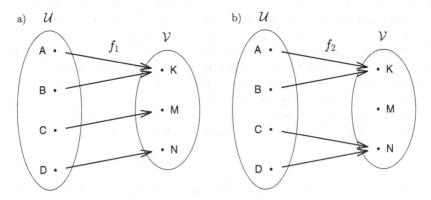

Abb. 4.1 Zwei Funktionen $f_1 : \mathcal{U} \to \mathcal{V}$ (**a**) und $f_2 : \mathcal{U} \to \mathcal{V}$ (**b**), die den Definitionsbereich $\mathcal{U} = \{A, B, C, D\}$ in den Wertebereich $\mathcal{V} = \{K, M, N\}$ abbilden. Von jedem Argument in $\mathcal{U}$ geht ein Abbildungspfeil aus, der anzeigt, auf welches Bild in $\mathcal{V}$ das Argument abgebildet wird

Bemerkenswert an der Funktion f_2 ist jedoch, dass nicht mehr alle Elemente aus $\mathcal{V}$ wirklich als Bild auftauchen, Maria ist nicht Mutter eines der genannten Kinder. Dies war aber in Definition 4.1 auch nicht gefordert. Die Menge $\mathcal{V}$ kann trotzdem weiter als Wertebereich dienen.

Nach diesen Vorüberlegungen wagen wir uns nun an eine Funktion zwischen mathematischen Objekten. Wir nennen die Funktion diesmal g. Die Funktion soll auf alle reellen Zahlen angewendet werden können, also ist der Definitionsbereich $\mathcal{U} = \mathbb{R}$ die Menge der reellen Zahlen. Die Bilder der Funktion g, also die Ergebnisse der Anwendung von g auf reelle Zahlen, sollen wieder reelle Zahlen sein. Deshalb verwenden wir als Wertebereich $\mathcal{V} = \mathbb{R}$ wieder die reellen Zahlen. Soll die Funktion g beispielsweise Zahlen auf ihre Quadrate abbilden, so notieren wir sie etwas formell als

$$g : \mathbb{R} \to \mathbb{R} \text{ vermöge } g : x \mapsto x^2. \tag{4.2}$$

Gl. 4.2 enthält wieder das Wort „vermöge". Die Abbildung g ist eine Abbildung der reellen Zahlen in die reellen Zahlen. Diese wird durch die Rechenvorschrift hinter dem Wort „vermöge" präzisiert: Aus $x \in \mathbb{R}$ produziert g das Bild $g(x) = x^2$. Auch wenn in vielen praktischen Problemen die Rechenvorschrift eine wichtige und vielleicht die entscheidende Information ist, ist sie nur eine von vielen Informationen, die Gl. 4.2 enthält.

Die Funktion g quadriert jede reelle Zahl, die ihr in die Finger kommt. Es gilt $g(17) = 289$, $g(w) = w^2$, $g(a + b) = (a + b)^2$ und $g(x - h) = (x - h)^2$. Denken Sie kurz über die Rolle und die Notwendigkeit der Klammern nach. Die Funktion g quadriert nicht Nina, denn Nina ist kein Element der reellen Zahlen.

4.1.2 Noch abstraktere Definition einer Funktion

Gegen die Definition 4.1 einer Funktion ist eigentlich nichts einzuwenden. Es sei denn, man stört sich daran, dass der Begriff der Zuordnung mathematisch nirgendwo definiert ist. Definition 4.1 benutzt das alltagssprachliche Wort der Zuordnung, um mit diesem Wort und ein paar zusätzlichen Forderungen den Begriff der Funktion zu definieren.

Aus dieser Überlegung heraus gibt es in der Mathematik noch eine andere Definition, die darauf beruht, dass eine Funktion Paare zwischen Argumenten und Funktionswerten bildet. In Abb. 4.1 ist die Paarbildung durch die Angabe von Pfeilen von den Urbildern zu den Bildern dargestellt. Die Pfeile geben an, welche Paare aus der Menge aller möglichen Paare aus einem Urbild und einem Element des Wertebereichs die Funktion ausmachen. Die Menge aller Paare aus einem Element des Definitionsbereichs $\mathcal{U}$ und einem Element des Wertebereichs $\mathcal{V}$ bezeichnet man mit $\mathcal{U} \times \mathcal{V}$, dem kartesischen Produkt der Mengen $\mathcal{U}$ und $\mathcal{V}$.

Im obigen Beispiel mit $\mathcal{U} = \{A, B, C, D\}$ und $\mathcal{V} = \{K, M, N\}$ besteht das kartesische Produkt aus zwölf Paaren, d. h. aus

$$\mathcal{U} \times \mathcal{V} = \{(A, K),\ (A, M),\ (A, N),\ (B, K),\ (B, M),\ (B, N),\ (C, K), \dots$$
$$\dots (C, M),\ (C, N),\ (D, K),\ (D, M),\ (D, N)\}.$$

Die Funktion f_1 aus Gl. 4.1 können wir durch die vier tatsächlich ausgewählten Paare

$$f_1 = \{(A, K),\ (B, K),\ (C, M),\ (D, N)\}$$

angeben. Wir haben damit dieselbe Information aufgeschrieben wie in Gl. 4.1. Den Definitionsbereich lesen wir aus den ersten Elementen der Paare ab, von denen jedes nur einmal auftreten darf, weil jedes Argument eindeutig auf ein Bildelement abgebildet wird. Der Wertebereich ist mit dieser Darstellung einer Funktion allerdings noch nicht angegeben. Beispielsweise würde man bei der obigen Funktion f_2 nicht erkennen, ob M, was nicht als Bild eines Arguments auftritt, zum Wertebereich gehören soll oder nicht. Manche Autoren empfinden die Nichtangabe des Wertebereichs als groben Missstand. Allerdings kann man diesem Missstand begegnen, indem man die Zusammenhänge, wie z. B. die aus Abschn. 4.2, entsprechend umformuliert.

Die nachfolgende Definition übersetzt die Forderungen aus Definition 4.1 in die Betrachtungsweise mit den Paaren. Eine Funktion wird als Teilmenge des kartesischen Produkts eingeführt.

Definition 4.2 Eine Funktion $f\ :\ \mathcal{U} \to \mathcal{V}$ ist eine Teilmenge des kartesischen Produkts $\mathcal{U} \times \mathcal{V}$, sodass es zu jedem Argument $u \in \mathcal{U}$ genau ein Bild $v \in \mathcal{V}$ mit $(u, v) \in f$ gibt. ◆

Die größte Schwierigkeit bei Definition 4.2 besteht darin, dass eine Funktion jetzt eine Teilmenge ist. Es steht dieselbe Information in beiden Darstellungen einer Funktion, und es steckt derselbe Begriff dahinter. Der Vorteil von Definition 4.2 gegenüber Definition 4.1 besteht darin, dass wir eine Funktion nun mathematisch sauber mithilfe des mathematischen Begriffs der Teilmenge definiert haben. Ein Nachteil ist die geringere Anschaulichkeit. Außerdem klingt es seltsam, dass die Anwendung einer Funktion eine Anwendung einer Teilmenge sein soll. Man müsste hier die Schreibweise $f(u)$ durch eine weitere Definition einführen.

Eine kleinere Schwierigkeit besteht manchmal darin, dass die Forderungen an eine Funktion zusätzlich sehr formell aufgeschrieben werden. Statt der Forderung, dass jedes $u \in \mathcal{U}$ genau einmal vorkommt, kann man auch schreiben, dass es zu jedem u ein $v \in \mathcal{V}$ geben soll, sodass das Paar (u, v) Element der Funktion f ist. Das liest sich abgekürzt als

$$\forall u \in \mathcal{U}\ \exists v \in \mathcal{V} : (u, v) \in f.$$

Leider ist dies noch nicht alles, denn es soll genau ein v zu jedem $u \in \mathcal{U}$ geben. Zu jedem u gibt es also ein v, aber eben nicht mehr als dieses eine. Möglichst abstrakt formuliert, folgt aus der Annahme, es gäbe zwei v_1 und v_2 zu einem u, dass die beiden v_1 und v_2 gleich sein müssen. Abgekürzt und mit $\wedge$ als logischem Symbol für „und" schreiben wir

$$(u, v_1) \in f \wedge (u, v_2) \in f \ \Rightarrow v_1 = v_2.$$

Innerhalb der Mathematik versprühen solch etwas formalisierte Notationen oft eine große Freude, außerhalb eher nicht. Außerdem verschleiern diese Formulierungen die zentrale Eigenschaft einer Funktion, dass die Anwendung der Funktion aus jedem Urbild einen Funktionswert herstellt.

Trotzdem wollen wir abschließend noch die Funktion g aus Gl. 4.2 auf diese Weise formulieren. Das kartesische Produkt aus $\mathcal{U} = \mathbb{R}$ und $\mathcal{V} = \mathbb{R}$ ist die Menge $\mathbb{R} \times \mathbb{R}$ aller Paare reeller Zahlen. Die Funktion g ist die Auswahl der Paare, bei denen der zweite Partner das Quadrat des ersten Partners ist. Formell findet man

$$g = \{(x, y) \in \mathbb{R} \times \mathbb{R} : y = x^2\} = \{(x, x^2) : x \in \mathbb{R}\} \subset \mathbb{R} \times \mathbb{R}.$$

Im ersten Ausdruck werden Paare versammelt, deren Elemente durch eine Bedingung miteinander verbunden sind. Im zweiten Ausdruck rechnen wir den zweiten Eintrag des Paares schlicht aus. In jedem Fall gibt es zu jedem Argument $x \in \mathbb{R}$ genau ein Bild $x^2 \in \mathbb{R}$, wobei nicht alle reellen Zahlen als Bilder vorkommen – die negativen nämlich nicht. Jetzt können wir uns die Paare (x, x^2) als Punkte in der Koordinatenebene $\mathbb{R} \times \mathbb{R}$ gut veranschaulichen. Die Funktion g wird als Teilmenge der Koordinatenebene beschrieben. Üblicherweise kennen wir diese Teilmenge als den Funktionsgraphen, welcher hier die Einheitsparabel ist.

In der Beschreibung als Teilmengen des kartesischen Produkts steckt natürlich weiterhin die Idee einer Zuordnung jedes Arguments zu einem Bild.

4.2 Eigenschaften von Funktionen

Bis hierhin haben wir Funktionen als Zuordnungen zwischen sehr allgemeinen Mengen $\mathcal{U}$ und $\mathcal{V}$ beschrieben. Sehr allgemein soll in diesem Fall heißen, dass die Mengen keine besondere Struktur, insbesondere keine mathematische Struktur, zu haben brauchen.

Bereits in dieser Allgemeinheit diskutieren wir, welche Elemente der Mengen $\mathcal{U}$ und $\mathcal{V}$ im Rahmen der Definition wie oft auftauchen. Beispielsweise nennen wir eine Funktion $f : \mathcal{U} \to \mathcal{V}$ surjektiv, wenn alle Elemente v des Wertebereichs $\mathcal{V}$ tatsächlich als Bilder vorkommen. Am einfachsten schreiben wir dies, indem wir das Bild von $\mathcal{U}$ unter f als Menge aller Bilder

$$f(\mathcal{U}) = \{f(u) \in \mathcal{V} : u \in \mathcal{U}\} \subseteq \mathcal{V}$$

einführen. Surjektivität von f bedeutet dann $f(\mathcal{U}) = \mathcal{V}$ oder anders ausgedrückt, dass keine Elemente von $\mathcal{V}$ ohne Urbild bleiben. Das Wort surjektiv setzt sich aus der französischen Vorsilbe sur (= auf) und dem lateinischen Verb iacere (= werfen) zusammen. Die Menge $\mathcal{U}$ wird bei einer surjektiven Abbildung f auf (!) die Menge $\mathcal{V}$ „geworfen", also auf den ganzen Wertebereich abgebildet. Beachten Sie bitte, dass wir weiter oben immer von einer Abbildung in den Wertebereich gesprochen haben, sodass die Aussage, die Funktion bilde auf den Wertebereich ab, eine Besonderheit, nämlich die Surjektivität von f, enthält.

Eine andere Eigenschaft von dieser Art ist die Injektivität. Wir nennen eine Funktion injektiv, wenn jedes Bild nur ein Urbild hat. Bei dieser Kurzform verdeutlichen wir uns, dass nur die Elemente v aus dem Wertebereich auch tatsächlich Bilder sind, die Funktionswert eines Arguments sind. Das sind genau die Elemente von $f(\mathcal{U})$. Diese sollen jeweils nur ein Urbild haben. Sehr formell ausgedrückt, können wir wieder sagen, dass für injektive f die Implikation

$$f(u_1) = v \wedge f(u_2) = v \;\Rightarrow\; u_1 = u_2 \qquad (4.3)$$

gilt. Gl. 4.3 enthält die Forderung, dass nicht zwei unterschiedliche Argumente u_1 und u_2 auf dasselbe Bild v abgebildet werden, denn die logische Konstruktion besagt: Sollten die beiden Elemente u_1 und u_2, die wir uns als scheinbar unterschiedlich denken, dasselbe Bild v haben, so folgt, dass u_1 und u_2 gar nicht unterschiedlich sind. Zwei unterschiedliche Urbilder werden also nicht auf dasselbe Bild abgebildet.

Die beiden Eigenschaften der Surjektivität und der Injektivität sind in Abb. 4.2 exemplarisch dargestellt. Die Funktion f_1, siehe Gl. 4.1 und Abb. 4.1a, ist dazu verändert worden, indem ihr Definitionsbereich und ihr Wertebereich verändert, genauer gesagt, eingeschränkt wurden. Im Bild des Bergdorfs haben wir Dorothea aus dem Definitionsbereich herausgenommen. Vielleicht ist sie gerade in den Ferien an der See. Mutter Nina begleitet sie. Deshalb haben wir nun eine andere Funktion, die wir f_3 nennen. Sie bildet

$$f_3 \;:\; \mathcal{U}_3 = \{A, B, C\} \rightarrow \mathcal{V}_3 = \{K, M\}$$

surjektiv ab, denn das Bild $f_3(\mathcal{U}_3)$ des Definitionsbereichs $\mathcal{U}_3$ ist der gesamte Wertebereich $\mathcal{V}_3 = f_3(\mathcal{U}_3)$. Die Funktion f_3 bildet den Definitionsbereich nicht nur in den Wertebereich, sondern auf den Wertebereich ab. Lassen Sie uns betonen, dass durch die Veränderung des Definitions- und Wertebereichs eine andere Funktion entstanden ist, obwohl wir die Verbindung zu f_1 noch erkennen.

Wir sehen den Unterschied noch deutlicher, wenn wir in Abb. 4.2b die Funktion $f_4 \;:\; \mathcal{U}_4 = \{B, C\} \rightarrow \mathcal{V}_4 = \{K, M, N\}$ anschauen. Diesmal ist $f_4(B) = K$ und $f_4(C) = M$. Das Bild von f_4 ist $f_4(\mathcal{U}_4) = \{K, M\} \subset \mathcal{V}_4$, und es ist eine echte Teilmenge des Wertebereichs.

Die Funktion f_4 ist nicht surjektiv, denn $N \in \mathcal{V}_4$ hat kein Urbild. Dafür ist die Funktion f_4 injektiv. Die tatsächlich vorkommenden Bilder sind die Funktionswerte K und M. Von jedem dieser Bilder aus kann man eindeutig auf das Urbild B oder C des jeweiligen Bilds zurückschließen. Kennen wir das Bild, so kennen wir das zugehörige Urbild. Umgekehrt gilt dies wegen Definition 4.1 einer Funktion sowieso.

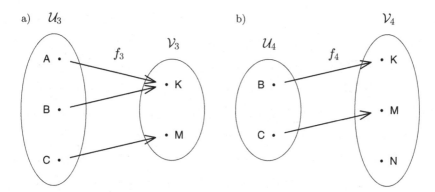

Abb. 4.2 (a) Die Funktion f_3 ist surjektiv, denn der gesamte Wertebereich ist ausgefüllt, aber nicht injektiv, denn K hat zwei Urbilder. (b) f_4 ist injektiv, denn jedes der vorkommenden Bilder K und M hat ein Urbild. Sie ist aber nicht surjektiv, weil N kein Urbild hat und damit Element des Wertebereichs, aber kein Funktionswert ist

Ist eine Funktion zugleich injektiv und surjektiv, wie f_6 in Abb. 4.3b, so bildet sie auf den gesamten Wertebereich ab, und kein Element des Wertebereichs bleibt übrig. Gleichzeitig kann von jedem Bild auf das Urbild zurückgeschlossen werden. Solche Abbildungen nennen wir bijektiv. Diese Abbildungen sind auf dem hier eingeschlagenen Abstraktionsniveau recht langweilig. Wir können sie in eine Richtung genauso verwenden wie in die andere. Sie erzeugen eine eineindeutige Zuordnung zwischen den Elementen des Definitionsbereichs und denen des Bildbereichs. In unserem Beispiel ist $f_6(B) = K$, und wenn wir uns fragen, welches das Urbild zu K ist, so finden wir als einzig mögliche Antwort B.

Wir halten fest, dass die Eigenschaften von Funktionen sehr stark von den jeweils festgelegten Definitions- und Wertebereichen abhängen. Aus der Schule besser bekannt ist das Beispiel der Funktion g aus Gl. 4.2. Diese Funktion ordnet jedem x sein Quadrat x^2 zu. Ihre Eigenschaften hängen vom jeweiligen Definitions- und Wertebereich ab. Als $g : \mathbb{R} \to \mathbb{R}$ wie in Gl. 4.2 ist das Quadrieren nicht surjektiv, denn $-1 \in \mathbb{R}$ ist zwar eine reelle Zahl, aber nicht das Quadrat einer reellen Zahl. Der Wertebereich $\mathbb{R}$ wird nicht ausgeschöpft. Vielmehr gilt $g(\mathbb{R}) = [0, \infty) \subset \mathbb{R}$, und die nichtnegativen Zahlen sind eine echte Teilmenge der reellen Zahlen. Die Funktion g ist auch nicht injektiv, es gibt Bilder – tatsächlich sogar alle außer der Null, die mehrere Urbilder haben.

Beispielsweise hat der Funktionswert 9 zwei unterschiedliche Urbilder. Wenn wir $g(x) = 9$ und damit $x^2 = 9$ gegeben haben und x bestimmen sollen, müssen wir zwei Lösungen anbieten, nämlich $x_1 = 3$ und $x_2 = -3$. Die Aufgabe, ein Urbild zu 9 zu bestimmen, ist nicht eindeutig lösbar. Die Bedingung in Gl. 4.3 ist nicht erfüllt. Aus $g(u_1) = g(u_2)$ folgt nicht die Gleichheit $u_1 = u_2$. Ein Beispiel ist $u_1 = 3$ und $u_2 = -3$ mit $g(u_1) = g(u_2) = 9$ und $u_1 \neq u_2$ im Widerspruch zu Gl. 4.3. Wenn Ihnen an dieser Stelle vor lauter Folgerungen und vor lauter Behauptungen, was jeweils nicht folgt, schwindlig wird, empfehlen wir Ihnen den Versuch, die

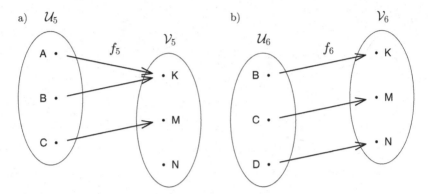

Abb. 4.3 (a) f_5 ist weder injektiv noch surjektiv. (b) Die Funktion f_6 ist surjektiv und injektiv und damit bijektiv. Sie bildet eine 1 : 1-Zuordnung zwischen $\mathcal{U}_6$ und $\mathcal{V}_6$. Die Funktion f_6 hat eine Umkehrfunktion $f_6^{-1} : \mathcal{V}_6 \to \mathcal{U}_6$ mit $f_6^{-1}(K) = B$ usw., siehe Abschn. 4.3

Injektivitätsdefinition aus Gl. 4.3 und die Argumentation, warum $g : \mathbb{R} \to \mathbb{R}$ mit $g(x) = x^2$ sie nicht erfüllt, alltagssprachlich so in Worten auszudrücken, als wollten Sie sie jemandem erklären.

Schränken wir hingegen den Definitionsbereich oder den Wertebereich ein, so ändern sich die Eigenschaften von g, denn die Funktion ändert sich, selbst wenn die Rechenvorschrift des Quadrierens gleich bleibt. Die Funktion $\tilde{g} : \mathbb{R} \to [0, \infty)$ mit $\tilde{g}(x) = g(x) = x^2$ füllt ihren Wertebereich aus, denn $\tilde{g}(\mathbb{R}) = g(\mathbb{R}) = [0, \infty)$, und daher ist sie surjektiv. Auf den ersten Blick mag es seltsam erscheinen, g und $\tilde{g}$ als zwei unterschiedliche Funktionen zu behandeln, aber zwei Dinge, die unterschiedliche Eigenschaften haben, sind unterschiedliche Dinge. Die Angabe von Definitions- und Wertebereich gehört also zur Angabe einer Funktion dazu.

Wir sehen dies ebenfalls an der Funktion $\tilde{\tilde{g}} : [0, \infty) \to [0, \infty)$ mit $\tilde{\tilde{g}}(x) = x^2$, die nur auf nichtnegative Zahlen x angewendet wird. Bei dieser Funktion ordnen wir jedem Wert y des Bildbereichs eindeutig ein Urbild $x = \sqrt{y} \geq 0$ zu. Die Möglichkeit mehrerer Urbilder entfällt, da die negativen Zahlen nicht im Definitionsbereich vertreten sind.

Probieren Sie eine ähnliche Argumentation mit $g : \mathbb{C} \to \mathbb{C}$, und bedenken Sie die Mehrdeutigkeit der komplexen Wurzeln. Es wird immer verrückter.

4.3   Umkehrabbildung

Die Eigenschaften Injektivität und Surjektivität werden Sie in der beruflichen Praxis nur in wenigen Fällen direkt ansprechen. Wir brauchen sie aber, um zu diskutieren, untere welchen Umständen, wir von einem Funktionswert auf ein Urbild zurückschließen können. Wir fragen uns also, ob und unter welchen Bedingungen wir eine Funktion umkehren können.

In Abb. 4.3 haben wir mit f_6 eine Funktion gefunden, bei der wir aus dem Funktionswert das Urbild eindeutig rekonstruieren können. Die gesamte Funktion ist durch die Zuordnung

$$f_6 : B \mapsto K, \; C \mapsto M, \; D \mapsto N$$

beschrieben. Es ist nicht schwierig, die Wirkung dieser Zuordnung umzudrehen. Dies gelingt mit der umgekehrten oder inversen Zuordnung

$$f_6^{-1} : K \mapsto B, \; M \mapsto C, \; N \mapsto D,$$

die die Zuordnung f_6 rückgängig macht.

Im Beispiel des Bergdorfs hatten wir durch f_6 eine Zuordnung der drei Kinder Bert, Conrad und Dorothea zu den drei Müttern Karin, Maria und Nina. hergestellt. Dabei gehört zu jedem Kind dieser Auswahl, also des gewählten Definitionsbereichs, genau eine Mutter und umgekehrt. Die Zuordnung f_6 ist bijektiv. Die Umkehrabbildung oder Umkehrfunktion f_6^{-1} macht die Zuordnung f_6 rückgängig. Sie ordnet den Müttern die in diesem Fall eindeutig bestimmten Kinder zu.

Wir schreiben die hochgestellte -1, weil die Verknüpfung $f_6^{-1}(f_6(x)) = x$ für alle $x \in \{B, C, D\}$ liefert. Diese Verknüpfung der Funktionen f_6^{-1} und f_6 realisiert die Abbildung $x \mapsto x$ für alle x des Definitionsbereichs von f_6. Die Abbildung, die x unverändert lässt, nennen wir die identische Abbildung oder kürzer die Identität.

Die Umkehrfunktion f_6^{-1} invertiert die Wirkung der Funktion f_6, was den Exponenten -1 rechtfertigt. Wir invertieren aber nicht die Bilder der Funktion, was wir im Fall des Bergdorfs gar nicht könnten, denn „eins durch Nina" ist noch nie sinnvoll berechnet worden.

Nehmen wir uns ein sehr einfach erscheinendes Beispiel, nämlich die Funktion $h : \mathbb{N} \to \mathbb{N} \backslash \{0\}$ mit $h(n) = n + 1$. Die Funktion h addiert zu natürlichen Zahlen n eins hinzu. Da der Wertebereich von h die Menge $\mathbb{N} \backslash \{0\} = \{1, 2, \dots\}$ der natürlichen Zahlen ohne die Null und gleichzeitig das Bild $h(\mathbb{N}) = \mathbb{N} \backslash \{0\}$ der Funktion h ist, können wir die Addition der Eins rückgängig machen. Die Umkehrfunktion von h ist

$$h^{-1} : \mathbb{N} \backslash \{0\} \to \mathbb{N} \text{ vermöge } h^{-1}(y) = y - 1.$$

Nein, dies ist kein Schreibfehler. Die Umkehrung der Funktion, die eins addiert, ist die Funktion h^{-1}, die die Eins wieder abzieht.

Nun schreiben wir die Hintereinanderausführung oder Verknüpfung der Funktionen h und h^{-1} auf. Wir wenden also zuerst h und dann h^{-1} an. Wir erhalten die identische Abbildung

$$h^{-1}(h(x)) = (x + 1) - 1 = x \text{ für alle } x \in \mathbb{N}$$

und lesen den Ausdruck $h^{-1}(h(x))$ von innen nach außen. Erst wenden wir h auf x an, wir erhalten $x + 1$. Dann wenden wir darauf h^{-1} an. Wir führen die Funktionen h und h^{-1} hintereinander aus.

Die Hintereinanderausführung bildet also von $\mathbb{N}$ in $\mathbb{N}$ ab. Genau genommen, nimmt sie den Umweg $\mathbb{N} \rightarrow \mathbb{N}\setminus\{0\} \rightarrow \mathbb{N}$. Manchmal bezeichnet man die Verknüpfung von Funktionen auch mit einem kleinen Kreis wie in $h^{-1} \circ h : \mathbb{N} \rightarrow \mathbb{N}$. Dann können wir in vertauschter Reihenfolge $h \circ h^{-1} : \mathbb{N}\setminus\{0\} \rightarrow \mathbb{N}\setminus\{0\}$ schreiben. In diesem Fall wird zuerst h^{-1} angewendet, und dies geht laut Definition von h^{-1} nur für Argumente in $\mathbb{N}\setminus\{0\}$. Die Wirkung der verknüpften Funktion $h \circ h^{-1}$ würden wir wieder als $h(h^{-1}(y)) = (y - 1) + 1 = y$ schreiben, weil $(h \circ h^{-1})(y)$, also die Anwendung der Verknüpfung der Funktionen auf ein Argument y, schwerer lesbar ist. Die Verknüpfung $h \circ h^{-1}$ ist wieder eine identische Abbildung, diesmal von $\mathbb{N}\setminus\{0\}$ auf $\mathbb{N}\setminus\{0\}$.

Ganz nebenbei haben wir uns die Frage eingehandelt, warum $h \circ h^{-1}$ nur auf den natürlichen Zahlen ohne die Null wirkt, wo es doch genau wie $h^{-1} \circ h$ alle Argumente unverändert lässt. Mittlerweile ahnen Sie die Antwort sicher schon: Die Funktion h^{-1} ist nur auf $\mathbb{N}\setminus\{0\}$ definiert, und als solche wirkt sie nur dort. In diesem Beispiel scheint die Fokussierung auf den Definitionsbereich etwas haarspalterisch zu sein. Aber schauen wir uns das nächste Beispiel an.

In Abschn. 4.2 hatten wir festgestellt, dass $\tilde{g} : [0, \infty) \rightarrow [0, \infty)$ bijektiv ist und somit eine Umkehrfunktion, nämlich

$$\tilde{g}^{-1} : [0, \infty) \rightarrow [0, \infty) \text{ mit } \tilde{g}^{-1}(x) = \sqrt{x},$$

hat. Die Verknüpfung $\tilde{g} \circ \tilde{g}^{-1}$ ist die Zuordnung $x \mapsto \sqrt{x}^2$. Wir ziehen erst die Wurzel aus $x \in [0, \infty)$ und quadrieren dann das Ergebnis. Wir erhalten wieder x. Würden wir negative x einsetzen, so könnten wir die Wurzel nicht bilden. Die Gleichheit $\sqrt{x}^2 = x$ gilt nur für $x \geq 0$.

Wir könnten uns am Ende dieses Kapitels fragen, was wir gelernt haben. Tatsächlich haben wir nichts ausgerechnet, kein praktisches Problem gelöst, und unsere Illustrationen zum Bergdorf waren ebenfalls nicht besonders realistisch.

Wir haben uns aber mit dem Begriff der Funktion beschäftigt und uns verdeutlicht, wovon wir sprechen, wenn wir abkürzend $y = f(x)$ schreiben oder sagen. Bei späteren Überlegungen zu Abbildungen von mehrdimensionalen Räumen in andere mehrdimensionale Räume wird uns der geschärfte Begriff der Funktion oder der Abbildung ebenso nützliche Dienste leisten wie in der Differential- und Integralrechnung.

Außerdem ist es in allen praktischen Anwendungen, eben weil sie nicht so wunderbar geordnet sind wie die Mathematik, oft entscheidend zu verstehen, welche Größen von welchen anderen Größen abhängen und auf welche Größen die verwendeten Funktionen überhaupt anwendbar sind.

Wenn Sie beispielsweise die Funktion des Schälens betrachten, so wirkt diese, indem sie ein Objekt schält. Der Definitionsbereich ist eine von uns gewählte Menge von Objekten, auf die das Schälen angewendet werden soll. Die Funktion, die wir uns als einen Schälautomaten vorstellen, hängt vom Definitionsbereich ab. Schälmaschinen für Kartoffeln gibt es. Sicher werden auch Äpfel bei Bedarf maschinell geschält, doch schon für Birnen wird es schwieriger. Auch Eier kann man schälen, und mancher schält sich nach einem langen Tag in der Sonne. Sie sehen, dass der Definitionsbereich selbst in Alltagsdingen eine wesentliche Rolle spielt.

Und nein, ein Ehepaar und eine Eheschließung sind nicht dasselbe. Die Eheschließung ist die Funktion, die ein Paar auf ein standesamtliches Ehepaar abbildet. Das Ehepaar ist also das Bild oder der Funktionswert des Paares unter der Abbildung oder der Funktion mit dem Namen Eheschließung. Der Definitionsbereich der Funktion Eheschließung war in Deutschland bis 2017 Gegenstand heftiger politischer Debatten und eines längerfristigen gesellschaftlichen Diskurses, und er ist es in Teilen immer noch. An dieser Stelle betrachten wir dies lediglich als eine Erinnerung daran, dass der Definitionsbereich ein wichtiger Bestandteil der Beschreibung einer Funktion ist.

Stetigkeit: Kann man einen Strich nur einen Punkt lang zeichnen?

5

In Kap. 4 haben wir uns mit einem eher abstrakten Zugang zum Begriff einer Funktion beschäftigt, und dazu passend haben wir die übergeordneten Begriffe der Injektivität, Surjektivität und Bijektivität sowie den Begriff der Umkehrfunktion diskutiert.

Natürlich haben wir die Vorstellung eines Funktionsgraphen damit nicht aufgegeben. Die Funktion $g : \mathbb{R} \to \mathbb{R}$ vermöge $g(x) = x^2$ wird immer noch durch die gute alte Normalparabel dargestellt. Zeichnen Sie gleich als erste Übung die Normalparabel in ein Koordinatensystem, und tun Sie dies am besten ohne eine Wertetabelle. Nachdem das Bild der Normalparabel in Ihrem Kopf entstanden ist, können Sie die Parabel mit einem Bleistiftstrich skizzieren. Wenn Sie dabei noch darauf achten, dass bestimmte markante Werte wie $g(1) = 1$ und $g(-1) = 1$ zumindest nicht grob verletzt werden, erhalten Sie eine schöne Skizze. Nur nebenbei bemerkt, hat die Normalparabel bei $g(0) = 0$ keinen Knick, sondern eine wohlgeformte glatte Rundung.

Betrachten wir nun eine andere Funktion wie beispielsweise die stückweise definierte Heaviside-Funktion

$$H(x) = \begin{cases} 0 \text{ für } x \leq 0, \\ 1 \text{ für } x > 0. \end{cases}$$

Diese Funktion hat für alle negativen Argumente $x < 0$ den Funktionswert $H(x) = 0$ und springt an der Stelle $x = 0$ auf den Funktionswert $H(x) = 1$ für $x > 0$.

Die Heaviside-Funktion vereinfacht beispielsweise die mathematische Beschreibung von Schaltvorgängen. Vor dem Zeitpunkt $x = 0$ ist die Lampe aus, danach ist sie an. Der Wert $H(0)$ an der Stelle $x = 0$ ist eigentlich egal und nur deshalb auf $H(0) = 0$ festgelegt, um an der Stelle $x = 0$ überhaupt einen Funktionswert zu haben. Die Heaviside-Funktion ist eine eher langweilige Funktion. Das Einzige, was sie hat, ist der Sprung bei $x = 0$. In allen Intervallen, die die Sprungstelle nicht enthalten, ist sie konstant 0 oder konstant 1.

D. Langemann, *So einfach ist Mathematik – Zwölf Herausforderungen im ersten Semester*, https://doi.org/10.1007/978-3-662-63720-3_5

Wenn Sie die Heaviside-Funktion in ein Koordinatensystem einzeichnen, dann setzen Sie den Bleistift an der Sprungstelle ab. Eine senkrechte Verbindung kommt nicht infrage, denn dem Argument $x = 0$ wird nur ein Funktionswert zugeordnet, vgl. Definition 4.1. Ein senkrechter Strich vom Punkt $(0, 0)^T$ zu $(0, 1)^T$ würde bedeuten, dass dem Argument $x = 0$ alle reellen Zahlen zwischen 0 und 1 zugeordnet würden. Da der Funktionswert an der Stelle $x = 0$ nur einen Moment der Länge 0 im Schaltvorgang betrifft und praktisch unbedeutend ist, findet man den senkrechten Strich in manchen anwendungsorientierten Darstellungen. Er vernebelt allerdings den Funktionsbegriff. Der senkrechte Strich gehört dort nicht hin, und Sie sollten den Bleistift absetzen.

Damit sind wir bei der zwar nützlichen, aber aus der Sicht der Mathematik nur eingeschränkt tragfähigen Beobachtung, dass man manche Funktionen mit einem Strich, ohne abzusetzen, ins Koordinatensystem einzeichnen kann und andere nicht. Die Funktionen, bei denen es gelingt, wollen wir stetig nennen und die anderen unstetig. In diesem Abschnitt beleuchten wir den Begriff der Stetigkeit einer Funktion genauer. Sie erhalten dabei hoffentlich eine Idee davon, warum die Beschreibung, dass man den Funktionsgraphen einer stetigen Funktion, ohne abzusetzen, zeichnen könne, nicht als mathematische Definition taugt.

5.1   Wasserhahn und Duschtemperatur

Nehmen wir uns eine weniger mathematische Funktion vor. Wir betrachten die Dusche in einem möglicherweise preisgünstigen und schon etwas abgewohnten Hostel. Wir erwarten, dass die Stellung des Wasserhahns oder des Einhebelmischers die Temperatur beeinflusst, was meistens – aber nicht immer – der Fall ist. Wir abstrahieren von manch misslichen Dingen, z. B. davon, dass sich die Temperatur des Duschwassers auch bei gleichbleibender Stellung des Wasserhahns ändern kann, und stellen uns den Zusammenhang zwischen der Stellung des Wasserhahns und der Duschtemperatur als Funktion f vor.

Wir brauchen einen Definitionsbereich. Dieser sei ein Intervall $[0, \alpha_{max}]$ möglicher Winkel. Die Temperatur bezeichnen wir mit $T \in \mathbb{R}$. Je nach Temperaturskala können wir uns sicher sein, dass diese Temperatur einen gewissen Wert, z. B. 0 °C oder 32 °F, nicht unterschreitet. Andererseits wissen wir nicht, welches die minimale Temperatur ist, die das Duschwasser haben kann. Da wir nicht unbedingt eine surjektive Funktion brauchen, lassen wir zu, dass das Bild $f([0, \alpha_{max}]) = \{f(\alpha) : \alpha \in [0, \alpha_{max}]\}$ eine echte Teilmenge des Bildbereichs $\mathbb{R}$ ist. Wir konstatieren

$$f : [0, \alpha_{max}] \to \mathbb{R} \text{ vermöge } f : \alpha \mapsto T.$$

Mit dieser unscheinbaren Festlegung haben wir die vielfältige Realität darauf eingeschränkt, dass wir jedem Winkel α aus dem Definitionsbereich $[0, \alpha_{max}]$ genau eine Temperatur T zuordnen. Wir schreiben jetzt mit gutem Recht $T = T(\alpha)$, weil jeder Winkel α eine Temperatur $T(\alpha)$ festlegt. Der Realität des preisgünstigen Hostels tragen wir insoweit Rechnung, als dass wir keinen funktionalen Zusammenhang in Form mathematischer Terme aufschreiben.

Wir blicken zurück auf unsere Funktion f. Mehrere Effekte wurden bewusst weggelassen. Das ist zum einen die Wassermenge, die auch eingestellt wird. Zum anderen beobachtet man oft, dass man viel kaltes oder wenig warmes Wasser bekommt oder dass die Wassertemperatur sich beständig ändert. Auch der zuweilen erfrischende Effekt, dass das Wasser kalt wird, wenn eine andere Dusche angestellt wird, bleibt unberücksichtigt. Trotzdem hält unsere idealisierte Dusche noch einige Tücken bereit.

Sie erinnern sich vielleicht an Duschen, in denen das Wasser zuerst ein wenig zu kühl war. Eine kleine Veränderung in Richtung α_{max} macht das Wasser ein klein wenig wärmer, denn die meisten Duschen haben monoton wachsende f. Wenn es Ihnen nun immer noch zu kühl ist, rücken Sie den Hebel ein ganz klein wenig weiter, und es wird ein ganz klein wenig wärmer. Möglicherweise haben Sie den Eindruck, dass das nächste Quäntchen zusätzliche Wärme Ihrer Wohlfühltemperatur entsprechen würde. Sie rücken noch eine Winzigkeit am Einhebelmischer – und es wird kochend heiß. Jetzt aber schnell hinaus auf die kalten Kacheln. Die Temperatur springt genau in dem Moment, in dem sie perfekt sein könnte. Misslich, aber mathematisch als Unstetigkeit interessant. Wir besprechen diese Beobachtung in Abschn. 5.1.1.

Jetzt stellen wir uns ein anderes Erlebnis vor. Sie duschen bei Ihrer Wohlfühltemperatur. Da Sie sich gerade richtig entspannen, bewegen Sie sich und berühren versehentlich und nur ganz leicht den Hebel des Wasserhahns. Es besteht die Hoffnung, dass sich die Temperatur durch eine kleine Änderung des Hebels nur ein wenig ändert, Sie also entspannt weiterduschen können. Es kann Ihnen aber auch passieren, dass ein minimaler Ruck am Winkel α dazu führt, dass das Wasser plötzlich eisig kalt wird. Solange Ihr Kreislauf intakt ist, freut er sich sicher über diese Unstetigkeit, d. h. die sprunghafte Veränderung der Wassertemperatur. Diese Sichtweise werden wir in Abschn. 5.1.2 beleuchten.

Mit etwas Phantasie finden Sie viele weitere seltsame Verläufe der Funktion f. Wie wäre es mit einer Temperatur, die bei Bewegung des Hebels von $\alpha = 0$ zu $\alpha = \alpha_{max}$ träge von 15 °C auf 24 °C steigt, aber an einer bestimmten Stelle 45 °C liefert.

Ein Freund berichtete von einer Dusche, die offenbar nur bei ausgewählten Hebelstellungen Zugang zum Warmwasserrohr hatte. Bei diesen α folgte die Duschtemperatur dem ursprünglichen Plan einer regulierbaren Wassertemperatur, bei allen anderen blieb das Wasser kalt.

Alle diese Zusammenhänge lassen sich durch Funktionen f beschreiben. Skizzieren Sie beispielsweise die letztgenannten. Beschriften Sie die waagerechte Achse mit α für den Winkel und die senkrechte Achse mit T für die Wassertemperatur. Achten Sie darauf, dass laut Definition 4.1 zu jedem Winkel α des Definitionsbereichs $[0, \alpha_{max}]$, den Sie auf der waagerechten Achse markieren, eine Temperatur T gehört. Sie sehen, dass wir trotz aller Abstraktion noch eine breite Palette seltsamer Duschen in unserem gedachten Hostel beschreiben können.

5.1.1 Folgenkriterium

Ab jetzt betrachten wir eine allgemeinere Funktion $f : \mathbb{R} \to \mathbb{R}$. Wenn wir im obigen Bild bleiben, ist x der Winkel des Wasserhahns und $y = f(x)$ die Wassertemperatur. Die Stellungen des Wasserhahns, die Sie nach und nach ausprobieren, sind nun x_n. Zu ihnen gehören die Temperaturen $f(x_n)$.

Wir setzen die Beobachtung, dass sich bei einer stetigen Funktion f mit einer Annäherung der Stellung des Wasserhahns an ein x die Wassertemperatur an $f(x)$ annähern sollte, in eine Definition um, indem wir die wünschenswerte Annäherung $f(x_n) \to f(x)$ für alle Folgen $(x_n)_{n=0}^{\infty}$ fordern, die sich der Stelle x annähern. Wir verzichten hier bewusst auf die Angabe des Definitions- und Wertebereichs. Wichtig ist jeweils, dass die Stelle x, an der wir eine Aussage über die Funktion f machen, auch zum Definitionsbereich gehört, dass also f der Stelle x auch einen Funktionswert $f(x)$ zuordnet.

Definition 5.1 Die Funktion f heißt stetig im Punkt x, wenn für alle Folgen $(x_n)_{n=0}^{\infty}$, die gegen x konvergieren, die Folge $(f(x_n))_{n=0}^{\infty}$ der Funktionswerte gegen $f(x)$ konvergiert. $\blacklozenge$

Dies bedeutet, dass wir uns der Stelle x im Definitionsbereich auf beliebige Art $x_n \to x$ annähern können und dabei gesichert ist, dass auch die Funktionswerte $f(x_n) \to f(x)$ gegen den Funktionswert des Grenzwertes streben. Stetigkeit einer Funktion f bedeutet somit eine Vertauschbarkeit von Funktions- und Grenzwertbildung an der Stelle x. Wir schreiben dies gern als

$$\lim_{n \to \infty} f(x_n) = f(x) = f(\lim_{n \to \infty} x_n) \text{ für alle } (x_n)_{n=0}^{\infty} \to x. \tag{5.1}$$

Diese Eigenschaft ist in Abb. 5.1 dargestellt. Im linken Bild nähern sich die Argumente x_n der Stelle x, und den Funktionswerten $f(x_n)$ bleibt nichts anderes übrig, als sich $f(x)$ zu nähern. Dies passiert für alle Annäherungen $x_n \to x$. Wir nennen die Funktion f an der Stelle x stetig.

Im rechten Bild hingegen nähern wir uns mit x_n der Stelle x. Die Funktionswerte $f(x_n)$ nähern sich u an, welches die erhoffte Wunschtemperatur sein könnte. Aber just an der Stelle x springt die Funktion. Die Vertauschbarkeit in Gl. 5.1 ist also nicht erfüllt, denn

$$\lim_{n \to \infty} f(x_n) = u \neq f(x) = f(\lim_{n \to \infty} x_n) \text{ für eine } (x_n)_{n=0}^{\infty} \to x.$$

Mit diesem einen Gegenbeispiel ist die Funktion f an der Stelle x nicht stetig, denn Definition 5.1 fordert die Vertauschbarkeit für alle Folgen $(x_n)_{n=0}^{\infty}$, die gegen x konvergieren. Dass wir uns der Stelle x auch von rechts annähern können und die Vertauschbarkeit von Funktions- und Grenzwertbildung dann gilt, macht die Funktion nicht stetig an der Stelle x, denn die Vertauschbarkeit ist für alle

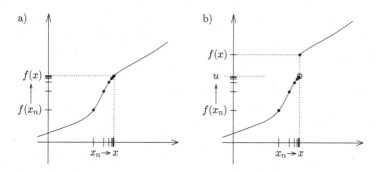

Abb. 5.1 (**a**) an der Stelle x stetige Funktion, d. h., für $x_n \to x$ konvergieren die Funktionswerte $f(x_n) \to f(x)$. Grenzwert- und Funktionswertbildung sind vertauschbar. (**b**) an der Stelle x unstetige Funktion, d. h., der Grenzwert der Funktionswerte $f(x_n)$ ist u und nicht der Funktionswert $f(x)$ des Grenzwertes der Argumente $x_n \to x$

Annäherungen gefordert. An allen anderen Stellen ist die Funktion in Abb. 5.1b visuell stetig.

Wir sehen an diesem Beispiel, dass Funktionen an einzelnen Punkten unstetig sein können. Es erscheint sinnvoll, auch die Stetigkeit an einem Punkt zu definieren. Man kann sich überlegen, auf welche Arten eine Funktion unstetig sein kann. Die Beispielfunktion im rechten Bild von Abb. 5.1 hat eine Sprungstelle. Es kann aber auch vorkommen, dass der Grenzwert der Funktionswerte $f(x_n)$ für $x_n \to x$ gar nicht existiert, weil die Folge $(f(x_n))_{n=0}^{\infty}$ gegen unendlich strebt oder einfach zappelt. Probieren Sie es beispielsweise mit der Funktion, die durch $f(x) = \sin \frac{1}{x}$ für $x \neq 0$ und $f(0) = 0$ definiert ist. Interessant ist hier die Stelle $x = 0$.

5.1.2 ε-δ-Kriterium

Wir kommen nun zur zweiten Beobachtung über Duschen in preisgünstigen Hostels. Sie duschen gerade mit Ihrer Wohlfühltemperatur. Sie haben also die Wasserhahnstellung x gefunden, deren Funktionswert $f(x)$ Ihnen gefällt. Möglicherweise haben Sie einen Toleranzbereich für die Wassertemperatur, und Sie akzeptieren alle Temperaturen im offenen Intervall $(f(x) - \varepsilon, f(x) + \varepsilon) = \mathcal{U}_\varepsilon(f(x))$, die sich um höchstens ε von Ihrer Wunschtemperatur unterscheiden. Für den Fall, dass Sie oder andere Einflüsse den Wasserhahn ein ganz klein wenig verstellen, wünschen Sie sich natürlicherweise, dass es wenigstens einen kleinen Bereich $\mathcal{U}_\delta(x) = (x - \delta, x + \delta)$ der Wasserhahnstellung gibt, der eine Temperatur in Ihrem Toleranzbereich liefert. Es sollen wenigstens minimale Änderungen des Hahns erlaubt sein, ohne dass Sie sich verbrühen oder erschrecken.

Wir haben im vorigen Absatz ganz nebenbei die Umgebungen $\mathcal{U}_\delta(x)$ und $\mathcal{U}_\varepsilon(f(x))$ eingeführt. Dies sind die Mengen der Werte, die um höchstens δ von x bzw. um höchstens ε von $f(x)$ entfernt liegen. Da wir uns ε und δ als klein vorstellen, passt die Bezeichnung Umgebung gut. In Abb. 5.2 ist die Umgebung $\mathcal{U}_\delta(x)$ auf der

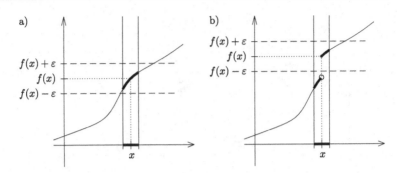

Abb. 5.2 (a) an der Stelle x stetige Funktion, d. h., für jede ε-Umgebung von $f(x)$ findet man eine δ-Umgebung *(fett)* von x, die in die ε-Umgebung abgebildet wird. (**b**) an der Stelle x unstetige Funktion, d. h., für eine genügend kleine ε-Umgebung von $f(x)$ findet man keine δ-Umgebung *(fett)* von x, die in die ε-Umgebung abgebildet wird

x-Achse fett markiert. Die zugehörigen Funktionswerte liegen in einem senkrechten δ-Streifen. Auf der vertikalen Achse kennzeichnet der gestrichelt eingezeichnete ε-Streifen die Umgebung $\mathcal{U}_\varepsilon(f(x))$.

Mit der Bezeichnung dieser Umgebungen formulieren wir den obigen Wunsch an die Dusche etwas mathematischer. Wir wollen die Funktion f als stetig ansehen, wenn es zu jedem Toleranzbereich, also insbesondere für besonders kleine Toleranzbereiche, eine Umgebung von x gibt, die vollständig in den Toleranzbereich abgebildet wird. Dies führt uns auf eine andere Grenzwertdefinition, die meistens als viel abstrakter und komplizierter angesehen wird, als Definition 5.1.

Definition 5.2 Die Funktion f heißt stetig im Punkt x, wenn es für alle $\varepsilon > 0$ ein $\delta > 0$ mit $f(\mathcal{U}_\delta(x)) \subset \mathcal{U}_\varepsilon(f(x))$ gibt.   ◆

Durch die Notation mit den Umgebungen erscheint diese Definition extra mathematisch. Wir hätten auch schreiben können, dass es zu jedem $\varepsilon > 0$ ein $\delta > 0$ gibt, sodass das Intervall $(x - \delta, x + \delta)$ vollständig in das Intervall $(f(x) - \varepsilon, f(x) + \varepsilon)$ abgebildet wird.

Dieser Zugang zur Stetigkeit ist in Abb. 5.2 dargestellt. Gestrichelt ist ein ε-Streifen um $f(x)$ gezeigt. Wenn f an der Stelle x wie in Abb. 5.2a stetig ist, dann gibt es wenigstens ein kleines Intervall $(x - \delta, x + \delta)$, sodass die zugehörigen Funktionswerte im ε-Streifen liegen. Und das kleine Intervall $(x - \delta, x + \delta)$ soll vor allem dann noch existieren, d. h. rechts und links von x liegen, wenn der ε-Streifen sehr, sehr dünn ist.

Gibt es nämlich einen ε-Streifen, sodass wir kein Intervall $(x - \delta, x + \delta) = \mathcal{U}_\delta(x)$ finden, das ganz in den ε-Streifen abgebildet wird, so bedeutet dies, dass beliebig dicht neben x bereits Argumente liegen, deren Funktionswerte einen Abstand größer ε von $f(x)$ haben. An einer solchen Stelle entspricht die Funktion f unserer Vorstellung von Unstetigkeit. Verdeutlichen Sie sich diese Argumentation mithilfe von Abb. 5.2b.

5.1.3 Definition oder Satz

Wir haben in Abschn. 5.1.1 und 5.1.2 eine grobe mathematische Unhöflichkeit begangen. Wir haben nämlich den Begriff der Stetigkeit in Definition 5.1 und 5.2 auf zwei unterschiedliche Arten festgelegt. Das geht gar nicht. Denn ein einmal definierter Begriff ist mit seiner Definition eingeführt und festgelegt. Eine zweite Erklärung braucht es nicht.

Wir haben mehrere Auswege aus diesem Dilemma. Wir könnten zwei unterschiedliche Begriffe wie „Stetigkeit gemäß Definition 5.1" und „Stetigkeit gemäß Definition 5.2" einführen. Dann würden wir in einem Satz nachweisen, dass beide Begriffe genau das Gleiche aussagen. Damit wäre die Unterscheidung, Stetigkeit gemäß welcher Definition wir meinen, wieder hinfällig.

Wir könnten aber auch eine der Definitionen als einzige Definition verwenden und die andere als eine Eigenschaft des definierten Begriffs ansehen. Dann würden wir die andere Definition als Satz formulieren. Das würde bedeuten, dass wir die Stetigkeit in Definition 5.1 als Vertauschbarkeit der Grenzwert- und Funktionswertdefinition einführen, und dann würden wir zeigen, dass in diesem Sinne stetige Funktionen die Eigenschaft aus Definition 5.2 haben. Dies funktioniert umgekehrt ebenso.

Ganz fair wäre die Hierarchisierung der Eigenschaften nicht, denn beide Definitionen erhalten nachvollziehbare Beschreibungen des stetigen Verhaltens einer Funktion, und niemand möchte eine davon als höherstehend einstufen. Deshalb werden die als Definition 5.1 und 5.2 formulierten Eigenschaften einer Funktion f an einer Stelle x gern als Kriterien bezeichnet, wie auch wir es in den Überschriften zu Abschn. 5.1.1 und 5.1.2 getan haben.

Von diesem Standpunkt betrachtet, würden wir die Äquivalenz der Kriterien beweisen und damit zeigen, dass beide Kriterien denselben Begriff, nämlich die Stetigkeit, definieren. Die Entscheidung, wie man argumentiert, ist eher eine Frage des Stils und eine Frage der Eleganz. Da wir nun einmal zwei Definitionen angegeben haben, diskutieren wir kurz ihre Äquivalenz. Wir weisen jetzt nach, dass eine Funktion f genau dann stetig im Sinne von Definition 5.1 ist, wenn sie stetig im Sinne von Definition 5.2 ist.

Bevor wir beginnen, halten Sie bitte kurz inne, und versuchen Sie, Funktionen zu skizzieren, die an einer Stelle x stetig im Sinne der einen, nicht aber stetig im Sinne der anderen Definition sind. Bei dem Versuch, solche Funktionen zu skizzieren, bemerken Sie, dass die Funktion f an der Stelle x eben nicht springen darf, keine einzelnen Ausreißer haben und nicht zappeln darf und so weiter. Sie entwickeln ein Gefühl für den Stetigkeitsbegriff und dafür, dass beide Definitionen denselben Begriff beschreiben. Es gibt nämlich keine Funktion, die im Sinne der einen Definition stetig ist und im Sinne der anderen nicht. Bislang ist es erst ein Gefühl, aber dieses Gefühl ist beim Umgang mit mathematischen Argumentationen sehr wichtig.

Andererseits könnten wir das Gefühl entwickeln, dass das ε-δ-Kriterium mehr fordert als das Folgenkriterium, weil nicht nur einzelne Punkte x_n von allen gegen

x konvergenten Folgen Funktionswerte in der ε-Umgebung von $f(x)$ haben müssen, sondern die ganze Umgebung. Dieses Gefühl trügt ein wenig, weil Definition 5.1 für alle gegen x konvergenten Folgen formuliert ist. Es stimmt aber insofern, als es einfacher ist, das Folgenkriterium aus dem ε-δ-Kriterium herzuleiten als umgekehrt. Also beginnen wir mit dem einfacheren Weg.

Wenn das ε-δ-Kriterium gilt, so finden wir zu jedem $\varepsilon > 0$ ein entsprechendes $\delta > 0$. Jede Folge mit $x_n \to x$ wandert irgendwann in $\mathcal{U}_\delta(x)$. Es gibt also ein N, sodass $x_n \in \mathcal{U}_\delta(x)$ $\forall n > N$ gilt. Wegen der Gültigkeit des ε-δ-Kriteriums erfüllen die Funktionswerte dann $f(x_n) \in \mathcal{U}_\varepsilon(f(x))$ $\forall n > N$. Wir haben also gezeigt, dass für alle $\varepsilon > 0$ ein N existiert, sodass $|f(x_n) - f(x)| < \varepsilon$ für alle $n > N$ gilt. Dies ist gemäß der gefürchteten Grenzwertdefinition in Abschn. 1.2, Gl. 1.7, gerade die Konvergenz $f(x_n) \to f(x)$. Das ε-δ-Kriterium impliziert also das Folgenkriterium.

Umgekehrt argumentieren wir indirekt. Verfolgen Sie die Argumentation in Abb. 5.2. Wir setzen voraus, dass das Folgenkriterium erfüllt ist, nehmen aber an, das ε-δ-Kriterium würde nicht gelten. Wenn es nun nicht zu jedem $\varepsilon > 0$ ein $\delta > 0$ mit $f(\mathcal{U}_\delta(x)) \subset \mathcal{U}_\varepsilon(f(x))$ gibt, so gibt es ein $\varepsilon > 0$, sodass für alle $\delta > 0$, so klein es auch sei, $f(\mathcal{U}_\delta(x)) \not\subset \mathcal{U}_\varepsilon(f(x))$ gilt. Keine noch so kleine Umgebung $\mathcal{U}_\delta(x) = (x-\delta, x+\delta)$ um x wird also komplett in den ε-Streifen $\mathcal{U}_\varepsilon(f(x))$ um $f(x)$ abgebildet, sodass es für alle $\delta > 0$ wie in Abb. 5.2b fett markierte Funktionswerte außerhalb von $\mathcal{U}_\varepsilon(f(x)) = (f(x) - \varepsilon, f(x) + \varepsilon)$ gibt.

Es gibt somit zu jedem $\delta > 0$ ein Element aus $\mathcal{U}_\delta(x)$, dessen Funktionswert nicht in $\mathcal{U}_\varepsilon(f(x))$ liegt. Für die spezielle Wahl $\delta = \frac{1}{n}$ nennen wir dieses Element x_n. Es hat die Eigenschaften $x_n \in \mathcal{U}_\delta(x)$ und $f(x_n) \notin \mathcal{U}_\varepsilon(f(x))$, d. h., der Funktionswert $f(x_n)$ liegt nicht im ε-Streifen um $f(x)$. Jetzt haben wir alles zusammen.

Die Folge $(x_n)_{n=0}^\infty$ erfüllt $|x_n - x| < \frac{1}{n}$ und konvergiert gegen x. Aber die Funktionswerte $f(x_n)$ haben von $f(x)$ alle einen Abstand größer als $\varepsilon > 0$. Die Folge $(f(x_n))_{n=0}^\infty$ denkt also gar nicht daran, gegen $f(x)$ zu konvergieren. Wir haben gezeigt, dass die Annahme, das Folgenkriterium sei erfüllt, aber das ε-δ-Kriterium nicht, dazu führt, dass auch das Folgenkriterium nicht mehr erfüllt ist. Wir haben uns mit dieser Annahme in Widersprüche verwickelt. Die Annahme ist nicht haltbar. Damit ist bewiesen, dass aus der Gültigkeit des Folgenkriteriums das ε-δ-Kriterium folgt.

Diese Argumentation ist zugegeben etwas sperrig. Mathematikerinnen und Mathematiker lesen solche Beweise nicht wie Belletristik, sondern langsam, und sie schauen immer wieder, was eigentlich definiert und angenommen wurde, um der gerafft aufgeschriebenen logischen Argumentation zu folgen. Probieren Sie es einfach noch einmal. Instruktiv ist es auch, den Text kurz beiseite zu legen und zu versuchen, die Argumentation aus eigener Kraft zu reproduzieren.

5.2 Punktbegriff und stetige Funktion

Wir haben schon angesprochen, dass eine Funktion an einem Punkt unstetig, aber an allen anderen Punkten stetig sein kann. Dies ist Anlass genug, nicht von der

Stetigkeit einer Funktion zu sprechen, sondern von der Stetigkeit einer Funktion an einer Stelle x.

Es kommt noch schlimmer. Wir konstruieren eine Funktion, die nur in einem Punkt stetig ist und an allen anderen Punkten unstetig. Spätestens bei einer solchen Funktion ist die Vorstellung von einem durchgezogenen Bleistiftstrich hinfällig.

Zur Konstruktion der nur an einem Punkt stetigen Funktion verwenden wir die Dirichlet-Funktion

$$D(x) = \begin{cases} 1 \text{ für } x \in \mathbb{Q}, \\ 0 \text{ für } x \in \mathbb{R}\backslash\mathbb{Q}, \end{cases}$$

die für alle rationalen Zahlen 1 und für alle irrationalen Zahlen 0 ist. Die Funktion antwortet also auf die Frage, ob x rational sei, mit einer 1, wenn x rational ist, und mit einer 0, wenn x nicht rational ist. Solch eine Funktion nennen wir eine Indikatorfunktion, weil sie eine Eigenschaft des Arguments anzeigt.

Leider können wir die Dirichlet-Funktion nicht sinnvoll zeichnen. Wir haben in Abschn. 1.3 bereits über die Lage von rationalen und irrationalen Zahlen zueinander gesprochen. Obwohl sie keineswegs abwechselnd auf der Zahlengerade angeordnet sind, liegen zwischen zwei unterschiedlichen rationalen Zahlen beliebig viele andere rationale und auch beliebig viele irrationale Zahlen. Damit liegen die rationalen Zahlen beliebig dicht beieinander, und trotzdem passen noch viel mehr irrationale Zahlen dazwischen. Der Versuch, die Dirichlet-Funktion zu zeichnen, führt zu einem Kamm mit unendlich vielen, beliebig dicht beieinanderliegenden Zinken der Länge eins, von denen wir nur den Funktionswert 1 einzeichnen dürften. Wie wir sehen, sehen wir nicht viel.

Nun konstruieren wir mit $f(x) = x \cdot D(x)$ eine Funktion, die für alle rationalen Zahlen den Funktionswert $f(x) = x$ hat, weil dort $D(x) = 1$ gilt, und für alle irrationalen Zahlen den Funktionswert 0. Beim Zeichenversuch würden wir also eine Perlenkette von Punkten auf der x-Achse erhalten, wobei die Perlen an den irrationalen Stellen liegen, und eine weitere Perlenkette an den rationalen Stellen entlang der Diagonalen. Wenn immer $x \neq 0$ gilt, treten beliebig nahe an der Stelle x Funktionswerte 0 und solche nahe bei x auf. Wenn $\varepsilon < |x|$ ist, liegen die Funktionswerte selbst für sehr kleine Umgebungen $\mathcal{U}_\delta(x)$ nicht alle im ε-Streifen $\mathcal{U}_\varepsilon(f(x))$. Die Funktion zappelt sehr schnell, und sie ist für alle $x \neq 0$ unstetig.

Nicht so an der Stelle $x = 0$. Der Funktionswert ist $f(0) = 0$. Egal, ob wir uns für $x_n \to 0$ auf der Perlenkette auf der x-Achse oder entlang der Perlenkette entlang der Diagonalen oder mal auf der einen, dann wieder auf der anderen Perlenkette der Stelle $x = 0$ nähern, immer werden die Funktionswerte $f(x_n)$, die ja selbst x_n oder bereits 0 sind, gegen 0 streben. Es gilt somit $f(x_n) \to 0$ für alle Folgen mit $x_n \to 0$. Die Funktion $f(x) = x \cdot D(x)$ ist gemäß dem Folgenkriterium in Definition 5.1 an der Stelle $x = 0$ stetig. Die Funktion $f(x) = x \cdot D(x)$ ist an der Stelle $x = 0$ also stetig und an allen anderen Stellen unstetig.

Versuchen Sie sich an einer skizzenhaften Veranschaulichung der Funktion f und ihres Verhaltens in der Nähe von $x = 0$. Für eine gedruckte Graphik wären die beiden Perlenketten doch zu kühn.

Wir geben zu, dass die Dirichlet-Funktion erfunden wurde, um solch ein Beispiel zu konstruieren. Sie hat sonst keinen praktischen Nutzen. Immerhin hat sie uns verdeutlicht, dass Stetigkeit eine Punkteigenschaft ist.

Eine Funktion f heißt übrigens stetige Funktion, wenn sie in allen Punkten ihres Definitionsbereichs stetig ist. So richtig sinnvoll ist diese Festlegung jedoch nur für Funktionen $f : [a, b] \to \mathbb{R}$, die auf abgeschlossenen Intervallen definiert sind. Denken Sie beispielsweise an die Funktion $g(x) = \frac{1}{x}$, die bei $x = 0$ eine Polstelle hat. Formell müssten wir sagen, dass diese Funktion bei $x = 0$ nicht definiert ist. Mit dem Wertebereich in

$$g : \mathbb{R}\setminus\{0\} \to \mathbb{R} = (-\infty, 0) \cup (0, \infty) \text{ vermöge } g(x) = \frac{1}{x}$$

wird g sogar bijektiv. Diese Funktion ist in jedem Punkt ihres Definitionsbereichs, zu dem die Null ausdrücklich nicht gehört, stetig. Dies sieht man leicht, wenn man eine Umgebung $\mathcal{U}_\delta(x)$ mit $\delta < |x|$ betrachtet. Diese Umgebung wird von g auf nur einen der Äste des Funktionsgraphen abgebildet. Wenn wir δ nur klein genug machen, schrumpft das Bild $g(\mathcal{U}_\delta(x))$ so zusammen, dass es in jeden ε-Streifen mit $\varepsilon > 0$ passt.

Damit müssten wir g als stetige Funktion bezeichnen. Schauen wir aber auf den Funktionsgraphen, so fällt uns als Erstes die Polstelle bei $x = 0$ auf. Jemandem, der sich nicht gerade mit der Stetigkeitsdefinition und der Tatsache, dass eine Funktion nur dort stetig sein kann, wo sie definiert ist, auseinandergesetzt hat, findet die Wortwahl stetig für die Funktion mit einer Polstelle vielleicht gewöhnungsbedürftig. Formell ist g eine stetige Funktion oder, besser gesagt, eine Funktion, die in allen Punkten ihres Definitionsbereichs stetig ist.

Meistens brauchen wir den Stetigkeitsbegriff für Funktionen nur auf abgeschlossenen Intervallen. Dort tritt die obige Schwierigkeit der Definitionslücken nicht auf, denn die Notation $f : [a, b] \to \mathbb{R}$ bedeutet, dass wirklich jedem $x \in [a, b]$ ein Funktionswert zugeordnet wird.

5.3   Eigenschaften stetiger Funktionen

Hier werden wir uns mit zwei wichtigen, aber inhaltlich nicht ernsthaft überraschenden Eigenschaften stetiger Funktionen beschäftigen. Wir prüfen dabei unsere Veranschaulichung durch die durchgezogene Bleistiftlinie, benutzen aber zur mathematischen Begründung die Kriterien aus Definition 5.1 und 5.2.

5.3.1   Zwischenwertsatz

Wir formulieren einen auf den ersten Blick simplen Satz und geben einen Beweis an. Sie nehmen dazu bitte ein Blatt Papier und skizzieren den formulierten Sachverhalt und dann alle folgenden Beweisschritte. Sie werden sehen, dass die Argumentation so einfach ist, dass Sie sie jedem – und auch sehr mathematikfernen Leuten – erklären können.

Satz 5.1 (Zwischenwertsatz) *Eine stetige Funktion* $f : [a, b] \to \mathbb{R}$ *nimmt jeden Wert zwischen* $f(a)$ *und* $f(b)$ *an, d.h., für alle* y *mit* $\min\{f(a), f(b)\} \leq y \leq \max\{f(a), f(b)\}$ *existiert mindestens eine Stelle* $\xi \in [a, b]$ *mit* $f(\xi) = y$.

Bevor wir den Beweis beginnen, fragen wir uns, was der Satz besagt. Zeichnen Sie in ein Koordinatensystem ein Intervall $[a, b]$ auf der x-Achse durch Angaben der Stellen a und b mit $a < b$ ein. Nun legen Sie für a und b Funktionswerte $f(a)$ und $f(b)$ durch Markierung der Punkte $A = (a, f(a))^{\mathrm{T}}$ und $B = (b, f(b))^{\mathrm{T}}$ fest. Auf der y-Achse entsteht das Intervall zwischen $f(a)$ und $f(b)$. Sein unterer Rand ist das Minimum $\min\{f(a), f(b)\}$, und der obere Rand ist das Maximum $\max\{f(a), f(b)\}$ der beiden Funktionswerte $f(a)$ und $f(b)$.

Der Zwischenwertsatz drückt nun aus, dass eine stetige Funktion, deren Graph die Punkte A und B verbindet, jeden Funktionswert im Intervall zwischen $f(a)$ und $f(b)$ mindestens einmal annimmt. Sie sehen dies, wenn Sie einen Wert y in diesem Intervall festlegen und auf der Höhe y eine lange waagerechte Gerade einzeichnen. Die stetige Funktion f, die wir uns als durchgezogene Bleistiftlinie veranschaulichen, muss auf ihrem Weg von A nach B über die waagerechte Gerade. Genau am Schnittpunkt, wovon es mehrere geben kann, finden wir auf der x-Achse ein Urbild von y.

Wir können uns die Funktion f als Höhenprofil einer Radtour von a nach b vorstellen. Unser Start liegt auf der Höhe $f(a)$ über Normalnull, das Ziel auf $f(b)$. Die Radtour berührt jeden Höhenwert zwischen $f(a)$ und $f(b)$ mindestens einmal. Eventuell nimmt f noch viele andere Werte an, wenn wir beispielsweise über einen Berg fahren, aber eben mindestens einmal jeden Wert zwischen $f(a)$ und $f(b)$.

Wir dürften keine Zweifel mehr über die Gültigkeit des Zwischenwertsatzes hegen. Allerhöchstens könnten wir uns fragen, warum man eine derart klare Sache beweisen muss. Wir beweisen den Zwischenwertsatz, weil Stetigkeit ein Punktbegriff ist, den wir etwas unanschaulich definiert haben. Wir beweisen den Satz, um ganz sicher zu gehen, dass es keine Sonderfälle gibt, die wir bei der anschaulichen Betrachtung übersehen haben. Wenn wir ganz sicher sind, können wir den Satz in anderen und möglicherweise komplizierteren Zusammenhängen, z. B. in Abschn. 11.2.2, als Werkzeug benutzen, ohne weiter darüber nachzudenken. Und schließlich sind Beweise die Spielwiese, auf der wir unsere Begriffe ausprobieren.

Beweis: Ohne Beschränkung der Allgemeinheit betrachten wir die Situation, dass $f(a) \leq f(b)$ gilt. Dies beschränkt die Allgemeinheit wirklich nicht, denn sollte es anders sein, ändert sich die Aussage des Satzes für eine gespiegelte Funktion nicht. Sowohl eine Spiegelung an einer vertikalen als auch an einer horizontalen Geraden vertauscht die Größenrelation der Funktionswerte an den Intervallenden.

Also ist y im Folgenden ein Wert mit $f(a) \leq y \leq f(b)$. Sie haben ihn schon eingezeichnet. Wenn Sie einen Fall gewählt haben, in dem $f(a) \geq f(b)$ ist, dann empfehlen wir eine neue Skizze mit $f(a) < f(b)$ und deutlich unterschiedlichen $f(a)$ und $f(b)$.

Wir suchen jetzt gedanklich eine Stelle, an der der Funktionswert y angenommen wird. Ihre Existenz dürfen wir im Beweis keineswegs voraussetzen. Wir halbieren das Intervall $[a, b]$ immer wieder. Das nun folgende Prinzip heißt Intervall-schachtelung, weil wir die gesuchte Stelle einfangen und gewissermaßen in eine immer kleinere Schachtel packen. Dabei konstruieren wir zwei Folgen $(a_n)_{n=0}^{\infty}$ und $(b_n)_{n=0}^{\infty}$, die die gesuchte Stelle einschließen werden.

Wir beginnen mit $a_0 = a$ und $b_0 = b$, und irgendwo dazwischen ist die gesuchte Stelle ξ, wenn es sie denn gibt. Wir halbieren das Intervall $[a_0, b_0]$. Auf halber Strecke zwischen a_0 und b_0 liegt $u = \frac{1}{2}(a_0 + b_0)$. Wenn $f(u) \geq y$ gilt, so liegt die gesuchte Stelle zwischen a_0 und u, also links von der Mitte. Wenn hingegen $f(u) \leq y$ ist, dann liegt die gesuchte Stelle rechts von der Mitte. Zeichnen Sie $f(u)$ in Ihre Skizze, und Sie erkennen, in welchem der Intervalle $[a_0, u]$ und $[u, b_0]$ Sie weitersuchen würden. Natürlich kann auch in beiden Intervallen der Funktionswert y angenommen werden, aber nur in einem davon geschieht dies mit Sicherheit, weil die stetige Funktion über die waagerechte Linie auf der Höhe y muss. Dieses Intervall nennen wir $[a_1, b_1]$. Ist also $f(u) \geq y$, so gilt $a_1 = a_0$ und $b_1 = u$.

Das neue Intervall ist nur halb so lang, und es enthält die gesuchte Stelle, wenn es sie denn gibt. Diese Intervallhalbierung wiederholen und wiederholen wir, sodass wir tatsächlich Folgen $(a_n)_{n=0}^{\infty}$ und $(b_n)_{n=0}^{\infty}$ erhalten, die die immer noch hypothetische Stelle ξ einschließen. Den unteren Rand a_n hat man bei der Suche, wenn überhaupt, nach oben verschoben, den oberen Rand b_n nach unten. Damit ist $(a_n)_{n=0}^{\infty}$ eine monoton wachsende und $(b_n)_{n=0}^{\infty}$ eine monoton fallende Folge.

Gleichzeitig wachsen die unteren Ränder nie über den ursprünglichen oberen Rand b, d. h. $a_n < b \; \forall n \in \mathbb{N}$ und umgekehrt. Beide Folgen sind also beschränkt und konvergieren nach dem Monotoniekriterium in Satz 1.2. Der Abstand $b_n - a_n$ wird dabei immer kleiner und konvergiert gegen null. Beide Folgen $(a_n)_{n=0}^{\infty}$ und $(b_n)_{n=0}^{\infty}$ konvergieren also gegen denselben Wert, den wir ξ nennen.

Wenn Sie auf Ihre Zeichnung schauen, sehen Sie, dass nach Konstruktion der Folgenglieder $f(a_n) \leq y$ und $f(b_n) \geq y$ für alle n gilt. Wegen der vorausgesetzten Stetigkeit der Funktion f folgt aus $a_n \to \xi$ und $b_n \to \xi$ nun

$$\lim_{n \to \infty} f(a_n) = f(\xi) \quad \text{und} \quad \lim_{n \to \infty} f(b_n) = f(\xi).$$

Da alle $f(a_n) \leq y$ und alle $f(b_n) \geq y$ erfüllen, kann nur $f(\xi) = y$ gelten. Die Stelle ξ existiert somit, und ihr Funktionswert ist y. □

Der Beweis ist durch die Erklärung und unsere Ermahnung, wirklich zu skizzieren, länger geworden, als seine Argumentation inhaltlich verdient. Bemerkenswert ist, dass es sich um einen Existenzbeweis handelt. Wir wissen jetzt, dass es eine Stelle $\xi \in [a, b]$ gibt. Wir haben mit der Intervallschachtelung ein theoretisch durchführbares Suchverfahren angegeben, aber wir wissen nicht, wo genau ξ liegt. Der Zwischenwertsatz hilft nicht dabei, die Stelle ξ auszurechnen.

Zum Abschluss der Überlegungen zum Zwischenwertsatz schauen wir wieder die Funktion $g(x) = \frac{1}{x}$ an, die in allen Punkten ihres Definitionsbereichs stetig ist. Natürlich ist die Funktion g nicht stetig auf dem Intervall $[-1, 1]$, denn schließlich ist g nicht überall in $[-1, 1]$ definiert, nämlich bei $x = 0$ nicht. Tatsächlich nimmt $g(x)$ nicht alle Werte zwischen $g(-1) = -1$ und $g(1) = 1$ an. Der Wert $y = 0$ wird nicht angenommen. Die Funktion g erfüllt nicht unsere Erwartungen an eine stetige Funktion. Wir hatten schon angemerkt, dass der Begriff der stetigen Funktion nur für Funktionen, die auf abgeschlossenen Intervallen definiert sind, wirklich sinnvoll ist.

Eine ziemlich simple Folgerung aus dem Zwischenwertsatz ist übrigens die Beobachtung, dass eine stetige Funktion f in $[a, b]$, bei der einer der Funktionswerte $f(a)$ und $f(b)$ negativ und der andere positiv ist, eine Nullstelle $\xi \in (a, b)$ hat.

5.3.2 Maximum auf abgeschlossenen Intervallen

Der nun folgende Satz besagt, dass die Funktionswerte $f(x)$ einer stetigen Funktion $f : [a, b] \to \mathbb{R}$ einen größten und einen kleinsten Wert haben. Es kann also nicht passieren, dass sie gegen unendlich streben oder dass – denken Sie an das Supremum, das kein Maximum sein muss – die Funktionswerte beliebig nahe an eine kleinste obere Schranke herankommen, ohne sie zu berühren. Der Satz besagt, dass es Stellen x_{max} und x_{min} gibt, deren Funktionswerte $f(x_{max})$ bzw. $f(x_{min})$ die größten bzw. kleinsten aller Funktionswerte im Intervall $[a, b]$ sind. Es geht wieder um ein abgeschlossenes Intervall, in dem das Supremum der Funktionswerte tatsächlich als Funktionswert $f(x_{max})$ auftritt.

Bei diesem Satz versagt unsere anschauliche Vorstellung von der durchgezogenen Bleistiftlinie. Stellen wir uns vor, wir würden uns mit der Bleistiftlinie von unten einem waagerechten Strich nähern, der die kleinste obere Schranke anzeigt. Wir wollen dieser kleinsten oberen Schranke mit der Bleistiftlinie so nahe wie möglich kommen. Doch wir können kaum entscheiden, ob wir gerade noch an einer kleinsten oberen Schranke vorbeischrammen oder ob wir sie tatsächlich in dem Sinne berühren, dass wir einen Punkt treffen. Sie merken, dass wir hier ein wenig ins Schleudern geraten, und deshalb werden wir den Satz in einer mathematisch strengen, weniger bildlichen Argumentation beweisen.

Satz 5.2 *Sei* $f : [a, b] \to \mathbb{R}$ *eine stetige Funktion. Dann existieren Stellen* x_{max}, $x_{min} \in [a, b]$ *mit*

$$f(x_{min}) \leq f(x) \leq f(x_{max}) \ \forall x \in [a, b].$$

Die Aussage von Satz 5.2 besteht zum einen darin, dass die Funktionswerte der stetigen Funktion f beschränkt sind. Zum anderen sagt er auch, dass es Funktionswerte, nämlich $f(x_{min})$ und $f(x_{max})$, gibt, die als Schranken taugen.

Beweis: Zuerst nehmen wir an, die Funktion f sei nach oben unbeschränkt. Zu jeder Zahl finden wir also einen Funktionswert, der größer ist als diese Zahl.

Beispielsweise können wir zu jedem n einen Funktionswert $f(x_n)$ wählen, der größer als n und auch größer als der vorige Funktionswert $f(x_{n-1})$ ist. Damit ist die Folge der Funktionswerte $f(x_n)$ monoton wachsend, und sie wächst über alle Maßen. Die Folge $(f(x_n))_{n=0}^{\infty}$ ist bestimmt divergent gegen $+\infty$, und jede Teilfolge ist auch monoton wachsend und divergent gegen $+\infty$. Wie schon bei den Überlegungen zu Häufungspunkten meinen wir mit Teilfolgen natürlich immer unendlich viele Folgenglieder, denn nur diese bilden Folgen. Für nur endlich viele Folgenglieder ergibt der Begriff der Divergenz oder Konvergenz gar keinen Sinn.

Die Funktionswerte $f(x_n)$ werden an Stellen $x_n \in [a, b]$ im Intervall $[a, b]$ angenommen, und damit bilden die x_n eine beschränkte Folge $(x_n)_{n=0}^{\infty} \subset [a, b]$, denn sie liegen alle im Intervall. Nach Satz 1.4 haben beschränkte Folgen mindestens einen Häufungspunkt, und diesen nennen wir z. In jeder noch so kleinen Umgebung des Häufungspunkts z liegt für jedes $N \in \mathbb{N}$ mindestens ein Folgenglied x_n mit $n > N$. Es gibt also eine Teilfolge, nämlich die Folge der eben angesprochenen Glieder, die gegen z konvergiert. Diese Teilfolge bezeichnen wir typischerweise mit dem Doppelindex $(x_{n_k})_{k=0}^{\infty}$. Das soll bedeuten, dass unter allen Indizes n nur bestimmte Indizes n_k ausgewählt werden, die mit dem zweiten Index k abgezählt werden.

Nun wissen wir, dass

$$\lim_{k \to \infty} x_{n_k} = z \ \text{ aber } \ \lim_{k \to \infty} f(x_{n_k}) = \infty \neq f(z) \tag{5.2}$$

gilt, wobei der zweite Ausdruck etwas verkürzt ausdrückt, dass die Folge der Funktionswerte bestimmt gegen unendlich divergiert. Da aber f als stetig angenommen wurde, müsste die Folge der Funktionswerte gegen $f(z)$ streben, welches eine reelle Zahl ist und damit sicher nicht ∞. Unsere Beobachtung in Gl. 5.2 widerspricht also unserer Voraussetzung, dass f im Intervall $[a, b]$ und damit auch an der Stelle z stetig ist. Damit bringt Gl. 5.2 unsere Annahme, die stetige Funktion f könnte unbeschränkt sein, zu Fall. Folglich ist f beschränkt.

Das schönste Argument dieses Beweises folgt jetzt. Da f beschränkt ist, gibt es eine kleinste obere Schranke. Diese sei G. Damit ist $G - \varepsilon$ für alle $\varepsilon > 0$ keine obere Schranke, denn G ist die kleinste obere Schranke und kann deshalb nicht noch um ε verkleinert werden.

Nehmen wir nun an, dass $f(x) < G \ \forall x \in [a, b]$ sein könnte, dass wir also mit dem durchgezogenen Strich für f sehr knapp an G vorbeischrammen. Dann wäre $G - f(x) > 0 \ \forall x \in [a, b]$. Damit wäre das Reziproke $h(x) = (G - f(x))^{-1}$ stetig im Intervall $[a, b]$. Wie wir gerade eben gesehen haben, sind stetige Funktionen und damit auch die Funktion h beschränkt.

Andererseits ist $G - \varepsilon$ für kein $\varepsilon > 0$ eine obere Schranke. Also muss es für alle $\varepsilon > 0$ mindestens einen Funktionswert $f(\xi)$ an einer Stelle $\xi \in [a, b]$ geben, für den $G - \varepsilon < f(\xi) < G$ gilt. Dann ist

$$h(\xi) = \frac{1}{G - f(\xi)} > \frac{1}{\varepsilon}.$$

Da es zu jedem, also auch zu beliebig kleinen $\varepsilon > 0$, eine solche Stelle ξ gibt, werden die Funktionswerte von h an der jeweiligen Stelle ξ beliebig groß. Die Hilfsfunktion h ist also unbeschränkt. Da wir im vorigen Absatz festgestellt hatten, dass h beschränkt ist, haben wir uns wieder in Widersprüche verwickelt, und wir müssen die Annahme $f(x) < G \; \forall x \in [a, b]$ fallen lassen. Es gibt also mindestens eine Stelle $x_{\max}$ mit $f(x_{\max}) = G \geq f(x) \; \forall x \in [a, b]$.

Die Existenz einer Stelle $x_{\min}$, an der f im abgeschlossenen Intervall $[a, b]$ sein Minimum annimmt, beweist man am einfachsten mit dem Argument, dass auch die Funktion $-f$, deren Funktionsgraph eine Spiegelung des Graphen von f an der x-Achse ist, ihr Maximum annimmt. An der Stelle, wo $-f$ am größten ist, ist f selbst am kleinsten, und somit ist diese Stelle das behauptete $x_{\min}$. $\qquad\square$

Alternativ gehen Sie zu Übungszwecken den Beweis noch einmal durch und beginnen mit der Annahme, die stetige Funktion f sei von unten unbeschränkt. Dann läuft der Beweis genau wie eben ab, nur dass oben und unten und entsprechend kleiner und größer sinnvoll getauscht werden, bis zum Schluss die Annahme, G sei die größte untere Schranke, die jedoch nicht angenommen wird, zum Widerspruch geführt wird. Versuchen Sie es.

Mit Satz 5.2 haben wir ein Beispiel dafür, dass die teilweise etwas umständlich wirkenden mathematischen Definitionen sehr nützlich sind. Den Satz hätten wir aus unserer Anschauung kaum beweisen können. Selbst wenn wir auf den ersten Blick und kraft unseres Gefühls behauptet hätten, dass wir mit einem Bleistiftstrich nicht beliebig knapp an einer waagerechten Linie auf der Höhe G vorbeikommen, würde uns spätestens die Frage, warum eigentlich nicht, ins Schleudern bringen.

Satz 5.2 gilt übrigens auf Definitionsbereichen, die nicht abgeschlossene Intervalle sind, nicht. Wir sehen wieder, wie wichtig die kleinen Informationen in den mathematischen Formulierungen sind. Die Funktion $f(x) = 2 \arctan x$ bildet $f : \mathbb{R} \to (-\pi, \pi)$ bijektiv ab. Ihr Definitionsbereich sind die reellen Zahlen $\mathbb{R} = (-\infty, \infty)$, und diese bilden kein abgeschlossenes Intervall $[a, b]$. Die Funktion f ist surjektiv, und jeder Funktionswert aus dem offenen Intervall $(-\pi, \pi)$ kommt vor. Tatsächlich nähern sich die Funktionswerte für größer werdende Argumente x beliebig nah an π, ohne es zu erreichen. Wir haben also

$$\sup_{x \in \mathbb{R}} (2 \arctan x) = \pi \quad \text{aber} \quad \forall \xi \in \mathbb{R} : f(\xi) = 2 \arctan \xi \neq \pi.$$

Die stetige Funktion $f(x) = 2 \arctan x$ hat also auf $\mathbb{R}$ ein endliches Supremum, aber kein Maximum. In Kurzform wird daraus die Formulierung, dass sie ihr Maximum nicht annimmt. Deshalb wird Satz 5.2 oft so formuliert, dass stetige Funktionen auf abgeschlossenen Intervallen ihre Extrema annehmen.

Vektoren und Vektorräume: Wissen Mathematiker nicht, was ein Vektor ist?

Doch, doch. Zumindest sind die meisten Mathematikerinnen und Mathematiker fest davon überzeugt, dass sie wissen, was ein Vektor ist.

Die Schwierigkeiten beginnen bei der Frage, was genau wir wissen, wenn wir wissen, was ein Vektor ist.

Die meisten von uns wissen, was ein Fisch ist, obwohl uns eine genaue Definition aus dem Stand schwerfällt. Beginnen wir damit, uns zu fragen, was wir denn wissen. Wir können von Lebewesen oder von Sachen, die einmal ein Lebewesen waren, entscheiden, ob sie ein Fisch sind. Würde uns jemand etwas zeigen, könnten wir, von taxonomischen Zweifelsfällen abgesehen, eine Entscheidung treffen. Für den Alltagsgebrauch hilft uns auch, dass der schlangenförmige Aal auf der Speisekarte unter Fischen und nicht unter Schlangen eingeordnet ist. Nun sind Fische aber Wesen, die unabhängig von uns existieren. Es kann uns als interessierter Menschheit passieren, dass jemand ein Wesen aus dem Wasser zieht, das unsere Vorstellung von einem Fisch – so detailliert und ausgefeilt sie auch sein mag – auf eine harte Probe stellt.

Vektoren existieren jedoch in der Natur nicht. Sie sind eine Schöpfung des menschlichen Geistes.

Probieren wir es mit einer Sache, die ein Produkt menschlichen Schaffens ist. Was ist eigentlich eine Fahrkarte? Eine Fahrkarte kommt als rötlich bedruckter Karton vor, als leicht gebogene Automatenfahrkarte mit silbernem Rand und ohne diesen, als selbstausgedrucktes, manchmal zerknittertes Blatt Papier, als rein elektronischer Code auf dem Handy, selten noch als Pappkärtchen, in das man Löcher knipst, und manchmal als geldkartenähnliches Rechteck aus Hartpapier oder Plastik. Man darf sich fragen, ob eine Bahncard100 oder eine Plastikmünze für ein Karussell als Fahrkarte bezeichnet werden können. Allen Fahrkarten gemeinsam ist jedoch, dass man mit ihnen die Berechtigung nachweist, in einem bestimmten Verkehrsmittel oder einem Fahrgeschäft im weiteren Sinne mitzufahren.

Mit dieser letzten Beschreibung drehen wir die Frage danach, was eine Fahrkarte ist, um, denn wir beschreiben nicht mehr ihre substanzielle Form und Gestalt,

D. Langemann, *So einfach ist Mathematik – Zwölf Herausforderungen im ersten Semester*, https://doi.org/10.1007/978-3-662-63720-3_6

sondern die Möglichkeiten, die wir durch sie haben. Mit der Frage nach den Fahrausweisen fragt der Schaffner oder die Schaffnerin nicht nach einem konkreten Ding, sondern nach dem Nachweis, dass wir die jeweilige Fahrt in irgendeinem Sinn bezahlt haben und dass wir somit berechtigt sind, an der Fahrt teilzunehmen.

Das mag, bezogen auf eine Fahrkarte, kompliziert erscheinen. Es zeigt uns aber, dass wir anstelle der substanziellen Gestalt einer Sache unserer Anschauung oder unseres Denkens auch ihre Eigenschaften oder die Gesamtheit dessen, was wir mit der Sache machen können, zur Definition heranziehen können. Eine Fahrkarte – oder in der Fachsprache des Zugpersonals – ein Fahrausweis ist jedes echte oder virtuelle Objekt, das uns zu einer Fahrt berechtigt. Darüber hinaus können wir mit einer Fahrkarte nichts Spezifisches machen.

Wie alle Veranschaulichungen holpert das Fahrkartenbeispiel ein wenig. Eine abgefahrene Fahrkarte oder eine Fahrkarte für einen anderen Zug bleibt umgangssprachlich eine Fahrkarte. Aber ein Schaffner würde möglicherweise mit großem Ernst sagen: „Mir ist egal, wie viele alte Fahrkarten Sie haben. Sie haben keine Fahrkarte."

Nebenbei bemerkt, klappt es nicht immer, einen Begriff darüber zu beschreiben, was wir mit der zugehörigen Sache machen können. Der Begriff Fisch lässt sich kaum über die Gesamtheit dessen beschreiben, was wir mit einem Fisch durchführen können.

Wir werden in Abschn. 6.1 einen Vektor über die Handlungen definieren, die wir mit ihm ausführen können. Natürlich war diese Definition nicht die erste Beschreibung des Begriffs eines Vektors. Vielmehr ist sie das Ergebnis eines langen Schaffensprozesses, im Laufe dessen sich mehr und mehr herausgestellt hat, dass die etwas abstrakte Definition 6.2 in Abschn. 6.1.2 den Begriff des Vektors nützlich und zielführend fasst.

6.1   Algebraische Strukturen

In der Schule wurden uns Vektoren als Köcher voller Pfeile, als Kräfte, möglicherweise als Verschiebungen oder einfach nur als unter- oder nebeneinander geschriebene Zahlen vorgestellt. Diese Veranschaulichungen sind in einigen Situationen nützlich, können aber alle ebenso zu richtigen wie zu falschen Schlüssen anregen.

In der Mathematik hat es sich als nützlich und als besonders exakt erwiesen, nicht den Vektor als Gegenstand zu beschreiben, sondern eine Struktur, die wir Vektorraum nennen. Alle Elemente dieser Struktur – man spricht auch von einer algebraischen Struktur – sollen dann Vektoren heißen. Die Struktur des Vektorraums beschreibt durch ihre definierenden Eigenschaften, was wir mit ihren Elementen, also den Vektoren, machen wollen.

Damit sind die Eigenschaften von Vektoren nicht mehr Folgerungen aus ihrer eventuellen Form und Gestalt. Vielmehr verwenden wir eine Auswahl dieser Eigenschaften, um den Vektor und den Vektorraum zu definieren. Weiter oben haben wir argumentiert, dass alles eine Fahrkarte sein kann, was zu irgendeiner Fahrt berechtigt. Hier gehen wir ähnlich vor. Wir sagen, dass alles ein Vektor ist, was sich so verhält, wie wir es von einem Vektor erwarten. Vektoren sollen alle die Objekte heißen, mit denen wir das machen können, was wir mit Vektoren machen wollen. Wir sehen, dass wir uns an dieser Stelle ein wenig im Kreis zu drehen scheinen. Deshalb sagen manche Mathematiker, man möge alle Anschauung verwerfen und sich nur auf die formelle Definition zurückziehen. Im Gegensatz zu diesem extremen Ansatz empfehlen wir, die Anschauung für einen Moment zurücktreten zu lassen, um sie mit der abstrakten Definition später wieder in Einklang zu bringen.

Also beginnen wir: Vektoren sollen wie sich überlagernde Kräfte oder Verschiebungen zueinander addiert werden können und dabei der Gesamtkraft entsprechen. Vektoren sollen außerdem vervielfacht werden können. Der doppelte Vektor soll der doppelten Kraft oder der doppelt so weiten Verschiebung entsprechen. Und diese Rechenoperationen sollen sich vernünftig, gutartig oder anders ausgedrückt so, wie wir es gewohnt sind, verhalten.

Wir wissen aus der Schule, dass man noch weitere Operationen mit Vektoren ausführen kann. Bei Verschiebungen und Kräften gibt es aber zunächst keinen Anlass, an eine Multiplikation zu denken. Bereits die Einheit eines Quadrat-Newtons lässt uns schaudern. Also belassen wir es vorerst bei der Addition von Vektoren und der Vervielfachung eines Vektors.

Vielleicht fällt uns auf, dass die Addition zweier Vektoren eine Rechenoperation ist, bei der zwei gleichartige Objekte, nämlich Vektoren, addiert werden. Die Überlagerung zweier Kräfte ergibt wieder eine Kraft. Bei der Verdopplung eines Vektors multiplizieren wir hingegen einen Vektor mit einem anderen Objekt, nämlich mit der Zahl Zwei, und erhalten wieder einen Vektor. Ausdrücklich haben wir bei der Verdopplung einer Kraft nicht zwei Kräfte miteinander multipliziert, sondern eine Kraft mit einer Zahl.

In Abgrenzung zu den Vektoren nennen wir diese Zahlen Skalare. Sie agieren als Faktoren an Vektoren. Ein Skalar ist schlicht eine Zahl, und er wird wie eine Zahl verwendet. Der Name kommt von dem Wort Skale oder Skala, welches wiederum vom italienischen Wort scala für Treppe stammt. Wir können die Zahlen ähnlich den Stufen einer Treppe, die man hinaufsteigt, auf einer Zahlenskala anordnen. Nun gut, die komplexen Zahlen können wir nicht anordnen, weil es keine Vergleichsoperation komplexer Zahlen gibt, aber auch sie haben sich den Namen Skalar geborgt.

6.1.1 Skalare und Körper

Die Zahlen oder Skalare haben auch eine Spezifizierung, welche Zahlen wir verwenden, verdient. Wir legen deshalb fest, dass wir nur solche Zahlen als Skalare verwenden, mit denen wir alle Grundrechenarten einschließlich ihrer Umkehrungen ausführen können. Mit diesem Vorsatz sind wir wieder dabei, eine Struktur zu definieren. Wir sagen, was wir mit den Zahlen, die als Skalare taugen sollen, machen wollen. Wir bezeichnen Skalare mit griechischen Buchstaben $\alpha, \beta, \gamma, \ldots$, damit wir sie nicht mit anderen Objekten verwechseln.

Wir wollen zwei Skalare wie gewohnt addieren und voneinander abziehen können, sodass wieder ein Skalar herauskommt. Ebenso wollen wir zwei Skalare miteinander multiplizieren und sie durcheinander dividieren können, solange der Divisor nicht null ist. Die Rechenoperationen sollen sich allen Rechengesetzen fügen, die wir von den Grundrechenarten kennen, also insbesondere dem Kommutativgesetz $\alpha + \beta = \beta + \alpha$ und $\alpha \cdot \beta = \beta \cdot \alpha$, dem Assoziativgesetz $(\alpha + \beta) + \gamma = \alpha + (\beta + \gamma)$ und $(\alpha \cdot \beta) \cdot \gamma = \alpha \cdot (\beta \cdot \gamma)$ und dem Distributivgesetz $(\alpha + \beta) \cdot \gamma = \alpha \cdot \gamma + \beta \cdot \gamma$ für jeweils alle Skalare unserer Struktur. Wir berücksichtigen, dass wir eine Null haben, die wir auch 0 nennen und für die $\alpha + 0 = \alpha$ sowie $\alpha \cdot 0 = 0$ für alle α gilt. Ebenso brauchen wir eine 1 mit $\alpha \cdot 1 = \alpha$ für alle α. Damit haben wir die Eigenschaften zusammengetragen, die es uns erlauben, alle Grundrechenarten wie in den rationalen oder reellen Zahlen auszuführen. Solch eine algebraische Struktur nennen wir Zahlkörper oder einfach Körper.

Natürlich waren wir ein wenig eilig und haben beispielsweise die Null verwendet, bevor wir sie definiert haben. Schließlich sind wir nicht in einer Vorlesung zur Algebra. Mit der üblichen Addition und Multiplikation bilden die rationalen Zahlen $\mathbb{Q}$, die reellen Zahlen $\mathbb{R}$ und die komplexen Zahlen $\mathbb{C}$, die wir im Kap. 3 eingeführt haben, Körper.

Es gibt noch mehr Körper. Beispielsweise bilden die Reste bei der ganzzahligen Division durch eine Primzahl p Körper, wenn wir ihre Addition und Multiplikation so definieren, dass wir nach ihrer üblichen Ausführung wieder durch p dividieren und nur den Rest dieser ganzzahligen Division als Ergebnis betrachten. Das war sehr kurz, zugegeben. Probieren Sie es aus. Spielen Sie Forscher und Forscherin.

Ein Körper ist beispielsweise die Menge der Zahlen

$$K = \{a + b\sqrt{2} : a, b \in \mathbb{Q}\},$$

die wir erhalten, wenn wir $\sqrt{2}$ mit einer rationalen Zahl b multiplizieren und eine weitere rationale Zahl a addieren. Wir erhalten auf diese Weise irrationale Zahlen, wenn immer $b \neq 0$ ist, aber nicht alle reellen Zahlen. Die rationalen Zahlen sind für $b = 0$ in K enthalten. Es gilt also $\mathbb{Q} \subset K \subset \mathbb{R}$.

Die Elemente $\alpha = a + b\sqrt{2} \in K$ sind ähnlich aufgebaut wie die komplexen Zahlen. Wir rechnen schnell nach, dass die Summe zweier Elemente wieder in K ist, also von derselben Bauart. Denn zwei Elemente $\alpha = a + b\sqrt{2} \in K$ und $\beta = c + d\sqrt{2} \in K$ haben die Summe $\alpha + \beta = (a + c) + (b + d)\sqrt{2}$ mit rationalen Zahlen $a + c \in \mathbb{Q}$ und $b + d \in \mathbb{Q}$. Ihre Summe liegt wieder in K.

Ebenso überprüfen wir die anderen Rechenoperationen. Einzig die Division macht etwas Mühe. Wir greifen auf denselben Trick wie bei der Division komplexer Zahlen zurück. Wir erweitern den Quotienten nämlich mit $c - d\sqrt{2}$, und siehe da, es entsteht

$$\frac{\alpha}{\beta} = \frac{a + b\sqrt{2}}{c + d\sqrt{2}} \cdot \frac{c - d\sqrt{2}}{c - d\sqrt{2}} = \frac{ac - 2bd}{c^2 - 2d^2} + \frac{bc - ad}{c^2 - 2d^2}\sqrt{2} \in K,$$

denn beide Terme aus rationalen Zahlen im letzten Ausdruck ergeben wegen $c^2 - 2d^2 \neq 0$ wieder rationale Zahlen. Übrigens gilt $c^2 - 2d^2 \neq 0$ für alle c und d, die nicht beide null sind, weil es anderenfalls einen Quotienten c/d rationaler Zahlen geben müsste, der gleich $\sqrt{2}$ ist.

Da wir gefordert haben, dass man wie gewohnt rechnen können soll, kann man sich fragen, ob es algebraische Strukturen gibt, die kein Körper sind. Die Antwort ist Ja. Einerseits kann es passieren, dass wir nicht alle Grundrechenarten ausführen können. Beispielsweise gibt es die ganzen Zahlen $\mathbb{Z}$, innerhalb derer die Division nicht ausführbar ist, denn der Quotient zweier ganzer Zahlen ist nicht notwendigerweise wieder eine ganze Zahl. Bei den natürlichen Zahlen ist nicht einmal die Differenz zweier natürlicher Zahlen zwingend wieder eine natürliche Zahl. Die Mengen $\mathbb{N}$ und $\mathbb{Z}$ sind keine Körper. Andererseits kann es uns passieren, dass wir mit Strukturen umgehen, in denen die Rechenoperationen vernünftigerweise nicht wie gewohnt definiert wurden. Ein Beispiel sind Matrizen, bei denen die Multiplikation sinnvollerweise der Hintereinanderausführung von linearen Abbildungen entspricht, vgl. Kap. 8, und deren Multiplikation das Kommutativgesetz nicht erfüllt.

Diese kurze Einführung ersetzt natürlich keine Vorlesung über Algebra. Wir haben nichts bewiesen. Wir haben mit dem Körper gleich eine vergleichsweise reichhaltige Struktur beschrieben. Wir haben die geforderten Eigenschaften nicht sauber aufgeschrieben. Wir sind sehr unmathematisch vorgegangen. Dieser Abschnitt soll Ihnen trotzdem eine Vorstellung davon vermitteln, wie wir algebraische Strukturen über diejenigen Eigenschaften definieren, die wir benutzen wollen. In einem Körper wollen wir wie gewohnt mit allen Grundrechenarten rechnen. Natürlich findet man in manchen Körpern noch zusätzliche Eigenschaften, z. B. kann man in den komplexen Zahlen jede Polynomgleichung lösen und in den reellen nicht. Aber diese Eigenschaften gibt es zusätzlich zur Körperstruktur dazu.

Für unsere weiteren Überlegungen ist es vor allem wichtig, dass wir Skalare von Vektoren unterscheiden und dass die Skalare aus einem Körper sind, sodass wir mit ihnen wie gewohnt rechnen können.

6.1.2 Vektorräume und Vektoren

Nachdem wir jetzt einen kleinen Einblick in die Beschreibung algebraischer Strukturen gewonnen und uns eine Vorstellung davon gemacht haben, was wir mit der algebraischen Struktur eines Körpers meinen, definieren wir einen Vektorraum. Beispielsweise können wir Kräfte als eine Veranschaulichung von Vektoren wie gewohnt addieren, aber nicht miteinander multiplizieren. Achten Sie bitte darauf, dass wir zur Verdeutlichung die Addition von Vektoren mit einem anderen Zeichen, nämlich +, ausdrücken als die Addition + im Körper der Skalare.

Definition 6.1 Ein Vektorraum ist eine Menge V, auf der eine Addition + und eine Multiplikation mit Skalaren aus einem Körper K definiert ist, sodass die folgenden Eigenschaften erfüllt sind:

(G0) Die Addition + führt nicht aus V hinaus, d. h. $\forall \mathbf{u}, \mathbf{v} \in V \; : \; \mathbf{u}+\mathbf{v} \in V$.

(G1) Das Assoziativgesetz gilt, d. h. $\forall \mathbf{u}, \mathbf{v}, \mathbf{w} \in V \; : \; (\mathbf{u}+\mathbf{v})+\mathbf{w} = \mathbf{u}+(\mathbf{v}+\mathbf{w})$.

(G2) Es gibt ein neutrales Element $\mathbf{0}$, d. h. $\exists \mathbf{0} \in V \; : \; \mathbf{0}+\mathbf{u} = \mathbf{u} \; \forall \mathbf{u} \in V$.

(G3) Die Addition + ist umkehrbar, d. h. $\forall \mathbf{u} \in V \; \exists \mathbf{u}' = -\mathbf{u} \; : \; \mathbf{u}+\mathbf{u}' = \mathbf{0}$.

(K) Die Addition + ist kommutativ, d. h. $\forall \mathbf{u}, \mathbf{v} \in V \; : \; \mathbf{u}+\mathbf{v} = \mathbf{v}+\mathbf{u}$.

(V1) Die Multiplikation von Vektoren mit Skalaren aus K ist assoziativ, d. h.
$$\forall \lambda, \mu \in K \; \forall \mathbf{v} \in V \; : \; (\lambda\mu)\mathbf{v} = \lambda(\mu\mathbf{v}).$$

(V2) Die skalare $1 \in K$ wirkt bei Multiplikation mit einem Vektor als 1, d. h.
$$\forall \mathbf{v} \in V \; : \; 1\mathbf{v} = \mathbf{v} \text{ mit } 1 \in K.$$

(V3) Das Distributivgesetz gilt für die Summe von Skalaren, d. h.
$$\forall \lambda, \mu \in K \; \forall \mathbf{v} \in V \; : \; (\lambda + \mu)\mathbf{v} = \lambda\mathbf{v}+\mu\mathbf{v}.$$

(V4) Das Distributivgesetz gilt für die Summe von Vektoren, d. h.
$$\forall \lambda \in K \; \forall \mathbf{u}, \mathbf{v} \in V \; : \; \lambda(\mathbf{u}+\mathbf{v}) = \lambda\mathbf{u}+\lambda\mathbf{v}. \qquad \blacklozenge$$

Diese Eigenschaften soll man auf keinen Fall auswendig lernen. Nach einiger Übung im Umgang mit Vektoren und Vektorräumen wird man alle Punkte mühelos reproduzieren können. Wie wir sehen werden, sind es ganz natürliche Forderungen. Bevor wir über die in dieser Form ausgesprochen raumgreifende Definition schimpfen, sortieren wir die Eigenschaften.

Die erste Eigenschaft **(G0)** konkretisiert, dass die Summe zweier Elemente aus V wieder in V ist. Die Addition + ist also eine Rechenoperation in der gerade definierten algebraischen Struktur des Vektorraums.

Die Eigenschaften **(G1)**, **(G2)** und **(G3)** beschäftigen sich ausschließlich mit der Addition +, und sie besagen, dass wir diese Addition von Elementen des Vektorraums wie eine gewöhnliche Addition ausführen können. Bei der Eigenschaft **(G2)** sehen wir, dass wir die Existenz einer Null nicht aus der Natur der zu definierenden Objekte – okay, die fett gedruckten Elemente des Vektorraums werden wir gleich Vektoren nennen – ableiten, sondern dass wir die Existenz der Null $\mathbf{0}$ innerhalb der algebraischen Struktur des Vektorraums fordern, um den Vektorraum zu definieren. Ebenso ergeht es uns mit dem entgegengesetzten oder inversen Element $\mathbf{u}'$ in **(G3)**. Seine Existenz ist eine notwendige Bedingung dafür, dass die betrachtete Struktur ein Vektorraum ist. Genau genommen ist es nicht konsequent, dass wir das Element $\mathbf{u}'$ schon als $-\mathbf{u}$ verraten haben, selbst wenn uns mit Blick auf die Addition völlig klar ist, dass für $\mathbf{u}'$ nur $-\mathbf{u}$ infrage kommt.

Bis hierhin haben wir nur Aussagen über die Addition in V gemacht. Möglicherweise ist Ihnen aufgefallen, dass wie bei der Einführung des Zahlkörpers die Axiome **(G0)**, **(G1)**, **(G2)** und **(G3)** nur aussagen, dass wir die Addition wie gewohnt ausführen können. Jede Struktur, in der wir eine Rechenoperation haben, selbst wenn wir sie nicht „die Addition" nennen, die diese vier Axiome erfüllt, heißt übrigens Gruppe. Das Axiom **(G0)** wird häufig in der Formulierung versteckt, dass die Gruppe mit einer Rechenoperation ausgestattet ist. Damit meint man, dass die Operation, die wir + genannt haben, nicht aus der Gruppe hinausführt und sich wie die altbekannte Addition verhält.

Etwas überraschend folgt aus den vier Gruppenaxiomen **(G0)**, **(G1)**, **(G2)** und **(G3)** nicht, dass wir die Reihenfolge der Summanden in einer Summe vertauschen können. Da uns dies, bezogen auf eine Summe, sehr seltsam vorkommt, werden die Gruppenaxiome fast immer mit einer allgemeinen Operation ∘ statt mit + aufgeschrieben. Dann sieht es nicht mehr ganz so seltsam aus, und es gibt Gruppen, in denen die Kommutativität (K) nicht gilt.

In Definition 6.1 sichert die Forderung (K) die Gültigkeit des Kommutativgesetzes für Vektoren. Gruppen, in denen das Kommutativgesetz gilt, heißen kommutative Gruppen.

Hätten wir diese Überlegungen wie in einer sorgfältigen Vorlesung vorab unternommen, so hätten wir die Vektorraumdefinition 6.1 kürzer präsentieren können. Sie würde dann mit der Formulierung beginnen, dass ein Vektorraum eine kommutative Gruppe $(V, +)$ mit einer zusätzlichen Skalarmultiplikation mit Skalaren aus einem Körper K ist, für die die Eigenschaften (V1), (V2), (V3) und (V4) gelten.

Diese vier Vektorraumeigenschaften besagen wieder, dass wir mit den Skalaren so rechnen können, wie wir es von einer Multiplikation gewohnt sind. Wir achten darauf, dass wir die Elemente **u** und **v** nicht miteinander multiplizieren können, sondern nur jeden Vektor mit Skalaren aus K. Die einzig etwas andere Eigenschaft ist vielleicht (V2). Sie besagt, dass die Eins aus dem Körper, die bei Multiplikation den Körperelementen nichts tut, auch auf die Vektoren als Identität wirkt, diese also unverändert lässt.

Man könnte wieder fragen, ob (V2) nicht immer schon gilt. Diese Frage hat zwei Facetten. Wenn wir an anschauliche Vektoren denken und behaupten, dass die Multiplikation mit 1 nichts ausrichtet, dann haben wir uns auf die Definitionskultur von algebraischen Strukturen noch nicht eingelassen. Definition 6.1 beschreibt keine Objekte, die irgendwo in der Wirklichkeit existieren, sondern eine Struktur, die in unseren Gedanken entsteht. Wenn wir uns hingegen fragen, ob die Eigenschaft (V2) nicht möglicherweise durch die anderen Eigenschaften bereits abgedeckt ist, dann sind wir bei einer sehr mathematischen oder sehr grundlegenden logischen Frage, nämlich der Unabhängigkeit von Axiomen voneinander. In der hiesigen Kürze können wir nur konstatieren, dass man sich vergleichsweise leicht Strukturen ausdenken kann, in denen (V2) nicht gilt, aber alle anderen Eigenschaften gelten. Also kann (V2) nicht weggelassen werden.

An (V3) verdeutlichen wir uns noch einmal den Unterschied zwischen der Addition + von Skalaren auf der linken Seite und der Addition + von Elementen des Vektorraums auf der rechten Seite der Gleichheit. Wir erinnern uns, dass die Skalare nicht Elemente des Vektorraums sind, sondern Elemente des Körpers K als einer zugrunde liegenden Struktur.

Auf den zurückliegenden zwei Seiten haben wir über die Definition eines Vektorraums diskutiert. Wir haben einige Aspekte besprochen, aber längst nicht alle, die in Definition 6.1 mitschwingen. Leider fehlt auch in vielen Vorlesungen zur linearen Algebra die Zeit, und in gewissem Sinne fehlen auch weitere Begriffe und Methoden, um vollständig auszudiskutieren, warum diese oder andere Definitionen von algebraischen Strukturen gerade so sind, wie sie sich im Laufe der mathematischen Wissenschaftsgeschichte herausgebildet haben. Einige Aspekte versteht man erst im Nachhinein. Dadurch fallen solche Definitionen manchmal vom Himmel, und als Studierender kann man sich fragen, warum sie so sind, wie sie dargeboten werden. Diese Frage soll man lebendig halten und bei der weiteren Beschäftigung mit den Strukturen zu beantworten versuchen. Wir werden diese Frage auch hier angehen.

Die nächste Definition, nämlich die eines Vektors, ist nun sehr kurz.

Definition 6.2 Ein Vektor ist ein Element eines Vektorraums.   ♦

Damit haben wir scheinbar wenig gesagt, aber gleichzeitig sehr viel, denn mit Vektoren können wir nun alles das machen, was wir uns von Vektoren in der vorigen Definition 6.1 des Vektorraums gewünscht haben. Gleichzeitig können wir alle Überlegungen zu Vektoren, wie immer wir sie uns vorstellen, auf Objekte übertragen, die wir vielleicht nicht sofort als Vektoren ansprechen würden, die aber ebenfalls die Struktur eines Vektorraums bilden.

6.1.3 Beispiele für Vektorräume

Das bekannteste Beispiel für einen Vektorraum ist der Euklidische Raum $\mathbb{R}^n$, den wir typischerweise mit der üblichen Geometrie in Verbindung bringen. Die übliche Geometrie nennen wir in Abgrenzung von anderen Geometrien auch Euklidische Geometrie.

Der Raum $\mathbb{R}^2$ beschreibt eine Ebene, und $\mathbb{R}^3$ beschreibt den uns umgebenden dreidimensionalen Raum, dessen Punkte wir durch Länge, Breite und Höhe wie in jeder Möbelaufbauanleitung mit Koordinaten versehen.

Die Elemente des Vektorraums $\mathbb{R}^n$ sind Tupel von n reellen Zahlen, die wir typischerweise unter- oder nebeneinander schreiben. Wir notieren

$$
V = \mathbb{R}^n = \left\{ \mathbf{x} = \begin{pmatrix} x_1 \\ \vdots \\ x_n \end{pmatrix} \; : \; x_1, \ldots, x_n \in \mathbb{R} \right\} .
$$

Möglicherweise werden Sie sagen, dass in dieser Menge ja die schon bekannten Vektoren stehen und dass Sie das schon vorher gewusst haben. Das ist Ihr gutes Recht, denn in der Tat steht in der geschwungenen Klammer die Ihnen wahrscheinlich bekannte Schreibweise eines Vektors aus dem n-dimensionalen Euklidischen Raum.

Andererseits üben wir zunächst an Beispielen, die sich mit bekannten Dingen verbinden lassen. Wir starten versuchsweise mit der recht abstrakten Definition 6.1: Die Menge $\mathbb{R}^n$ fasst zunächst Elemente $\mathbf{x}$ zusammen. Die Bezeichnung $\mathbf{x}$ enthält n reelle Zahlen $x_1, \ldots, x_n$. Darüber hinaus tun wir so, als wüssten wir von diesen Elementen nichts, insbesondere nicht, was wir mit ihnen außer der bloßen Bezeichnung machen sollten.

Selbst unter dieser Einschränkung können wir bereits Punkte in einem Koordinatensystem mit ihnen bezeichnen. Wir könnten uns auch Kraftpfeile vorstellen. Diese beiden Vorstellungen haben einen entscheidenden Unterschied. Kräfte überlagern sich auf natürliche Weise, wenn mehrere Kräfte an einem Gegenstand ziehen. Punkte hingegen haben keine natürliche Addition. So wenig wie Weimar plus Jena etwas ist, so wenig ist die Summe von Punkten natürlicherweise klar.

Wir beschreiben trotzdem eine Summe von Elementen unseres Vektorraums, indem wir – wie Sie es vermutlich schon kennen – die Komponenten addieren. Wenn wir gleichzeitig die Multiplikation mit Skalaren aufschreiben, erhalten wir

$$\mathbf{x+y} = \begin{pmatrix} x_1 \\ \vdots \\ x_n \end{pmatrix} + \begin{pmatrix} y_1 \\ \vdots \\ y_n \end{pmatrix} = \begin{pmatrix} x_1 + y_1 \\ \vdots \\ x_n + y_n \end{pmatrix} \quad \text{und} \quad \lambda\mathbf{x} = \begin{pmatrix} \lambda x_1 \\ \vdots \\ \lambda x_n \end{pmatrix}.$$

Mit dieser Festlegung haben wir die Addition + und die Multiplikation mit einem Skalar mit Leben gefüllt. Würden wir überprüfen, dass die Vektoren aus V zusammen mit den Skalaren aus $K = \mathbb{R}$ die Eigenschaften aus Definition 6.1 erfüllen, so würden wir nachweisen, dass der Euklidische Raum $\mathbb{R}^n$ tatsächlich ein Vektorraum ist. Glücklicherweise haben wir das beim Umgang mit Vektoren in der Schule längst nebenbei erledigt, und wir können uns die technische Schreibarbeit hier sparen.

Im eindimensionalen Euklidischen Vektorraum $\mathbb{R}^1$ liegen eindimensionale Vektoren $\mathbf{x} = (x_1)$, die nur eine Komponente x_1 haben. Sie sind durch eine reelle Zahl x_1 vollständig beschrieben. Die Skalare, mit denen wir sie multiplizieren, sind auch reelle Zahlen. Verdeutlichen Sie sich die unterschiedlichen Rollen als Skalare, Komponenten und Vektoren an der Beziehung $\alpha(x_1) = (\alpha x_1)$ mit dem Skalar $\alpha \in \mathbb{R}$ und dem Vektor $(x_1) \in \mathbb{R}^1$.

Sie lernen jetzt einen anderen Vektorraum kennen. Diesen beschreiben wir durch

$$C([a,b]) = \{f : [a,b] \to \mathbb{R} \text{ mit } f \text{ stetig}\}.$$

Diese Menge enthält alle Funktionen, die das Intervall $[a, b]$ in die reellen Zahlen abbilden und auf diesem abgeschlossenen Intervall stetig sind. Wieder würden wir ohne viel Nachdenken eine Addition und eine Multiplikation mit Skalaren hinschreiben. Wir verdeutlichen uns dennoch, dass die Summe zweier stetiger Funktionen $f+g$ wieder eine stetige Funktion ist. Wir addieren also zwei Elemente der Menge $C([a, b])$, und diese Addition hat ein fettes Plus verdient. Nun definieren wir diese eben als besonders erkannte Addition in ernüchternder Weise, indem wir ihre Wirkung durch

$$(f+g)(x) = f(x) + g(x) \quad \text{und} \quad (\lambda f)(x) = \lambda f(x)$$

als Summe der Funktionswerte beschreiben. Es sieht etwas ungewohnt aus, weil wir die Summe der beiden Funktionen und das Produkt mit dem Skalar zur Hervorhebung eingeklammert haben. Diese Klammerung werden wir gleich wieder weglassen, denn eigentlich ist sie überflüssig. Wir haben damit hervorgehoben, dass die Summe der Funktionen formal etwas anderes ist als die Summe der Funktionswerte. Das Erste ist eine Funktion, das Zweite sind viele Zahlen.

Simples Nachrechnen offenbart wieder, dass die Menge $C([a, b])$, die so mit Addition und Skalarmultiplikation ausgestattet wurde, ein Vektorraum ist. Ihre Elemente sind nach Definition 6.2 Vektoren. Noch einmal, um es sich auf der Zunge zergehen zu lassen: Die Elemente des $C([a, b])$ sind Funktionen $f : [a, b] \rightarrow \mathbb{R}$, aber als Elemente des Vektorraums $C([a, b])$ sind es definitionsgemäß Vektoren. Die Funktionen sind also Vektoren. Ja, das klingt verwirrend. Aber es hat einen großen Vorteil, denn Überlegungen, die wir zu Vektoren anstellen, können wir auf Funktionen als Elemente eines Funktionenraums, der ein Vektorraum ist, übertragen.

Beispielsweise überlagern sich Schwingungen, die wir als Funktionen beschreiben. Die Überlagerung ist eine Addition, und wir können sie wie Vektoren behandeln. Indem wir uns also in einen abstrakten Vektorraum begeben, bekommen wir Aussagen über sehr vielfältige Objekte. Diese Vielfalt sei uns Grund genug, unseren kleinen Ausflug in die Abstraktion und in die Definition von algebraischen Strukturen zu rechtfertigen.

6.2   Linearkombination und lineare Hülle

Die beiden bestimmenden Operationen, die wir in jedem Vektorraum, egal ob Vektoren im herkömmlichen Sinne oder Funktionen oder etwas ganz anderes darin sind, ausführen können, sind die Addition von Vektoren und die Multiplikation mit Skalaren. Aus gegebenen ℓ Vektoren $\mathbf{v}_1, \ldots, \mathbf{v}_\ell$ können wir durch diese beiden Operationen die Ausdrücke

$$\lambda_1 \mathbf{v}_1 + \ldots + \lambda_\ell \mathbf{v}_\ell \text{ mit } \lambda_1, \ldots, \lambda_\ell \in K \qquad (6.1)$$

bilden. Wir werden in Kap. 8 lineare Abbildungen diskutieren. Spätestens dort wird sich erschließen, warum die Ausdrücke in Gl. 6.1 Linearkombinationen heißen. Hier nennen wir sie so. Wenn Sie möchten, können Sie den Ausdruck der Linearkombination mit der Bildung linearer Funktionen vergleichen.

In der Interpretation der Vektoren $\mathbf{v}_1, \ldots, \mathbf{v}_\ell$ als Kräfte werden diese mit den Faktoren λ_k, $k = 1, \ldots, \ell$ vervielfacht und überlagert. So entstehen alle Kräfte, die Linearkombinationen der gegebenen Kräfte sind. Dabei kombinieren Sie die bestehenden Kräfte und Richtungen.

Übrigens hat die Linearkombination ihren prominenten Platz direkt hinter der Einführung von Vektorräumen und den ersten Beispielen verdient, weil in ihr bei geeigneter Lesart fast alles steckt, was wir von einem Vektorraum fordern. Die Tatsache, dass wir sie für alle Skalare sinnvoll ausführen können, enthält, dass die Addition von Vektoren und ihre Multiplikation mit Skalaren nicht aus dem Vektorraum hinausführt. Wenn wir die Linearkombination als sinnvoll berechenbar annehmen, dann darf ihr Ergebnisvektor nicht von der Reihenfolge der Addition abhängen. Falls wir einen der Vektoren aus anderen zusammensetzen, so können wir auch die Verträglichkeit der Vektoraddition mit der Multiplikation mit Skalaren, also (V3) und (V4), anhand der Linearkombination deuten. Natürlich enthält die Linearkombination noch keine Vektorraumeigenschaften, denn sie ist zunächst nur ein Ausdruck, den wir bilden können. Dass dieser Ausdruck aber sinnvoll definiert ist und dass wir mit ihm wie gewohnt rechnen können, bedingt und erfordert die Vektorraumstruktur. Also schafft der Wunsch, die Linearkombination möge für alle Faktoren und Vektoren einen sinnvollen Ausdruck ergeben, gleichsam den Vektorraum.

Andererseits tritt die Linearkombination in fast trivialer Weise auf, wenn wir die herkömmlichen Vektoren $\mathbf{x} \in \mathbb{R}^n$ des Euklidischen Raums durch ihre Komponenten aufschreiben. Es entsteht derselbe Ausdruck wie bei der Zerlegung von $\mathbf{x}$ in seine Anteile längs der Koordinatenachsen. Wir erhalten

$$\mathbf{x} = \begin{pmatrix} x_1 \\ x_2 \\ \vdots \\ x_n \end{pmatrix} = x_1 \mathbf{e}_1 + \ldots + x_n \mathbf{e}_n \text{ mit } \mathbf{e}_1 = \begin{pmatrix} 1 \\ 0 \\ \vdots \\ 0 \end{pmatrix}, \mathbf{e}_2 = \begin{pmatrix} 0 \\ 1 \\ \vdots \\ 0 \end{pmatrix}, \ldots \qquad (6.2)$$

Die Vektoren $\mathbf{e}_k = (0, \ldots, 0, 1, 0, \ldots, 0)^\mathsf{T}$ für $k = 1, \ldots, n$, die an der k-ten Stelle eine Eins und sonst nur Nullen enthalten, heißen Einheitsvektoren. Achten Sie bitte darauf, dass sich der Index k an dem fettgedruckten $\mathbf{e}_k$ auf den Vektor bezieht. Hier steht also der k-te Einheitsvektor $\mathbf{e}_k \in \mathbb{R}^n$. Im Gegensatz dazu ist x_k die k-te Komponente des Vektors $\mathbf{x}$. In Gl. 6.2 steht jeder beliebige Vektor $\mathbf{x}$ als Linearkombination der Einheitsvektoren.

Da wir nun um die zentrale Stellung der Linearkombination innerhalb der Vektorräume wissen, verwundert es nicht, dass die Menge aller Linearkombinationen einen eigenen Namen bekommen hat. Sie heißt Spann oder lineare Hülle und ist als

$$\text{span}\langle \mathbf{v}_1, \ldots, \mathbf{v}_\ell \rangle = \{\lambda_1 \mathbf{v}_1 + \ldots + \lambda_\ell \mathbf{v}_\ell : \lambda_1, \ldots, \lambda_\ell \in K\} \subseteq V$$

definiert. Der Name span$\langle \ldots \rangle$ kommt von der Vorstellung, dass die Vektoren $\mathbf{v}_1, \ldots, \mathbf{v}_\ell$ einen Unterraum des Vektorraums V aufspannen.

Das Aufspannen geschieht nicht ganz so wie bei einem Zelt. Stellt man sich aber zwei Vektoren im dreidimensionalen Raum vor, die vom Ursprung $\mathbf{0}$ aus in zwei unterschiedliche Richtungen zeigen, so spannen diese beiden Vektoren als Pfeile ein Parallelogramm auf. Alle Linearkombinationen der beiden Vektoren liegen in derselben Ebene wie das Parallelogramm. Die lineare Hülle ist diese Ebene. Feiner formuliert, ist die Ebene ein zweidimensionaler Unterraum des $\mathbb{R}^3$.

In der Mathematik werden gern sehr klare Dinge aufgeschrieben. Wir schreiben hier die lineare Hülle der n Einheitsvektoren aus dem $\mathbb{R}^n$ als

$$\text{span}\langle \mathbf{e}_1, \ldots, \mathbf{e}_n \rangle = \mathbb{R}^n \qquad (6.3)$$

auf. Diese Aussage folgt daraus, dass wir jeden Vektor $\mathbf{x} \in \mathbb{R}^n$ wie in Gl. 6.2 zerlegen können und dass jede Linearkombination der Einheitsvektoren einen Vektor aus dem $\mathbb{R}^n$ ergibt. Wie so oft verwendet die Aussage neue und dadurch kompliziert erscheinende Begriffe, um recht einfache Zusammenhänge festzuhalten. Es handelt sich eher um eine Übung oder ein Beispiel.

Wir haben uns in diesem Abschnitt immer wieder vergewissert, dass zwischen der Addition + von Vektoren und der Addition + von Skalaren keine Verwechslungsgefahr besteht. Natürlich denken wir den formalen Unterschied immer mit, denn die Operationen wirken auf unterschiedliche Objekte. Im folgenden Text wollen wir aber auf die etwas umständliche Bezeichnung wieder verzichten.

Lineare Unabhängigkeit: Kann man mit Vektoren alles machen?

Nein, z. B. kann man mit Vektoren keinen Eischnee machen. Aber im Ernst: Wahrscheinlich haben Sie in der Schule oder im Studium schon einige Überlegungen angestellt, die durch eine vektorielle Beschreibung einfacher oder zumindest anders wurden.

Für die unterschiedlichen Überlegungen sind die Vektoren selbst eher Hilfsmittel oder Werkzeuge, die wir so einsetzen können, wie es für die Überlegungen nützlich und sinnvoll ist. Wenn wir logisch zusammenhängend argumentieren und in dieser Argumentation Vektoren verwenden, dann werden wir mit ihnen auch sinnvolle Operationen ausführen. Denn anderenfalls wären auch unsere Argumentationen nicht logisch konsistent. Also kann man mit Vektoren alles machen. Aber Vorsicht.

Wenn wir die Sache etwas weniger pauschal angehen, stellen wir fest, dass die in Abschn. 6.1.2 besprochenen Vektorraumaxiome (G0) bis (V4) mit wenigen Operationen auskommen. Dies sind die Addition + von Vektoren und die Multiplikation von Vektoren mit Skalaren. Alle anderen Operationen in den Vektorraumaxiomen sind entweder Rechenoperationen zwischen den Skalaren oder logische Operationen wie $\exists$ und $\forall$, also Operationen zwischen Aussagen.

Zunächst haben wir nur festgelegt, dass wir Vektoren untereinander addieren und mit Skalaren multiplizieren können, und sonst nichts. Deshalb ist auch die Linearkombination von Vektoren ein zentraler Begriff. Kurz gesagt, können wir die Linearkombination in einem Vektorraum immer ausführen, d. h., ihr Ergebnis führt nicht aus dem Vektorraum hinaus, und die Ausführung der Linearkombination verträgt sich in gewohnter Weise mit den Rechenoperationen der Skalare.

Vektoren wären aber nicht ein so kraftvolles Werkzeug, wenn es nicht mehr gäbe als die Begriffsbildung, die wir in Kap. 6 besprochen haben. In dem jetzigen Kapitel widmen wir uns zwei Fragen. Erstens fragen wir uns, was wir allein mit den bestehenden Operationen Vektoraddition und Multiplikation mit Skalaren machen können, und zweitens versuchen wir einen Ausblick auf das, was es sonst noch gibt.

D. Langemann, *So einfach ist Mathematik – Zwölf Herausforderungen im ersten Semester*, https://doi.org/10.1007/978-3-662-63720-3_7

Bevor wir mit diesen beiden Fragen beginnen, besprechen wir einen typischen, wiederkehrenden Fehler und seine Bedeutung. Seien Sie gewiss, dass wir etwas daraus lernen.

7.1   Übergeneralisierung als typischer Fehler

Die Addition von Vektoren haben wir als komponentenweise Addition kennengelernt. Für zweikomponentige Vektoren ist sie durch

$$\begin{pmatrix} a_1 \\ a_2 \end{pmatrix} + \begin{pmatrix} b_1 \\ b_2 \end{pmatrix} = \begin{pmatrix} a_1 + b_1 \\ a_2 + b_2 \end{pmatrix} \tag{7.1}$$

festgelegt. Das Wort „festgelegt" passt hier gut, weil wir die Addition + zwischen Vektoren durch die komponentenweise Addition + der Einträge definiert haben. Auch wenn wir die Unterscheidung zwischen + und + im alltäglichen Umgang nicht verwenden, so sollten wir uns ihrer doch bewusst sein.

Funktionen haben unterschiedliche Definitionsbereiche. Die Funktion, etwas zu waschen, hat in der Anwendung auf Mitmenschen, Obst, Autos oder Trikots nach dem Sport sehr eigenständige Ausprägungen. Operationen unterscheiden sich bei der Anwendung auf unterschiedliche Objekte stark. Wenn wir von der Addition von Vektoren sprechen, so ist diese zwar mit der Addition von Skalaren in dem Sinne verwandt, dass die Verwendung desselben Wortes sinnvoll erscheint, aber sie ist nicht die gleiche.

Obwohl die Multiplikation von Skalaren und Vektoren

$$\lambda \cdot \begin{pmatrix} a_1 \\ a_2 \end{pmatrix} = \begin{pmatrix} \lambda \cdot a_1 \\ \lambda \cdot a_2 \end{pmatrix} \tag{7.2}$$

schon wegen der andersartigen verknüpften Objekte Skalar und Vektor von anderer Struktur als die Addition von Vektoren in Gl. 7.1 ist, wird auch diesmal jede Komponente des Vektors auf dieselbe Weise verändert, nämlich durch Multiplikation mit dem Skalar λ. Möglicherweise verleitet dies manchen Studierenden zu der fehlerhaften Verallgemeinerung, alles, was man mit Vektoren machen würde, geschähe komponentenweise.

Betrachten wir diese fehlerhafte Verallgemeinerung etwas genauer. Wenn $\circ$ eine Rechenoperation bezeichnet, so können wir in Analogie zu Gl. 7.1 rein formell die entsprechende Rechenoperation $\circ$ zwischen Vektoren als

$$\begin{pmatrix} a_1 \\ a_2 \end{pmatrix} \circ \begin{pmatrix} b_1 \\ b_2 \end{pmatrix} = \begin{pmatrix} a_1 \circ b_1 \\ a_2 \circ b_2 \end{pmatrix} \qquad \text{Achtung: Bitte nicht nachmachen !}$$

einführen. Für $\circ \in \{+, -\}$ gilt dieser Zusammenhang, und man darf fragen, warum er für $\circ = \cdot$, also für die Multiplikation, nicht gelten soll.

Ebenso könnte man in Analogie zur Gl. 7.2 die Wirkung einer Funktion F auf einen Vektor als komponentenweise Wirkung

$$F\left(\begin{pmatrix} a_1 \\ a_2 \end{pmatrix}\right) = \begin{pmatrix} F(a_1) \\ F(a_2) \end{pmatrix} \qquad \text{Achtung: Bitte nicht nachmachen !}$$

festlegen. Natürlich ist F schon deshalb eine andere Funktion als F, weil F einen Definitionsbereich aus Vektoren hat und F einen aus Skalaren.

Diese Analogien erinnern an die Vertauschbarkeit von mathematischen Handlungen. Beispielsweise haben wir die Anwendung von F auf den Vektor durch den Vektor der Anwendungen von F auf die Komponenten zu erklären versucht. Im Unterschied zur Vertauschbarkeit von mathematischen Handlungen sind F und F aber selbst dann, wenn beide Operationen möglich sein sollten, in ihrem Wesen verschieden.

Das Hauptproblem bei der Übertragung der komponentenweisen Rechnung von der Addition auf andere Operationen liegt darin, dass die anderen Operationen für Vektoren keinen inhaltlichen Sinn haben. Sie sind nicht eigentlich falsch, und tatsächlich sind Anwendungen vorstellbar, in denen die komponentenweise Multiplikation von zwei Vektoren oder das komponentenweise Wurzelziehen für eine spezielle Situation nützlich sein können. Sie haben aber keine über konkrete Anwendungen hinausgehenden Interpretationen. Wir wollen dies am Beispiel der komponentenweisen Multiplikation erläutern.

In Abb. 7.1 sind zwei Vektoren $\mathbf{a}$ und $\mathbf{b}$ in zwei unterschiedlichen Koordinatensystemen dargestellt, einmal im (x_1, x_2)-Koordinatensystem und einmal in einem um 45° in mathematisch negativem Sinn, also im Uhrzeigersinn, gedrehten Koordinatensystem. In diesem gedrehten Koordinatensystem nennen wir die Vektoren zur besseren Unterscheidung $\mathbf{a}'$ und $\mathbf{b}'$. Wir könnten uns ebenso vorstellen, dass die Vektoren in einem festen Koordinatensystem um 45° in mathematisch positivem Sinn gedreht wurden.

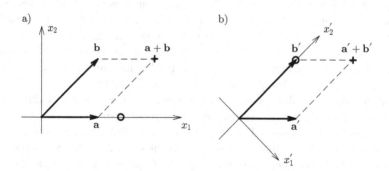

Abb. 7.1 Die Summe der Vektoren $\mathbf{a}$ und $\mathbf{b}$ ändert sich bei Drehung des Koordinatensystems nicht. Operationen wie die komponentenweise Multiplikation $\mathbf{a} \circ \mathbf{b}$ führen in unterschiedlichen Koordinatensystemen auf geometrisch unterschiedliche Ergebnisse. In (**a**) liegt $\circ$ in der Verlängerung des Vektors $\mathbf{a}$, in (**b**) genau bei $\mathbf{b}$

Hier betonen wir allerdings, dass die Vektoren beispielsweise für Kräfte stehen. Die Kräfte wirken völlig unabhängig vom gewählten Koordinatensystem. Ihnen sind die Koordinaten egal. Die Addition der Kraftvektoren entspricht der Überlagerung der Kräfte, also der wirkenden Gesamtkraft. Diese Gesamtkraft müsste nun auch unabhängig von den gewählten Koordinaten sein. Tatsächlich finden wir sowohl im linken Koordinatensystem in Abb. 7.1a als auch rechts im verdrehten Koordinatensystem in Abb. 7.1b dieselbe Überlagerung der Kräfte. Die Koordinatendarstellung ist eine andere, weil das Koordinatensystem verdreht ist, aber geometrisch beschreibt die Summe der Vektoren denselben Vektor – eben nur in einem anderen Koordinatensystem.

Ganz anders ergeht es der komponentenweisen Multiplikation. Wir wählen Beschreibungen für die Vektoren. Der Vektor $\mathbf{a}$ zeigt in Richtung der x_1-Achse. Er soll die Länge $\sqrt{2}$ haben. Damit zeigt $\mathbf{a}'$ im verdrehten Koordinatensystem in Richtung der Diagonalen des (x_1', x_2')-Koordinatensystems. Der Vektor $\mathbf{b}$ hingegen hat als Diagonale in einem Quadrat mit der Seitenlänge $\sqrt{2}$ die Länge 2. Unsere Vektoren sind

$$\mathbf{a} = \begin{pmatrix} \sqrt{2} \\ 0 \end{pmatrix}, \ \mathbf{b} = \begin{pmatrix} \sqrt{2} \\ \sqrt{2} \end{pmatrix}, \ \mathbf{a}' = \begin{pmatrix} 1 \\ 1 \end{pmatrix} \ \text{und} \ \mathbf{b}' = \begin{pmatrix} 0 \\ 2 \end{pmatrix}.$$

Die komponentenweise Multiplikation $\circ$ führt bei $\mathbf{a} \circ \mathbf{b}$ zu einem Vektor, der in Richtung $\mathbf{a}$ zeigt und die Länge 2 hat und bei $\mathbf{a}' \circ \mathbf{b}'$ zu einem ebenso langen Vektor in Richtung $\mathbf{b}'$. In Abb. 7.1 ist das Ergebnis jeweils durch einen fetten Kringel gekennzeichnet. Wir sehen, dass diese Ergebnisse nicht durch eine Drehung auseinander hervorgehen und dass sie somit keine von der Wahl des Koordinatensystems unabhängige Realität beschreiben können.

Mit der Drehmatrix werden wir in Kap. 10 eine Möglichkeit kennenlernen, solche Fragen weniger beispielhaft zu thematisieren. Wir können Drehungen natürlich auch in der Polardarstellung für komplexe Zahlen, vgl. Kap. 3, als Multiplikation mit einer komplexen Zahl vom Betrag 1 beschreiben.

Egal, wie solche weiterführenden Überlegungen ausgehen, sollten wir uns davor hüten, aus der komponentenweisen Addition in Gl. 7.1 auf die komponentenweise Ausführung von anderen Rechenoperationen zu schließen. In Abschn. 7.3 werden wir beispielsweise eine sinnvolle Verallgemeinerung des Betrages auf Vektoren behandeln, die als wichtige Eigenschaften den Abstand vom Nullpunkt verallgemeinert und keineswegs komponentenweise den Betrag bildet.

Man nennt die Tendenz, gültige Zusammenhänge wie den zur Addition von Vektoren in Gl. 7.1 auf die Wirkung der noch nicht bestimmten Operationen $\circ$ oder der nicht eingegrenzten Funktion F zu verallgemeinern, übrigens Übergeneralisierung. Die Multiplikation mit Skalaren in Gl. 7.2 ist ein Spezialfall der unterstellten komponentenweisen Wirkung von F für $F(x) = \lambda x$. Wenn aber die komponentenweise Anwendung von diesem speziellen F sinnvoll ist, so noch lange nicht die von anderen Funktionen. Aus einem Beispiel kann man nicht auf die Allgemeingültigkeit von irgendetwas schließen.

Das prominenteste mathematische Beispiel zur Übergeneralisierung besteht darin, aus $F(u + v) = F(u) + F(v)$ für $F(x) = \lambda x$, also aus dem gültigen Distributivgesetz $\lambda(u + v) = \lambda u + \lambda v$, die Gültigkeit der entsprechenden Aussage für $F(x) = \sqrt{x}$ zu schließen. Man erschrickt, denn $\sqrt{16 + 9} \neq \sqrt{16} + \sqrt{9}$ sind nicht gleich.

7.2 Lineare Unabhängigkeit von Vektoren

Bevor wir weitere Operationen mit Vektoren besprechen, schauen wir auf eine wichtige Eigenschaft, bei der wir allein mit der Linearkombination von Vektoren auskommen. Die Linearkombination einer Anzahl von Vektoren haben wir in Gl. 6.2 aufgeschrieben, und sie benutzt mit der Addition von Vektoren und der Multiplikation von Vektoren mit Skalaren genau die beiden Eigenschaften, die zur Definition eines Vektorraums verwendet wurden. Wir können uns einen Vektorraum denken, für den wir keine weiteren als nur diese beiden Operationen festgelegt haben.

Mit dem Begriff der linearen Unabhängigkeit beschreiben wir die Eigenschaft von Vektoren, in echt unterschiedliche, in dimensionsbezogen unterschiedliche, in nicht ersetzbare usw. Richtungen zu zeigen. Sie merken, dass wir kein geeignetes anderes Wort für diesen Begriff haben. Zuerst versuchen wir, uns im Fall von drei Vektoren eine Vorstellung davon zu machen, was es bedeutet, dass drei Vektoren linear unabhängig sind.

Wir denken uns drei sehr dünne Holzleisten, die an einem Ende kunstvoll miteinander verbunden sind, sodass wir das fertige Gebilde an diesem Ende hochheben können und die drei Leisten herausragen sehen. Wir können dies mit drei Stiften in der Hand nachspielen, auch wenn diese nicht miteinander verbunden sind. Es kann passieren, dass die drei Leisten – von praktischen Ungenauigkeiten abgesehen – in dieselbe Richtung zeigen. Es kann sein, dass die Leisten fächerartig eine ebene Struktur aufspannen. Diesen Fächer können wir beispielsweise zwischen zwei Holzplatten legen. Wenn wir den Fächer von der Seite ansehen, liegen alle drei Leisten hintereinander. Schließlich kann es passieren, dass die drei Latten eine echt dreidimensionale Struktur bilden, die wir höchstens in einem Karton verpacken könnten, aber nicht zwischen zwei ebenen Platten.

Im letzten Fall bilden die drei Leisten – von der Gestalt der Leisten selbst abgesehen – eine echt dreidimensionale Struktur. Bei ungefähr gleich langen Leisten lassen sie sich als Dreibein aufstellen. Vektoren egal welcher Länge, die in die Richtungen dreier solcher Leisten zeigen, heißen linear unabhängig.

Dagegen sind zwei Vektoren schon dann linear unabhängig, wenn sie in zwei echt unterschiedliche Richtungen zeigen. Dies tun sie immer dann, wenn sie nicht in dieselbe oder die genau entgegengesetzte Richtung zeigen und wenn sie somit eine ebene Struktur aufspannen. Aus zwei Leisten kann man nichts wesentlich Dreidimensionales bauen, und zwei Vektoren sind linear unabhängig, wenn sie eine tatsächlich zweidimensionale ebene Struktur aufspannen. Drei Vektoren sind dagegen linear unabhängig, wenn sie eine echt dreidimensionale Struktur aufspannen.

Drei Vektoren bilden das kleinste Beispiel, das uns den Begriff der linearen Unabhängigkeit veranschaulichen kann. Als Fächer zeigen sie in drei unterschiedliche Richtungen und liegen dennoch in einer Ebene. Bilden drei Vektoren einen Fächer, so spannen diese drei Vektoren eine zweidimensionale Ebene auf, und sie sind nicht linear unabhängig. Bilden die drei Vektoren hingegen ein echtes Dreibein, das man aufstellen könnte, so spannen sie einen dreidimensionalen Raum auf und sind linear unabhängig.

Manche Vorlesung stellt sich auf den Standpunkt, dass die Studierenden an dieser Stelle der Vorlesung noch keinen Begriff von der Dimension haben und dass die Mathematik ihn, ausgehend vom Begriff der Basis eines Vektorraums, erst später definieren würde. Wir begegnen hier wieder einer Frage der mathematischen Systematik. Natürlich ist es richtig, dass wir bis hierhin noch nicht von der Dimension eines Vektorraums gesprochen haben. Andererseits haben wir eine alltagssprachliche Vorstellung von der Dimension. Abgesehen von ihrer im Vergleich zu ihrer Länge relativ kleinen Breitenausdehnung sind ein Faden oder eine Autobahn eindimensional. Ein Blatt Papier oder vielmehr das Bild darauf ist dagegen zweidimensional, und der uns umgebende Raum ist dreidimensional. Seien Sie bitte vorsichtig mit einem vierdimensionalen relativistischen Raumbegriff, den Sie noch nie gespürt oder erlebt haben. Momentan konzentrieren wir uns auf eine Veranschaulichung, und eine Anschauung ist für uns Menschen immer eine irdische.

Bei linear unabhängigen Vektoren kann man keinen von ihnen aus den anderen zusammenbauen. Das ist eine vage Aussage, und wir erklären sie jetzt. Eine fächerartige ebene Struktur wie die aus den drei Leisten entsteht beispielsweise bei der Überlagerung von Kräften. In Abb. 7.2a sind drei Vektoren dargestellt, die für die drei Kräfte stehen können. Jeden von ihnen kann man als Linearkombination der anderen beiden schreiben. Sie lassen sich sozusagen aus den anderen zusammensetzen. Beispielsweise gilt $v_3 = v_2 - 2v_1$ und $v_2 = 2v_1 + v_3$.

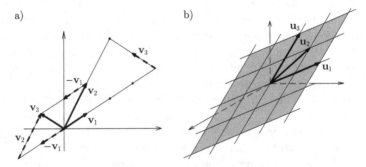

Abb. 7.2 (a) Unterschiedliche nichttriviale Wege mit den Richtungen v_1, v_2 und v_3 führen zum Ursprung $0 \in \mathbb{R}^2$ zurück. Es gilt z. B. $4v_1 + 2v_3 - 2v_2 = 0$ und $v_3 = v_2 - 2v_1$. Die drei Vektoren sind linear abhängig, obwohl je zwei von ihnen in unterschiedliche Richtungen zeigen. (b) Das einfachste erklärende Beispiel. Die drei Vektoren $u_1, u_2, u_3 \in \mathbb{R}^3$ spannen eine Ebene auf und sind linear abhängig, unter anderem wegen $2u_2 = u_1 + u_3$. Je zwei von ihnen sind voneinander linear unabhängig

Linear unabhängige Vektoren zeigen in so sehr unterschiedliche Richtungen, wie es nur geht. Sie spannen so viele Dimensionen auf, wie mit der betreffenden Anzahl möglich sind.

Sie können diese Situation mit Argumenten vergleichen, die echt unterschiedliche Aspekte einer Angelegenheit benennen. Denken Sie beispielsweise an eine Gruppe von Menschen, die eine Wanderung plant und über den Weg diskutiert. Theo sagt, dass es sehr weit ist, selbst wenn man mit dem Bus zurückfährt. Ayra hat hinzugefügt, dass der vorgeschlagene Weg gerade zu dieser Jahreszeit sehr gefährlich ist. Wenn nun Sonja ergänzt, dass der Hin- und Rückweg wirklich weit seien, so verstärkt sie Theos Argument, und die Wandergruppe würde ihre Bemerkung vermutlich nicht als neues Argument aufnehmen. Auch Bernhards Spruch, dass es also weit und gefährlich sei, ist nur eine Zusammenfassung und kein neues Argument. Dagegen kann Kevin mit dem Hinweis, er sei in der letzten Woche diesen Weg problemlos gegangen und hätte außerdem viele Blüten gesehen, mindestens ein neues Argument hinzufügen. Beim ersten Argument, dass er den Weg problemlos gegangen sei, könnte man fragen, ob es eventuell denselben Aspekt wie die Gefährlichkeit bedient. Es bleiben also drei voneinander unabhängige Argumentationsrichtungen, nämlich die Weglänge, die Gefährlichkeit und die Schönheit. Jedes der drei Argumente ist einzeln denkbar, denn es gibt kurze gefährliche, lange gefährliche, kurze ungefährliche und lange ungefährliche Wege jeweils mit und ohne Blüten. Die Argumentationsrichtungen sind natürlich nur ein holpriger Vergleich zur Unabhängigkeit von Vektoren.

Natürlich hilft uns, wie wir schon mehrfach bemerkt haben, die anschauliche Vorstellung nur an einigen Stellen, aber nicht überall weiter. Wir suchen eine mathematisch belastbare Definition. Zuerst betrachten wir wieder unser einfachstes erklärendes Beispiel von drei Vektoren, und zwar im Fall des Fächers. Die drei Vektoren mögen in einer Ebene liegen, wobei jeweils zwei von ihnen in unterschiedliche Richtungen zeigen. Klemmen Sie zur Veranschaulichung drei Stifte so zwischen ihre Finger, dass die Stifte als Fächer hintereinander stehen. Aus den drei unterschiedlichen Richtungen, die dennoch in einer Ebene liegen, können Sie wie in Abb. 7.2 Dreieckswege zurück zum Nullpunkt bauen. Ein Dreiecksweg beginnt mit einer der drei Richtungen, in die Sie loslaufen. Dann wählen Sie die zweite Richtung und gehen auf ihr so lange, bis Sie sich genau in der Linie des dritten Vektors befinden, auf dem Sie zurück zum Koordinatenursprung wandern. Dies klappt natürlich nur, wenn der dritte Vektor tatsächlich in derselben Ebene wie die ersten beiden liegt. Würde er schräg in den Raum hinein zeigen, so wären Sie nie genau auf der Verlängerung des dritten Vektors. Denn durch die Wege in Richtung der ersten beiden Vektoren würden Sie sich nur in der von den ersten beiden Vektoren aufgespannten Ebene bewegen. Ein Schaubild hierfür finden Sie in Abb. 7.2b. Allerdings ist es schwierig, etwas Dreidimensionales wirklich aufzuzeichnen. Der einzige Ort, an dem dieses Bild sinnvollerweise entsteht, ist in Ihrem Kopf.

Wir benutzen die Konstruktion eines nichttrivialen Weges, der über die Richtungen der Vektoren zum Ursprung zurückführt, zur Definition der linearen Unabhängigkeit. Nichttrivial bedeutet hier, dass wir überhaupt losgehen und dass wir auf den Vektoren nicht einfach hin- und zurückgehen.

Die Definition der linearen Unabhängigkeit formuliert mathematisch, dass Vektoren linear unabhängig sind, wenn es keinen nichttrivialen Weg aus den Richtungen der Vektoren gibt. Dies bedeutet, dass aus der Annahme, es gäbe einen Weg zurück zum Ursprung, folgt, dass dieser Weg der triviale Weg des Stehenbleibens ist. In der gleich folgenden Definition steht: Vektoren heißen linear unabhängig, wenn daraus, dass ein aus den Richtungen der Vektoren zusammengesetzter Weg zum Ursprung zurückführt, folgt, dass dieser Weg der triviale Weg ist. Das klingt schwierig, und man muss ein wenig sortieren. Hier folgt die versprochene Definition.

Definition 7.1 Die Vektoren $v_1, \ldots, v_\ell$ heißen linear unabhängig, wenn aus $\lambda_1 v_1 + \ldots + \lambda_\ell v_\ell = 0$ folgt, dass $\lambda_1 = \ldots = \lambda_\ell = 0$ gilt. Anderenfalls heißen sie linear abhängig.   ◆

Vektoren sind linear unabhängig, wenn es keine nichttriviale Linearkombination – also keine, bei der nicht alle Koeffizienten λ_j null sind – gibt, die trotzdem 0 ist. Man prüft die lineare Unabhängigkeit nach, indem man versucht, Koeffizienten λ_j zu bestimmen. Stellt man fest, dass alle null sein müssen, so sind die Vektoren linear unabhängig. Findet man welche, die nicht alle null sind, so sind die Vektoren linear abhängig. Man kann einen Rundwanderweg wie den oben besprochenen Dreiecksweg mit Richtungen aus diesen linear abhängigen Vektoren bilden.

Definition 7.1 schafft es in fast jede Mathematikvorlesung für fast jeden Studiengang. Das liegt daran, dass ihre etwas spröde Ausdrucksweise danach verlangt, dass die Lernenden, also Sie, liebe Leserinnen und Leser, den Begriff der linearen Unabhängigkeit mit anschaulichem Leben füllen, und daran, dass Sie die logische Struktur mit alltagssprachlichen Mitteln zu fassen kriegen sollen.

Da Sie sich sicher ein Beispiel wünschen, diskutieren wir eines. Versuchen Sie, weitere Beispiele aus den Zeichnungen in Abb. 7.2 zu gewinnen. In unserem Beispiel betrachten wir die Funktionen $f_1(x) = 1$, $f_2(x) = \sin x$, $f_3(x) = \cos x$ und $f_4(x) = \sin 2x$. Diese vier Funktionen sind als Elemente des Vektorraums der stetigen Funktionen $C([0, 2\pi])$ Vektoren. Als Funktionen entziehen sie sich unserer Vorstellung von unterschiedlichen Richtungen. Wir fragen uns, ob wir eine der Funktionen aus den anderen zusammensetzen könnten. Wenn ja, beschreiben sie abhängige Formen, und eine der Funktionen ist in den anderen bereits versteckt. Wenn nicht, dann zeigen sie im Funktionenraum in unterschiedliche Richtungen und können nicht durcheinander ausgedrückt werden.

Wir bilden die Linearkombination

$$\lambda_1 \cdot 1 + \lambda_2 \cdot \sin x + \lambda_3 \cdot \cos x + \lambda_4 \cdot \sin 2x = 0 \in C([0, 2\pi]) \tag{7.3}$$

und verdeutlichen uns, dass rechts die Nullfunktion 0 steht. Das Gleichheitszeichen bedeutet, dass die Linearkombination unserer Funktionen für alle $x \in [0, 2\pi]$ null sein muss. Damit muss sie auch für ausgewählte x aus diesem Intervall null sein. Nun setzen wir geschickt ein paar Argumente x ein. Für $x = 0$ folgt aus Gl. 7.3 die Beziehung $\lambda_1 + \lambda_3 = 0$. Für $x = \pi$ entsteht dagegen $\lambda_1 - \lambda_3 = 0$, sodass die beiden

Koeffizienten λ_1 und λ_3 nur null sein können. Bei $x = \frac{\pi}{2}$ kommt mit den bereits gewonnenen $\lambda_1 = \lambda_3 = 0$ sofort $\lambda_2 = 0$ heraus. Da die ersten drei Koeffizienten null sind, bleibt nur $\lambda_4 \cdot \sin 2x = 0$ übrig, weshalb schließlich alle Koeffizienten $\lambda_1, \ldots, \lambda_4$ nur null sein können. Die vier Funktionen sind linear unabhängig.

Beachten Sie, dass $\lambda_1 = \ldots = \lambda_4 = 0$ trivialerweise und für alle Funktionen $f_1, \ldots, f_4$ Gl. 7.3 erfüllen. Deshalb war es zum Nachweis der linearen Unabhängigkeit der Funktionen $f_1, \ldots, f_4$ wichtig, dass wirklich nur Nullen für die Koeffizienten infrage kommen.

Mit etwas mehr technischem Aufwand können wir sogar zeigen, dass alle Funktionen aus $\{1, \sin kx, \cos kx \ : \ k \in \mathbb{N}\backslash\{0\}\}$, also die Schwingungsformen zu unterschiedlichen Frequenzen und innerhalb einer Frequenz die Sinus- und Kosinusfunktion, linear unabhängig sind.

Ein anderes Beispiel liefern $g_1(x) = \sin^2 x$, $g_2(x) = \cos^2 x$ und $g_3(x) = 1$. Auch diese Funktionen sehen unterschiedlich aus. Aber sie erfüllen $\sin^2 x + \cos^2 x = 1$. Mit $\lambda_1 = 1$, $\lambda_2 = 1$ und $\lambda_3 = -1$ gilt also $\lambda_1 g_1(x) + \lambda_2 g_2(x) + \lambda_3 g_3(x) = 0$ für alle $x \in \mathbb{R}$. Diese drei Funktionen sind linear abhängig. Jede Funktion steckt bereits in den anderen beiden, und wir können sie daraus zusammenbauen. Es gilt nämlich $g_3 = g_1 + g_2$ und $g_1 = g_3 - g_2$ sowie $g_2 = g_3 - g_1$. Diese drei Funktionen enthalten redundante Informationen.

Auf das dritte Beispiel haben wir hingearbeitet. Es setzt das kleinste veranschaulichende Beispiel fort, und es geht es um die drei Vektoren

$$\mathbf{e}_1 = \begin{pmatrix} 1 \\ 0 \\ 0 \end{pmatrix}, \ \mathbf{e}_2 = \begin{pmatrix} 0 \\ 1 \\ 0 \end{pmatrix} \text{ und } \mathbf{e}_1 + \mathbf{e}_2 = \begin{pmatrix} 1 \\ 1 \\ 0 \end{pmatrix} \in \mathbb{R}^3.$$

Diese drei Vektoren $\mathbf{e}_1$, $\mathbf{e}_2$ und $\mathbf{e}_1 + \mathbf{e}_2$ bilden einen ebenen Fächer. Sie liegen alle drei in der (x_1, x_2)-Ebene des $\mathbb{R}^3$. Diese Ebene ist die lineare Hülle der drei Vektoren, und sie ist zweidimensional. Diese drei Vektoren teilen die Eigenschaft, einen ebenen Fächer zu bilden, mit den drei Vektoren aus jeder der Zeichnungen in Abb. 7.2. Die dortigen Vektoren $\mathbf{u}_1$, $\mathbf{u}_2$ und $\mathbf{u}_3$ spannen ebenfalls eine Ebene, wie auch die dortigen $\mathbf{v}_1$, $\mathbf{v}_2$ und $\mathbf{v}_3$.

Die drei Vektoren $\mathbf{e}_1$, $\mathbf{e}_2$ und $\mathbf{e}_1 + \mathbf{e}_2$ sind somit linear abhängig. Rein formell sehen wir dies an der Linearkombination $1 \cdot \mathbf{e}_1 + 1 \cdot \mathbf{e}_2 - 1 \cdot (\mathbf{e}_1 + \mathbf{e}_2) = \mathbf{0}$. Je zwei der drei Vektoren spannen ebenfalls die (x_1, x_2)-Ebene auf, weil sie in unterschiedliche Richtungen in dieser Ebene zeigen. Damit sind je zwei der drei Vektoren linear unabhängig, alle drei Vektoren sind aber linear abhängig.

Dieses Beispiel warnt uns eindringlich vor dem Fehlschluss, aus der linearen Unabhängigkeit von je zwei Vektoren die lineare Unabhängigkeit der drei Vektoren zu folgern. Wenn wir nachgewiesen haben, dass $\mathbf{e}_1$ und $\mathbf{e}_2$ linear unabhängig sind, was sie tatsächlich sind, und dass $\mathbf{e}_1$ und $\mathbf{e}_1 + \mathbf{e}_2$ linear unabhängig und auch $\mathbf{e}_2$ und $\mathbf{e}_1 + \mathbf{e}_2$ linear unabhängig sind, so haben wir noch keine Aussage über die lineare Unabhängigkeit der drei Vektoren $\mathbf{e}_1$, $\mathbf{e}_2$ und $\mathbf{e}_1 + \mathbf{e}_2$.

Stellen Sie die drei Vektoren mit drei Stiften in Ihrer Hand nach, und meditieren Sie notfalls über das Konzept der linearen Unabhängigkeit.

Etwas überraschend verhält sich in Fragen der linearen Unabhängigkeit der Nullvektor 0 selbst, denn, egal welche anderen Vektoren, $v_1, \ldots, v_\ell$ beteiligt sind, die Linearkombination $0 \cdot v_1 + \ldots + 0 \cdot v_\ell + 7 \cdot 0$ ist immer der Nullvektor. Der Koeffizient $\lambda_{\ell+1} = 7$ vor 0 ist nur exemplarisch. Jeder Koeffizient $\lambda_{\ell+1}$ ungleich null, und somit auch die Sieben, macht die Linearkombination der Vektoren $v_1, \ldots, v_\ell, 0$ formal zu einer nichttrivialen Linearkombination. Die Vektoren einer Menge $\{v_1, \ldots, v_\ell, 0\}$, die den Nullvektor enthält, sind immer linear abhängig. Angesichts dieser Folgerung aus Definition 7.1 versagt unsere Vorstellung von nichttrivialen Wegen. Der Nullvektor hat gar keine Richtung, aber die Definition kann trotzdem auf ihn angewandt werden.

Zum Abschluss erwähnen wir einen weiteren wichtigen Begriff, nämlich den der Basis eines Vektorraums. Mit einer Auswahl von linear unabhängigen Vektoren $v_1, \ldots, v_n \in V$ aus einem Vektorraum V, die alle Dimensionsrichtungen des Vektorraums ausfüllen, können wir jeden Vektor aus dem Vektorraum V als Linearkombination dieser Vektoren darstellen. Die Darstellung ist zudem eindeutig, weil kein Vektor v_j eine Linearkombination aus den anderen ist. Wir nennen eine solche Auswahl von Vektoren eine Basis des Vektorraums V. Indem wir von einer Anzahl sprechen und die Vektoren bis n nummeriert haben, unterstellen wir bereits, dass wir zumindest hier den Fall besprechen, in dem wir eine Basis aus endlich vielen Vektoren finden.

Selbstverständlich gibt es Vektorräume, in denen keine Basis mit endlich vielen Elementen existiert. Denken Sie beispielsweise an den Vektorraum aller Polynome. Aber dies ist ein weiterführendes Thema.

Da wir mittlerweile keine Angst mehr vor Definitionen zu haben brauchen, definieren wir eine Basis.

Definition 7.2 Die Vektoren $v_1, \ldots, v_n \in V$ heißen Basis des Vektorraums V, wenn sie linear unabhängig sind und den gesamten Raum $V = \text{span}\langle v_1, \ldots, v_n \rangle$ aufspannen.   ♦

An diese Definition schließt sich eine große Anzahl noch zu beweisender Sätze an. Beispielsweise enthalten alle Basen eines Vektorraums, der eine lineare Hülle endlich vieler Vektoren ist, dieselbe Anzahl von Vektoren. Diese Anzahl wird als Dimension des Vektorraums bezeichnet. So ordnet man auch solchen Vektorräumen eine Dimension zu, bei denen unsere Anschauung zum Dimensionsbegriff möglicherweise versagt.

Eine Frage ist auch, ob Definition 6.1 schon in sich trägt, dass ein Vektorraum immer ganze Richtungen enthält. Könnte es nicht sein, dass in gewissen Richtungen nur eine Auswahl von Punkten in dem betrachteten Vektorraum liegt und andere nicht. Die Antwort ist Nein, denn Definition 6.1 verlangt, dass eine Multiplikation mit Skalaren definiert sei, und damit wird gleichzeitig ausgedrückt, dass das Ergebnis der Skalarmultiplikation wieder im Vektorraum liegt. In **(G0)** ist dies für die Vektoraddition lediglich wiederholt. Mit jedem Vektor liegen also alle seine

Vielfachen mit Skalaren aus dem Körper K in dem Vektorraum. In diesem Sinne sind Richtungen ganz in einem Vektorraum enthalten.

Im dreidimensionalen, uns umgebenden Raum bilden beliebige drei Vektoren, die voneinander linear unabhängig sind, eine Basis. Wir können uns gut verdeutlichen, dass es drei sein müssen, denn, gleichgültig wie wir ein Koordinatensystem legen, brauchen wir immer drei Dimensionsrichtungen, um Länge, Breite und Höhe der uns umgebenden Gegenstände angeben zu können. Aus zwei Vektoren entsteht keine Basis, denn diese spannen höchstens eine Ebene auf. Vier Vektoren hingegen sind im dreidimensionalen Raum voneinander abhängig. Da drei Vektoren schon reichen, kann einer der vier Vektoren als Linearkombination der drei anderen angegeben werden.

Mit der linearen Unabhängigkeit von Vektoren und dem Begriff der Basis haben wir einen umfangreichen Apparat von Sätzen und Aussagen zur Verfügung, über den wir nachdenken können. Man darf sagen, dass die Struktur des Vektorraums allein mit der Vektoraddition und der Skalarmultiplikation genügend reichhaltig ist, um darauf Mathematik zu betreiben. Wollten wir alles sorgfältig beweisen, wären wir deutlich länger mit dem Konzept des Vektorraums beschäftigt.

7.3 Andere Operationen mit Vektoren

Hier sprechen wir einige andere wichtige Operationen mit Vektoren an.

Der Betrag eines Vektors illustriert nochmals, dass die komponentenweise Anwendung von Rechenoperationen eine rein technische Übergeneralisierung ist, die mit den zu beschreibenden Anwendungen nichts zu tun haben muss und meistens auch nichts zu tun hat.

Der Betrag einer reellen Zahl $x \in \mathbb{R}$ ist ihr Abstand von der Null $0 \in \mathbb{R}$. Ist die Zahl x positiv, so ist x selbst der Abstand von x zur Null. Ist x hingegen negativ, so ist $-x$ eine positive Zahl und der Abstand von x zur Null. An der Beschreibung des Betrags als Abstand zur Null halten wir fest und wiederholen, dass damit festgelegt ist, dass der Abstand von $0 \in \mathbb{R}$ immer eine nichtnegative reelle Zahl ist. Die Beschreibung des absoluten Betrages haben wir in Kap. 3 auf komplexe Zahlen übertragen, denn dort haben wir bereits darüber diskutiert, dass komplexe Zahlen $z \in \mathbb{C}$ mit $z = x + iy$ und $x, y \in \mathbb{R}$ den Betrag $|z| = \sqrt{x^2 + y^2} \in \mathbb{R}$ haben. Der Betrag einer komplexen Zahl nimmt den Abstand von $0 \in \mathbb{C}$ auf. Er ist wieder eine nichtnegative reelle Zahl.

So ist dies auch beim Betrag eines Vektors. Im $\mathbb{R}^n$ ist der Abstand des Vektors $\mathbf{v} \in \mathbb{R}^n$ mit den Komponenten $\mathbf{v}^\mathsf{T} = (v_1, \ldots, v_n)$ die Länge der Diagonalen des n-dimensionalen Quaders mit den Kantenlängen $v_1, \ldots, v_n$. Nach Anwendung des Satzes von Pythagoras ergibt sich

$$|\mathbf{v}| = \sqrt{v_1^2 + \ldots + v_n^2} \in \mathbb{R}.$$

Nebenbei angemerkt, spricht man das hochgestellte ^{T} an $\mathbf{v}^{\mathrm{T}}$ als „v transponiert". Die Transposition macht aus einem Spaltenvektor einen Zeilenvektor und umgekehrt. Sie spiegelt den Vektor an einer Diagonalen nach schräg unten, und wir dürfen uns hier auf diese laxe Beschreibung beschränken.

Der Betrag eines Vektors ist also keineswegs die komponentenweise, rein technische Anwendung des Betrags, sondern ein Begriff, der die zugrunde liegende Eigenschaft, nämlich den Abstand vom Koordinatenursprung $\mathbf{0} \in \mathbb{R}^n$, aufgreift.

Mit dem Begriff des Betrags von Vektoren ist es leicht, Kreise und Kugeln zu beschreiben. Ein Kreis im Zweidimensionalen oder eine Kugel im Drei- und Mehrdimensionalen besteht, wie Sie wissen, aus allen Punkten, die von einem Mittelpunkt $\mathbf{a} \in \mathbb{R}^n$ denselben Abstand r haben. Wir erhalten die Gleichung

$$|\mathbf{v} - \mathbf{a}| = r \quad \text{oder} \quad (v_1 - a_1)^2 + \ldots + (v_n - a_n)^2 = r^2$$

für alle Vektoren $\mathbf{v}$, die auf den Rand eines Kreises bei $n = 2$ bzw. auf der Oberfläche einer Kugel bei $n > 2$ mit dem Mittelpunkt $\mathbf{a}$ und dem Radius r zeigen. Wir sehen, dass die vektorielle Notation wesentlich schlanker ist, und darin besteht zumindest für geübte Leute ein Reiz der Vektorrechnung.

Eine andere zusätzliche Operation mit Vektoren ist das Skalarprodukt. Natürlich bleibt ein Vektorraum auch ein Vektorraum, wenn wir kein Skalarprodukt auf ihm kennen oder auch kein sinnvolles finden können. Aber im Euklidischen Raum $\mathbb{R}^n$ nutzen wir gern das Euklidische Skalarprodukt

$$\langle \mathbf{u}, \mathbf{v} \rangle = \mathbf{u} \cdot \mathbf{v} = u_1 v_1 + \ldots + u_n v_n \in \mathbb{R}.$$

Das Skalarprodukt heißt so, weil das Ergebnis dieser Rechenoperation ein Skalar und ausdrücklich kein Vektor ist. Übrigens bleibt es bei Drehungen wie in Abb. 7.1 erhalten. Es hat also gute Chancen, einen koordinatenunabhängigen Sachverhalt zu beschreiben. In der Tat gibt es eine rein geometrische Beschreibung, nämlich $\mathbf{u} \cdot \mathbf{v} = |\mathbf{u}| \cdot |\mathbf{v}| \cdot \cos \alpha$ mit dem von den beiden Vektoren $\mathbf{u}$ und $\mathbf{v}$ eingeschlossenen Winkel α. Diese Beschreibung kommt gänzlich ohne Koordinaten aus. Sie nutzt nur die Längen der Vektoren und den Winkel zwischen ihnen.

Das Skalarprodukt hat sich an vielen Stellen als nützlich erwiesen. Schick ist beispielsweise, dass das Skalarprodukt null ist, wenn die beiden Vektoren senkrecht aufeinander stehen. In diesem Fall ist $\alpha = \frac{\pi}{2}$. Andererseits stellt man durch Einsetzen schnell fest, dass $\mathbf{u} \cdot \mathbf{u} = |\mathbf{u}|^2$ ist. Damit wird die Kreis- oder Kugelgleichung zu $(\mathbf{v} - \mathbf{a}) \cdot (\mathbf{v} - \mathbf{a}) = r^2$. Das sieht zwar sehr mathematisch aus, enthält aber dieselbe Aussage wie oben.

Wir beschließen diesen Abschnitt mit ein wenig Geometrie im $\mathbb{R}^n$. Sie zeichnen, wir bringen die Argumentation. Die drei Punkte $\mathbf{0}$, $\mathbf{x}$ und $\mathbf{x} + \mathbf{y}$ beschreiben ein Dreieck. Dessen Eckpunkte sind $\mathbf{0}$, $\mathbf{x}$ und $\mathbf{x} + \mathbf{y}$. Der Satz des Pythagoras besagt nun, dass genau dann $|\mathbf{x} + \mathbf{y}|^2 = |\mathbf{x}|^2 + |\mathbf{y}|^2$ gilt, wenn das Dreieck rechtwinklig und sein rechter Winkel bei $\mathbf{x}$ ist. In der jetzigen Form sieht die pythagoräische Gleichheit richtig falsch aus, denn es scheint, als hätten wir das Quadrieren des Betrags der

Vektoren mit der Summation vertauscht. Diese Sichtweise trifft die Aussage des Satzes von Pythagoras nicht, denn $|\mathbf{x}+\mathbf{y}|^2 = |\mathbf{x}|^2 + |\mathbf{y}|^2$ gilt genau im speziellen Fall des rechtwinkligen Dreiecks.

Wir beweisen den Satz des Pythagoras, indem wir die Quadrate der Beträge als Skalarprodukt aufschreiben. Die Gleichheit

$$|\mathbf{x}+\mathbf{y}|^2 = (\mathbf{x}+\mathbf{y})\cdot(\mathbf{x}+\mathbf{y}) = \mathbf{x}\cdot\mathbf{x} + 2\mathbf{x}\cdot\mathbf{y} + \mathbf{y}\cdot\mathbf{y} = |\mathbf{x}|^2 + |\mathbf{y}|^2$$

ist genau dann erfüllt, wenn $\mathbf{x}\cdot\mathbf{y} = 0$ gilt, wenn also die beiden Vektoren $\mathbf{x}$ und $\mathbf{y}$ senkrecht aufeinander stehen. Et voilà.

Zugegeben, ein paar Argumentationen haben wir übersprungen, beispielsweise dass das reelle Skalarprodukt mit der Linearkombination vertauschbar und dass es symmetrisch ist.

Vielleicht haben Sie bemerkt, dass wir in Abschn. 7.3 viel rechenorientierter geworden sind. Wir haben das konkrete Euklidische Skalarprodukt angegeben. Mathematisch wäre es schöner, präziser und allgemeiner, wir würden erst ein allgemeines Skalarprodukt über seine geforderten Eigenschaften einführen und dann die konkrete Ausprägung eines bestimmten, nämlich hier des Euklidischen Skalarprodukts im Euklidischen Raum, als ein Skalarprodukt, das die allgemeinen Eigenschaften erfüllt, verwenden.

Bei der kurzen Beschreibung des Skalarprodukts haben Sie den Kontrast zum eleganteren Zugang über die algebraischen Strukturen, den wir beim Vektorraum diskutiert haben, erlebt.

Lineare Abbildungen: Ist die Reihenfolge von Handlungen vertauschbar?

8

„Natürlich nicht", möchte man rufen, „die Reihenfolge von Handlungen ist natürlich nicht vertauschbar." Wenn man sich erst kämmt und dann photographiert, wird es meistens ein anderes Photo, als wenn man sich erst photographiert und dann kämmt. Aber es gibt einige Ausnahmen. Bei einem kahlen Kopf oder bei sehr kurzen Haaren ist die Reihenfolge des Kämmens und des Photographierens egal.

Man findet leicht andere Beispiele nicht vertauschbarer Handlungen. Denken Sie beispielsweise an das Ankleiden und das Hinausgehen. Kleidet man sich erst an und geht dann aus dem Haus, erhält man üblicherweise eine andere Reaktion seiner Mitmenschen, als wenn man erst aus dem Haus geht und sich dann ankleidet. Es gibt spezielle Situationen, in denen die Reihenfolge der Handlungen, bezogen auf die Reaktion der Mitmenschen, vertauschbar ist. Stellen Sie sich vor, Sie leben allein in einer sehr abgelegenen Gegend. Die Reaktion der Mitmenschen bleibt mangels Mitmenschen aus. Okay, diese Vertauschbarkeit wurde an den Haaren herbeigezogen.

Auf der Suche nach weiteren Beispielen wird Ihnen schnell bewusst, dass es viel schwieriger ist, vertauschbare Handlungen zu finden als Handlungen, die nicht vertauschbar sind. Man kann es als unerheblich ansehen, ob Sie sich erst den rechten oder erst den linken Schuh anziehen. Beide Handlungen beeinflussen einander nicht, und im Ergebnis haben Sie beide Schuhe an. Man könnte natürlich einwenden, dass viele Menschen ein bevorzugtes Bein haben, auf dem sie sicherer einbeinig ohne Schuh stehen. Zur Bewahrung der Vertauschbarkeit der Reihenfolge des Schuhanziehens müssen wir von dem eventuellen Wissen über bevorzugte Beine abstrahieren.

Ähnlich verhält es sich mit dem Beispiel einer Studentin, in deren Studienordnung es egal war, ob sie erst ihre Bachelorarbeit schreibt und dann die Grundlagenvorlesung Mathematik erfolgreich abschließt oder umgekehrt. Abstrahiert man von Effekten wie der Studienzufriedenheit, dem Verständnis der weiterführenden Veranstaltungen und dem damit verbundenen Stress, so hat diese Studentin unab-

D. Langemann, *So einfach ist Mathematik – Zwölf Herausforderungen im ersten Semester*, https://doi.org/10.1007/978-3-662-63720-3_8

hängig von der Wahl der Reihenfolge schließlich beide Leistungsbestätigungen. Erlauben Sie uns die Anmerkung, dass die beiden Vorgänge des Bestehens der Mathematikklausur und des Schreibens der Bachelorarbeit einander im Allgemeinen beeinflussen und dass ihre Reihenfolge deshalb trotz sehr freizügiger Studienordnungen nicht egal ist.

Aber was hat das mit Mathematik zu tun? Bleiben wir bei unserem ersten Beispiel des Kämmens und des Photographierens. Man erhält bei unterschiedlichen Reihenfolgen unterschiedliche Photos, und diese interpretieren wir als unterschiedliche Ergebnisse der Hintereinanderausführung der Funktionen Kämmen und Photographieren. Wir müssen uns ein wenig verrenken, um die zentrale Funktionseigenschaft zu sichern. Da jedem Urbild ein Bild zugeordnet wird, ist Kämmen nur dann eine Funktion, wenn aus einem ungekämmten Kopf immer genau ein gekämmter Kopf wird, d. h., dass sich die betreffende Person aus einem auf bestimmte Weise strubbeligen Haarschopf tagesformunabhängig immer dieselbe gekämmte Frisur zaubert. Beim Photographieren ist es einfacher, denn aus dem Urbild Kopf wird durch Photographieren ein Bild, und zwar ein Photo und ein Bild im mathematischen Sinne als Bild eines Urbilds. Mit diesen Festlegungen sehen wir, dass Kämmen und dann Photographieren ein Photo eines gekämmten Kopfes und Photographieren und dann Kämmen ein Photo des ungekämmten Kopfes liefern. Die Ergebnisse beider Reihenfolgen sind also genau dann gleich, wenn der ungekämmte und der gekämmte Kopf gleich aussehen, z. B. bei einem Igelschnitt oder einer Glatze.

Im Alltagsleben begegnen wir oft Handlungen, deren Reihenfolge durch äußere Gegebenheiten festgelegt ist und bei denen wir nie auf die Idee kommen würden, ihre Reihenfolge zu vertauschen. Zwar können die meisten von uns problemlos ein Brötchen mit einer Scheibe Käse belegen und dieses dann verschlingen, es ist aber schier unmöglich, das Brötchen erst zu verschlingen und dann zu belegen.

Die Vertauschbarkeit von Handlungen und speziell der Anwendung von Funktionen spielt in der Mathematik eine große Rolle, auch wenn sie oft nicht als Vertauschbarkeit angesprochen wird. Lassen Sie uns diese Thematik ein wenig genauer betrachten.

Ein letztes Beispiel: Sie können Kartoffeln erst kochen und dann von ihrer Schale befreien oder umgekehrt. Die Ergebnisse sind zumindest vergleichbar. Bei Eiern trifft das nicht zu.

8.1   Vertauschbare und nicht vertauschbare mathematische Handlungen

Nehmen wir uns das Wurzelziehen und die Grundrechenarten vor. Sie wissen, dass Sie die Multiplikation und das Wurzelziehen wegen der Gültigkeit von

$$\sqrt{a \cdot b} = \sqrt{a} \cdot \sqrt{b} \text{ für alle } a, b \in \mathbb{R}_0^+ = \{x \in \mathbb{R} : x \geq 0\} \tag{8.1}$$

vertauschen können. In Gl. 8.1 steht, dass es für das Ergebnis egal ist, ob wir zwei nichtnegative Zahlen a und b zuerst multiplizieren und dann die Wurzel aus dem Produkt ziehen oder ob wir erst die Wurzeln aus den einzelnen Zahlen ziehen und dann das Produkt der Wurzeln bilden.

Der Zusammenhang in Gl. 8.1 ist uns so vertraut, dass wir ihn ohne viele Worte verwenden. Es erscheint fast überflüssig, ihn extra aufzuschreiben. Es gibt aber zwei gute Gründe, diesen Zusammenhang zu notieren.

Der erste Grund ist die Festlegung des Gültigkeitsbereichs auf die Menge der nichtnegativen reellen Zahlen $\mathbb{R}_0^+$. Wählen wir nämlich zwei negative Zahlen, beispielsweise -4 und -9, so ist die Wurzel des Produkts $\sqrt{(-4) \cdot (-9)} = 6$ zwar problemlos berechenbar, aber die Wurzel aus -4 oder aus -9 existiert in $\mathbb{R}$ nicht. Die Handlungen auf der rechten Seite von Gl. 8.1 sind auf negative Zahlen nicht anwendbar. In Kap. 3 haben wir über komplexe Wurzeln gesprochen, aber auch die helfen nicht weiter, denn -4 hat die beiden gleichberechtigten komplexen Wurzeln $2i$ und $-2i$. Die komplexe Wurzel kann nicht ohne weitere Überlegungen als Funktion gedeutet werden, und die rechte Seite von Gl. 8.1 liefert je nach Wahl der komplexen Wurzeln 6 oder -6. Diese vage Antwort ist selbstverständlich nicht dasselbe wie das eindeutige Ergebnis 6 der linken Seite.

Der zweite Grund für die Hervorhebung von Gl. 8.1 ist noch deutlich gewichtiger. Es handelt sich bei dem dort festgehaltenen Zusammenhang nämlich um etwas Besonderes, geradezu Außergewöhnliches. Das Wurzelziehen ist mit vielen Handlungen nicht vertauschbar, z. B. mit der Addition nicht. Das wiederkehrende Beispiel

$$5 = \sqrt{9 + 16} \neq \sqrt{9} + \sqrt{16} = 7$$

soll uns daran erinnern, dass $\sqrt{a + b}$ und $\sqrt{a} + \sqrt{b}$ nicht dasselbe sind. Dieses eine warnende Beispiel macht jede Hoffnung auf eine allgemeingültige Vertauschbarkeit des Wurzelziehens und der Addition zunichte. Spezielle Ausnahmefälle wie

$$\sqrt{a + 0} = \sqrt{a} + \sqrt{0} \quad \text{für alle } a \in \mathbb{R}_0^+,$$

bei denen einer der Summanden null ist, ändern nichts daran. Vielleicht erinnern Sie die Ausnahmen an das Beispiel der Kahlköpfigen. Daraus, dass bei Kahlköpfigen – und einigen anderen – die Reihenfolge des Kämmens und des Photographierens egal ist, folgt sicher nicht, dass die Reihenfolge immer egal sei.

Das prominenteste Beispiel für vertauschbare mathematische Handlungen finden wir im Distributivgesetz. Für drei Zahlen a, b, c aus einem Zahlbereich unserer Wahl gilt

$$c \cdot (a + b) = c \cdot a + c \cdot b \quad \forall a, b, c \in \mathbb{C}. \tag{8.2}$$

Wir haben das Distributivgesetz gleich für komplexe Zahlen notiert. Schüler, aber auch Studierende tendieren dazu, die Bedeutung des Distributivgesetzes zu unterschätzen. Es erscheint uns offensichtlich, und es ist wirklich offensichtlich, denn es ist kaum jemand denkbar, der an der Gültigkeit des Distributivgesetzes zweifelt.

Im Alltagsleben könnten a und b Anzahlen gleicher Brötchen sein, und c wäre der Preis pro Brötchen. In Gl. 8.2 ist nun festgehalten, dass es für den Gesamtpreis egal ist, ob Sie a Brötchen und b Brötchen zusammenlegen und dann mit $c \cdot (a + b)$ bezahlen oder ob Sie erst a Brötchen zum Preis von $c \cdot a$ kaufen und dann b Brötchen zum Preis von $c \cdot b$.

Wir sehen, dass wir zur Aufrechterhaltung des Distributivgesetzes von einigen Einflüssen im Alltag abstrahieren müssen. Viele Bäcker haben Rabattangebote, z. B. das einzelne Brötchen für 35 Cent und die Tüte mit fünf solchen Brötchen für 1.50 Euro. Kaufen wir erst vier und dann drei Brötchen, so müssten wir $4 \cdot 35 + 3 \cdot 35$ Cent, also 2.45 Euro bezahlen. Sieben Brötchen auf einmal würden aber für eine Spartüte und zwei Brötchen[1] $1.50 + 2 \cdot 35$ Cent, also 2.20 Euro kosten. Die Gültigkeit des Distributivgesetzes ist etwas Besonderes.

Wir schreiben das Distributivgesetz ein wenig anders, indem wir die Funktion $f : \mathbb{C} \to \mathbb{C}$ mit $f : x \mapsto c \cdot x$ für festes $c \in \mathbb{C}$ einführen. Diese Funktion ordnet jedem Urbild $x \in \mathbb{C}$ als Bild sein Produkt $c \cdot x \in \mathbb{C}$ mit einem festen Faktor c zu. In unserem Preisbeispiel ordnet f also einer Anzahl x den rabattlosen Gesamtpreis $c \cdot x$ zu, auch wenn wir wissen, dass ein Preis im Alltag eine rationale Zahl ist und wir für dieses Beispiel auch den Definitionsbereich der Zahlen x und y auf kaufbare Anzahlen oder Mengen einschränken müssten.

Mit der Festlegung der Funktion f durch $f(x) = cx$ wird Gl. 8.2 zur Vertauschbarkeit der Anwendung der Funktion f und der Addition in

$$f(a + b) = f(a) + f(b) \quad \forall a, b \in \mathbb{C}. \tag{8.3}$$

Es ist also egal, ob wir erst die Funktion f auf jeden Summanden anwenden und dann addieren oder erst a und b addieren, um auf die Summe die Funktion f anzuwenden.

Wenn Sie Gl. 8.3 mit irgendeiner der Standardfunktionen versuchen, bemerken Sie schnell, dass es misslingt. Die Wurzel aus einer Summe ist im Allgemeinen, d. h. abgesehen von wenigen pathologischen Fällen, nicht die Summe der Wurzeln. Ebenso liefert $f(x) = \cos x$ die Nichtvertauschbarkeit

$$1 = \cos 2\pi = \cos(\pi + \pi) \neq \cos \pi + \cos \pi = -2.$$

Es gibt auch keinen Grund anzunehmen, die Kosinusfunktion sei mit der Addition vertauschbar. Niemand hat das jemals als gültigen Grundsatz aufgeschrieben.

---

[1]Es sind schon Fälle beobachtet worden, wo die Gewährung der Spartüte beim Kauf von sieben Brötchen für die ersten fünf mit der Begründung verweigert wurde, das Sparangebot gälte nur für fünf Brötchen. Der darauf folgende Versuch, erst fünf und dann noch einmal zwei Brötchen zu kaufen, hat in dem konkreten Fall beim Verkaufspersonal Diskussionen ausgelöst, wie mit dem Wunsch zu verfahren sei, weil es ja nun wieder sieben Brötchen seien.

Ebensowenig ist die Abbildung $f : x \mapsto x^{-1}$ auf das Reziproke mit der Addition vertauschbar, denn wir finden ein Gegenbeispiel wie etwa

$$\frac{1}{6} = \frac{1}{2+4} \neq \frac{1}{2} + \frac{1}{4} = \frac{3}{4}.$$

Dies wird uns mit allen Standardfunktionen passieren. Grob formuliert, ist Gl. 8.3 für alle einzelnen Funktionsausdrücke wie sin, $\sqrt{\ }$, log usw. ungültig. Der einzige Funktionsausdruck, für den Gl. 8.3 gilt, steht bereits in Gl. 8.2, nämlich $f(x) = cx$. Darüber hinaus gibt es nur schwer verdauliche, überall unstetige Spezialitäten, die Gl. 8.3 erfüllen, und für diese Spezialitäten gibt es keinen Funktionsausdruck. Sie dürfen also in Gl. 8.3 für f weder ein Quadrat noch eine andere Potenz, keine trigonometrischen Funktionen, keinen Logarithmus usw. einsetzen. Insbesondere im Fall des Logarithmus gilt mit

$$\ln(a \cdot b) = \ln a + \ln b \quad \forall a, b \in \mathbb{R}^+ = \{x \in \mathbb{R} : x > 0\}$$

ein ganz anderer Zusammenhang, denn auf der linken Seite steht jetzt ein Malzeichen. Da im Allgemeinen $a \cdot b \neq a + b$ ist, sind im Allgemeinen auch $\ln(a + b)$ und $\ln a + \ln b$ unterschiedliche Zahlen.

Die Gültigkeit von Gl. 8.3 ist für eine Funktion f folglich etwas sehr Außergewöhnliches. Für die meisten Funktionen f liefern die rechte und die linke Seite von Gl. 8.3 unterschiedliche Werte. Typischerweise werden in der Mathematik gültige Zusammenhänge festgehalten, weil man sie zur Weiterentwicklung der jeweiligen Theorie in späteren Beweisen benötigt. Die Ungültigkeit von anderen, möglicherweise ähnlich aussehenden Zusammenhängen wird hingegen durch einige Beispiele belegt oder manchmal ganz den Lernenden überlassen.

Dahinter steckt das Grundprinzip, dass in der Mathematik nur gilt, was bewiesen und festgehalten worden ist. Alles andere wartet noch auf einen Beweis. Mit diesem Grundprinzip wird auch verständlich, dass das Distributivgesetz und die einfachen Potenzgesetze aufschreibenswert sind und die warnenden Beispiele falscher Aussagen eigentlich nicht. Wir notieren sie trotzdem als Warnung.

Abschn. 8.2 widmet sich den seltsamen Könnern unter den Funktionen, die Gl. 8.3 erfüllen.

8.2 Lineare Abbildungen

Stellen wir uns noch einmal den Brötchenkauf ohne Rabattaktion vor. Jedes Brötchen hat den Preis c. Ein Bäcker in einem Ferienort bereitet zwei Sorten Tüten mit Brötchen vor. Eine – eventuell kleinere – Tüte enthält x Brötchen und hat deshalb den Preis cx. Eine andere Sorte Tüte, die wir uns größer vorstellen, enthält y Brötchen und hat deshalb den Preis cy.

Die Funktion f ordnet einer Brötchenanzahl ihren Preis zu. Die Funktion $f : x \mapsto cx$ bildet die Anzahl x, hier das Urbild, auf den Preis cx, hier das Bild, ab.

Ebensogut hätten wir zur Definition der Funktion f auch $f : y \mapsto cy$ oder $f(a) = ca$ mit dem Preis $c \in \mathbb{R}$ pro Brötchen schreiben können.

Kaufen wir λ kleine Tüten und μ große Tüten, so erwerben wir insgesamt $\lambda x + \mu y$ Brötchen. Nebenbei bemerkt, ist der Term $\lambda x + \mu y$ eine Linearkombination von x und y, vgl. Abschn. 6.2.

Da unser Bäcker keinen Rabatt gewährt, kosten die insgesamt $\lambda x + \mu y$ Brötchen $f(\lambda x + \mu y) = c(\lambda x + \mu y)$. Hier müssen wir ein wenig aufpassen. Auf der linken Seite steht die Anwendung der Funktion f auf die Linearkombination $\lambda x + \mu y$. Auf der rechten Seite steht die Multiplikation von $\lambda x + \mu y$ mit c. Die Gesamtzahl der Brötchen wird also mit dem Preis c pro Brötchen multipliziert. Um die beiden Bedeutungen der Klammer klarer zu unterscheiden, schreiben wir besser $f(\lambda x + \mu y) = c \cdot (\lambda x + \mu y)$. Auf der linken Seite steht natürlich kein Malzeichen.

Andererseits könnten wir – wenn auch unter Murren der anderen Wartenden – jede Tüte einzeln bezahlen. Dann ergäbe sich der Preis der λ kleinen und μ großen Tüten als $\lambda f(x) + \mu f(y) = \lambda cx + \mu cy$. Nach dem Einsetzen der Wirkung der Funktion als Multiplikation mit c sehen die beiden Gesamtpreise sehr gleich aus. Sie sehen so aus, als wäre es gar nichts Besonderes, dass

$$f(\lambda x + \mu y) = \lambda f(x) + \mu f(y) \quad \forall \lambda, \mu \in \mathbb{R} \text{ und } x, y \in \mathbb{R} \qquad (8.4)$$

gilt. Aber Gl. 8.4 ist eine echte Besonderheit. Schon der Sonderfall $\lambda = \mu = 1$ aus Gl. 8.3 gilt für die meisten Funktionen von $\mathbb{R}$ nach $\mathbb{R}$, denen wir Namen gegeben haben, nicht. Funktionen f, die die Besonderheit in Gl. 8.4 erfüllen, nennen wir lineare Abbildungen.

Andererseits definiert ein einziger Wert eine lineare Abbildung $f : \mathbb{R} \to \mathbb{R}$. Wenn wir $f(1) = c$ festgelegt haben, so folgt aus Gl. 8.4 mit beliebigen $\lambda \in \mathbb{R}$ und $\mu = 0$ die Definition $f(\lambda) = c\lambda$, d. h. $f : \lambda \mapsto c\lambda$. In der graphischen Darstellung sind solche Funktionen Geraden durch den Nullpunkt.

Wir merken uns, dass sich alle linearen Abbildungen im Sinne der Definition in Gl. 8.4 als Multiplikation mit einem Faktor c, also als $f(x) = c \cdot x$ darstellen lassen. Unglücklicherweise werden aber Funktionen der Bauart $f(x) = ax + b$ mit dem Anstieg a und dem absoluten Term b selbst dann als lineare Funktionen bezeichnet, wenn b nicht null ist. Wir haben eine kleine Begriffsverwirrung. Einerseits sind Funktionen und Abbildungen ein und dasselbe, andererseits sind lineare Funktionen im Sinne von $f(x) = ax + b$ für $b \neq 0$ keine linearen Abbildungen im Sinne von Gl. 8.4, denn ein einziges Gegenbeispiel reicht. Und tatsächlich ist $f(1) = a + b$ und $f(2) = 2a + b$. Für $b \neq 0$ ist also Gl. 8.4 bereits für $x = 1$, $\lambda = 2$, $y = 0$ und $\mu = 0$ verletzt, denn $2a + 2b = 2 \cdot f(1) \neq f(2 \cdot 1) = 2a + b$.

Die historisch gewachsene Begriffsverwirrung ist bedauerlich, aber nicht unüberwindbar. Sie begründet sich daher, dass die Funktionen $f(x) = ax + b$ Differenzen in x-Richtung linear in Differenzen in y-Richtung übertragen: Mit $y_1 = f(x_1) = ax_1 + b$ und $y_2 = f(x_2) = ax_2 + b$ ist nämlich

$$y_2 - y_1 = f(x_2) - f(x_1) = ax_2 + b - (ax_1 + b) = a(x_2 - x_1),$$

und die Differenz $x_2 - x_1$ wird mit dem Faktor a, also linear, in die Differenz $y_2 - y_1$ überführt.

Man rechnet leicht nach, dass Funktionen wie $f(x) = \sin x$, $f(x) = x^2$ oder $f(x) = \sqrt{x}$ Gl. 8.4 nicht erfüllen. Wir haben es bereits gemacht, da sie auch den Spezialfall in Gl. 8.3 nicht erfüllen konnten. Wir bezeichnen diese Funktionen als nichtlinear. Ihre Graphen sind keine Geraden, insbesondere keine Geraden durch den Nullpunkt.

Nebenbei haben wir die Anzahlen der gekauften Tüten mit λ und μ bezeichnet und sie in Gl. 8.4 als reelle Zahlen angenommen. Dasselbe haben wir mit den Brötchenanzahlen x und y gemacht. In Abschn. 8.2.1 werden wir sehen, dass die Linearität von f, die in Gl. 8.4 definiert ist, in mehrdimensionalen Vektorräumen eine deutlich größere Kraft entwickelt. Außerdem wird uns klar werden, dass die unterschiedlichen Bezeichnungen der Faktoren λ und μ mit griechischen Buchstaben und die der Werte x und y mit lateinischen Buchstaben durch die unterschiedlichen Rollen dieser Größen begründet sind.

8.2.1 Lineare Abbildungen in Euklidischen Räumen

In Kap. 6 haben wir diskutiert, dass ein Vektorraum V eine Struktur ist, aus der die Bildung der Linearkombination nicht hinausführt. Wir konnten Vektoren $\mathbf{x} \in V$ und $\mathbf{y} \in V$ aus dem Vektorraum mit Skalaren λ, $\mu \in K$ aus einem Körper K, für den wir die Zahlkörper $\mathbb{Q}$, $\mathbb{R}$ oder $\mathbb{C}$ verwenden können, multiplizieren und die entstehenden Vektoren dann addieren. Die Linearkombination $\lambda \mathbf{x} + \mu \mathbf{y} \in V$ liegt wieder im Vektorraum V.

In diesem Abschnitt wollen wir von dieser Abstraktion ein wenig ablassen und uns auf den Fall $K = \mathbb{R}$ und $V = \mathbb{R}^n$ des n-dimensionalen reellen Vektorraums beschränken. Die Vektoren $\mathbf{x} = (x_1, \ldots, x_n)^{\mathrm{T}}$ und $\mathbf{y} = (y_1, \ldots, y_n)^{\mathrm{T}}$ haben jeweils n Komponenten, und die Skalare λ und μ sind reelle Zahlen. Vektoren und Skalare sind also qualitativ unterschiedliche mathematische Objekte.

Mit einem Vektorraum V, den wir uns als $\mathbb{R}^n$ vorstellen, über einem Körper K, den wir als $\mathbb{R}$ vergegenständlichen, und einem weiteren Vektorraum W, den wir uns als $\mathbb{R}^m$ veranschaulichen, definieren wir eine lineare Abbildung. Eine Abbildung φ : $V \to W$ heißt linear, wenn

$$\varphi(\lambda \mathbf{x} + \mu \mathbf{y}) = \lambda \varphi(\mathbf{x}) + \mu \varphi(\mathbf{y}) \quad \text{für alle } \mathbf{x}, \mathbf{y} \in V \text{ und } \lambda, \mu \in K \qquad (8.5)$$

gilt. Eine Abbildung φ ist also linear, wenn ihre Anwendung unter allen Umständen mit der Bildung der Linearkombination vertauschbar ist. Gibt es nur ein einziges Beispiel, in dem die Vertauschbarkeit nicht gilt, so ist die Abbildung nichtlinear.

Ähnlich zu der Überlegung, dass eine lineare Abbildung f : $\mathbb{R} \to \mathbb{R}$ von den reellen Zahlen in die reellen Zahlen durch die Angabe des einen Wertes $f(1) = c$ als $f(x) = c \cdot x$ bestimmt ist, argumentieren wir jetzt. Gl. 8.5 besagt, dass mit der Festlegung der Funktionswerte von zwei Vektoren $\mathbf{x} \in V$ und $\mathbf{y} \in V$ der Funktionswert jeder Linearkombination $\lambda \mathbf{x} + \mu \mathbf{y}$ der beiden Vektoren bereits bestimmt ist, denn wir haben in Gl. 8.5 eine Vorschrift, wie man aus $\varphi(\mathbf{x}) \in W$ und $\varphi(\mathbf{y}) \in W$ den Funktionswert $\varphi(\lambda\mathbf{x} + \mu\mathbf{y}) \in W$ berechnet.

Die Vorschrift, wie wir Bilder von Linearkombinationen bestimmen, benutzen wir, um lineare Abbildungen zwischen den Euklidischen Vektorräumen $V = \mathbb{R}^n$ und $W = \mathbb{R}^m$ relativ einfach zu beschreiben. Aus Gl. 6.2 wissen wir bereits, dass die Einheitsvektoren $\mathbf{e}_1, \mathbf{e}_2, \ldots, \mathbf{e}_n$ eine Basis des n-dimensionalen Euklidischen Raums $\mathbb{R}^n$ sind, weil wir jeden Vektor $\mathbf{v} \in \mathbb{R}^n$ eindeutig als Linearkombination der Einheitsvektoren darstellen können. Wir schreiben wieder die Darstellung

$$\mathbf{v} = \begin{pmatrix} v_1 \\ v_2 \\ v_3 \\ \vdots \\ v_n \end{pmatrix} = v_1 \begin{pmatrix} 1 \\ 0 \\ 0 \\ \vdots \\ 0 \end{pmatrix} + v_2 \begin{pmatrix} 0 \\ 1 \\ 0 \\ \vdots \\ 0 \end{pmatrix} + v_3 \begin{pmatrix} 0 \\ 0 \\ 1 \\ \vdots \\ 0 \end{pmatrix} + \ldots + v_n \begin{pmatrix} 0 \\ 0 \\ 0 \\ \vdots \\ 1 \end{pmatrix}$$

auf. Diese Darstellung sieht fast zu einfach aus, um weitere Überlegungen zu ermöglichen. Sie sagt, dass wir einen Vektor als Summe seiner Anteile in Richtung der Koordinatenachsen schreiben können. Unter Beachtung, dass die Komponenten $v_1, \ldots, v_n \in \mathbb{R}$ reelle Skalare sind, notieren wir die Darstellung etwas knapper als

$$\mathbf{v} = v_1\mathbf{e}_1 + v_2\mathbf{e}_2 + \ldots + v_n\mathbf{e}_n = \sum_{k=1}^{n} v_k\mathbf{e}_k \in \mathbb{R}^n. \tag{8.6}$$

Da der Vektor $\mathbf{v}$ eine Linearkombination der Einheitsvektoren $\mathbf{e}_1, \mathbf{e}_2, \ldots, \mathbf{e}_n$ ist, können wir mit Gl. 8.5 das Bild $\varphi(\mathbf{v})$ des Vektors $\mathbf{v}$ unter der linearen Abbildung $\varphi : \mathbb{R}^n \to \mathbb{R}^m$ als Linearkombination der Bilder der Einheitsvektoren aufschreiben. Die Vertauschbarkeit der Anwendung der linearen Abbildung φ und der Bildung der Linearkombination liefert uns

$$\varphi(\mathbf{v}) = v_1\varphi(\mathbf{e}_1) + v_2\varphi(\mathbf{e}_2) + \ldots + v_n\varphi(\mathbf{e}_n) = \sum_{k=1}^{n} v_k\varphi(\mathbf{e}_k) \in \mathbb{R}^m. \tag{8.7}$$

Diese Zeile sieht sehr mathematisch aus, besagt aber nur, dass wir das Bild $\varphi(\mathbf{v})$ des Vektors $\mathbf{v}$ als Summe der Bilder $\varphi(v_k\mathbf{e}_k) = v_k\varphi(\mathbf{e}_k)$ aufgeschrieben haben. Wiederum wegen der Linearität ergeben sich diese aus den Bildern der Einheitsvektoren.

Damit beschreiben die Bilder der Einheitsvektoren die lineare Abbildung vollständig, denn ihre Kenntnis erlaubt uns, das Bild jedes Vektors unter der linearen Abbildung φ auszurechnen. Jedes Bild $\varphi(\mathbf{e}_k) \in \mathbb{R}^m$ sei nun durch seine m Komponenten beschrieben. Wir haben im Urbildraum $\mathbb{R}^n$ gerade n Einheitsvektoren und brauchen also $m \cdot n$ Komponenten, die wir durch zwei Indizes bezeichnen. Der erste Index läuft jeweils von 1 bis m und nummeriert die Komponenten des Bildvektors, der zweite Index steht für den Index des jeweiligen Einheitsvektors. Wir notieren

$$\varphi(\mathbf{e}_1) = \begin{pmatrix} a_{11} \\ a_{21} \\ a_{31} \\ \vdots \\ a_{m1} \end{pmatrix}, \quad \varphi(\mathbf{e}_2) = \begin{pmatrix} a_{12} \\ a_{22} \\ a_{32} \\ \vdots \\ a_{m2} \end{pmatrix}, \dots, \varphi(\mathbf{e}_n) = \begin{pmatrix} a_{1n} \\ a_{2n} \\ a_{3n} \\ \vdots \\ a_{mn} \end{pmatrix}. \tag{8.8}$$

Mit dieser Bezeichnung, die Platz für alle denkbaren Konkretisierungen lässt, wird das Bild $\varphi(\mathbf{v})$ von $\mathbf{v}$ in Gl. 8.7 zu

$$\varphi(\mathbf{v}) = v_1 \begin{pmatrix} a_{11} \\ a_{21} \\ a_{31} \\ \vdots \\ a_{m1} \end{pmatrix} + v_2 \begin{pmatrix} a_{12} \\ a_{22} \\ a_{32} \\ \vdots \\ a_{m2} \end{pmatrix} + \dots + v_n \begin{pmatrix} a_{1n} \\ a_{2n} \\ a_{3n} \\ \vdots \\ a_{mn} \end{pmatrix}$$

oder, als ausformulierter Bildvektor aufgeschrieben, zu

$$\varphi(\mathbf{v}) = \begin{pmatrix} a_{11}v_1 + a_{12}v_2 + \dots + a_{1n}v_n \\ a_{21}v_1 + a_{22}v_2 + \dots + a_{2n}v_4 \\ a_{31}v_1 + a_{32}v_2 + \dots + a_{3n}v_n \\ \vdots \\ a_{m1}v_1 + a_{m2}v_2 + \dots + a_{mn}v_n \end{pmatrix} \in \mathbb{R}^m.$$

Da die $m \cdot n$ Komponenten $a_{11}, \dots, a_{mn}$ der Bilder der Einheitsvektoren das Bild jedes Vektors bestimmen, ist die lineare Abbildung $\varphi : \mathbb{R}^n \to \mathbb{R}^m$ durch diese Zahlen eindeutig festgelegt. Die lineare Abbildung φ ist durch diese Zahlen exakt beschrieben. Häufig notieren wir sie in einer Matrix

$$A = \begin{pmatrix} a_{11} & a_{12} & \dots & a_{1n} \\ a_{21} & a_{22} & \dots & a_{2n} \\ a_{31} & a_{32} & \dots & a_{3n} \\ \vdots & \vdots & & \vdots \\ a_{m1} & a_{m2} & \dots & a_{mn} \end{pmatrix} \in \mathbb{R}^{m \times n}.$$

Wir schreiben, dass diese Matrix A aus dem Raum $\mathbb{R}^{m \times n}$, sprich „$\mathbb{R}$ m kreuz n", ist. Die Matrix $A \in \mathbb{R}^{m \times n}$ hat m Zeilen und n Spalten. Da die lineare Abbildung φ sich mit der Linearkombination wie ein Vorfaktor vertauschen lässt, was wir beim Vergleich von Gl. 8.5 oder Gl. 8.3 mit Gl. 8.2 schnell erkennen, schreiben wir die Anwendung der linearen Abbildung φ als Multiplikation

$$\varphi(\mathbf{v}) = A\mathbf{v}.$$

Wir verdeutlichen uns, dass wir bisher kein Produkt zwischen einer Matrix $A \in \mathbb{R}^{m \times n}$ und einem Vektor $\mathbf{v} \in \mathbb{R}^n$ definiert haben, sondern dass unser Wunsch, die lineare Abbildung als Produkt zu schreiben, das Matrix-Vektor-Produkt erst definiert. Wir definieren es damit so, dass die Multiplikation mit der Matrix A zur Anwendung der linearen Abbildung φ passt, nämlich

$$A\mathbf{v} = \begin{pmatrix} a_{11} & a_{12} & \cdots & a_{1n} \\ a_{21} & a_{22} & \cdots & a_{2n} \\ a_{31} & a_{32} & \cdots & a_{3n} \\ \vdots & \vdots & & \vdots \\ a_{m1} & a_{m2} & \cdots & a_{mn} \end{pmatrix} \begin{pmatrix} v_1 \\ v_2 \\ v_3 \\ \vdots \\ v_n \end{pmatrix} = \begin{pmatrix} a_{11}v_1 + a_{12}v_2 + \ldots + a_{1n}v_n \\ a_{21}v_1 + a_{22}v_2 + \ldots + a_{2n}v_4 \\ a_{31}v_1 + a_{32}v_2 + \ldots + a_{3n}v_n \\ \vdots \\ a_{m1}v_1 + a_{m2}v_2 + \ldots + a_{mn}v_n \end{pmatrix}.$$

Wir wiederholen, dass diese Gleichung nichts ausrechnet, sondern das Matrix-Vektor-Produkt erst definiert. Das Ergebnis ist ein Vektor, denn in $A\mathbf{v}$ stehen in jeder Komponente reelle Zahlen, die die Skalarprodukte der Zeilen von A mit der Spalte des Vektors $\mathbf{v}$ sind. Wir multiplizieren zur Bestimmung der Komponenten von $A\mathbf{v}$ die Zeilen der Matrix A mit der einen Spalte des Vektors $\mathbf{v}$ im Sinne des Skalarprodukts. Okay, das war doppelt erzählt. Aber es wurde doppelt erzählt, weil es wichtig ist.

Die Matrix $A \in \mathbb{R}^{m \times n}$ mit m Zeilen und n Spalten besteht aus $m \cdot n$ Einträgen, deren erster Index die Zeile, gewissermaßen die Etage im Hochhaus, und deren zweiter Index die Spalte, also die Wohnungsnummer auf der Etage angibt. Manchmal werden die beiden Indizes durch Kommata getrennt, allerdings sieht die Matrix dann noch unübersichtlicher aus. Das Komma zwischen den Indizes ist auf jeden Fall angebracht, wenn mit den Indizes Rechenoperationen durchgeführt werden, also z. B. in $a_{k,\ell+1}$ als rechter Nachbar von $a_{k\ell}$. Sie haben sicher schon bemerkt, dass in der zweiten Schreibweise keinesfalls das Produkt der Indizes k und ℓ gemeint ist. Sollte man so etwas brauchen, muss man sich dafür eine unmissverständliche Bezeichnung suchen, aber es kommt nicht oft vor.

Nun könnte man sagen, dass eine Matrix ein Rechteck voller Zahlen ist. Das wäre allerdings eine sehr schematische Betrachtungsweise, die einzig und allein auf die Notation und mögliche Rechenoperationen zielt. Eine Matrix ist vielmehr eine Schreibweise für eine lineare Abbildung zwischen endlich-dimensionalen Vektorräumen. Als solche verwenden wir alle Bezeichnungen, die wir für lineare Abbildungen kennen oder kennenlernen werden, synonym auch für Matrizen. Kurz sagt man besser, dass eine Matrix $A \in \mathbb{R}^{m \times n}$ eine lineare Abbildung $A, \varphi : \mathbb{R}^n \to \mathbb{R}^m$ ist.

Man könnte ein Gleichheitszeichen zwischen A und φ vernünftig finden. Es gibt jedoch einen wesentlichen Unterschied. Die Matrix ist von der Wahl der Basis in V und W abhängig. Mit einer veränderten Basis wird dieselbe Abbildung $\varphi : V \to W$ durch eine andere Matrix vertreten. Um dies zu interpretieren, stellen wir uns vor, dass die Elemente der Vektorräume V und W reale Punkte sind, die in unterschiedlichen Koordinatensystemen, die wir in die Realität hineingelegt haben, mit unterschiedlichen Koordinaten adressiert werden. Die Frage, wie sich die Matrix A im Fall einer solchen Koordinatentransformation ändert, ist für viele Anwendungen und für geometrische Überlegungen von großer Wichtigkeit, sprengt allerdings den Umfang unserer Darstellung.

Schließlich fassen wir zusammen, dass eine lineare Abbildung bereits durch die Wirkung der Abbildung auf die Elemente einer Basis des Urbildraums bestimmt ist, dass darin ein Grund für die Bequemlichkeit im Umgang mit linearen Abbildungen liegt und dass wir die linearen Abbildungen $\varphi : \mathbb{R}^n \to \mathbb{R}^m$ durch Matrizen $A \in \mathbb{R}^{m \times n}$ ausdrücken können. Für nichtlineare Abbildungen geht dies natürlich nicht.

Und ganz zum Schluss: Matrizen sehen aus wie Rechtecke voller Zahlen, werden von manchen auch als solche beschrieben, was sie allerdings gar nicht leiden können, denn sie sind viel mehr.

8.2.2 Weitere lineare Operationen

Bis eben haben wir die Linearität von Abbildungen als eine besondere Eigenschaft von Abbildungen vorgestellt. Wir haben betont, dass praktisch alle Funktionen, die einen eigenen Namen haben, nichtlinear sind. Diese Warnung wollen wir auch dringend aufrechterhalten. Trotzdem gibt es eine große Zahl linearer mathematischer Operationen. Wir werden uns jetzt verdeutlichen, warum auch sie lineare Abbildungen sind.

Betrachten wir beispielsweise die Abbildung φ, die einer stetigen Funktion f : $[a, b] \subset \mathbb{R}$ ihr Integral über dem Intervall $[a, b]$ zuordnet. Diese Abbildung ordnet einer stetigen Funktion f, also einem Element aus dem Vektorraum $C([a, b])$ der im Intervall $[a, b]$ stetigen Funktionen, eine reelle Zahl, nämlich ihr Integral, zu. Die zugeordnete reelle Zahl $\varphi(f) \in \mathbb{R}$ ist ebenfalls Element eines Vektorraums, nämlich des Vektorraums $\mathbb{R}$. Wir schreiben

$$\varphi : C([a, b]) \to \mathbb{R} \text{ vermöge } \varphi : f \mapsto \int_a^b f(x)\,\mathrm{d}x.$$

Die Urbilder der Abbildung φ sind Funktionen, die wir als Elemente des Vektorraums $C([a, b])$ als Vektoren ansehen können, und ihre Bilder unter φ sind ihre bestimmten Integrale, also reelle Zahlen. Die Abbildung φ erfüllt die definierende Gl. 8.5 der Linearität.

Der Nachweis ist fast zu einfach. Zu zeigen ist

$$\varphi(\lambda f + \mu g) = \lambda \varphi(f) + \mu \varphi(g) \quad \forall f, g \in C([a, b]) \, \forall \lambda, \mu \in \mathbb{R}.$$

Wir konkretisieren diese Definition der Linearität durch Einsetzen des Integrals, das die Abbildung φ ausmacht. Sie sehen, dass

$$\int_a^b \lambda f(x) + \mu g(x)\, \mathrm{d}x = \lambda \int_a^b f(x)\, \mathrm{d}x + \mu \int_a^b g(x)\, \mathrm{d}x$$

für alle Funktionen f und g und alle Skalare λ und μ gilt. Wir benutzen die Vertauschbarkeit des Integrals mit der Bildung der Linearkombination, ohne näher darüber nachzudenken, als Rechenregel. Die Bildung des Integrals ist also eine lineare Operation oder eine lineare Abbildung aus einem Vektorraum reellwertiger Funktionen in den Vektorraum $\mathbb{R}$ der reellen Zahlen.

Ganz ähnlich verhält es sich mit der Bildung der Ableitung. Wir kennen die Rechenregel

$$\frac{\mathrm{d}}{\mathrm{d}x}[\lambda f(x) + \mu g(x)] = \lambda \frac{\mathrm{d}}{\mathrm{d}x} f(x) + \mu \frac{\mathrm{d}}{\mathrm{d}x} g(x),$$

die kürzer aufgeschrieben $(\lambda f(x) + \mu g(x))' = \lambda f'(x) + \mu g'(x)$ lautet. Die Anwendung der Ableitung ist also mit der Bildung der Linearkombination vertauschbar, und somit ist die Abbildung

$$\psi\ :\ C^1([a,b]) \to C([a,b]) \quad \text{vermöge} \quad \psi\ :\ f \mapsto f' = \frac{\mathrm{d}}{\mathrm{d}x} f$$

aus dem Vektorraum $C^1([a, b])$ der einmal stetig differenzierbaren Funktionen in den Raum der stetigen Funktionen linear.

Mit etwas Phantasie können wir sowohl der Bildung der Ableitung in der Abbildung ψ als auch der Bestimmung des Integrals in der Abbildung φ eine Schreibweise in Anlehnung an einen Faktor abgewinnen, der vor dem Argument – in unserem Fall der Funktion – steht. In der Eselsbrücke dieser Faktorschreibweise liegt natürlich eine Gefahr, denn einige nichtlineare Funktionen stehen genauso harmlos vor dem Argument.

Wir schließen mit einer besonders seltsamen linearen Abbildung. Ihre Seltsamkeit liegt in ihrer Schlichtheit. Wir bilden nämlich mit χ eine stetige Funktion $f \in C(\mathbb{R})$ über den reellen Zahlen auf ihren Funktionswert an der Stelle $x = 0$ ab. Das bedeutet

$$\chi\ :\ C(\mathbb{R}) \to \mathbb{R} \quad \text{vermöge} \quad \chi\ :\ f \mapsto f(0).$$

Diese Zeile sollte man sich mitsamt ihren Details auf der Zunge zergehen lassen. Die Auswertung einer Funktion an der Stelle $x = 0$, also die Anwendung der Abbildung χ, ist mit der Bildung der Linearkombination vertauschbar ist. Der Beweis

$$\lambda f(0) + \mu g(0) = \chi(\lambda f + \mu g) = \lambda \chi(f) + \mu \chi(g) = \lambda f(0) + \mu g(0)$$

enthält als hauptsächliche Schwierigkeit, die sehr ähnlich aussehenden Argumentationsschritte inhaltlich voneinander zu unterscheiden. Versuchen Sie es.

8.3 Und wozu jetzt genau?

Okay, es wird verdammt schwierig, das Wissen um die Linearität und Nichtlinearität von Abbildungen und Funktionen und selbst eine sehr ausgeprägte Vorstellung davon, beruflich direkt in Geld umzusetzen. Für Klausuraufgaben ist es nützlich. Aber beides ist nicht der Grund, warum wir das Konzept der Linearität so lang und ausführlich diskutiert haben.

Es geht vielmehr darum, dass das Konzept der Linearität und sein sicherer Gebrauch zum Grundwortschatz jeder Verwendung von mathematischen Ausdrucksweisen gehört. Jemand, der eine 60 cm-Pizza wirklich für doppelt so groß hält wie eine 30 cm-Pizza, wird im Alltagsleben belächelt werden, und das völlig zu Recht, denn die Fläche der Pizza, mithin ihre Größe, wächst mit dem Quadrat des Radius $F(r) = \pi r^2$. Selbst wenn man die Flächenformel des Kreises nicht kennt, so sieht doch – ausgenommen Studierende in der Mathematikprüfung – jeder, dass die 60 cm-Pizza deutlich mehr als doppelt so groß ist wie die 30 cm-Pizza. Die Pizzagröße ist eine nichtlineare Funktion ihres Radius oder ihres Durchmessers.

Stellen Sie sich Jack Sparrow vor – oh sorry, Captain Jack Sparrow –, der aus einer 60 cm-Pizza eine 30 cm-Pizza herausschneidet, dieses Stück seinem Kollegen Barbossa gibt und lächelnd sagt: „Gerecht geteilt, nicht wahr?"

Wenn schon das Alltagsleben eine Grundvorstellung von Linearität für unabdingbar hält, können Sie sicher sein, dass jede Form von Wissenschaft eine falsche oder unreflektierte Verwendung der Linearität schwer erträglich findet. Die Wurzel aus dem Doppelten einer Zahl ist ebensowenig das Doppelte der Wurzel wie Sie für doppelt so viel Gesang doppelt so viel Applaus bekommen.

Auf der anderen Seite ist die Linearität einer Abbildung ein Türöffner zu einer Menge mathematischer und außermathematischer Techniken und Überlegungen. Häufig kommt es vor, dass man weitere Überlegungen erst anstellen kann, wenn man von einer Abbildung oder einer Funktion weiß, dass sie linear ist. Deshalb versucht man, so oft es geht, Zusammenhänge durch lineare Funktionen zu beschreiben, vgl. Kap. 11.

Andererseits kann man für lineare Abbildungen mit einfachen Mitteln weit mehr Aussagen treffen als für jede andere Funktionenklasse, wie wir in Kap. 9 sehen werden. Deshalb streben wir in der Physik, in den Ingenieurwissenschaften und, wann immer es irgendwie geht, auch in der Biologie, der Medizin, der Soziologie und anderen Wissenschaften nach einer Beschreibung von realen Vorgängen durch lineare Funktionen.

Kern und Bild: Sind Sonne und Schatten mathematische Gebilde?

9

Der Sonne ist es egal, ob wir auf Erden Mathematik betreiben oder nicht. Sie scheint, und ihr Licht wirft Schatten. Selbst der Schatten schert sich eher um die Wolken als um mathematische Überlegungen.

Aber wir können den Schattenwurf als eine lineare Abbildung interpretieren. Ein doppelt so hoher Turm wirft einen doppelt so langen Schatten, und wenn wir eine Fahne auf einen Turm stellen, so ist der Schatten dieser Konstruktion so lang wie der Schatten des Turms und der Schatten der Fahne zusammen. Die Länge des Schattens ist also eine lineare Abbildung der Höhe des Objekts, das den Schatten wirft. Die Höhe ist das Urbild, das auf das Bild oder den Funktionswert, nämlich die Länge des Schattens, abgebildet wird.

Wir können den Schattenwurf als eine Anschauung einer linearen Abbildung verwenden. Wir werden sehen, dass bereits das einfache Beispiel des Schattenwurfs einige interessante Eigenschaften linearer Abbildungen erhält.

9.1 Kern und Bild einer linearen Abbildung

Betrachten wir den Schattenwurf in Abb. 9.1. Die Sonne steht im Winkel von 45° über der negativen x_2-Achse. Wie es sich für die Sonne gehört, steht sie sehr weit weg. Wir denken uns ihre Strahlen parallel, was ganz exakt natürlich nur möglich wäre, wenn das Sonnenlicht aus unendlicher Ferne käme.

Wir denken uns die horizontale Ebene, die durch die Koordinatenachsen in x_1- und in x_2-Richtung aufgespannt wird, als Boden, und jeder Punkt wirft mittels der Sonnenstrahlen einen Schatten auf diese Ebene. Um den zweidimensionalen Schatten von den Punkten im dreidimensionalen Raum zu unterscheiden, versehen wir die Bildebene, also die Ebene, auf der gedanklich der Schatten entsteht, mit Koordinaten y_1 und y_2. Die Namen sind andere, aber in der bildlichen Darstellung gilt in der Schattenebene $y_1 = x_1$ und $y_2 = x_2$.

© Der/die Autor(en), exklusiv lizenziert durch Springer-Verlag GmbH, DE, ein Teil von Springer Nature 2021
D. Langemann, *So einfach ist Mathematik – Zwölf Herausforderungen im ersten Semester*, https://doi.org/10.1007/978-3-662-63720-3_9

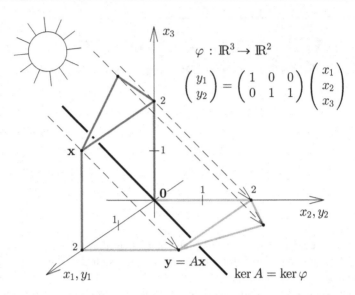

Abb. 9.1 In geeigneten Koordinaten generiert der Schattenwurf der Sonne eine lineare Abbildung φ der Punkte $\mathbf{x} = (x_1, x_2, x_3)^T$ des dreidimensionalen Raums $\mathbb{R}^3$ auf ihre Schatten $\mathbf{y} = (y_1, y_2)^T \in \mathbb{R}^2$ in der Ebene, vgl. Gl. 9.1. Der Schatten der aufrecht stehenden Fassade ist etwas blasser dargestellt. Der Kern der Abbildung besteht aus allen Punkten, deren Schatten $\mathbf{0} \in \mathbb{R}^2$ ist. Der Kern ist die Gerade in Richtung Sonne

Betrachten wir nun einen Punkt $(x_1, x_2, x_3)^T$ wie beispielsweise den Punkt $(0, 0, 2)^T$, welcher auf der x_3-Achse liegt. Ein solcher Punkt liegt im Abstand von x_3 über der Stelle (x_1, x_2), die in der Schattenebene liegt. Da das Licht in Abb. 9.1 im $45°$-Winkel von links kommt, fällt der Schatten dieses Punktes in x_2-Richtung um den Abstand x_3 nach rechts versetzt auf die Ebene. Der Schatten hat somit die Komponente $y_2 = x_2 + x_3$. In x_1- bzw. y_1-Richtung wird der Schatten nicht versetzt, da das Licht parallel zur vertikalen (x_2, x_3)-Ebene eintrifft. Wir erhalten für $y_1 = x_1$ und $y_2 = x_2 + x_3$ in Matrixschreibweise die Abbildung

$$\varphi : \mathbb{R}^3 \to \mathbb{R}^2, \; \varphi : \mathbf{x} \mapsto \mathbf{y} = A\mathbf{x} \; \text{mit} \; A = \begin{pmatrix} 1 & 0 & 0 \\ 0 & 1 & 1 \end{pmatrix} \in \mathbb{R}^{2 \times 3}, \qquad (9.1)$$

denn

$$A\mathbf{x} = \begin{pmatrix} 1 & 0 & 0 \\ 0 & 1 & 1 \end{pmatrix} \begin{pmatrix} x_1 \\ x_2 \\ x_3 \end{pmatrix} = \begin{pmatrix} x_1 \\ x_2 + x_3 \end{pmatrix} = \begin{pmatrix} y_1 \\ y_2 \end{pmatrix} = \mathbf{y}.$$

Überlegen Sie, wie Sie von den komponentenweisen Vorschriften $y_1 = x_1$ und $y_2 = x_2 + x_3$ zur Matrix A kommen.

Fragen wir uns – und vielleicht zuerst als kleine Spielerei –, welche Punkte durch den Schattenwurf auf den Nullpunkt $\mathbf{0} = (0, 0)^T \in \mathbb{R}^2$ mit $y_1 = 0$ und $y_2 = 0$ abgebildet werden. Wir erhalten die Bedingungen

$$0 = x_1 = y_1 \quad \text{und} \quad 0 = x_2 + x_3 = y_2.$$

Alle Punkte $\mathbf{x} = (x_1, x_2, x_3)^T \in \mathbb{R}^3$, die diese Bedingung erfüllen, werden durch die Abbildung φ, d. h. bei Multiplikation mit der Matrix A aus Gl. 9.1, auf den zweidimensionalen Nullpunkt der Schattenebene abgebildet. Das sind alle Punkte $\mathbf{x}$ mit $x_1 = 0$ und beliebigen x_2, wenn x_3 so gewählt wird, dass es sich mit x_2 zu null ergänzt. Wenn wir einen beliebigen Parameter $x_2 = s$ einführen, so erhalten wir zwingend $x_3 = -s$. Nebenbei erinnern wir uns, dass das griechische Lehnwort Parämeter auf dem zweiten a betont wird.

Die auf $\mathbf{0} \in \mathbb{R}^2$ abgebildeten Punkte sind somit alle Punkte der Form

$$\mathbf{x} = \begin{pmatrix} 0 \\ s \\ -s \end{pmatrix}, \quad \text{denn} \quad A\mathbf{x} = \begin{pmatrix} 1 & 0 & 0 \\ 0 & 1 & 1 \end{pmatrix} \begin{pmatrix} 0 \\ s \\ -s \end{pmatrix} = \begin{pmatrix} 0 \\ s + (-s) \end{pmatrix} = \begin{pmatrix} 0 \\ 0 \end{pmatrix}. \quad (9.2)$$

Wir wissen damit, dass alle diese Punkte $\mathbf{x} = (0, s, -s)^T \in \mathbb{R}^3$, die auf einer $45°$-Geraden über der y_2-Achse liegen, auf den Nullpunkt abgebildet werden. Die Menge aller dieser Punkte werden wir in Kürze den Kern der Abbildung φ und der Matrix A nennen. Wir können sie uns als einen unendlich langen Stab vorstellen, der in Richtung der Sonne zeigt. In Abb. 9.1 ist dieser dick eingetragen.

Weiterhin wissen wir, dass die Punkte, die bereits in der (x_1, x_2)-Ebene liegen, sozusagen am Boden bei $x_3 = 0$, genau dort bei $y_1 = x_1$ und $y_2 = x_2$ ihren Schatten haben. Wir könnten uns also fragen, welche Punkte ihren Schatten ebenfalls dort haben, und wir finden

$$\mathbf{x} = \begin{pmatrix} x_1 \\ x_2 \\ 0 \end{pmatrix} + \begin{pmatrix} 0 \\ s \\ -s \end{pmatrix} \quad \text{mit} \quad A\mathbf{x} = \begin{pmatrix} x_1 \\ x_2 \end{pmatrix} + \begin{pmatrix} 0 \\ 0 \end{pmatrix} = \begin{pmatrix} y_1 \\ y_2 \end{pmatrix}. \quad (9.3)$$

Hiermit haben wir $\mathbf{x} \in \mathbb{R}^3$ in eine Summe aus einem Vektor in der Schattenebene und einen Vektor, der auf den Nullpunkt abgebildet wird, zerlegt. Der erste Vektor $(x_1, x_2, 0)^T \in \mathbb{R}^3$ geht in diesem speziellen Fall unter der Abbildung φ in denselben Punkt über, der in der Schattenebene die Koordinate $(x_1, x_2)^T \in \mathbb{R}^2$ hat. Der zweite Vektor $\mathbf{x} = (0, s, -s)^T \in \mathbb{R}^3$ versinkt unter φ im Nullpunkt $\mathbf{0} \in \mathbb{R}^2$. Bereits diese Zerlegung macht es mathematisch interessant, solche Eigenschaften von linearen Abbildungen genauer zu betrachten.

Wir erinnern uns daran, dass wir in Kap. 8 festgestellt hatten, dass jede lineare Abbildung $\varphi : \mathbb{R}^n \to \mathbb{R}^m$ von einem n-dimensionalen Euklidischen Raum in einen m-dimensionalen Euklidischen Raum durch eine Matrix $A \in \mathbb{R}^{m \times n}$ beschrieben wird. Wir identifizieren die Matrix A mit der linearen Abbildung φ.

Alle folgenden Eigenschaften und Begriffe betreffen somit gleichzeitig lineare Abbildungen zwischen endlich-dimensionalen Vektorräumen und Matrizen.

Definition 9.1 Der Kern einer linearen Abbildung $\varphi : \mathbb{R}^n \to \mathbb{R}^m$ vermöge $\varphi : \mathbf{x} \mapsto \mathbf{y} = A\mathbf{x}$ mit der Matrix $A \in \mathbb{R}^{m \times n}$ ist die Menge

$$\ker \varphi = \ker A = \{ \mathbf{x} \in \mathbb{R}^n : A\mathbf{x} = \mathbf{0} \in \mathbb{R}^m \}$$

der Vektoren des Urbildraums $\mathbb{R}^n$, die auf $\mathbf{0}$ im Bildraum $\mathbb{R}^m$ abgebildet werden. ♦

Wir achten darauf, dass der Kern einer linearen Abbildung eine Menge ist und eine Teilmenge des Urbildraums. In unserem Beispiel enthält der Kern alle Punkte $\mathbf{x} = (0, s, -s)^\mathsf{T} \in \mathbb{R}^3$ längs des Stabs in Richtung Sonne. Wir haben den Kern in Gl. 9.2 schon ausgerechnet.

Da jede lineare Abbildung den Nullvektor $\mathbf{0} \in \mathbb{R}^n$ des Urbildraums auf den Nullvektor $\mathbf{0} \in \mathbb{R}^m$ des Bildraums abbildet, gilt $\mathbf{0} \in \ker \varphi \subseteq \mathbb{R}^n$ für jede lineare Abbildung $\varphi : \mathbb{R}^n \to \mathbb{R}^m$. Deshalb wird ein Kern $\ker = \{\mathbf{0}\}$, der nur den Nullvektor enthält, als trivialer Kern bezeichnet. Einem trivialen Kern, der punktförmig ist, ordnen wir die Dimension $\dim\{\mathbf{0}\} = 0$ zu.

In Gl. 9.3 haben wir alle Vektoren $\mathbf{x}$ in eine Summe aus zwei Vektoren zerlegt. Der zweite Summand stammt aus dem Kern und wird auf den Nullvektor des Bildraums abgebildet. Der erste Summand lässt sich dem Schatten eindeutig zuordnen, weil er in diesem Beispiel selbst schon in der Schattenebene liegt. Solche Zerlegungen wollen wir genauer untersuchen.

Dazu bezeichnen wir die Menge aller vorkommenden Bilder wie schon in Kap. 4 als das Bild $\operatorname{im} \varphi$ der linearen Abbildung. Es ist

$$\operatorname{im} \varphi = \operatorname{im} A = \{ \mathbf{y} \in \mathbb{R}^m : \exists\, \mathbf{x} \in \mathbb{R}^n : A\mathbf{x} = \mathbf{y} \in \mathbb{R}^m \}.$$

Wir lesen diese Zeile als die Menge aller Elemente $\mathbf{y}$ des Bildraums, für die es tatsächlich mindestens ein Urbild $\mathbf{x}$ gibt, das auf $\mathbf{y}$ abgebildet wird. Kurz können wir uns merken, dass das Bild einer Abbildung die Menge aller Bildelemente ist.

Sie prüfen leicht nach, dass der Kern und das Bild einer Abbildung selbst Vektorräume sind, denn die Linearkombination zweier Elemente, die auf $\mathbf{0}$ abgebildet werden, wird unter einer linearen Abbildung auch auf $\mathbf{0}$ abgebildet. Nehmen wir hingegen zwei Bildelemente, also zwei $\mathbf{y}_1 \in \operatorname{im} \varphi$ und $\mathbf{y}_2 \in \operatorname{im} \varphi$, so gibt es Urbilder $\mathbf{x}_1$ und $\mathbf{x}_2$ mit $\varphi(\mathbf{x}_1) = \mathbf{y}_1$ und $\varphi(\mathbf{x}_2) = \mathbf{y}_2$. Die Linearität von φ bedeutet die Vertauschbarkeit mit der Linearkombination, und wir finden

$$\varphi(\lambda_1 \mathbf{x}_1 + \lambda_2 \mathbf{x}_2) = \lambda_1 \varphi(\mathbf{x}_1) + \lambda_2 \varphi(\mathbf{x}_2) = \lambda_1 \mathbf{y}_1 + \lambda_2 \mathbf{y}_2 \in \operatorname{im} \varphi.$$

Mit Gl. 9.3 sehen wir, dass es Richtungen gibt, die bei Anwendung der linearen Abbildung φ überleben, nämlich im Bild auftauchen, und solche Richtungen, die in der $\mathbf{0} \in \mathbb{R}^m$ des Bildraums versinken. Wir haben in dieser Gleichung alle Elemente als Summe eines Elements aus dem Kern und eines Elements aus dem Bildraum darstellen können. Zwar war unsere Abbildung φ mit der Matrix A im Beispiel besonders einfach, aber wir können einer ähnlichen Zerlegung immer einen Sinn verleihen, vgl. Abb. 9.3a.

Wir können jeden Vektor $\mathbf{x}$ als Linearkombination der Einheitsvektoren $\mathbf{e}_k$, $k = 1$, ..., n schreiben, und wir können auch jedes Bild $\mathbf{y}$ als Linearkombination der Bilder der Einheitsvektoren darstellen. In Kap. 8 haben wir gesehen, dass die Bilder der Einheitsvektoren die Spalten der Matrix A sind, vgl. Gl. 8.8. Da es n Einheitsvektoren gibt, ist die Dimension des Bildes im A höchstens n. Sie kann aber kleiner sein, falls die Bilder $A\mathbf{e}_k$ linear abhängig sind.

Dieses Phänomen untersuchen wir genauer, indem wir eine Abbildung φ : $\mathbb{R}^n \rightarrow \mathbb{R}^m$ betrachten und eine Basis des Kerns ker φ wählen. Diese sei $\{\mathbf{v}_1, \dots, \mathbf{v}_k\}$. Dabei ist k die Dimension des Kerns und als solche nicht größer als die Dimension n des Definitionsbereichs. Falls $k < n$ ist, ergänzen wir die Basis des Kerns durch linear unabhängige Vektoren $\mathbf{v}_{k+1}, \dots, \mathbf{v}_n$ zu einer Basis des $\mathbb{R}^n$. Die hinzugenommenen Vektoren liegen nicht im Kern und werden somit nicht auf den Nullvektor $\mathbf{0} \in \mathbb{R}^m$ abgebildet.

Es gilt noch mehr, denn die Bilder der neu hinzugekommenen Vektoren $\varphi(\mathbf{v}_{k+1}), \dots, \varphi(\mathbf{v}_n)$ sind linear unabhängig. Dies zeigen wir, indem wir eine Linearkombination der Bildvektoren ansetzen und annehmen, diese wäre null. Dann gilt

$$\mathbf{0} = \lambda_{k+1}\varphi(\mathbf{v}_{k+1}) + \dots + \lambda_n\varphi(\mathbf{v}_n) = \varphi(\lambda_{k+1}\mathbf{v}_{k+1} + \dots + \lambda_n\mathbf{v}_n) \in \mathbb{R}^m,$$

wobei die gleich mit aufgeschriebene Vertauschung der Linearkombination mit der linearen Abbildung wegen der Linearität von φ zulässig ist. Wir sehen, dass die Linearkombination $\lambda_{k+1}\mathbf{v}_{k+1} + \dots + \lambda_n\mathbf{v}_n \in \mathbb{R}^n$ auf $\mathbf{0} \in \mathbb{R}^m$ abgebildet wird und damit im Kern ker $\varphi \subset \mathbb{R}^n$ liegen müsste. Allerdings wird der Kern von den Vektoren $\mathbf{v}_1, \dots, \mathbf{v}_k$ seiner Basis aufgespannt, und die zusätzlichen Vektoren $\mathbf{v}_{k+1}, \dots, \mathbf{v}_n$ sind von den Vektoren $\mathbf{v}_1, \dots, \mathbf{v}_k$ aus der Basis des Kerns linear unabhängig. Somit sind die Koeffizienten $\lambda_{k+1}, \dots, \lambda_n$ null, und die neu hinzugekommenen Vektoren haben linear unabhängige Bilder, die das gesamte Bild im φ aufspannen.

Wir können allgemein sagen, dass die Abbildung φ die Vektoren $\mathbf{v}_1, \dots, \mathbf{v}_k$ in der Null des Bildraums versinken lässt, während die übrigen Vektoren $\mathbf{v}_{k+1}, \dots,$ $\mathbf{v}_n$, welche die erstgenannten Vektoren zu einer Basis des Definitionsbereichs $\mathbb{R}^n$ ergänzen, die Anwendung der linearen Abbildung φ als linear unabhängige Vektoren $\varphi(\mathbf{v}_{k+1}), \dots, \varphi(\mathbf{v}_n)$ überleben.

Von den n Dimensionen des Urbildraums versinken also $k = \dim \ker A$ in der Null, und die anderen $n - k$ überleben im Bild. Es gilt der Dimensionssatz

$$n = \dim \ker A + \dim \operatorname{im} A. \tag{9.4}$$

Die Dimension des Bildraums im A, also die Anzahl linear unabhängiger Spalten von A, heißt auch Rang von A und wird mit rk $A = \dim \operatorname{im} A$ nach dem englischen Wort rank für Rang bezeichnet. Manchmal wird auch rg A verwendet. Der Rang einer Matrix gibt an, wie viele linear unabhängige Richtungen nach Anwendung der zu A gehörenden linearen Abbildung φ noch da sind. Wir werden in Abschn. 9.2 sehen, dass wir damit eine wichtige Eigenschaft der Matrix A und damit der linearen Abbildung φ bezeichnet haben.

In Abb. 9.2 ist die Situation schematisch dargestellt. Der Urbildraum oder Definitionsbereich der Abbildung $\varphi : \mathbb{R}^3 \to \mathbb{R}^3$ wird von den Vektoren $\mathbf{v}_1$, $\mathbf{v}_2$, $\mathbf{v}_3$ aufgespannt. Exemplarisch ist der Vektor $\mathbf{x} = 1 \cdot \mathbf{v}_1 + 1 \cdot \mathbf{v}_2 + 1 \cdot \mathbf{v}_3$ eingetragen. Da $\mathbf{v}_1$ im Kern liegt und auf die Null $\mathbf{0} \in \mathbb{R}^m$ des Bildraums abgebildet wird, enthält das Bild von $\mathbf{x}$, wie auch das von jedem anderen Vektor, nur noch Komponenten $\varphi(\mathbf{x}) = 1 \cdot \varphi(\mathbf{v}_2) + 1 \cdot \varphi(\mathbf{v}_3)$ der anderen beiden Vektoren $\mathbf{v}_2$ und $\mathbf{v}_3$. Das Bild im φ ist ein zweidimensionaler Unterraum des dreidimensionalen Bildbereichs. In diesem Beispiel versinkt $\mathbf{v}_1$ in der Null, während $\mathbf{v}_2$ und $\mathbf{v}_3$ als nicht verschwindende Bilder $\varphi(\mathbf{v}_2)$ und $\varphi(\mathbf{v}_3)$ überleben.

In unserem Beispiel mit dem Schattenwurf der Sonne in Gl. 9.1 war die Situation besonders einfach. Dort versinkt der Vektor $\mathbf{v}_1 = \mathbf{x} = (0,\ s,\ -s)^{\mathrm{T}}$ aus dem Kern in der Null $\mathbf{0} \in \mathbb{R}^2$, vgl. Gl. 9.2. Der gesamte Stab in diese Richtung hat nur den Nullpunkt der Schattenebene als Schatten. Die anderen beiden Richtungen bleiben beim Schattenwurf unverändert, denn sie sind bereits ihre eigenen Schatten. Berechnen Sie $\varphi(\mathbf{v}_1)$, $\varphi(\mathbf{v}_2)$ und $\varphi(\mathbf{v}_3)$. Interpretieren Sie die unterschiedlichen Komponentenanzahlen in $\mathbf{v}_2$ und $\varphi(\mathbf{v}_2)$.

Zum Schluss dieses Abschnitts betrachten wir ein auf den ersten Blick etwas verwirrendes Beispiel. Gegeben sei die Matrix

$$T = \begin{pmatrix} 1 & 1 \\ -1 & -1 \end{pmatrix}$$

als Abbildung $T : \mathbb{R}^2 \to \mathbb{R}^2$, also vom zweidimensionalen Euklidischen Raum in sich. Wir rechnen den Kern aus. Das sind alle Vektoren $\mathbf{x} = (x_1, x_2)^{\mathrm{T}}$, bei denen die Summe der Komponenten null ist. Gleichzeitig erkennen wir, dass jeder Vektor

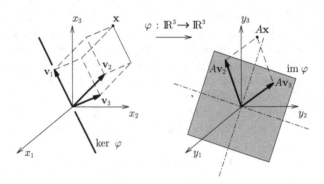

Abb. 9.2 Abbildung $\varphi : \mathbb{R}^3 \to \mathbb{R}^3$ mit einer Matrix $A \in \mathbb{R}^{3 \times 3}$ mit $\mathfrak{rk}\, A = 2$ und $A\mathbf{v}_1 = \mathbf{0}$. Das Bild im φ, das durch einen Ausschnitt der zweidimensionalen Bildebene gekennzeichnet ist, wird bereits von den Bildern von $\mathbf{v}_2$ und $\mathbf{v}_3$ aufgespannt, d. h. im $\varphi = \mathrm{span}\langle A\mathbf{v}_1, A\mathbf{v}_2, A\mathbf{v}_3 \rangle = \mathrm{span}\langle A\mathbf{v}_2, A\mathbf{v}_3 \rangle$ wegen $\varphi(\mathbf{v}_1) = A\mathbf{v}_1 = \mathbf{0}$

bei Multiplikation mit T ein Bild erzeugt, deren Komponenten sich nur um das Vorzeichen unterscheiden. Wir erhalten also

$$\ker T = \operatorname{span}\left\langle \begin{pmatrix} 1 \\ -1 \end{pmatrix} \right\rangle = \left\{ \begin{pmatrix} s \\ -s \end{pmatrix} : s \in \mathbb{R} \right\} \text{ und } \operatorname{im} T = \operatorname{span}\left\langle \begin{pmatrix} 1 \\ -1 \end{pmatrix} \right\rangle.$$

Scheinbar sind Kern und Bild dieselbe Menge. Das stimmt auf der rein technischen Ebene. Aber der Kern ist ein Teilraum des Definitionsbereichs, und das Bild ist ein Teilraum des Bildbereichs. Der Kern wird vom Vektor $\mathbf{v}_1 = (1, -1)^{\mathrm{T}}$ aufgespannt, der bei Anwendung von T in der Null versinkt. Ein davon linear unabhängiger Vektor ist beispielsweise $\mathbf{v}_2 = (1, 1)^{\mathrm{T}}$. Die Vektoren $\mathbf{v}_1$ und $\mathbf{v}_2$ spannen den $\mathbb{R}^2$ auf. Sie bilden eine Basis. Das Bild der Abbildung ist $\operatorname{im} T = \operatorname{span}\langle T\mathbf{v}_1, T\mathbf{v}_2 \rangle = \operatorname{span}\langle T\mathbf{v}_2 \rangle$. In diesem speziellen Fall ist $T\mathbf{v}_2 = 2\mathbf{v}_1$. Allerdings ist $T\mathbf{v}_2$ im Bildbereich $\mathbb{R}^2$ und $2\mathbf{v}_1$ im Definitionsbereich $\mathbb{R}^2$ definiert. Rein technisch sind beides zweidimensionale Vektoren, die gleichgesetzt werden können. Inhaltlich hilft uns die Unterscheidung zwischen dem Definitionsbereich $\mathbb{R}^2$ und dem Wertebereich $\mathbb{R}^2$ beim Mitdenken ihrer Rollen in der linearen Abbildung.

Wir hätten für diese Überlegung auch jeden anderen Vektor $\mathbf{v}_2$, der nicht gerade im Kern von T liegt, nehmen können. Sein Bild wäre ebenfalls ein Vielfaches von $\mathbf{v}_1$.

9.2 Aussagen über lineare Abbildungen

9.2.1 Wirkung und Darstellung einer linearen Abbildung

Hier betrachten wir zwei Abbildungen vom zweidimensionalen Euklidischen Raum $\mathbb{R}^2$ in den zweidimensionalen Euklidischen Raum $\mathbb{R}^2$. Zwei Dimensionen können wir in einer Ebene darstellen. In Abb. 9.3 haben wir einige Urbilder und die zugehörigen Bilder eingezeichnet.

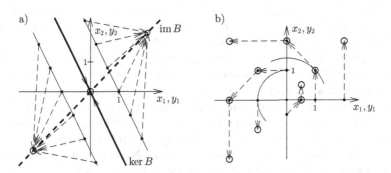

Abb. 9.3 Zwei lineare Abbildungen. Urbilder sind als Punkte dargestellt. Die Pfeile zeigen auf ihre Bilder, die als Kreise wiedergegeben sind. (**a**) Abbildung $\psi_1 : \mathbb{R}^2 \to \mathbb{R}^2$ vom Rang 1 aus Gl. 9.5. Dick eingezeichnet ist der Kern $\ker \psi_1 = \ker B$ als Unterraum des Definitionsbereichs, und dick gestrichelt ist das Bild $\operatorname{im} \psi_1$ als Unterraum des Bildbereichs. (**b**) Die Abbildung $\psi_2 : \mathbb{R}^2 \to \mathbb{R}^2$ mit vollem Rang 2 aus Gl. 9.6 ist eine Drehstreckung

In Abb. 9.3a haben wir dies für die Abbildung

$$\psi_1 : \mathbb{R}^2 \to \mathbb{R}^2, \ \psi_1 : \mathbf{x} \mapsto \mathbf{y} = B\mathbf{x} \ \text{mit} \ B = \begin{pmatrix} 2 & 1 \\ 2 & 1 \end{pmatrix} \in \mathbb{R}^{2 \times 2} \quad (9.5)$$

mit einer Auswahl von Urbildern getan. Wir sehen, dass jeder Vektor $\mathbf{x} = (x_1, x_2)^{\mathrm{T}}$ auf einen Vektor $\mathbf{y}$ mit zwei gleichen Komponenten, nämlich $y_1 = y_2 = 2x_1 + x_2$, abgebildet wird. Das Bild im B ist genau die Diagonale. Die Dimension des Bildes ist 1, denn die Diagonale wird als Gerade von einem einzigen Vektor, beispielsweise von $(1, 1)^{\mathrm{T}}$, erzeugt. Damit ist der Rang rk $A = 1$. In der Tat sind die beiden Spalten voneinander linear abhängig, denn die erste Spalte ist das Doppelte der zweiten.

Außerdem sehen wir, dass es Vektoren $\mathbf{x}$ gibt, die auf $\mathbf{0}$ abgebildet werden. In diesem Fall sind dies die Vektoren der Form $\mathbf{x} = (t, -2t)^{\mathrm{T}}$, denn beide Zeilen der Bedingung $B\mathbf{x} = \mathbf{0}$ liefern dieselbe Gleichung $2x_1 + x_2 = 0$. Diese eine Gleichung für zwei Unbekannte liefert uns die zweite Unbekannte in Abhängigkeit von der frei wählbaren ersten $x_1 = t$. Also gilt $x_2 = -2t$.

Der Kern und das Bild von B sind zwei eindimensionale Unterräume des $\mathbb{R}^2$, der hier als Bild- und als Definitionsbereich vorkommt. Der Kern versinkt in der Null, und jede davon abweichende Richtung überlebt. Zwei Vektoren, einer im Kern und einer nicht, bilden also eine Basis des Definitionsbereichs $\mathbb{R}^2$.

Von etwas anderer Natur ist das Beispiel

$$\psi_2 : \mathbb{R}^2 \to \mathbb{R}^2, \ \psi_2 : \mathbf{x} \mapsto \mathbf{y} = C\mathbf{x} \ \text{mit} \ C = \begin{pmatrix} 1 & -1 \\ 1 & 1 \end{pmatrix} \in \mathbb{R}^{2 \times 2}, \quad (9.6)$$

das in Abb. 9.3b dargestellt ist. Die Matrix C wirkt, indem sie die Vektoren $\mathbf{x} = (x_1, x_2)^{\mathrm{T}}$ um 45° dreht und um den Faktor $\sqrt{2}$ streckt. Bei dieser Drehstreckung kommt nur $\mathbf{0}$ heraus, wenn $\mathbf{x}$ bereits $\mathbf{0}$ war. Ihr Kern ist der triviale Kern ker $C = \{\mathbf{0}\}$, der nur den Nullvektor enthält. Dies ist ein oder vielmehr der nulldimensionale Vektorraum, und nach dem Dimensionssatz ist das Bild zweidimensional. Da der Bildbereich $\mathbb{R}^2$ zwei Dimensionen hat, gilt wegen dim im $C = 2$ die Gleichheit im $C = \mathbb{R}^2$. Der Rang von C ist rk $C = 2$ und so groß, wie er nur sein kann. Wir sprechen in einem solchen Fall vom Vollrang der Matrix C.

Da jedes Element des Bildbereichs mindestens einmal vorkommt und kein Nichtnullelement in der Null versinkt, ist die additive Zerlegung der Vektoren des $\mathbb{R}^2$ in einen Vektor aus dem Kern und einen Vektor in eine andere Richtung trivial, denn im Kern ist nur der Nullvektor enthalten. Es gibt somit nur ein Urbild $\mathbf{x}$, das auf ein Bild $\mathbf{y}$ abgebildet wird. Gäbe es nämlich zwei Urbilder mit $C\mathbf{x}_1 = C\mathbf{x}_2 = \mathbf{y}$, so wäre $\mathbf{y}_2 - \mathbf{y}_1 = C(\mathbf{x}_2 - \mathbf{x}_1) = \mathbf{0}$. Dann würde $\mathbf{x}_2 - \mathbf{x}_1$ auf $\mathbf{0}$ abgebildet und wäre im Kern $\mathbf{x}_2 - \mathbf{x}_1 \in$ ker $C = \{\mathbf{0}\}$. Im Kern ist nur der Nullvektor, und die Differenz zwischen $\mathbf{x}_2$ und $\mathbf{x}_1$ ist der Nullvektor. Also sind $\mathbf{x}_1$ und $\mathbf{x}_2$ gleich.

Damit können wir zu jedem $\mathbf{y} \in \mathbb{R}^2$ genau ein Urbild $\mathbf{x} \in \mathbb{R}^2$ mit $C\mathbf{x} = \mathbf{y}$ finden. Die Abbildung ψ_2 kann umgekehrt werden. Die Drehstreckung C ist bijektiv. Geometrisch ist dies nicht überraschend, denn eine Stauchung um den vorigen

Faktor $\sqrt{2}$ und eine Rückdrehung um $-45°$ macht die Drehstreckung C wieder rückgängig.

9.2.2 Injektive und surjektive lineare Abbildungen

Mit den Begriffen Kern, Bild und Rang können wir übersichtliche Bedingungen dafür angeben, ob eine lineare Abbildung injektiv oder surjektiv ist. Die Abbildung $\varphi : \mathbb{R}^n \to \mathbb{R}^m$ mit der Matrix $A \in \mathbb{R}^{m \times n}$ ist surjektiv, wenn sie auf den gesamten Wertebereich abbildet, wenn also im $\varphi = \mathbb{R}^m$ ist. Das erfordert, dass die Dimension des Bildes gleich der Dimension des Wertebereichs dim im $\varphi = \text{rk}\, A = m$ ist. Es muss daher m linear unabhängige Spalten geben, oder – anders ausgedrückt – es müssen m linear unabhängige Richtungen bei Anwendung von φ bzw. von A überleben.

Ähnlich einfach geben wir eine Bedingung für die Injektivität an. Eine injektive Abbildung ist dadurch charakterisiert, dass jedes auftretende Bild nur ein Urbild hat. Also darf die $\mathbf{0} \in \mathbb{R}^m$ nur ein Urbild haben. Die Urbilder der $\mathbf{0} \in \mathbb{R}^m$ bilden den Kern. Somit ist es für die Injektivität der linearen Abbildung φ notwendig, dass der Kern nur aus der Null besteht. Injektive Abbildungen haben den trivialen Kern $\{\mathbf{0}\}$. Andererseits haben wir eben bei der Diskussion der Eigenschaften der Matrix C gesehen, dass die Differenz zweier Urbilder ein und desselben Bilds im Kern liegt. Somit ist die Eigenschaft ker $\varphi = \{\mathbf{0}\}$ auch hinreichend dafür, dass φ injektiv ist.

Fragen wir uns, unter welchen Bedingungen eine lineare Abbildung gleichzeitig injektiv und surjektiv, also bijektiv ist, so wissen wir, dass gleichzeitig der Kern ker φ nur aus dem Nullvektor besteht, also die Dimension 0 hat, und dass das Bild im φ die Dimension m hat. Nach dem Dimensionssatz in Gl. 9.4 gilt dann $n = 0 + m = \text{rk}\, A$.

Wir formulieren diese Erkenntnis als Satz.

Satz 9.1 *Die lineare Abbildung $\varphi : \mathbb{R}^n \to \mathbb{R}^m$ mit $A \in \mathbb{R}^{m \times n}$ ist genau dann bijektiv, wenn $n = m$ und* rk $A = n$ *gilt.*

Bijektive Abbildungen sind also diejenigen, die von $\mathbb{R}^n$ auf $\mathbb{R}^n$ abbilden und bei der alle linear unabhängigen Richtungen überleben. Wir finden zu jedem Element des Wertebereichs, also zu jedem $\mathbf{y} \in \mathbb{R}^n$, genau ein Urbild $\mathbf{x} \in \mathbb{R}^n$ mit $A\mathbf{x} = \mathbf{y}$. Bijektive Abbildungen sind – wie bereits in Kap. 8 und allgemeiner in Kap. 4 diskutiert – umkehrbar.

Die Umkehrabbildung einer bijektiven Abbildung $\varphi : \mathbb{R}^n \to \mathbb{R}^n$ vermöge $\varphi : \mathbf{x} \mapsto A\mathbf{x} = \mathbf{y}$ mit rk $A = n$ bildet in umgekehrte Richtung ab. Sie bildet $\mathbf{y}$ auf das ursprüngliche Urbild $\mathbf{x}$ ab, vgl. Abschn. 4.3. Das bedeutet

$$\varphi^{-1} : \mathbf{y} \mapsto \mathbf{x} = A^{-1}\mathbf{y}.$$

Die zugehörige Matrix A^{-1} heißt die zu A inverse Matrix. Sie hat zu Recht die hochgestellte -1 bekommen, denn die Nacheinanderausführung $\varphi^{-1} \circ \varphi$ der linearen Abbildung φ und ihrer Umkehrabbildung φ^{-1} liefert $\varphi^{-1}(\varphi(\mathbf{x})) = A^{-1}A\mathbf{x} = \mathbf{x}$. Damit gehört zur identischen Abbildung $\varphi^{-1} \circ \varphi : \mathbf{x} \mapsto \mathbf{x}$ die Matrix $A^{-1}A = I$. Diese lässt bei der Multiplikation alle Vektoren $\mathbf{x}$ unverändert und heißt Einheitsmatrix. Denken Sie kurz darüber nach, wie I aussieht.

Die Berechnung der inversen Matrix ist bestimmt keine Herausforderung und kein Stolperstein, würde aber den hiesigen Platz sprengen.

Wir vergewissern uns, dass wirklich nur bijektive lineare Abbildungen invertierbar sind. Ein Blick zurück auf Abb. 9.2 zeigt uns, dass der gesamte Kern in der Null versinkt. Versinkt jedoch eine Dimension im Kern, so können wir aus dem Bild $\mathbf{0}$ nicht schließen, welches Urbild es einmal war. Die Information über das Urbild ist versunken und nicht aus dem Bild rekonstruierbar. Eine lineare Abbildung, die nicht injektiv ist, ist somit nicht invertierbar. Ebenso wenig kann eine nicht surjektive Abbildung invertierbar sein, denn bei dieser gibt es Elemente des Bildbereichs, die kein Urbild haben. In Abb. 9.2 trifft dies auf alle Elemente des Bildbereichs zu, die nicht im gestrichelt markierten Bild im $A = \text{im } \varphi$ liegen.

Überlegen Sie, welche der Matrizen B, C oder T aus diesem Kapitel eine inverse Matrix hat und wie Sie diese möglichst ohne große Rechnung bestimmen könnten.

9.3   Unterbestimmte Gleichungssysteme

Die bisherigen Überlegungen zu Kernen und Bildern linearer Abbildungen gewinnen bei der Lösung von unterbestimmten Gleichungssystemen eine große praktische Kraft.

Erinnern wir uns an Schulaufgaben wie die folgende: Ein Mädchen kauft ein Stück Kuchen und ein Stück Torte und bezahlt fünf Euro. Am nächsten Tag kauft es vier Stück Kuchen und drei Stück Torte und bezahlt 17 Euro. Wie teuer sind der Kuchen und die Torte? Natürlich kann man die Sinnhaftigkeit dieser Aufgabe belächeln, denn wer bemüht eine Rechnung, anstatt aufs Preisschild zu schauen.

Sehen wir davon ab und glauben wir einen Moment, dass Gleichungssysteme ein wichtiges Werkzeug für viele Aufgaben und Anwendungen sind. Wir stellen fest, dass in der Schulaufgabe zwei Bedingungen für zwei unbekannte Preise gegeben sind. Aus diesen Bedingungen können wir Gleichungen aufstellen, und mit etwas Glück sind die Gleichungen auch eindeutig lösbar.

Wir stellen uns nun die geheimnisvolle Frage, welche Informationen man schon aus dem ersten Einkaufstag ziehen kann. Ingemarie – so heißt das Mädchen – hat für Kuchen und Torte fünf Euro bezahlt. Natürlich können wir nicht sagen, was der Kuchen und was die Torte kostet, aber die Preise sind auch nicht beliebig, denn ihre Summe ist 5.

Wir benennen die Preise mit x_1 und x_2. Dann gilt $x_1 + x_2 = 5$. Diese unscheinbare Gleichung schreiben wir als

$$\begin{pmatrix} 1 & 1 \end{pmatrix} \begin{pmatrix} x_1 \\ x_2 \end{pmatrix} = (5). \tag{9.7}$$

Wir haben damit eine lineare Abbildung $\varphi : \mathbb{R}^2 \to \mathbb{R}$ mit $\varphi : \mathbf{x} \mapsto A\mathbf{x}$ und $A = \begin{pmatrix} 1 & 1 \end{pmatrix} \in \mathbb{R}^{1\times 2}$auf den unbekannten Vektor $\mathbf{x} = (x_1, x_2)^{\mathrm{T}}$ angewendet und den Vektor $\mathbf{y} = (5) \in \mathbb{R}^1$ herausbekommen. Der Bildvektor hat die Dimension 1, und wir können ihn ohne jeden Bedeutungsverlust als reelle Zahl 5 ansehen. Nebenbei erinnern wir uns daran, dass diese Zahl 5 inhaltlich ein Vektor, nämlich $(5) \in \mathbb{R}^1$ bleibt. Die Erinnerung ist wichtig, weil wir Skalare ebenfalls als Zahlen wahrnehmen.

Unsere Frage nach den Informationen aus dem ersten Einkaufstag ist nun die nach allen Lösungen $\mathbf{x}$ der Gl. 9.7. Am liebsten würden wir die Matrix A invertieren, aber das geht schon wegen ihrer nicht quadratischen Form nicht. Aus Satz 9.1 wissen wir, dass nur quadratische Matrizen mit $m = n$ invertierbar sind, und darunter nur solche, die einen vollen Rang haben.

Die Abbildung φ mit $\varphi(\mathbf{x}) = A\mathbf{x}$ bildet den zweidimensionalen Raum $\mathbb{R}^2$, dessen Punkte die beiden Preise von Kuchen und Torte als Komponenten enthalten, auf den eindimensionalen Raum $\mathbb{R}^1$ ab. Nur eine Richtung kann überleben. Tatsächlich sind durch den Kauf von einem Vielfachen des Einkaufs aus einem Stück Kuchen und einem Stück Torte wenigstens theoretisch alle Preise erreichbar, und das Bild der Abbildung φ ist der ganze $\mathbb{R}^1$. Nach dem Dimensionssatz gibt es einen eindimensionalen Kern, und das ist

$$\ker A = \operatorname{span}\left\langle \begin{pmatrix} 1 \\ -1 \end{pmatrix} \right\rangle = \left\{ \begin{pmatrix} s \\ -s \end{pmatrix} : s \in \mathbb{R} \right\} \subset \mathbb{R}^2.$$

In den Bäckereinkauf zurückübersetzt, kosten ein Stück Kuchen und ein Stück Torte immer dann zusammen nichts, wenn das eine Stück den mit -1 multiplizierten Preis des anderen Stücks hat. Okay, das ist praktisch kaum möglich. Aber wir werden sehen, dass es trotzdem wichtig wird.

Wir stellen uns vor, dass wir wieder einen Schattenwurf haben. Das Bild $\mathbf{y} = (5)$ ist der Schatten, und wir suchen alle Punkte $\mathbf{x}$, die auf diesen Schatten abgebildet werden. Falls wir aber einen Punkt kennen, der auf $\mathbf{y}$ abgebildet wird, so können wir zu diesem Punkt jeden Vektor aus dem Kern addieren und erhalten wieder einen Punkt mit demselben Schatten. Erinnern Sie sich an den Stab in Richtung der Sonne in Abb. 9.1.

Im jetzigen Fall wäre $\mathbf{x} = (1, 4)^{\mathrm{T}}$ ein Punkt, der auf $\mathbf{y} = (5)$ abgebildet wird, denn die Summe der Komponenten von $\mathbf{x}$ ist 5.

Alle Punkte $\mathbf{x}$, die $A\mathbf{x} = (5)$ erfüllen, haben also die Gestalt

$$\mathbf{x} = \begin{pmatrix} 1 \\ 4 \end{pmatrix} + s \begin{pmatrix} 1 \\ -1 \end{pmatrix} = \mathbf{x}_{\mathrm{p}} + \mathbf{x}_{\mathrm{h}}, \tag{9.8}$$

wobei **x** für alle Parameter $s \in \mathbb{R}$ eine Lösung von Gl. 9.7 ist. Wenn wir an einen echten Bäcker denken, so sind nur die Werte s mit $-1 < s < 4$ wenigstens in dem Sinne möglich, dass die Preise positiv sind.

Gl. 9.8 beschreibt eine Gerade im $\mathbb{R}^2$ mit dem Punktvektor $\mathbf{x}_p$ und dem Richtungsvektor $\mathbf{x}_h$. Diese Gerade schneidet die x_1-Achse und die x_2-Achse jeweils an der Stelle 5. Die beiden Schnittpunkte markieren die Stellen, bei denen der Kuchen oder die Torte den Preis 5 hat und das jeweils andere Gebäckstück umsonst ist.

Betrachten wir noch einmal die Lösung des unterbestimmten Systems $A\mathbf{x} = \mathbf{y}$ in Gl. 9.7. Wenn wir eine Lösung $\mathbf{x}_p$ mit $A\mathbf{x}_p = \mathbf{y}$ wie in unserem Bäckerbeispiel $(1, 4)^T$ haben, dann zeigen uns die Vektoren aus dem Kern, in welche Richtung wir $\mathbf{x}_p$ verändern können, ohne das Bild des Vektors zu verändern, nämlich in alle Richtungen des Kerns $\mathbf{x}_h \in \ker A$. Diese erfüllen $A\mathbf{x}_h = \mathbf{0}$. Im Bäckerbeispiel wissen wir, dass der Preis eines Einkaufs von einem Kuchen und einer Torte null wäre, wenn der Kuchen den negativen Preis der Torte hätte. Beispielsweise könnte der Kuchen den Preis s und die Torte den Preis $-s$ haben. Wenn wir also die eine Lösung $(1, 4)^T$ so verändern, dass der Kuchen um s teurer und gleichzeitig die Torte um s billiger wird, so haben wir mit $(1 + s, 4 - s)^T$ den Gesamtpreis nicht verändert und damit weiterhin eine Lösung von Gl. 9.7.

Kurze Anmerkung: Wir gehen davon aus, dass Sie ohne besondere Aufforderung die Gerade aus Gl. 9.8 auf ein Papier gezeichnet haben.

Wir können sogar allgemein zeigen – und im Grunde haben wir es bereits getan –, dass sich jede Lösung **x** eines linearen Gleichungssystems $A\mathbf{x} = \mathbf{y}$ aus einer partikulären Lösung $\mathbf{x}_p$ mit $A\mathbf{x}_p = \mathbf{y}$ und einem Vektor aus dem Kern $\mathbf{x}_h \in \ker A$ mit $A\mathbf{x}_h = \mathbf{0}$ additiv zusammensetzt. Es gilt nämlich

$$A(\mathbf{x}_p + \mathbf{x}_h) = A\mathbf{x}_p + A\mathbf{x}_h = \mathbf{y} + \mathbf{0} = \mathbf{y}. \tag{9.9}$$

Jeder Vektor $\mathbf{x} = \mathbf{x}_p + \mathbf{x}_h$ mit $\mathbf{x}_h \in \ker A$ hat bei Anwendung der linearen Abbildung A dasselbe Bild $A\mathbf{x} = A\mathbf{x}_p = \mathbf{y}$ wie $\mathbf{x}_p$. Da dies für jede partikuläre Lösung $\mathbf{x}_p$ gilt, gilt es auch für eine, von der wir uns vorstellen, sie werde festgehalten. Damit formulieren wir, dass sich jede Lösung von $A\mathbf{x} = \mathbf{y}$ als Summe aus einer fest gewählten partikulären Lösung und einem Vektor aus dem Kern von A aufschreiben lässt.

In einer geometrischen Interpretation ist die Lösungsmenge des unterbestimmten Gleichungssystems $A\mathbf{x} = \mathbf{y}$ eine Gerade, Ebene oder Hyperebene im Euklidischen Raum mit dem Punktvektor $\mathbf{x}_p$ und einer Basis des Kerns als Richtungsvektoren.

Ganz nebenbei bemerken wir, dass wir zu der Überlegung in Gl. 9.9 wieder die Linearität der durch die Matrix A beschriebenen Abbildung benutzt haben. Wir sind mittlerweile daran gewöhnt, die Wirkung der Abbildung φ als Multiplikation mit der Matrix A zu schreiben, und wir hätten die Linearität mit dem Distributivgesetz verwechseln können. Das wäre nicht schlimm, denn beide sind wesensgleich.

Wir sehen aus der Zerlegung in Gl. 9.9 auch, dass die Lösung des Gleichungssystems genau dann eindeutig ist, wenn $\ker A = \{\mathbf{0}\}$ gilt, wenn also für $\mathbf{x}_h$ nur $\mathbf{0}$ infrage kommt und die lineare Abbildung injektiv ist. Andererseits gibt es nur dann zu jedem **y** überhaupt eine Lösung, wenn wir mindestens ein mögliches Urbild, nämlich $\mathbf{x}_p$, finden, d. h., wenn die Abbildung surjektiv ist. Eine eindeutige Lösung für jede rechte Seite **y** gibt es dann und nur dann, wenn die Abbildung bijektiv ist, also eine Umkehrabbildung existiert.

Bei einer allgemeineren, also nicht notwendig bijektiven linearen Abbildung $A : \mathbf{x} \mapsto \mathbf{y}$ können mehrere Möglichkeiten auftreten. Falls nämlich $\mathbf{y} \notin \operatorname{im} A$ nicht im Bild liegt, so gibt es kein dazu passendes Urbild, und das lineare Gleichungssystem $A\mathbf{x} = \mathbf{y}$ hat keine Lösung. Liegt hingegen die rechte Seite im Bild der Abbildung, d. h. $\mathbf{y} \in \operatorname{im} A$, so gibt es zumindest eine Lösung. Die Dimension des Kerns $\ker A$ gibt nun an, wie viele im Sinne der Dimensionen unterschiedliche Richtungen bei der Abbildung in der Null versinken, also die rechte Seite nicht verändern. Wir lesen hier ab, wie viele Parameter wir zur Angabe der gesamten Lösungsmenge benötigen. Mit dem Dimensionssatz rechnen wir nach, dass wir $n - \operatorname{rk} A$ Parameter brauchen, um alle Lösungen zu beschreiben.

Probieren Sie es mit einer linearen Abbildung von $\mathbb{R}^3$ in den $\mathbb{R}^2$. Skizzieren Sie die Wirkung der Abbildung. Suchen Sie nach möglichen Urbildern. Fragen Sie sich, wie viele Urbilder Ihre Anschauung Ihnen vorschlägt. Prüfen Sie, welche Vektoren in der Null versinken und ob das Bild der von Ihnen gewählten Abbildung wirklich zweidimensional ist.

Stellen Sie Fragen nach Abbildungen mit bestimmten Eigenschaften. Wie müssten Sie beispielsweise die Abbildung wählen, damit das Bild nur eindimensional ist? Und ganz zum Schluss rechnen Sie alle Lösungen aus. Das Rechenverfahren dazu heißt Gauß-Algorithmus. Bei kleinen Beispielen tut man gut daran, die linearen Gleichungssysteme von Hand und ohne Schema zu lösen. Rechnen ist nicht Mathematik, aber Rechnen ist das Handwerk, das man zur Mathematik benötigt. Viel von dem Rechenhandwerk ergibt sich von selbst, wenn man die Mathematik in der jeweiligen Fragestellung durchdacht hat.

Eines noch: Unterbestimmte Gleichungssysteme heißen unterbestimmt, weil zu wenige Gleichungen vorhanden sind, um die Lösung **x** eindeutig zu bestimmen. Es gibt eine Lösungsmenge. Gezählt werden nur die linear unabhängigen Gleichungen, die jeweils eigene Informationen über **x** enthalten.

Zeichnen Sie dies in Ihre Skizze. Ingemaries Einkauf am zweiten Tag enthält eine eigene Information. Die zugehörige Gerade zum zweiten Einkaufstag schneidet die Gerade aus Gl. 9.8 in einem Punkt. Denken Sie über diesen Punkt, die lineare Abbildung und eine passende Matrix nach.

Haben wir hingegen mehr linear unabhängige Gleichungen als zu bestimmende Komponenten, so ist das Gleichungssystem überbestimmt. Überbestimmte Gleichungssysteme haben nur dann überhaupt eine Lösung **x**, wenn $\mathbf{y} \in \operatorname{im} A$ gilt. Die rechte Seite **y** muss also das Bild mindestens eines Urbilds sein, damit wir eine Lösung von $A\mathbf{x} = \mathbf{y}$ finden können. Wenn das nicht der Fall ist, enthalten die Gleichungen widersprüchliche Informationen, und kein **x** löst $A\mathbf{x} = \mathbf{y}$ für ein $\mathbf{y} \notin \operatorname{im} A$.

Solche Systeme, die Sie möglicherweise aus der Bestimmung der Regressionsgeraden kennen, führen uns auf ganz andere Fragen wie z. B. die Frage, ob und wie wir bestmöglich die widersprüchlichen Gleichungen des Gleichungssystems näherungsweise erfüllen.

Eigenwerte und Eigenvektoren: Was ist eigen am Eigenwert?

Irgendwann im ersten Semester treffen Sie in der Mathematikvorlesung oder in der Veranstaltung zur linearen Algebra, falls die mathematischen Teilfächer in Ihrem Studiengang getrennt gelesen werden, auf die Überschrift „Eigenwerte" oder „Eigenwerte und Eigenvektoren". Das Wort klingt harmlos, obwohl man zunächst nicht weiß, was eigen hier bedeutet.

Gleich hinter der Überschrift kommt die Vorlesung wahrscheinlich zur Definition von Eigenwerten und Eigenvektoren, die Sie hier als Definition 10.1 finden. Damit Ihre Anschauung und Ihre geometrische Vorstellung nicht hinter der Definition und den teilweise etwas trickreichen Beweisführungen verschwinden, widmet sich dieses ganze Kapitel ausschließlich der Frage, wie man sich Eigenwerte und Eigenvektoren vorstellen und veranschaulichen kann. Dieses Kapitel passt zwischen die Definition und die anschließende Diskussion der mathematischen Eigenschaften. Seien Sie versichert, dass die mathematische Diskussion mit einer geometrischen Veranschaulichung leichter fällt.

10.1 Einführende Betrachtungen

Denken wir uns ein Material, das nicht in allen Richtungen gleich aufgebaut ist. Wir nennen solche Materialien anisotrop. Beispielsweise ist Holz ein solches Material. Es hat eine Faserrichtung, die sich von den anderen Richtungen abhebt. Wollen wir Holz zersägen, so klappt dies quer zur Faser gut. Wollen wir es hingegen hacken, so müssen wir die Klinge des Beils parallel zur Faser ins Holz treiben. Offenbar verhält sich Holz in unterschiedliche Richtungen unterschiedlich. Anisotrope Materialien sind auch Glasfaserverbundwerkstoffe, Muskelgewebe und gewalzter Stahl. Wir haben eine vielfältige Auswahl.

Physikalische Zusammenhänge werden oft durch Beziehungen zwischen vektoriellen Größen beschrieben. So führt das Problem der Temperaturentwicklung

D. Langemann, *So einfach ist Mathematik – Zwölf Herausforderungen im ersten Semester*, https://doi.org/10.1007/978-3-662-63720-3_10

in einem anisotropen Material auf die Frage, wie der Wärmefluss, also die transportierte Wärmeenergie, von der momentanen Temperaturverteilung abhängt. Da Wärme vom Warmen zum Kalten fließt, ist an der momentanen Temperaturverteilung insbesondere das Temperaturgefälle interessant. Liegt in Faserrichtung ein Temperaturgefälle vor, so fließt die Wärme entlang der Faserrichtung, und zwar mit einem Proportionalitätsfaktor proportional zum Temperaturgefälle. Quer zur Faser geschieht dasselbe, nur ist der Proportionalitätsfaktor wahrscheinlich kleiner, d. h., die Wärme wird bei gleichem Temperaturgefälle quer zur Faser schwächer weitergeleitet als parallel zur Faser.

Mit ein bisschen Glück und für kleine Temperaturunterschiede ist der Zusammenhang zwischen Temperaturgefälle und Wärmefluss linear. Die Abbildung vom Temperaturgefälle auf den Wärmefluss ist durch die Angabe der Bilder der Einheitsvektoren vollkommen beschrieben.

Diffusionsprozesse von gelösten Stoffen in unterschiedlichen Trägersubstanzen und Migrationsbewegungen von Populationen folgen Gesetzmäßigkeiten, die denen der Wärmeleitung nah verwandt sind.

Natürlich stehen auch andere physikalische Größen in ähnlichen Zusammenhängen. So hängt die benötigte Kraft bei kleinen Deformationen linear von den lokalen Geometrieänderungen, den Verzerrungen, ab. Auch hier ist leicht vorstellbar, dass das Material in Faserrichtung anders reagiert als quer dazu. Gleichzeitig überlagern sich Kräfte ebenso wie Verzerrungen. Diese Anwendung erfordert längere Überlegungen, nicht zuletzt weil sich das deformierte Material eben wegen der Deformation an eine andere Stelle bewegt hat und sich so die wirkenden Kräfte verändern. Zum anderen gibt es Scherspannungen, die die Zusammenhänge zwischen lokaler Deformation und den wirkenden Kräften etwas weniger übersichtlich machen.

Was läge nun näher, als die Koordinatenrichtungen, in denen wir diese Zusammenhänge beschreiben, entlang der Faser und genau senkrecht dazu anzuordnen? Im Allgemeinen werden physikalische Zusammenhänge in ihrer Beschreibung einfach, wenn das Koordinatensystem zu den ausgezeichneten Richtungen im Material oder in der Versuchsanordnung passt, wie beispielsweise bei der Abbildung des Temperaturgefälles auf den Wärmefluss bzw. der Abbildung der Verzerrung auf die Kräfte.

Wir schreiben in abstrahierter Form eine Abbildung von vektoriellen Größen in einem anisotropen Material auf. Die Koordinatenrichtungen bezeichnen wir mit z_1 und z_2. Der erste Einheitsvektor e_1 wird mit der Abbildung, die wir hier mit Λ bezeichnen, auf $\lambda_1 e_1$ abgebildet, d. h., λ_1 ist der Proportionalitätsfaktor in Richtung der ersten Koordinatenachse z_1. Beispielsweise erzeugt ein Temperaturgefälle der Größe z_1 in Richtung der ersten Koordinatenachse einen Wärmefluss $\lambda_1 z_1$ in dieselbe Richtung. Entsprechend sei der Proportionalitätsfaktor in Richtung der anderen Koordinatenachse λ_2. Damit kennen wir zwei Bilder der linearen Abbildung $\Lambda : \mathbb{R}^2 \to \mathbb{R}^2$ für zwei linear unabhängige Richtungen, und wegen der Linearität kennen wir damit alle Bilder. Wir notieren

$$\Lambda : \begin{pmatrix} 1 \\ 0 \end{pmatrix} \mapsto \begin{pmatrix} \lambda_1 \\ 0 \end{pmatrix}, \quad \begin{pmatrix} 0 \\ 1 \end{pmatrix} \mapsto \begin{pmatrix} 0 \\ \lambda_2 \end{pmatrix} \quad \text{und damit} \quad \Lambda : \begin{pmatrix} z_1 \\ z_2 \end{pmatrix} \mapsto \begin{pmatrix} \lambda_1 z_1 \\ \lambda_2 z_2 \end{pmatrix}.$$

Diese lineare Abbildung schreiben wir etwas eleganter als

$$\Lambda : \mathbb{R}^2 \to \mathbb{R}^2 \quad \text{vermöge} \quad \Lambda : \mathbf{z} \mapsto \Lambda \mathbf{z} \quad \text{mit} \quad \Lambda = \begin{pmatrix} \lambda_1 & 0 \\ 0 & \lambda_2 \end{pmatrix}, \tag{10.1}$$

denn die Diagonalmatrix multipliziert jede Komponente des Vektors $\mathbf{z}$ mit dem passenden Diagonalelement. Die Wirkung der linearen Abbildung Λ, mit der wir auch gleichzeitig die Matrix bezeichnen, ist in Abb. 10.1 für den Fall $\lambda_1 = 3$ und $\lambda_2 = 2$ dargestellt.

Wir erinnern uns daran, dass ein Temperaturgefälle in Faserrichtung einen Wärmefluss in Faserrichtung erzeugt und dass ein Temperaturgefälle quer zur Faser einen Wärmefluss quer zur Faser erzeugen wird. Mit den Faserrichtungen $\mathbf{e}_1$ und $\mathbf{e}_2$ gilt

$$\Lambda \mathbf{e}_1 = \lambda_1 \mathbf{e}_1 \quad \text{und} \quad \Lambda \mathbf{e}_2 = \lambda_2 \mathbf{e}_2. \tag{10.2}$$

Die Einheitsvektoren werden unter der Abbildung Λ mit einem Faktor multipliziert. Alle Vektoren hingegen, die zwei Komponenten ungleich null haben, erleiden das Schicksal, dass ihre ersten Komponenten mit λ_1 und die zweiten Komponenten mit λ_2 multipliziert werden. Die Bilder dieser Vektoren sind für $\lambda_1 \neq \lambda_2$ sicher nicht Vielfache ihrer Urbilder.

Da wir nicht immer in der Lage sind, das Koordinatensystem so zu wählen, dass die Koordinaten genau in die besonderen Richtungen des beschriebenen Materials zeigen, werden wir die Eigenschaft, dass die lineare Abbildung gewisse Richtungen beibehält, in Abschn. 10.2 für allgemeinere Matrizen formulieren. Wir kehren die Aufgabe um. Wir haben jetzt eine lineare Abbildung in gegebenen Koordinaten und fragen uns, welche Richtungen beibehalten werden. Etwas vornehmer klingt es, wenn wir von konservierten Richtungen sprechen.

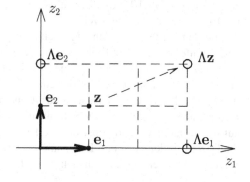

Abb. 10.1 Einfach zu deutende Abbildung $\Lambda : \mathbb{R}^2 \to \mathbb{R}^2$ aus Gl. 10.1. Die erste Komponente des Urbildvektors $\mathbf{z}$ wird mit $\lambda_1 = 3$ multipliziert, die zweite mit $\lambda_2 = 2$. Die Einheitsvektoren $\mathbf{e}_1$ und $\mathbf{e}_2$ behalten unter Λ ihre Richtungen

10.2   Eigenvektoren als konservierte Richtungen

Auch wenn wir in Abschn. 10.1 nur mit reellen Zahlen gearbeitet haben, gehen wir dennoch zu den Euklidischen Räumen $\mathbb{C}^n$ über, die Vektoren mit komplexwertigen Einträgen enthalten. Die komplexen Zahlen erscheinen uns vielleicht als komplizierter als die reellen Zahlen, aber wir werden sehen, dass wir uns durch die Verwendung der komplexen Zahlen allerlei Schwierigkeiten ersparen, denn wir nutzen den Hauptsatz der Algebra, siehe Kap. 3, der besagt, dass man in $\mathbb{C}$ jedes Polynom in Linearfaktoren zerlegen kann.

10.2.1 Mathematische Definition

Die Definition von Eigenwerten und Eigenvektoren sieht auf den ersten Blick wie eine mathematische Spielerei aus. Denn die definierende Eigenschaft besteht darin, dass die lineare Abbildung $\varphi : \mathbb{C}^n \to \mathbb{C}^n$, ausgedrückt durch eine quadratische Matrix $A \in \mathbb{C}^{n \times n}$, auf einen Vektor $\mathbf{v}$ so wirkt, dass das Bild $A\mathbf{v}$ ein Vielfaches des ursprünglichen Vektors $\mathbf{v}$ ist. Diese Eigenschaft ist nur dann überraschend, wenn $\mathbf{v}$ nicht gerade der Nullvektor $\mathbf{0}$ ist, denn dieser wird durch jede lineare Abbildung auf den Nullvektor des Bildraums abgebildet. Mathematisch formuliert klingt dies so:

Definition 10.1 Der von $\mathbf{0} \in \mathbb{C}^n$ verschiedene Vektor $\mathbf{v} \in \mathbb{C}^n$ heißt Eigenvektor der Matrix $A \in \mathbb{C}^{n \times n}$ zum Eigenwert $\lambda \in \mathbb{C}$, wenn

$$A\mathbf{v} = \lambda\mathbf{v} \qquad\qquad (10.3)$$

gilt.   ◆

Im Wesentlichen wissen wir über Eigenvektoren und Eigenwerte genau das, was in der definierenden Gl. 10.3 in Definition 10.1 steckt. Auch weiterführende Untersuchungen benutzen sie immer wieder, und alles, was wir über Eigenvektoren und Eigenwerte wissen, sind logische Konsequenzen aus der definierenden Gleichung. Wir können Eigenvektoren und Eigenwerte kaum auf andere Eigenschaften zurückführen. Gl. 10.3 ist die Schlüsselstelle und der Eingang zur Beschäftigung mit Eigenwerten und Eigenvektoren.

Von den weiterführenden Eigenschaften präsentieren wir Ihnen hier nur kleine Ausschnitte. Da mit der Einheitsmatrix $I \in \mathbb{C}^{n \times n}$, die den Vektor $\mathbf{v}$ unverändert lässt, $\lambda I \mathbf{v} = \lambda \mathbf{v}$ gilt, können wir die definierende Gl. 10.3 als $A\mathbf{v} = \lambda I \mathbf{v}$ und damit als $(A - \lambda I)\mathbf{v} = \mathbf{0}$ schreiben. In diesem Fall ist $\mathbf{v}$ im Kern $\ker(A - \lambda I)$ der Matrix $A - \lambda I$. Die Matrix $A - \lambda I$ entsteht aus A, indem ein λ-faches λI der Einheitsmatrix I von A abgezogen wird. Der Subtrahend λI ist eine Diagonalmatrix mit lauter λ auf der Diagonalen und sonst nur Nullen. Die Matrix A wird auf der Diagonalen modifiziert, indem von den Diagonalelementen der Matrix A der noch unbekannte Wert λ abgezogen wird. Es entsteht $A - \lambda I$.

Dass $\mathbf{v} \neq \mathbf{0}$ im Kern von $A - \lambda I$ liegt, heißt insbesondere, dass der Kern mehr als den Nullvektor enthält, denn der Nullvektor kommt gemäß Definition 10.1 als Eigenvektor nicht infrage. Die Eigenwerte λ sind also diejenigen komplexen Zahlen, für die die Matrix $A - \lambda I$ oder vielmehr die zugehörige lineare Abbildung ihre Bijektivität verliert.

Wir stellen uns vor, dass wir mit λ in der komplexen Zahlenebene herumfahren. Für die meisten λ, beispielsweise für solche mit sehr großen Beträgen, ist die Matrix $A - \lambda I$ invertierbar, für einige wenige aber nicht. Diese wenigen Werte sind die Eigenwerte, und zu ihnen gehören Eigenvektoren, die von A auf Vielfache ihrer selbst abgebildet werden. Die Richtungen, in die die Eigenvektoren zeigen, werden unter der linearen Abbildung A bzw. bei Multiplikation mit der Matrix A konserviert.

10.2.2 Ein verdrehtes Beispiel

Wenn Sie das Beispiel in Gl. 10.2 mit der definierenden Gl. 10.3 vergleichen, sehen Sie, dass unsere Beispielmatrix $\Lambda \in \mathbb{C}^{2 \times 2}$ aus Gl. 10.1 die beiden Einheitsvektoren $\mathbf{e}_1 \in \mathbb{C}^2$ und $\mathbf{e}_2 \in \mathbb{C}^2$ als Eigenvektoren mit den zugehörigen Eigenwerten $\lambda_1 = 3$ und $\lambda_2 = 2$ hat. In diesem Beispiel sind alle beteiligten Größen reell, und wir könnten ebensogut die reellen Euklidischen Räume verwenden. Dies gilt jedoch nicht für alle reellen Matrizen, deshalb notieren wir schon hier $\Lambda \in \mathbb{C}^{2 \times 2}$.

Die Eigenvektoren beschreiben konservierte Richtungen. Ihre Länge ist egal. Mit jedem Vektor $\mathbf{v}$ in Gl. 10.3 ist die definierende Gleichung auch für alle seine Vielfachen erfüllt, denn die Abbildung A ist linear, und die Multiplikation mit dem Skalar λ ist ebenso linear.

Nun verändern wir die Koordinaten. Vornehm ausgedrückt führen wir eine Koordinatentransformation durch. Wir nehmen eine invertierbare Matrix $V \in \mathbb{R}^{2 \times 2}$ und wollen fortan unsere Punkte in der Ebene durch $\mathbf{x} = V\mathbf{z}$ ansprechen. Wegen der Invertierbarkeit der Matrix V können wir die Transformation umkehren und aus $\mathbf{x}$ durch $\mathbf{z} = V^{-1}\mathbf{x}$ wieder die Beschreibung der Punkte als $\mathbf{z}$ bestimmen.

Damit bildet Λ aus Gl. 10.1 nun

$$\Lambda \; : \; \mathbf{z} = V^{-1}\mathbf{x} \mapsto \Lambda\mathbf{z} = \Lambda V^{-1}\mathbf{x}$$

ab. Wir ordnen $\mathbf{x}$ sein Bild zu, indem wir $\mathbf{x}$ mit V^{-1} multiplizieren und damit $\mathbf{z}$ erhalten. Dieses wird von Λ auf $\Lambda\mathbf{z}$ abgebildet. Zur Rücktransformation in $\mathbf{x}$-Koordinaten multiplizieren wir es mit der Transformationsmatrix V. Insgesamt ergibt sich in den transformierten Koordinaten eine Abbildung, die wir mit $A \in \mathbb{C}^{2 \times 2}$ bezeichnen. Diese lautet

$$A \; : \; \mathbf{x} \mapsto V\Lambda V^{-1}\mathbf{x} \quad \text{mit} \quad A = V\Lambda V^{-1}.$$

Damit ist A die Abbildungsmatrix in den transformierten Koordinaten. Wir nennen A und Λ, die durch solch eine Transformation auseinander hervorgehen, übrigens ähnlich. Sie beschreiben dieselbe Abbildung in unterschiedlichen Koordinaten. Vielleicht wird Ihnen im Moment bei den veränderten Koordinaten noch etwas schwummerig. Wir werden dies gleich klären und unser Beispiel ausarbeiten.

Wählen wir beispielsweise

$$V = \frac{1}{5} \begin{pmatrix} 3 & -4 \\ 4 & 3 \end{pmatrix} \quad \text{mit} \quad V^{-1} = \frac{1}{5} \begin{pmatrix} 3 & 4 \\ -4 & 3 \end{pmatrix} \quad \text{und} \quad A = \frac{1}{25} \begin{pmatrix} 59 & 12 \\ 12 & 66 \end{pmatrix}.$$

Die Wirkung der linearen Abbildung A ist in Abb. 10.2 dargestellt. Sie ist längst nicht mehr so übersichtlich wie die Wirkung von Λ in Abb. 10.1. Beispielsweise werden die beiden Einheitsvektoren in den ersten Quadranten hinein abgebildet. Die beiden Richtungen neigen sich im Bild aufeinander zu. Auf jeden Fall taugen sie nicht als Eigenvektoren.

Wir können die Eigenvektoren von A recht leicht bestimmen. Denn wir kennen die Eigenvektoren von $\Lambda = V^{-1}AV$, wobei wir diese Form durch Umstellen von $A = V \Lambda V^{-1}$ erhalten. Es gilt

$$\Lambda \mathbf{e}_k = V^{-1}AV\mathbf{e}_k = \lambda_k \mathbf{e}_k \quad \text{für} \quad k \in \{1, 2\}.$$

Nach der Multiplikation dieser Gleichung mit V von der linken Seite, was wichtig ist, weil die Matrixmultiplikation nicht kommutativ ist, entsteht $AV \mathbf{e}_k = V \lambda_k \mathbf{e}_k$. Da V eine lineare Abbildung ist, können wir ihre Wirkung mit der Multiplikation mit

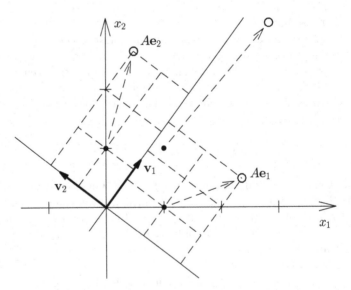

Abb. 10.2 In der Basis der Eigenvektoren $\{\mathbf{v}_1, \mathbf{v}_2\}$ wirkt die Abbildung $A = V \Lambda V^{-1}$ in (x_1, x_2)-Koordinaten wie die Abbildung Λ in (z_1, z_2)-Koordinaten in Abb. 10.1. Diese Abbildung ist nicht vollständig beschriftet. Versuchen Sie, so viele Größen wie möglich wiederzufinden. Interpretieren Sie beispielsweise z_1 und z_2

dem Skalar λ_k vertauschen, und wir erhalten

$$A(V\mathbf{e}_k) = \lambda_k(V\mathbf{e}_k), \quad \text{wobei} \quad \mathbf{v}_k = V\mathbf{e}_k$$

die Eigenvektoren von A zu den Eigenwerten $\lambda_1 = 3$ und $\lambda_2 = 2$ sind, welche sich unter der Koordinatentransformation nicht ändern. Die Eigenvektoren $\mathbf{v}_1 = V\,\mathbf{e}_1$ und $\mathbf{v}_2 = V\,\mathbf{e}_2$ von A identifiziert man sofort als die Spalten der Transformationsmatrix V.

Die Eigenvektoren $\mathbf{v}_1$ und $\mathbf{v}_2$ sind in Abb. 10.2 in das x-Koordinatensystem eingetragen. Alle Punkte lassen sich als Linearkombination der Eigenvektoren beschreiben.

Wenn wir einen Punkt $\mathbf{x}$ als Linearkombination der Eigenvektoren von A schreiben, so können wir die Wirkung von A leicht ausrechnen, denn die Wirkung der Matrix A auf ihre Eigenvektoren kennen wir als Multiplikation mit den Eigenwerten unter Konservierung der beschriebenen Richtung. Wir haben

$$A : \mathbf{x} = z_1\mathbf{v}_1 + z_2\mathbf{v}_2 \mapsto A\mathbf{x} = z_1A\mathbf{v}_1 + z_2A\mathbf{v}_2 = z_1\lambda_1\mathbf{v}_1 + z_2\lambda_2\mathbf{v}_2.$$

Sprechen wir den Punkt $\mathbf{x}$ dagegen über seine Komponenten x_1 und x_2, welche gleichzeitig seine Koordinaten sind, an, ist die Wirkung der linearen Abbildung A auf $\mathbf{x}$ relativ unübersichtlich.

Alternativ können wir die Vorfaktoren z_1 und z_2 vor den Eigenvektoren als Koordinaten des Punktes $\mathbf{x}$ in einem von $\mathbf{v}_1$ und $\mathbf{v}_2$ erzeugten Koordinatensystem auffassen. In diesem Koordinatensystem ist die Wirkung von A wieder sehr einfach. Sie entspricht nämlich der Wirkung der Diagonalmatrix Λ auf den Vektor $\mathbf{z} = (z_1, z_2)^{\mathrm{T}}$, wie wir sie schon aus Gl. 10.1 kennen.

Wir finden die Wirkung aus Abb. 10.1 in transformierter Form in Abb. 10.2 wieder. Die Matrizen A und Λ beschreiben in unterschiedlichen Koordinaten ein und dieselbe Abbildung der geometrischen Punkte, weshalb der Name Koordinatentransformation für die Abbildung $V : \mathbf{z} \mapsto \mathbf{x} = V\mathbf{z}$ gerechtfertigt ist.

Jetzt hätten wir um ein Haar unser Zahlenbeispiel vergessen. Die Eigenvektoren von A, die in Abb. 10.2 eingezeichnet sind, sind $\mathbf{v}_k = V\,\mathbf{e}_k$ mit

$$\mathbf{v}_1 = \frac{1}{5}\begin{pmatrix} 3 \\ 4 \end{pmatrix} \quad \text{und} \quad \mathbf{v}_2 = \frac{1}{5}\begin{pmatrix} -4 \\ 3 \end{pmatrix},$$

wobei die Faktoren hier ohne besonderen Grund so gewählt sind, dass die Eigenvektoren die Länge 1 haben, dass also $|\mathbf{v}_1| = 1$ und $|\mathbf{v}_2| = 1$ gilt.

Wenn wir den Vektor $\mathbf{e}_2$ sowohl in der Basis $\{\mathbf{e}_1, \mathbf{e}_2\}$ als auch in der Basis $\{\mathbf{v}_1, \mathbf{v}_2\}$ der Eigenvektoren darstellen, finden wir

$$\mathbf{e}_2 = \begin{pmatrix} 0 \\ 1 \end{pmatrix} = 0 \cdot \mathbf{e}_1 + 1 \cdot \mathbf{e}_2 = \frac{4}{5} \cdot \mathbf{v}_1 + \frac{3}{5} \cdot \mathbf{v}_2. \tag{10.4}$$

In diesem Fall sind $z_1 = \frac{4}{5}$ und $z_2 = \frac{3}{5}$. Wir haben sie aus dem linearen Gleichungssystem $e_2 = z_1 v_1 + z_2 v_2$ ausgerechnet.

Die Koeffizienten z_1 und z_2 vor v_1 und v_2 finden wir in Abb. 10.2 als die Anteile an den verdrehten Koordinatenachsen. Der zu $x = e_2$ passende transformierte Vektor ist $z = V^{-1} e_2$, also die zweite Spalte von V^{-1}, in der wir die Koeffizienten aus der Darstellung in Gl. 10.4 wiederfinden.

Wir sehen an diesem Beispiel, dass wir viele Zusammenhänge zwischen den unterschiedlichen Darstellungen eines Punktes in den verschiedenen Basen, den Eigenvektoren der jeweiligen Abbildungsmatrizen und der Koordinatentransformation herstellen können. Eine systematische Darstellung und Analyse der Zusammenhänge erfordert eine etwas stringentere Herangehensweise, bei der man die graphische Veranschaulichung jedoch nicht vergessen sollte. Schwieriger wird es erst wieder, wenn man zwischen unterschiedlichen Koordinatensystemen hin und her transformiert.

10.2.3 Projektion

In Kap. 9 haben wir ganz am Anfang in Gl. 9.1 die Matrix $A \in \mathbb{R}^{2 \times 3}$ betrachtet. Eine nichtquadratische Matrix hat keine Eigenvektoren, weil Urbild- und Bildvektoren unterschiedlich viele Komponenten haben und nicht Vielfache voneinander sein können.

Wir können die in Gl. 9.1 eingeführte Projektion aber als eine Abbildung vom dreidimensionalen Euklidischen Raum $\mathbb{R}^3$ in den dreidimensionalen Euklidischen Raum $\mathbb{R}^3$ selbst betrachten. Natürlich ist das Bild dieser Abbildung trotzdem nur die zweidimensionale Projektionsebene als Teilmenge ihres Wertebereichs $\mathbb{R}^3$. Dann wird die Projektion $x \mapsto Bx \in \mathbb{R}^3$ zu

$$B = \begin{pmatrix} 1 & 0 & 0 \\ 0 & 1 & 1 \\ 0 & 0 & 0 \end{pmatrix} \in \mathbb{R}^{3 \times 3} \text{ mit } \operatorname{im} B = \left\{ \begin{pmatrix} y_1 \\ y_2 \\ 0 \end{pmatrix} : y_1, y_2 \in \mathbb{R} \right\} \subset \mathbb{R}^3.$$

Das zweidimensionale Bild im B ist in den $\mathbb{R}^3$ eingebettet. Es ist aber selbst der zweidimensionale Euklidische Raum. Wir schreiben im $B \cong \mathbb{R}^2$, und wenn wir ganz genau sein wollen, nennen wir die beiden Räume, nämlich den Unterraum im $B \subset \mathbb{R}^3$ des $\mathbb{R}^3$ und die Ebene $\mathbb{R}^2$ isomorph, d. h. gleichgestaltig. Als Strukturen sind sie gleich, obwohl sie durch Vektoren mit unterschiedlich vielen Komponenten beschrieben werden. Diese Besonderheit rührt daher, dass die Vektoren aus dem Bild im B in diesem Beispiel alle eine Null in der dritten Komponente haben. Aber zurück zu den Eigenvektoren.

Wir hatten in Kap. 9 bereits besprochen, dass die zugrunde liegende Projektion die Einheitsvektoren e_1 und e_2 unverändert lässt. Diese beiden sind somit Eigenvektoren zum Eigenwert 1 der Matrix B, denn sie erfüllen $Be_1 = e_1$ und $Be_2 = e_2$.

Andererseits wissen wir, dass Vektoren aus Gl. 9.2 bei der Abbildung A in der zweidimensionalen Null versinken. Da die neu hinzugefügte dritte Zeile in B lediglich besagt, dass die dritte Komponente der Bilder von B null ist, werden die Vektoren aus Gl. 9.2 von B auf die dreidimensionale $\mathbf{0} \in \mathbb{R}^3$ abgebildet. Wir geben den Kern der Matrix B, nämlich

$$\ker B = \{s(\mathbf{e}_2 - \mathbf{e}_3) \ : \ s \in \mathbb{R}\},$$

an, wobei wir die Vektoren aus Gl. 9.2 mithilfe der Einheitsvektoren verkürzt geschrieben haben. Wir wissen nun, dass $B(\mathbf{e}_2 - \mathbf{e}_3) = \mathbf{0}$ gilt, und der Nullvektor ist das Nullfache jedes Vektors. Es gilt $\mathbf{0} = 0 \cdot (\mathbf{e}_2 - \mathbf{e}_3)$, und damit ist $\mathbf{e}_2 - \mathbf{e}_3 \neq \mathbf{0}$ ein Eigenvektor zum Eigenwert 0. Im Kern liegen auch die Vielfachen $s(\mathbf{e}_2 - \mathbf{e}_3)$ vom Eigenvektor $\mathbf{e}_2 - \mathbf{e}_3$. Wir erinnern uns, dass die definierende Gl. 10.3 die Länge des Eigenvektors nicht einschränkt, solange sie nicht gerade null ist. Es geht um die konservierte Richtung, nicht um den speziell gewählten Vektor, der in diese Richtung zeigt. Natürlich wird die Richtung $\mathbf{e}_2 - \mathbf{e}_3$, indem sie unter B auf $0 \cdot (\mathbf{e}_2 - \mathbf{e}_3) = \mathbf{0}$ abgebildet wird, nur in einem abstrakten Sinn konserviert.

Dass wir eine Richtung auch als konserviert ansehen, wenn die lineare Abbildung sie auf den Nullvektor abbildet, weil in diesem Fall das Bild unter der linearen Abbildung gleich dem Nullfachen des Vektors ist, erinnert ein wenig an die Besonderheiten des Nullvektors bei der Diskussion der linearen Unabhängigkeit. Aber das nur nebenbei.

Wir haben eben nachgewiesen, dass alle Vektoren im Kern Eigenvektoren zum Eigenwert 0 sind. Richtig mathematisch klingt es, wenn man sagt, dass der Kern einer quadratischen Matrix der zum Eigenwert 0 gehörende Eigenraum – also der Vektorraum aller Eigenvektoren zu einem Eigenwert – ist.

Wir wissen jetzt, ohne gerechnet zu haben, dass die Matrix B die Eigenwerte $\lambda_1 = 1$, $\lambda_2 = 1$ und $\lambda_3 = 0$ und die zugehörigen Eigenvektoren $\mathbf{v}_1 = \mathbf{e}_1$, $\mathbf{v}_2 = \mathbf{e}_2$ und $\mathbf{v}_3 = \mathbf{e}_2 - \mathbf{e}_3$ hat, wobei die Eigenvektoren stellvertretend für ihre Vielfachen stehen. Aber es kommt noch schlimmer.

Laut Gl. 10.3 gilt $B\mathbf{v}_1 = \lambda_1 \mathbf{v}_1$ und $B\mathbf{v}_2 = \lambda_2 \mathbf{v}_2$. Wenn nun $\lambda_1 = \lambda_2$ ist, so erhalten wir die Wirkung von B auf die Linearkombination $\alpha \mathbf{v}_1 + \beta \mathbf{v}_2$ als

$$B(\alpha \mathbf{v}_1 + \beta \mathbf{v}_2) = \alpha B\mathbf{v}_1 + \beta B\mathbf{v}_2 = \alpha \lambda_1 \mathbf{v}_1 + \beta \lambda_2 \mathbf{v}_2 = \lambda_1(\alpha \mathbf{v}_1 + \beta \mathbf{v}_2) \qquad (10.5)$$

und damit eine noch größere Menge von Eigenvektoren, nämlich alle Linearkombinationen $\alpha \mathbf{v}_1 + \beta \mathbf{v}_2$. Diese liegen bereits in der Projektionsebene, und sind bei der von uns gewählten Projektion gleich ihrem Schatten. Der Eigenraum zum doppelten Eigenwert $\lambda_1 = \lambda_2 = 1$ ist also die lineare Hülle span$\langle \mathbf{v}_1, \mathbf{v}_2 \rangle$.

An der Rechnung in Gl. 10.5 sehen wir, dass sie natürlich nur in dem speziellen Fall zweier gleicher Eigenwerte funktioniert. Darüber hinaus klappen viele Rechnungen, die Eigenwerte und -vektoren betreffen, nicht so problemlos, wie man es vielleicht von anderen Umformungen mit Vektoren gewohnt ist. Aber das macht Eigenwerte und Eigenvektoren wiederum spannend.

10.2.4 Drehung

Schon in Kap. 3 haben wir die Multiplikation komplexer Zahlen in Polardarstellung als Weiterdrehung um einen Winkel interpretiert. Wenn wir eine komplexe Zahl $z = x_1 + \mathrm{i}x_2$ mit $\mathrm{e}^{\mathrm{i}\varphi} = \cos\varphi + \mathrm{i}\sin\varphi$ multiplizieren, also mit einer komplexen Zahl vom Betrag 1, so verändert sich der Betrag von z nicht. Das Produkt

$$w = \mathrm{e}^{\mathrm{i}\varphi}z = x_1\cos\varphi - x_2\sin\varphi + \mathrm{i}(x_1\sin\varphi + x_2\cos\varphi) \qquad (10.6)$$

hat die komplexe Zahl z in der Gauß'schen Zahlenebene um den Winkel φ im mathematisch positiven Drehsinn zur komplexen Zahl w weitergedreht. Bezeichnen wir nun den Realteil $y_1 = \mathrm{Re}\,w$ und den Imaginärteil $y_2 = \mathrm{Im}\,w$ der gedrehten komplexen Zahl so, wie wir es normalerweise mit Punkten im Koordinatensystem machen würden, so können wir den Zusammenhang $y_1 = x_1\cos\varphi - x_2\sin\varphi$ und $y_2 = x_1\sin\varphi + x_2\cos\varphi$, den uns der Koeffizientenvergleich von $w = y_1 + \mathrm{i}y_2$ mit Gl. 10.6 liefert, als Matrixmultiplikation

$$\mathbf{y} = \begin{pmatrix} y_1 \\ y_2 \end{pmatrix} = \begin{pmatrix} \cos\varphi & -\sin\varphi \\ \sin\varphi & \cos\varphi \end{pmatrix} \begin{pmatrix} x_1 \\ x_2 \end{pmatrix} = Q\mathbf{x} \qquad (10.7)$$

mit der Drehmatrix Q schreiben. Manchmal wird die Zusammenfassung von linearen Ausdrücken in eine Matrixmultiplikation als etwas überraschend empfunden. Aber schlichtes Ausrechnen der beiden Komponenten von $\mathbf{y}$ offenbart wieder einmal, dass genau der aus dem Koeffizientenvergleich gewonnene Zusammenhang entsteht.

Eben haben wir die Drehmatrix aus der Multiplikation komplexer Zahlen mit $\mathrm{e}^{\mathrm{i}\varphi}$ hergeleitet. Wir erinnern ausdrücklich daran, dass φ hier den Drehwinkel beschreibt und eigentlich nicht mit einer linearen Abbildung aus den vorigen Kapiteln verwechselt werden kann. Sie erkennen die Drehung, die die Drehmatrix aus Gl. 10.7 beschreibt, gut, wenn Sie die Wirkung der linearen Abbildung $Q : \mathbf{x} \mapsto Q\mathbf{x}$ skizzieren. Nehmen Sie sich ein Stück Papier, zeichnen Sie ein kartesisches Koordinatensystem mit den beiden Einheitsvektoren $\mathbf{e}_1$ und $\mathbf{e}_2$, und skizzieren Sie die Wirkung von Q, indem Sie $Q\mathbf{e}_1$ und $Q\mathbf{e}_2$ eintragen. Identifizieren Sie $Q\mathbf{e}_1$ in Abb. 3.1 in Kap. 3 zu den komplexen Zahlen.

Beide Bildvektoren sind um den Winkel φ im mathematisch positiven Drehsinn gedreht. Da Sie die Bilder zweier Basisvektoren des $\mathbb{R}^2$ kennen, sind alle anderen Bilder ebenfalls festgelegt. Wählen Sie eine Linearkombination $x_1\mathbf{e}_1 + x_2\mathbf{e}_2$, und vergewissern Sie sich, dass diese auch in Ihrer Skizze auf $x_1 Q\mathbf{e}_1 + x_2 Q\mathbf{e}_2$, also auf die entsprechende Linearkombination der Bilder der Basisvektoren, abgebildet wird.

Drehmatrizen wie Q drehen die virtuelle Welt im Computerspiel und in Architektursimulationen genauso wie in einem CAD-Programm.

Hier versuchen wir, die Eigenvektoren und Eigenwerte von Q auszurechnen. Zuerst überlegen wir uns, dass die Drehung der reellen Ebene um den Nullpunkt mit dem Winkel φ fast nie reelle Vektoren auf ihr Vielfaches abbildet, weil sie sie verdreht. Einzig im Falle einer Drehung um 180°, also für $\varphi = \pi$, entstehen reelle Eigenvektoren, weil jeder Vektor $\mathbf{x}$ bei der Drehung um 180° auf $\mathbf{y} = -\mathbf{x}$ abgebildet wird. Und bei der Drehung um 0°, die eigentlich keine ist, haben wir natürlich auch unveränderte Vektoren. Nämlich alle.

Wir schauen trotzdem, ob wir auch für andere Drehwinkel Eigenvektoren ausrechnen können. Schließlich hatten wir uns bei der Definition der Eigenvektoren vorgenommen, im Komplexen zu rechnen. Auf geht's. Aber Vorsicht. Wir haben in diesem ganzen Kapitel keine Rechenvorschrift für die Berechnung von Eigenwerten angegeben. Wir überlegen also.

In Abschn. 10.2.1 hatten wir kurz nach der Definition der Eigenvektoren festgestellt, dass sie Elemente des Kerns $\ker(Q - \lambda I)$ sind. Die Eigenwerte λ sind also diejenigen, für die dieser Kern vom Nullvektor verschiedene Vektoren enthält. Wir betrachten

$$(Q - \lambda I)\mathbf{v} = \begin{pmatrix} \cos\varphi - \lambda & -\sin\varphi \\ \sin\varphi & \cos\varphi - \lambda \end{pmatrix} \begin{pmatrix} v_1 \\ v_2 \end{pmatrix} = \begin{pmatrix} 0 \\ 0 \end{pmatrix} \qquad (10.8)$$

oder zeilenweise

$$(\cos\varphi - \lambda) \cdot v_1 - \sin\varphi \cdot v_2 = 0,$$
$$\sin\varphi \cdot v_1 + (\cos\varphi - \lambda) \cdot v_2 = 0.$$

Wenn wir diese beiden Gleichungen als lineares Gleichungssystem für v_1 und v_2 anschauen, so hat das Gleichungssystem nur Lösungen, die nicht beide null sind, wenn beide Gleichungen dieselbe Information enthalten, also linear abhängig sind. Andernfalls gibt es nur die triviale Lösung $v_1 = v_2 = 0$.

Wir haben das Argument der linearen Abhängigkeit der Zeilen bzw. Spalten bei der Diskussion des Kerns einer Matrix und bei den unterbestimmten Gleichungssystemen schon gebraucht. Mittlerweile haben wir einen Komplexitätsgrad der Argumentation erreicht, bei dem wir recht ähnliche Werkzeuge an unterschiedlichsten Stellen einsetzen. In einem rein systematischen Mathematikbuch werden deshalb alle gewonnenen Zusammenhänge in einzelnen Sätzen oder Hilfssätzen formuliert und nummeriert, sodass man mit knappen Verweisen auf sie zurückgreifen kann.

Wir erhalten aus der linearen Abhängigkeit der beiden Gleichungen, dass die Koeffizienten unseres 2×2-Gleichungssystems im gleichen Verhältnis zueinander stehen müssen. Also ist

$$\frac{\cos\varphi - \lambda}{-\sin\varphi} = \frac{\sin\varphi}{\cos\varphi - \lambda} \quad \text{bzw.} \quad (\cos\varphi - \lambda)^2 = -\sin^2\varphi$$

eine notwendige Bedingung für die Existenz von Lösungen v_1, v_2, die nicht beide gleich null sind, und somit für die Existenz von Eigenvektoren.

Zugegeben, diese Bedingung hätten wir schneller erhalten, wenn wir uns im Vorfeld ein wenig mit Polynomen und Determinanten beschäftigt hätten. Aber darüber gibt es schon viele gute Bücher und Internetartikel und Diskussionsforen und YouTube-Beiträge. Wir freuen uns, dass wir die Bedingung ganz hemdsärmelig herleiten konnten.

Die Gleichung $(\cos \varphi - \lambda)^2 = -\sin^2 \varphi$ für die gesuchten Eigenwerte λ wird durch Ausmultiplizieren und unter Verwendung der Identität $\cos^2 \varphi + \sin^2 \varphi = 1$ zu der quadratischen Gleichung

$$\lambda^2 - 2\lambda \cos \varphi + 1 = 0 \quad \text{mit} \quad \lambda_{1,2} = \cos \varphi \pm \sqrt{\cos^2 \varphi - 1}.$$

Dies ist eine quadratische Gleichung im unbekannten Eigenwert λ. Der Drehwinkel φ ist durch Q gegeben.

Da es für $\varphi \neq 0$ und $\varphi \neq \pi$ keine reellen Eigenvektoren gibt, erwarten wir auch keine reellen Eigenwerte. In der Tat sind die Lösungen der quadratischen Gleichung für alle anderen φ nicht reell, weil $\cos^2 \varphi - 1 < 0$ ist. Wir erhalten wiederum unter Verwendung von $\cos^2 \varphi + \sin^2 \varphi = 1$ die gesuchten

$$\lambda_{1,2} = \cos \varphi \pm \sqrt{-\sin^2 \varphi} = \cos \varphi \pm i \sin \varphi = e^{\pm i\varphi}.$$

In den Eigenwerten $\lambda_1 = e^{i\varphi} \in \mathbb{C}$ und $\lambda_2 = e^{-i\varphi} \in \mathbb{C}$ taucht der Drehwinkel φ auf. Es ist zunächst einfach schön, dass der Term $e^{i\varphi}$, der im Komplexen um den Winkel φ dreht, wieder auftaucht. Natürlich ist dies kein Zufall.

Es ist übrigens auch kein Zufall, dass wir aus der reellen Drehmatrix zwei zueinander konjugiert komplexe Eigenwerte $\lambda_1 = \bar{\lambda}_2$ erhalten haben. Versuchen Sie zu beweisen, dass reelle 2×2-Matrizen entweder reelle Eigenwerte oder zueinander konjugiert komplexe Eigenwerte haben. Versuchen Sie es. Es ist einfacher, als Sie jetzt vielleicht denken.

Zur Berechnung der Eigenvektoren setzen wir die gerade gewonnenen $\lambda_{1,2}$ in das Gleichungssystem in Gl. 10.8 ein. Wir rechnen gleich mit beiden Werten und transportieren beide Vorzeichen mit. Durch pures Einsetzen entsteht

$$(Q - \lambda I)\mathbf{v} = \begin{pmatrix} \cos \varphi - (\cos \varphi \pm i \sin \varphi) & -\sin \varphi \\ \sin \varphi & \cos \varphi - (\cos \varphi \pm i \sin \varphi) \end{pmatrix} \begin{pmatrix} v_1 \\ v_2 \end{pmatrix} = \begin{pmatrix} 0 \\ 0 \end{pmatrix}.$$

Ein scharfer Blick enthüllt, dass die Kosinusterme wegfallen und wir $\sin \varphi$ ausklammern können. Also vereinfacht sich dieser Ausdruck zu

$$(Q - \lambda I)\mathbf{v} = \sin \varphi \begin{pmatrix} \mp i & -1 \\ 1 & \mp i \end{pmatrix} \mathbf{v} = \begin{pmatrix} 0 \\ 0 \end{pmatrix} \quad \text{mit} \quad \mathbf{v}_1 = \begin{pmatrix} 1 \\ -i \end{pmatrix}, \ \mathbf{v}_2 = \begin{pmatrix} 1 \\ i \end{pmatrix} \in \mathbb{C}^2.$$

Damit haben wir zu jedem der Eigenwerte einen echt komplexwertigen Eigenvektor gefunden. Natürlich ist auch dieser nur bis auf Vielfache bestimmt, und hier dürfen die Faktoren aus der Menge der komplexen Zahlen stammen.

Wir bemerken, dass die Eigenvektoren der Drehmatrix im Gegensatz zu ihren Eigenwerten nicht vom Drehwinkel abhängen, denn φ taucht in ihnen gar nicht auf.

Zusätzlich stellen wir fest, dass wir zueinander konjugiert komplexe Eigenvektoren berechnet haben. Dies folgt direkt daraus, dass die reelle Drehmatrix konjugiert komplexe Eigenwerte hat. Ein Tipp: Konjugieren Sie beide Seiten der definierenden Gl. 10.3, und verwenden Sie $A = \bar{A}$.

Wir blicken zurück und sehen, dass wir durch das Verlassen der reellen Zahlenebene doch noch Eigenwerte und Eigenvektoren der Drehmatrix ausrechnen konnten. Diese werden beim Lösen von Differenzialgleichungen, bei der Betrachtung von Schwingungen und Rotationen und vielem anderem gute Dienste leisten, selbst wenn wir sie im Moment noch etwas verrückt finden.

10.3 Ausblick auf Schwingungen

10.3.1 Federschwinger

Bereits in Abschn. 3.2 über die komplexen Zahlen haben wir die Differenzialgleichung $ms''(t) = -ks(t) - ds'(t)$ betrachtet, die die Auslenkung $s = s(t)$ eines Federschwingers in Abhängigkeit von der Zeit beschreibt. Sie enthält mit der Beschleunigung $s''(t)$ die zweite Ableitung der gesuchten Funktion $s = s(t)$. Wenn wir die Geschwindigkeit mit $v = v(t) = s'(t)$ bezeichnen, so können wir die Bewegungsgleichung als ein System von zwei Differenzialgleichungen

$$s'(t) = v(t),$$
$$v'(t) = -\frac{k}{m}s(t) - \frac{d}{m}v(t)$$

schreiben, in dem nur die ersten Ableitungen der gesuchten Funktionen $s = s(t)$ und $v = v(t)$ vorkommen. Dieses Umschreiben wirkt auf den ersten Blick etwas einfältig, weil wir sofort $v(t) = s'(t)$ und damit $v'(t) = s''(t)$ in die untere Differenzialgleichung einsetzen können und die ursprüngliche Form erhalten. Aber wir haben den Gewinn, dass wir diese zwei Differenzialgleichungen jetzt in Vektorschreibweise als System mit zwei Komponenten, also fast wieder als eine Differenzialgleichung, aufschreiben können. Es entsteht

$$\begin{pmatrix} s'(t) \\ v'(t) \end{pmatrix} = \begin{pmatrix} 0 & 1 \\ -\frac{k}{m} & -\frac{d}{m} \end{pmatrix} \begin{pmatrix} s(t) \\ v(t) \end{pmatrix},$$

wobei die Matrixschreibweise nur bestimmten Differenzialgleichungen, nämlichen linearen, vorbehalten ist. Noch kompakter liest sich dies als

$$\mathbf{q}'(t) = A\mathbf{q}(t) \text{ mit } \mathbf{q}(t) = \begin{pmatrix} s(t) \\ v(t) \end{pmatrix} \in \mathbb{R}^2, \ A = \begin{pmatrix} 0 & 1 \\ -\frac{k}{m} & -\frac{d}{m} \end{pmatrix} \in \mathbb{R}^{2\times2}. \quad (10.9)$$

Der Ansatz, eine Lösung der Form $e^{\lambda t} \in \mathbb{R}^1$ zu suchen, ist schon deshalb zum Scheitern verurteilt, weil wir für das System 10.9 eine vektorielle Lösung mit zwei

Komponenten suchen. Also setzen wir einen zweikomponentigen Vektor der Form $\mathbf{q}(t) = \mathbf{v}e^{\lambda t} \in \mathbb{R}^2$ an. Wir wissen noch nicht, ob der Ansatz eine oder mehrere Lösungen liefert, aber wir finden durch Ableiten $\mathbf{q}'(t) = \lambda\mathbf{v}e^{\lambda t} \in \mathbb{R}^2$ und durch bloßes Einsetzen

$$\mathbf{q}'(t) = \lambda\mathbf{v}e^{\lambda t} = A\mathbf{v}e^{\lambda t} = A\mathbf{q}(t).$$

Wie schon in Abschn. 3.2 teilen wir auf beiden Seiten durch $e^{\lambda t} \neq 0$ und finden $\lambda\mathbf{v} = A\mathbf{v}$, was exakt die definierende Gl. 10.3 der Eigenwerte und -vektoren ist. Wenn wir also einen Eigenvektor $\mathbf{v}$ zu einem Eigenwert λ von A kennen, dann kennen wir eine Lösung des Differenzialgleichungssystems 10.9.

Für größere k, also für relativ zur Dämpfungskonstante steife Federn, oszilliert der Federschwinger. Die Lösung $\mathbf{q}(t) = \mathbf{v}e^{\lambda t} \in \mathbb{R}^2$ schwingt, und dies gelingt nur für λ mit einem echten Imaginärteil Im $\lambda \neq 0$, sodass uns die Nutzung der Euler'schen Identität Sinus- und Kosinusterme beschert. Da die Formulierung der Bewegungsgleichung als Differenzialgleichungssystem am Inhalt nichts geändert hat, sind die Eigenwerte dieselben λ, die schon Lösung des Ansatzes in Abschn. 3.2 waren.

Die Matrix A hat im Falle genügend großer k also komplexe Eigenwerte, die nicht in $\mathbb{R}$ liegen. Auch ihre Eigenvektoren können nicht mit reellen Komponenten allein gewählt werden. Schwingungen mechanischer Systeme lassen sich noch viel allgemeiner auf diese Weise beschreiben.

Die Berechnung von Eigenwerten, die wir hier absichtlich nicht besprochen haben, führt auf Polynomgleichungen. Bei der Matrix A ist dies die schon bekannte quadratische Gleichung $m\lambda^2 + d\lambda + k = 0$, vgl. Abschn. 3.2. Nach dem Hauptsatz der Algebra können wir Polynomgleichungen in den komplexen Zahlen in Linearfaktoren zerlegen. Das ist ein Grund, warum wir gleich bei Definition 10.1 darauf bestanden haben, in den komplexen Zahlen zu arbeiten.

10.3.2 Schwingende Saite

Ein passendes Beispiel, wenn auch für Sie noch etwas entfernt oder gar verrückt, ist die schwingende Saite. Wir denken uns eine mit der Spannung P gespannte Saite der Längendichte ϱ, die längs der x-Achse bei den Stellen $x_{links} = 0$ und $x_{rechts} = a$ fest eingespannt ist. Bei einer Gitarre wäre beispielsweise bei x_{links} der Steg, über den die Saite am Gitarrenrumpf befestigt ist, und bei x_{rechts} der Sattel zwischen Gitarrenkopf und Gitarrenhals.

Bezüglich der Bezeichnungen rechts und links schauen Sie von vorn auf eine übliche Gitarre. Sie ist unser Experimentalobjekt. Aus Sicht eines rechtshändigen Guitarrista ist der Gitarrenhals links.

Die Ruhelage der Saite verwenden wir als x-Achse. Wenn wir die Saite – wie auch immer – in Bewegung setzen, schwingt sie und gibt Töne von sich. Die Saite bewegt sich seitwärts hin und her.

Die seitliche Auslenkung zum Zeitpunkt t an der Stelle x bezeichnen wir mit $u = u(t, x)$. Wir reagieren furchtlos auf die Vorstellung, die Auslenkung $u = u(t, x)$ nur nach der Zeit t abzuleiten und dabei x als fest zu betrachten und ebenso die Auslenkung u nur nach dem Ort x abzuleiten. Mit diesen Ableitungen lautet die Schwingungsgleichung

$$\varrho \cdot \frac{\partial^2}{\partial t^2} u(t, x) = P \cdot \frac{\partial^2}{\partial x^2} u(t, x) \quad \text{für } x \in (0, a) \text{ und alle } t > 0. \tag{10.10}$$

Die Schwingungs- oder Wellengleichung ist eine partielle Differenzialgleichung, denn sie enthält partielle Ableitungen. Auf der linken Seite wird zweimal nach der Zeit abgeleitet, wobei die Stelle x festgehalten wird, auf der rechten zweimal nach dem Ort x. Weil jeweils nur ein Teil der Abhängigkeit der Auslenkung u in der Ableitung verwendet wird, heißen die Ableitungen partiell, zu deutsch also teilweise, und werden mit dem geschwungenen Symbol ∂ anstelle des aufrechten d bezeichnet. Als partielle Differenzialgleichung gehört die Schwingungsgleichung zu einer Problemklasse, die dieses Buch weit übersteigt. Wir trauen uns dennoch, einen Moment über sie nachzudenken.

Betrachten wir ein infinitesimales Stück der Saite, dessen Länge wir mit dx bezeichnen. Dieses infinitesimale Stück hat die Masse $\varrho \cdot$ dx. Es liegt an der Stelle x zum Zeitpunkt t, ausgelenkt um $u(t, x)$ neben der als Ruhelage angenommenen x-Achse. Dort erfährt es die Kraft Pd$x \cdot \frac{\partial^2}{\partial x^2} u(t, x)$. Wenn die Saite an der Stelle x besonders weit ausgelenkt ist, wird die zweite Ableitung von u nach x negativ, und die Kraft treibt die Saite in Richtung der Ruhelage zurück. Dies führt nach dem Newton'schen Grundgesetz zur Beschleunigung $\frac{\partial^2}{\partial t^2} u(t, x)$. Selbst wenn wir die Schwingungsgleichung hier nicht vollständig herleiten können, so können wir ihr doch einen gewissen Sinn geben.

Die Einspannung an den Enden, an denen die Saite fest eingespannt ist und nicht bewegt werden kann, beschreiben wir durch Randbedingungen. Hier sind dies $u(t, 0) = 0$ und $u(t, a) = 0$.

Nun fragen wir uns, ob die Saite in der Lage ist zu schwingen, wie wir dies von einer Gitarrensaite oder Geigensaite kennen. Wir setzen an, dass die Saite mit einer Kreisfrequenz $\omega > 0$ harmonisch schwingt. Harmonisch bedeutet, dass sie eine Bewegung vollführt, die wir durch eine Frequenz ω und Sinus- und Kosinusterme beschreiben können. Natürlich bewegt sie sich nicht als Ganzes, denn am Rand ist sie eingespannt. Wir nehmen also zusätzlich an, dass die Auslenkung der Saite vom Ort x abhängt. Diese Annahmen münden in dem Ansatz

$$u(t, x) = \cos(\omega t) \cdot V(x) \tag{10.11}$$

für die Auslenkung $u = u(t, x)$. Die Funktion $V = V(x)$ ist dabei noch zu bestimmen.

Wir suchen nach Lösungen dieser Bauart. Wenn wir welche finden, wissen wir, dass die Schwingungsgleichung solche Lösungen hat und möglicherweise noch weitere von anderer Form. Auf geht's.

Die Schwingungsgleichung 10.10 lautet nach dem Einsetzen des Ansatzes in Gl. 10.11

$$\varrho \cdot \frac{\partial^2}{\partial t^2}[\cos(\omega t) \cdot V(x)] = P \cdot \frac{\partial^2}{\partial x^2}[\cos(\omega t) \cdot V(x)].$$

Wir bilden die zweite Zeitableitung des Kosinusterms und erhalten

$$-\varrho \omega^2 \cos(\omega t) \cdot V(x) = P \cos(\omega t) \cdot \frac{d^2}{dx^2} V(x),$$

wobei wir wieder ein aufrechtes d schreiben, weil $V = V(x)$ nur von der Ortsvariablen x abhängt. Diese Gleichung dürfen wir auf beiden Seiten durch $\cos(\omega t)$ teilen, weil der Kosinus nur an einzelnen diskreten Zeitpunkten t null wird.

Andererseits werden unsere Randbedingungen mit dem Ansatz in Gl. 10.11 zu $u(0, t) = \cos(\omega t) \cdot V(0) = 0$ und $u(a, t) = \cos(\omega t) \cdot V(a) = 0$. Dasselbe Argument liefert also $V(0) = V(a) = 0$.

Auf der Suche nach Lösungen der Schwingungsgleichung sind wir bei der Suche nach Lösungen von

$$-\frac{\varrho \omega^2}{P} \cdot V(x) = \frac{d^2}{dx^2} V(x) \ \text{ mit } \ V(0) = V(a) = 0 \tag{10.12}$$

angekommen. Vergleichen wir diese Gleichung mit der definierenden Gl. 10.3, so finden wir auf der rechten Seite den linearen Differenzialoperator $A = \frac{d^2}{dx^2}$. Auf der linken Seite steht ein Eigenwert $\lambda = -\frac{\varrho \omega^2}{P}$, und die Rolle des Eigenvektors hat die gesuchte Funktion $V = V(x)$. Wir stellen fest, dass uns die Schwingungsgleichung auf ein Eigenwertproblem geführt hat. Diesmal wird die Funktion $V = V(x)$ bei Anwendung des Differenzialoperators konserviert. So wie die Richtung des Eigenvektors erhalten bleibt und sich nur seine Länge ändert, so wird V in Gl. 10.12 lediglich um einen Faktor gestreckt oder gestaucht.

Ganz nebenbei sehen wir, dass es ein guter Plan war, den Vektorraum und den Vektor in Kap. 6 sehr allgemein zu definieren. Dadurch können wir Aussagen und Begriffe über Vektoren ebenso für Vektoren im allgemeinen Sinne verwenden. Hier werden die Funktionen $V(x)$ als Elemente eines Vektorraums von Funktionen gesucht.

Zum Abschluss unserer Überlegungen bestimmen wir Lösungen von Gl. 10.12. Es handelt sich wieder um eine Differenzialgleichung, denn die gesuchte Funktion $V = V(x)$ ist mit ihrer zweiten Ableitung verknüpft. Außerdem haben wir die obigen Randbedingungen $V(0) = V(a) = 0$.

Wir suchen Funktionen oder eine Funktion V, die proportional zu ihrer zweiten Ableitung ist, einen negativen Proportionalitätsfaktor hat und an zwei Stellen null ist. Ein heißer Kandidat ist die Sinusfunktion, denn ihre zweite Ableitung ist ein negatives Vielfaches ihrer selbst, und Nullstellen hat sie in Hülle und Fülle. Wenn wir den ersten Bogen der Sinusfunktion so in die Breite ziehen, dass er das Intervall

[0, a] überspannt, dann sind die Nullstellen an der richtigen Stelle. Wir könnten natürlich auch zwei oder gar drei Bögen im Intervall [0, a] unterbringen. Wir finden für alle ganzzahligen k die Funktionen

$$V_k(x) = \sin \frac{k\pi x}{a} \quad \text{mit} \quad k = 1, 2, \ldots$$

Für $k = 0$ entsteht nur die triviale Nulllösung, und für $-k$ ergibt sich wegen $V_{-k}(x) = -V_k(x)$ nichts wirklich Neues.

Für jedes k gelten $V_k(0) = 0$ und $V_k(a) = \sin k\pi = 0$. Eingesetzt in Gl. 10.12 entsteht nach Auswertung der zweiten Ableitung die Gleichheit

$$-\frac{\varrho \omega^2}{P} \cdot \sin \frac{k\pi x}{a} = -\left(\frac{k\pi}{a}\right)^2 \cdot \sin \frac{k\pi x}{a},$$

wenn immer

$$\frac{\varrho \omega^2}{P} = \left(\frac{k\pi}{a}\right)^2 \quad \text{und damit} \quad \omega = \frac{k\pi}{a}\sqrt{\frac{P}{\varrho}}$$

gilt. Für alle $k = 1, 2, \ldots$ erhalten wir also eine Eigenfrequenz ω. Alle Eigenfrequenzen der Saite sind ganzzahlige Vielfache der Grundfrequenz für $k = 1$, wobei wir die Tonhöhe normalerweise nicht durch die Kreisfrequenz ω, sondern durch die Frequenz $\omega/(2\pi)$ angeben.

Die zugehörigen Schwingungsformen finden wir in den Funktionen $V_k = V_k(x)$, die übrigens Eigenschwingungen heißen. Die Grundfrequenz schwingt mit einer Ausbeulung, die doppelte Frequenz – also die nächsthöhere Oktave – mit zwei Ausbeulungen der Sinusfunktion. Übrigens ist die wieder nächste Oktave erst bei der vierfachen Frequenz zu hören, denn die Tonfrequenzen verdoppeln sich mit jeder höheren Oktave. Die dreifache Frequenz der Grundfrequenz liefert einen Ton, der eine Oktave und eine Quinte höher als der Ton mit der Grundfrequenz ist.

Diese Töne heißen Naturtöne. Man kann sie allein durch geübte Wahl des Anblasens auf einem Jagdhorn hervorbringen. Ein Jagdhorn hat keine Ventile wie das Konzerthorn oder die Trompete und keinen Zug wie die Posaune, die ebenfalls den Luftweg verlängern und somit die Tonhöhe absenken können. Der erste Naturton ist der Grundton, der bei Jagdsignalen eher nicht gebraucht wird, der zweite Naturton hat die doppelte Frequenz und so weiter. Übrigens bilden der vierte, fünfte und sechste Naturton einen Durdreiklang.

Schauen wir zurück zur Schwingungsform für $k = 2$. Hierbei wird eine volle Periode der Sinusfunktion, also zwei Bögen, in ihrer Form beibehalten, und sie schwingt harmonisch mit der doppelten Frequenz der Grundfrequenz der Saite. Der mittlere Punkt der Saite ist eine Nullstelle der Sinusfunktion $V_2(x)$ und bewegt sich damit nicht. Würde man also eine halb so lange Saite nehmen, wäre diese doppelte Frequenz ihre Grundfrequenz. Um dies zu bekräftigen, können wir uns auch eine Halbierung der Saitenlänge a vorstellen.

Eine Saite der halben Länge erzeugt also den zweiten Naturton, eine Saite der drittel Länge den dritten usw. Unter anderem der bekannte Pythagoras hat dies auf einer Saite ausprobiert und die Reziproken der natürlichen Zahlen wegen der Verwandtschaft zu den Naturtönen als harmonische Brüche bezeichnet. Und daher hat die in Kap. 2 diskutierte Reihe der Reziproken der natürlichen Zahlen den Namen harmonische Reihe.

An dieser Stelle sollten Sie versuchen zu rekapitulieren, was Sie über die harmonische Reihe wissen und ob Sie, ohne nachzuschlagen, rekonstruieren können, warum sie – wenn auch sehr langsam – divergiert.

Auf einem Instrument hören wir fast immer eine Überlagerung der unterschiedlichen Eigenfrequenzen, und die Intensitäten der einzelnen Frequenzen machen den charakteristischen Klang eines Instruments aus. Eine einzelne Frequenz klingt dagegen sehr technisch.

Sie können versuchen, die ersten Naturtöne auf einer Gitarre getrennt voneinander erklingen zu lassen. Wenn Sie sich große Mühe geben, schaffen Sie es, fast ausschließlich die erste Eigenschwingung $V_1(x)$ anzuregen. Das geht am besten mit mehreren Leuten, die diese Verformung gemeinsam herstellen und dann zugleich loslassen. Kurz nach dem ersten Klirren müsste ein klanglich schwer einzuordnender, technisch nüchterner und fast frequenzreiner Ton entstehen. Wenn Ihnen dies gelungen ist, können sie auch die zweite und dritte Eigenschwingung anregen, indem Sie die Saite gemäß $V_2(x)$ bzw. $V_3(x)$ auslenken und dann aus der künstlich hergestellten Form mit zwei bzw. drei Bögen loslassen. Die Saite müsste dann deutlich hörbar höher und dünner klingen. Mit wachsendem k wird dieser Versuch natürlich immer schwieriger.

Wenn wir uns den Term für die Frequenzen ω noch einmal anschauen, dann sehen wir, wie er von den Parametern P, ϱ und a abhängt. Eine Erhöhung der Spannung P erhöht den Ton, wie wir es auf jedem Saiteninstrument bestätigt finden. Eine Verlängerung der Saite, also eine Vergrößerung von a, macht den Ton tiefer. Deshalb sind die tiefen Klaviersaiten länger als die hohen und der Kontrabass größer als das Cello, die Bratsche und die Geige. Zuletzt wird der Ton auch tiefer, wenn die Längendichte ϱ steigt. In der Tat sind die tiefen Saiten auf der Gitarre dicker als die hohen.

Natürlich geht es nicht nur um Musik. Alle Bauteile, Brückenteile, schlicht alles, was mechanisch bewegt werden kann, und auch viele ökologische Systeme vollführen Schwingungen, die auf ihre Eigenschwingungen zurückgeführt werden können. In diesem Sinne sind Musikinstrumente besonders seltsame oder besser besonders schöne Bauteile, deren Eigenfrequenzen gerade Vielfache der Grundfrequenz sind.

Übrigens können wir jede Verformung eines Bauteils oder einer Brücke als Überlagerung von Eigenschwingungen beschreiben. Die Eigenschwingungen bilden eine Basis des Vektorraums aller denkbaren Verformungen, womit die Verformungen gemeint sind, die eine endliche Energie haben, denn nur diese sind in der Realität beobachtbar. Wir brauchen einen passenden Vektorraum, wir sollten unseren Begriff der Basis überdenken, weil es unendlich viele Eigenschwingungen – bei unserer Saite zu jedem k eine – gibt, und wir sollten darüber nachdenken, warum die Eigenschwingungen zu unterschiedlichen Frequenzen linear unabhängig voneinander sind. Aber dies sind nun wirklich Themen, die über die hier besprochenen Herausforderungen und den Umfang dieses Buches hinausgehen.

Selbst wenn uns die Eigenwerte zunächst wie eine mathematische Spielerei vorgekommen sind, so ist die Verbindung zu den Schwingungen Grund genug, sich für Eigenwerte und Eigenvektoren zu interessieren.

Taylor-Entwicklung: Kann Mathematik prophezeien?

Wenn Sie heute aus dem Fenster schauen, das Wetter von gestern nicht kennen und trotzdem eine Vorhersage für das morgige Wetter wagen, dann ist in 70 bis 75 % der Fälle der Tipp zutreffend, das Wetter würde morgen so wie heute sein.

Kennen Sie vom zeitlichen Temperaturverlauf genau einen Messwert, dann ist die Mutmaßung, die Temperatur sei konstant, genauso gut wie jede andere Vermutung.

Würden Sie hingegen aus den Wetterbeobachtungen der letzten drei Tage wissen, dass es seitdem jeden Tag um etwa ein Grad wärmer geworden ist, dann wäre der Tipp, es würde morgen noch ein Grad wärmer, noch besser als der, die Temperatur bliebe konstant. In dieser Situation wird die zeitliche Änderung der Temperatur, also ihr Anstieg um etwa 1 Grad pro Tag, berücksichtigt. Trotzdem weiß natürlich jeder, dass der Tipp, in drei Monaten sei es 90 Grad wärmer als heute, ausgesprochen unrealistisch ist. Wir bemerken, dass eine Vorhersage für kleine Zeiträume vielversprechend sein kann, obwohl völlig klar ist, dass sie über größere Zeiträume sinnlos wird.

Sollten wir zudem wissen, dass der Temperaturanstieg sich in den letzten Tagen um jeweils gleiche Beträge verkleinert hat, so können wir unsere Vorhersage weiter verfeinern. Wenn es heute beispielsweise 13 Grad warm ist, gestern 12 Grad warm war, vorgestern 10.8 Grad, und am Tage davor 9.4 Grad gemessen wurden, dann ist es von jedem Tag bis zum nächsten etwas wärmer geworden, bis vorgestern 1.4 Grad, bis gestern 1.2 Grad und bis heute 1.0 Grad. Es wäre ein naheliegender Tipp anzunehmen, dass es bis morgen um weitere 0.8 Grad wärmer wird. Unsere Vorhersage lautet somit, dass es morgen 13.8 Grad warm wird.

An dieser Stelle haben wir neben dem Zuwachs pro Tag auch die Änderung des Zuwachses pro Tag berücksichtigt. Assoziieren wir den Zuwachs mit der ersten Ableitung, so ist die Änderung des Zuwachses mit der zweiten Ableitung verwandt. Die zweite Ableitung hilft uns also, unsere Vorhersage weiter zu verbessern. Bevor Computer das α-Hedging in Bruchteilen von Sekunden abwickeln konnten, haben

© Der/die Autor(en), exklusiv lizenziert durch Springer-Verlag GmbH, DE, ein Teil von Springer Nature 2021
D. Langemann, *So einfach ist Mathematik – Zwölf Herausforderungen im ersten Semester*, https://doi.org/10.1007/978-3-662-63720-3_11

sogenannte Day-Trader mit dieser Vorhersagetechnik auf gefährliche Weise Geld verdient. Einmal hat es sogar eine dritte Ableitung in die Tagesschau geschafft, als in einer wirtschaftlich wenig glücklichen Zeit verkündet wurde, dass sich das Anwachsen der Steigerung der Arbeitslosenzahlen verlangsamt hätte.

Betrachten wir Vorhersagen und Prophezeiungen mathematischer.

11.1 Vorhersagen

Wenn wir von einer uns ansonsten völlig unbekannten Funktion nur wissen, dass sie an der Stelle x_0 den Funktionswert a_0 hat, dann ist im Sinne der obigen Wettervorhersage der Tipp erfolgversprechend, sie sei konstant mit dem Wert a_0. Diese konstante Funktion sei $T_0(x) = a_0$. Die Schreibweise bedeutet, dass die Funktion T_0 heißt und dass die Funktion $T_0 = T_0(x)$ für alle x den Wert a_0 hat. Man kann auch sagen, dass T_0 unabhängig von x den Funktionswert a_0 annimmt. Die konstante Funktion T_0 ist ein Polynom nullten Grades.

Die Situation ist in Abb. 11.1 dargestellt. Der einzige uns bekannte Funktionswert ist a_0 an der Stelle x_0. Wir prophezeien also, dass die Funktionswerte für alle x gleich a_0 seien. Genau genommen nehmen wir diesen Wert als einzig möglichen an, weil wir ja keine anderen Informationen haben. Fritz Reuter, ein plattdeutscher Dichter des 19. Jahrhunderts, hat „Allens bliwwt bin Ollen."[1] zum Artikel 1 der damals nicht existierenden mecklenburgischen Verfassung erklärt. In Anerkennung dieser bemerkenswerten Beharrlichkeit wollen wir das Polynom $T_0(x)$ hier und nur hier als mecklenburgische Näherung an eine uns nicht bekannte Funktion bezeichnen.

Abb. 11.1 Wenn wir von einer Funktion nur wissen, dass sie an der Stelle x_0 den Funktionswert a_0 hat und sonst nichts, dann ist die mecklenburgische Näherung $T_0(x) = a_0$ die einfachste und damit beste Näherung und der einzig sinnvolle Tipp

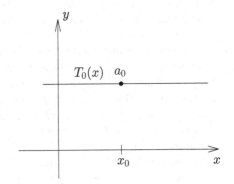

Nein, der Name mecklenburgische Näherung ist keine offizielle mathematische Bezeichnung. Wir haben ihn uns für Sie als Erinnerungshilfe ausgedacht. Wenige Seiten später werden Sie einen nüchterneren Namen für die mecklenburgische Näherung finden.

Falls wir neben dem Funktionswert a_0 noch eine weitere Information über den möglichen Zusammenhang zwischen den x- und y-Werten haben, verändert sich unsere Vorhersage. Beispielsweise könnten wir an der Stelle x_0 zusätzlich zum Funktionswert a_0 den Anstieg einer unbekannten Funktion kennen. Wir bezeichnen ihn mit a_1. In der einleitenden Beispielrechnung zum Wetter hat dieser Anstieg die Größe von einem Grad pro Tag.

Abb. 11.2 zeigt die Situation. Mit dem Anstieg an der Stelle x_0 kennen wir die Tangente an die unbekannte Funktion an der Stelle x_0. Dort haben wir mit a_0 einen Funktionswert und mit a_1 eine Richtung, in die er sich entwickelt. Die Gerade mit dem Anstieg a_1 durch den Punkt (x_0, a_0) scheint eine vernünftige Vorhersage zu sein.

Die Gleichung dieser Geraden lautet $T_1(x) = a_0 + a_1(x - x_0)$. Auch wenn Sie diese Gleichung nicht überraschend finden, betrachten wir sie einen Moment. Sei a_0 die heutige Temperatur und a_1 die Änderung der Temperatur pro Tag. Im Ausdruck für $T_1(x)$ addieren wir zur heutigen Temperatur den Temperaturanstieg pro Tag multipliziert mit der Anzahl $x - x_0$ der Tage ab heute. Zeichnen Sie sich in eine eigene Skizze oder in Abb. 11.2 ein Argument x ein, am besten rechts von x_0. Von dieser Stelle x bis zur gestrichelten Linie, also bis zur mecklenburgischen Näherung, ist der Abstand a_0. Darüber entdecken Sie ein Steigungsdreieck und finden bis zur durchgezogenen Linie in $T_1(x)$ die Korrektur $a_1(x - x_0)$ der mecklenburgischen Näherung durch die Berücksichtigung des Anstiegs. Somit verbessert die ökonomische Näherung $T_1(x) = T_0(x) + a_1(x - x_0)$ die Näherung $T_0(x)$ durch die Verwendung einer zusätzlichen Information, nämlich des Anstiegs a_1.

Wirtschaftliche Prognosen auf der Grundlage genau dieser Überlegungen werden oft mit großem Ernst verkündet – etwa so: „Familie Krzoswicki aus Duisburg hat im Jahr 2018 zwei Kinder. In den letzten zwei Jahren hat die Anzahl der Kinder um eins zugenommen. Bei einem prognostizierten Anstieg von einem halben Kind

Abb. 11.2 Sollten wir zusätzlich zum Funktionswert a_0 an der Stelle x_0 noch den Anstieg a_1 an dieser Stelle kennen, so ist die ökonomische Näherung $T_1(x) = a_0 + a_1(x - x_0)$ schon eine echte Prophezeiung. In der Nähe von x_0, d. h. für $x \approx x_0$, ergeben sich sinnvoll erscheinende Tipps

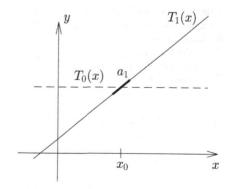

pro Jahr erwarten Experten, dass Familie Krzoswicki im Jahr 2058 zweiundzwanzig Kinder haben wird." Diese Prognose ist natürlich Unfug.

Es wäre ebenso absurd, aufgrund des derzeitigen Bruttosozialprodukts und des derzeitigen Wirtschaftswachstums auf die Wirtschaftsleistung in vierzig Jahren zu schließen. Aber für die kommenden Monate oder sogar das nächste Jahr ergibt $T_1(x)$ recht brauchbare Prognosen. Nennen wir also $T_1(x)$ hier und nur hier die ökonomische Näherung.

Wenn wir zusätzlich zum Funktionswert a_0 und zur ersten Ableitung a_1 an der Stelle x_0 dort auch die zweite Ableitung a_2 kennen, dann erscheint es sinnvoll, eine Funktion $T_2 = T_2(x)$ zu wählen, die bei x_0 die zweite Ableitung a_2 hat. Da die ökonomische Näherung als lineare Funktion $T_1''(x) = 0$ für alle Argumente x erfüllt, ergänzen wir einen Term, der eine nicht verschwindende zweite Ableitung hat. Dabei soll er den Funktionswert und die erste Ableitung nicht stören, denn diese werden von T_1 schon gut getroffen.

Wir kennen nur die drei Größen a_0, a_1 und a_2, und die Form des zu ergänzenden Terms ist egal, solange er bei x_0 den Wert und die Ableitung null hat. Aus Gründen der Einfachheit versuchen wir es mit $T_2(x) = T_1(x) + c(x - x_0)^2$. Damit gilt weiter $T_2(x_0) = a_0$ und $T_2'(x_0) = a_1$. Für die zweite Ableitung finden wir $T_2''(x_0) = 2c$, und betrachten somit $2c = a_2$ als gute Wahl. Unter Berücksichtigung der in der zweiten Ableitung a_2 kodierten Krümmung erhalten wir somit

$$T_2(x) = a_0 + a_1(x - x_0) + \frac{a_2}{2}(x - x_0)^2. \tag{11.1}$$

Abb. 11.3 illustriert diese Situation.

Nebenbei denken wir daran, dass die Krümmung κ einer Kurve nicht allein ihre zweite Ableitung ist. Vielmehr berechnet sich die Krümmung des Graphen der Funktion $y = y(x)$ durch den Ausdruck

$$\kappa(x) = \frac{y''(x)}{\sqrt{1 + y'(x)^2}^3}.$$

Abb. 11.3 Wenn wir mit a_2 sogar die Änderung des Anstiegs kennen, dann verbessern wir die Vorhersage mit dem Polynom $T_2(x)$ vom Polynomgrad 2 weiter

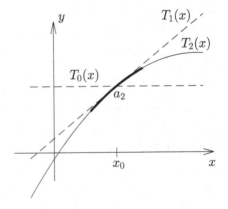

Die Krümmung ist das Reziproke des Kurvenradius. Ein Motorradfahrer muss sich bei gleicher Geschwindigkeit umso stärker in eine Kurve hineinlegen, je größer die Krümmung ist. Rechnen Sie die Krümmungen der Einheitsparabel $y(x) = x^2$ und des Halbkreises $y(x) = \sqrt{1 - x^2}$ in Abhängigkeit von x aus, skizzieren Sie die Funktionen und die berechneten Krümmungen, und vergleichen Sie die Ergebnisse mit Ihrer Anschauung. Aber zurück zu den Näherungen.

Im obigen Beispiel mit dem sich vermindernden Temperaturanstieg haben wir $a_0 = 13$, $a_1 = 1$ und $a_2 = -0.2$, weil der Temperaturanstieg pro Tag um 0.2 Grad abnimmt. Wenn Sie dies in Gl. 11.1 einsetzen, stellen Sie fest, dass unsere formalisierte Prognose scheinbar um 0.1 Grad zu hoch ist.

Dazu ist zweierlei anzumerken. Einerseits wissen Sie kaum etwas über die zukünftige Temperaturentwicklung, sodass Sie im Sinne unserer Prophezeiung vorab nicht mit Bestimmtheit argumentieren können, welche Vorhersage besser ist. Andererseits haben wir die Beobachtungsdaten in der Eingangsrede etwas lax behandelt. Da nämlich der Temperaturanstieg gleichmäßig abnimmt, wäre es präziser zu bemerken, dass die Temperatur von gestern auf heute um 1 Grad gestiegen ist und von vorgestern auf gestern um 1.2 Grad. Der Temperaturanstieg ist – abgesehen von Schwankungen über den Tag und der üblichen Abkühlung in der Nacht – also eher zwischen den Tagen anzunehmen. Über die Nacht auf gestern ist die Temperatur um 1.2 Grad gestiegen und über die Nacht zu heute um 1 Grad. Unterstellen wir eine gleichmäßige Abnahme des Temperaturanstiegs, so ist die Temperatur gestern um 1.1 Grad gestiegen und heute um 0.9 Grad, und mit $a_1 = 0.9$ stimmt die Prognose in Gl. 11.1 mit der obigen Überlegung überein.

Ganz nebenbei haben wir festgestellt, dass wir uns Gedanken darüber machen müssen, welchen Argumenten wir diskretisierte Werte einer als kontinuierlich angenommenen Funktion zuordnen. Darüber hinaus idealisieren wir die Wirklichkeit – wenn es sie denn gibt – mit jeder Beschreibung und natürlich erst recht mit jeder mathematischen Formalisierung.

11.2 Taylor-Polynome und Taylor-Reihe

Die Überlegungen aus Abschn. 11.1 werden wir nun ein wenig mathematischer formulieren und betrachten. Dazu stellen wir uns eine Funktion $y = f(x)$ vor, die die reellen Zahlen in die reellen Zahlen abbildet und die genügend glatt ist. Damit meinen wir, dass alle Ableitungen, die wir benötigen, existieren mögen und stetig seien.

Wir diskutieren also im Folgenden den bequemsten Fall genügend glatter Funktionen. Wenn wir davon absehen, so müssen wir die Differenzierbarkeitseigenschaften von f bei allen Überlegungen berücksichtigen. Die daraus resultierenden Nebenbemerkungen verstellen dem ein oder anderen möglicherweise den Blick auf den Grundgedankengang. Deshalb überlassen wir es Ihnen oder Ihrer Vorlesung, den Gedankengang im Nachhinein noch einmal daraufhin abzuklopfen, was sich für nicht genügend glatte Funktionen ergibt.

Es gibt zwei wichtige Vorbemerkungen zum folgenden Abschn. 11.2.1. Zuerst verdeutlichen wir uns noch einmal, dass f zwar eine Funktion ist, die für unterschiedliche x definiert ist, dass wir aber für die gesuchten Näherungen ausschließlich Eigenschaften der Funktion f an der Stelle x_0 verwenden. Diese Eigenschaften sind ihr Funktionswert $f(x_0)$ an der Stelle x_0, ihre Ableitung $f'(x_0)$ an dieser Stelle, ihre zweite Ableitung $f''(x_0)$ an dieser Stelle und auch höhere Ableitungen, die wir mit $f^{(k)}(x_0)$ nach ihrer Ableitungsordnung k bezeichnen. Es handelt sich jeweils um Informationen über f, die an der einen Stelle x_0 leben und sich zumindest theoretisch aus einer Beobachtung in der nächsten Nähe von x_0 ermitteln lassen. Daraus werden wir Prognosen für die Funktionswerte $f(x)$ an anderen Stellen $x = x_0 + h$ entwickeln, die um die Abweichung h von der mehrfach betonten Stelle x_0 abweichen.

Zum Zweiten warnen wir eindringlich vor dem Eindruck, bei der nun diskutierten Taylor-Entwicklung handle es sich um etwas Schwieriges. Richtig ist, dass die Taylor-Entwicklung typischerweise kein Schulstoff ist und in vollständiger Form auch nie war. Richtig ist, dass wir einige mathematische Hilfsmittel wie Ableitungen, Geradengleichungen und vor allem einen soliden Umgang mit dem Funktionsbegriff brauchen. Richtig ist aber auch, dass wir fast alle zugehörigen Gedanken auf den letzten sechs Seiten ganz ohne Schrecken bereits gesammelt haben und dass die Taylor-Entwicklung der recht natürliche Versuch ist, Funktionen f durch Polynome anzunähern. Schritt für Schritt entstehen bessere Näherungen. Also, haben Sie keine Angst.

11.2.1 Die Vorhersage auf mathematisch

Die Stelle x_0 heißt Entwicklungsstelle, und die Polynome $T_k = T_k(x)$ heißen Taylor-Polynome. Da $k = 0$ schon die konstanten Polynome nullten Grades liefert, beginnen wir die Zählung bei null. Zum nullten Taylor-Polynom haben wir nur den Funktionswert $f(x_0) = a_0$ verwendet, und es lautet

$$T_0(x) = f(x_0). \tag{11.2}$$

Das Schwierigste an Gl. 11.2 ist das Lesen der unterschiedlichen tiefgestellten Nullen: Das nullte Taylor-Polynom T_0 nimmt für alle x den Wert an, den f an der Stelle x_0 hat. Es ist konstant und damit ein Polynom nullten Grades. Bei fast jeder eingezeichneten Funktion erscheint uns die mecklenburgische Näherung als ziemlich ungenau, weil T_0 die Steigung von f an der Stelle x_0 nicht wiedergeben kann. Als konstante Funktion erfüllt das nullte Taylor-Polynom $T_0'(x) = 0$ für alle x.

Um auch die Ableitung $f'(x_0) = a_1$ richtig zu treffen, brauchen wir unter den Polynomen mindestens ein Polynom ersten Grades. Als einfachsten Vertreter unter den denkbaren Polynomen nehmen wir die Geradengleichung

$$T_1(x) = f(x_0) + f'(x_0) \cdot (x - x_0) \quad \text{bzw.} \quad T_1(x_0 + h) = f(x_0) + f'(x_0)h. \tag{11.3}$$

In der zweiten Variante haben wir $x = x_0 + h$ verwendet. Sie drückt noch deutlicher aus, dass T_1 Näherungen an f in der Nähe der Entwicklungsstelle x_0, also für kleine h, angibt. Dies betrifft nur die anschauliche Interpretation. Das erste Taylor-Polynom ist eine auf ganz $\mathbb{R}$ definierte lineare Funktion. Es hat den Polynomgrad 1.

Die ökonomische Näherung T_1 ist eine Weiterentwicklung der mecklenburgischen Näherung T_0, denn T_0 wurde um einen linearen Term ergänzt. Der ergänzte lineare Term $f'(x_0) \cdot (x - x_0)$ ist für $x = x_0$ null und verändert den Funktionswert an der Stelle x_0 nicht. Somit erfüllt das erste Taylor-Polynom die beiden Forderungen $T_1(x_0) = f(x_0)$ und $T_1'(x_0) = f'(x_0)$. Es stimmt mit der Funktion f an der Stelle x_0 im Funktionswert und in der Ableitung überein, und damit beschreibt T_1 die Tangente an f an der Stelle x_0.

Die Funktion f wird durch die lineare Funktion T_1 angenähert, vgl. Abb. 11.4. In der Nähe der Entwicklungsstelle empfinden wir die ökonomische Annäherung als recht passend. Die lineare Funktion $T_1(x)$ wird oft als Linearisierung von f angesprochen. Viele physikalische Zusammenhänge werden durch lineare Zusammenhänge beschrieben, und gegebenenfalls werden die Begriffe so lange weiterentwickelt, bis sich möglichst viele lineare Zusammenhänge zur Beschreibung verwenden lassen.

Wir wissen aus dem Physikunterricht, dass die Kraft zum Spannen einer Feder proportional zu ihrer Auslenkung aus der Ruhelage ist. Trotzdem offenbart ein kurzes Spiel mit einer nicht mehr gebrauchten Kugelschreiberfeder, dass die Proportionalität nur für kleine Kräfte gilt. Eine Verhundertfachung der Kraft, mit der Sie die Feder um einen Zentimeter verlängern, wird nicht dazu führen, dass die Feder einen Meter länger wird. Ebenso haben wir gelernt, dass eine Kilokalorie die Wärmemenge ist, mit der man 1 kg Wasser um ein Grad erwärmen kann. Genau genommen trifft dies nur auf einen ganz bestimmten Gradsprung zu, nämlich auf den von 14.5 °C auf 15.5 °C bei reinem Wasser und bei einem Druck von genau 1013.25 hPa. Bei allen anderen äußeren Bedingungen verwenden wir die Linearisierung des zugrunde liegenden nichtlinearen Zusammenhangs. Die Linearisierung ist für die meisten Anwendungen schon recht genau.

Abb. 11.4 Taylor-Polynome $T_0(x)$, $T_1(x)$ und $T_2(x)$ an der Entwicklungsstelle $x_0 = \frac{\pi}{4}$ an die Funktion $f(x) = \sin x$ *(gestrichelt)*. Gepunktet ist $T_3(x)$ angedeutet. Hier sieht es danach aus, dass sich die Annäherung an f mit steigendem Polynomgrad verbessert

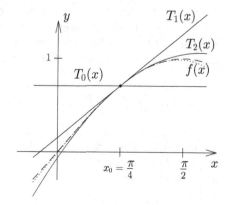

Wir erreichen eine weitere Verfeinerung der Annäherung, indem wir T_1 um einen quadratischen Term ergänzen. Wir kommen wie in Gl. 11.1 mit $f''(x_0) = a_2$ zum zweiten Taylor-Polynom

$$T_2(x) = f(x_0) + f'(x_0) \cdot (x - x_0) + \frac{f''(x_0)}{2} \cdot (x - x_0)^2,$$

das Sie nun sicher selbst in der Variante $T_2(x_0 + h)$ in Abhängigkeit von der Abweichung h ausdrücken können. Diesmal haben wir T_1 um einen quadratischen Term ergänzt, der an der Stelle x_0 den Wert null und die Ableitung null hat. Er stört also die bereits genau getroffenen Eigenschaften $T_2(x_0) = f(x_0)$ und $T_2'(x_0) = f'(x_0)$ nicht. Eine kurze Rechnung offenbart $T_2''(x_0) = f''(x_0)$. Das zweite Taylor-Polynom hat also nicht nur denselben Funktionswert und dieselbe Ableitung wie die Funktion f an der Stelle x_0, sondern es nimmt auch die Krümmungseigenschaften aus der zweiten Ableitung auf.

In Abb. 11.4 erkennen Sie, dass die eingezeichneten Taylor-Polynome T_0, T_1 und T_2 an der Stelle x_0 alle denselben Funktionswert wie die gestrichelt dargestellte Funktion f haben. Die Anstiege von T_1 und T_2 stimmen bei x_0 mit dem Anstieg von f überein, und T_2 schmiegt sich noch enger an die Funktion f, als es das Taylor-Polynom T_1 kann, welches als Polynom vom Grad 1 eine Gerade ist.

Wir fragen uns nun, ob wir diese Näherungen noch weiter verbessern können. Gehen wir in gleicher Weise weiter vor und setzen $T_3(x) = T_2(x) + c(x - x_0)^3$ mit einem neuen, vorerst unbekannten c an, so brauchen wir nur die dritte Ableitung abzustimmen. Diese ist $T_3'''(x) = 6c = 3 \cdot 2c$. Spätestens beim analogen Ansatz für das vierte Taylor-Polynom erkennen Sie, dass die n-te Ableitung von $c(x - x_0)^n$ an der Stelle x_0 gerade $n! \cdot c = n \cdot (n - 1) \cdot \ldots \cdot 2 \cdot 1 \cdot c$ ist.

Das n-te Taylor-Polynom lautet

$$T_n(x) = f(x_0) + f'(x_0) \cdot (x - x_0) + \ldots + \frac{f^{(n)}(x_0)}{n!} \cdot (x - x_0)^n. \qquad (11.4)$$

Eine Testrechnung mit sorgfältigem Einsetzen und Beachtung der durch die Pünktchen ausgelassenen Terme ergibt die Übereinstimmung $T_n^{(k)}(x_0) = f^{(k)}(x_0)$, $k = 0, \ldots, n$ aller Ableitungen bis zur Ordnung n. Hierbei sehen wir die nullte Ableitung $f^{(0)} = f$ als Funktion selbst an. Unter Beachtung von $0! = 1$ und $1! = 1$ schreiben wir Gl. 11.4 mit dem Summenzeichen kompakter in der Form

$$T_n(x) = \sum_{k=0}^{n} \frac{f^{(k)}(x_0)}{k!} \cdot (x - x_0)^k \quad \text{bzw.} \quad T_n(x_0 + h) = \sum_{k=0}^{n} \frac{f^{(k)}(x_0)}{k!} \cdot h^k.$$

Im zweiten Ausdruck haben wir wieder $x = x_0 + h$ verwendet und damit das Taylor-Polynom T_n in Abhängigkeit von der Abweichung h von der Entwicklungsstelle x_0 ausgedrückt. Aus $x = x_0 + h$ ergibt sich $T_n(x) = T_n(x_0 + h)$.

Machen Sie bitte eine Skizze mit einer gebogenen monoton wachsenden Funktion f, die aber keinen Knick hat. Legen Sie eine Entwicklungsstelle x_0 fest, und zeichnen Sie ohne Rechnung die mecklenburgische Näherung T_0 als waagerechte Gerade und die ökonomische Näherung T_1 als Tangente an f ein. Markieren Sie schließlich eine Stelle x, und denken Sie über $h = x - x_0$, $T_1(x)$ und $T_1(x_0 + h)$ anhand Ihrer Skizze nach, bis Ihre eventuellen Zweifel an $T_1(x) = T_1(x_0 + h)$ verschwunden sind.

Da wir durch eine Erhöhung des Polynomgrads n beliebig viele Terme ergänzen können und damit die Annäherung an die Funktion f, zumindest gefühlt, immer weiter verbessern, liegt die Frage nahe, ob wir nicht auch unendlich viele Terme der Bauart ergänzen können. Die entstehende unendliche Summe heißt Taylor-Reihe und liest sich

$$T(x) = \sum_{k=0}^{\infty} \frac{f^{(k)}(x_0)}{k!} \cdot (x - x_0)^k \quad \text{bzw.} \quad T(x_0 + h) = \sum_{k=0}^{\infty} \frac{f^{(k)}(x_0)}{k!} \cdot h^k.$$

(11.5)

Wenn alles gut geht, wird die Näherung mit der Vergrößerung des Polynomgrads n besser und besser und schließlich im Grenzübergang richtig gut. Die Frage, für welche f und für welche x die Taylor-Reihe die Funktion f wie gut approximiert, führt uns in andere Gefilde der Mathematik, beispielsweise in die Theorie der Funktionen $f : \mathbb{C} \to \mathbb{C}$ einer komplexen Veränderlichen. Diese Theorie heißt auf deutsch traditionell etwas irreführend Funktionentheorie.

Besonders übersichtlich wird die Frage, wie gut f durch die Taylor-Reihe angenähert wird, für den Spezialfall, dass f selbst ein Polynom vom Polynomgrad n ist. In diesem Fall haben das n-te Taylor-Polynom T_n und das gegebene Polynom f an der Entwicklungsstelle denselben Funktionswert und dieselbe erste bis n-te Ableitung. In Abschn. 11.1 haben wir aus den Informationen $a_0, a_1, \ldots, a_n$ Polynome konstruiert, und aus diesen $n + 1$ Werten, in denen T_n und f übereinstimmen, kann man eindeutig auf ein Polynom n-ten Grades schließen. Somit sind f und T_n gleich. Gleichzeitig sind alle höheren Ableitungen von f konstant null, d. h. diejenigen mit einer Ableitungsordnung größer als n, und die Taylorreihe T ist auch gleich f. Wir fassen zusammen: Ist f ein Polynom n-ten Grades, so gilt $f(x) = T_n(x) = T(x)$ für alle $x \in \mathbb{R}$. Mit dieser Beobachtung können Sie selbst unzählige Übungsaufgaben zur Taylor-Entwicklung erstellen, indem Sie für f ein Polynom n-ten Grades wählen, und Sie haben mit $f(x) = T_n(x)$ eine Kontrolle.

Wir werden gleich sehen, dass es noch weit mehr Funktionen gibt, für die die Taylor-Reihe T gegen die Funktion f konvergiert oder dies zumindest in einer Umgebung der Entwicklungsstelle tut.

Jetzt probieren wir die Taylor-Reihe für zwei Beispiele aus. Zuerst nehmen wir die Funktion $f(x) = \sin x$ und die Entwicklungsstelle $x_0 = \frac{\pi}{4}$ wie im Beispiel für Abb. 11.4. Um alle Terme aus der Taylor-Reihe in Gl. 11.5 zu bestimmen, brauchen wir die Ableitungen $f^{(k)}(x_0)$ und sonst nichts. Mit $f(x) = \sin x$ finden wir $f'(x) = \cos x$, $f''(x) = -\sin x$, $f'''(x) = -\cos x$, $f''''(x) = \sin x$ und von dort an in einem Viererzyklus wiederkehrend die gleichen Ausdrücke. Damit ist

$$f^{(0)}\left(\frac{\pi}{4}\right) = \frac{\sqrt{2}}{2}, \ f^{(1)}\left(\frac{\pi}{4}\right) = \frac{\sqrt{2}}{2}, \ f^{(2)}\left(\frac{\pi}{4}\right) = -\frac{\sqrt{2}}{2}, \ f^{(3)}\left(\frac{\pi}{4}\right) = -\frac{\sqrt{2}}{2}, \dots$$

und immer so weiter, wobei sich wegen der Ableitungen der Sinusfunktion nach zwei Pluszeichen immer zwei Minuszeichen ergeben und umgekehrt. Als Taylor-Reihe entsteht

$$T\left(\frac{\pi}{4}+h\right) = \frac{\sqrt{2}}{2} + \frac{\sqrt{2}}{2}h - \frac{1}{2!}\frac{\sqrt{2}}{2}h^2 - \frac{1}{3!}\frac{\sqrt{2}}{2}h^3 + \frac{1}{4!}\frac{\sqrt{2}}{2}h^4 + \frac{1}{5!}\frac{\sqrt{2}}{2}h^5 \dots$$
(11.6)

Die Notation dieser Taylor-Reihe mit dem Summenzeichen erweist sich wegen der jeweils zwei Minus- und zwei Pluszeichen als etwas schwierig, also lassen wir es bei der länglichen Schreibweise in Gl. 11.6.

An dieser Stelle üben Sie, indem Sie die ersten drei oder vier Taylor-Polynome T_n, $n = 0, 1, 2, \dots$ für dieses spezielle f und die gegebene Entwicklungsstelle x_0 ausrechnen. Tun Sie das gern in beiden Formen $T_n(x)$ und $T_n(x_0+h)$, und vergleichen Sie Ihre Ergebnisse miteinander und mit den ersten Partialsummen der Taylor-Reihe. Vergessen Sie nicht eine eigene Skizze.

Aus Kap. 2 wissen wir, dass wir mit Reihen sehr vorsichtig sein sollen. Zuerst überprüfen wir mit dem Quotientenkriterium, ob die Reihe konvergiert. Wir fragen nach dem größten Häufungswert des Betrags der Quotienten aufeinanderfolgender Summanden der Reihe. Durch den Betrag werden wir das eventuelle Minuszeichen los. Wir finden

$$p = \limsup_{k \to \infty} \left| \frac{\pm\frac{1}{(k+1)!}\frac{\sqrt{2}}{2}h^{k+1}}{\pm\frac{1}{k!}\frac{\sqrt{2}}{2}h^k} \right| = \limsup_{k \to \infty} \left| \frac{h}{k+1} \right| = 0 < 1$$

unabhängig von h. Damit konvergiert die Taylor-Reihe in Gl. 11.6 für alle $h \in \mathbb{R}$ und damit für alle $x = x_0 + h$. Das Quotientenkriterium hat uns sogar ihre absolute Konvergenz geliefert. Die Konvergenz der Reihe in Gl. 11.6 für alle $h \in \mathbb{R}$ ist hochgradig erstaunlich, denn jede Partialsumme der Reihe ist ein Polynom in h, und Polynome gehen für $h \to \pm\infty$ gegen $+\infty$ oder gegen $-\infty$. Die Werte der Sinusfunktion aber bleiben immer im Intervall $[-1, 1]$.

Aber Vorsicht! Wir wissen noch nicht, dass die Reihe auch gegen die Funktion $f(x) = \sin x$ konvergiert. Es könnte passieren, dass die Taylor-Reihe zwar konvergiert, aber gegen andere Werte als die Funktionswerte von f. Wir werden diese Frage in Abschn. 11.2.2 besprechen.

Unser zweites Beispiel behandelt die Funktion $f(x) = \ln x$ mit der Entwicklungsstelle $x_0 = 1$. Es gilt $f(x_0) = \ln 1 = 0$. Berechnen Sie die Ableitungen $f'(x)$, $f''(x), f'''(x)$, und setzen Sie dies so lange fort, bis Sie eine Regelmäßigkeit in den Termen erkennen. Das Einsetzen der Entwicklungsstelle $x_0 = 1$ bringt Sie dann auf die Ausdrücke $f^{(k)}(1) = (-1)^{k-1}(k-1)!$ für alle Ableitungsordnungen $k \geq 1$. Die Taylor-Reihe lautet

$$T(1 + h) = \sum_{k=0}^{\infty} \frac{f^{(k)}(1)}{k!} \cdot h^k = 0 + \sum_{k=1}^{\infty} \frac{(-1)^{k-1}(k-1)!}{k!} \cdot h^k.$$

Die Produkte in den Fakultäten $k! = 1 \cdot 2 \cdot \ldots \cdot (k-1) \cdot k$ und $(k-1)! = 1 \cdot 2 \cdot \ldots \cdot (k-1)$ kürzen sich zu

$$T(1 + h) = \sum_{k=1}^{\infty} \frac{(-1)^{k-1} h^k}{k} = h - \frac{h^2}{2} + \frac{h^3}{3} - \frac{h^4}{4} \pm \ldots, \qquad (11.7)$$

wobei man in diesem Fall auch die Schreibweise mit dem Summenzeichen schnell aus der längeren Notation mit einzelnen Summanden extrahieren kann.

Bei der Betrachtung der Taylor-Reihe in Gl. 11.7 erkennt man, dass die Summanden für $|h| > 1$ nicht gegen null konvergieren, was nach Satz 2.1 aber eine notwendige Voraussetzung für die Konvergenz der Reihe ist. Also konvergiert die Reihe für $|h| > 1$ nicht.

Für $h = 1$ liefert das Leibniz-Kriterium die Konvergenz der Reihe in Gl. 11.7, und für $h \in (-1, 1)$ gibt das Quotientenkriterium grünes Licht. Für $h = -1$ entsteht die harmonische Reihe, die divergiert. Damit wissen wir, dass die Taylor-Reihe zur Funktion $f(x) = \ln x$ an der Entwicklungsstelle $x_0 = 1$ für alle h mit $-1 < h \leq 1$ bzw. für alle x mit $0 < x \leq 2$ konvergiert. Aber seien Sie, wie gesagt, vorsichtig. Sie hoffen, aber Sie wissen noch nicht, dass diese Reihe auch gegen $f(x) = \ln x$ konvergiert.

Oft wird gefragt, woher man die Entwicklungsstelle kennt, wenn sie nicht in einer Aufgabe gegeben ist. Wir haben mit der Taylor-Entwicklung, die uns zu Taylor-Polynomen und schließlich zur Taylor-Reihe geführt hat, ein Werkzeug vorgestellt. Um es auszuprobieren, haben wir x_0 vorgegeben. Im Anwendungszusammenhang ergibt sich die Entwicklungsstelle typischerweise aus dem, was wir mit dem Werkzeug anfangen wollen.

11.2.2 Restglied

Bei den Studierenden, die Mathematik mit Rechnen verwechseln, ist nur das Restglied der Taylor-Polynome gefürchteter als die Taylor-Polynome selbst. Das Restglied $R_n(x)$ enthält den Unterschied zwischen dem jeweiligen Taylor-Polynom $T_n(x)$ und der Funktion $f(x)$. Es ist die Differenz $R_n(x) = f(x) - T_n(x)$ oder $R_n(x_0 + h) = f(x_0 + h) - T_n(x_0 + h)$.

Würden wir das Restglied in Abhängigkeit von n so gut kennen, dass wir es ausrechnen oder wenigstens abschätzen können, dann stünden uns Aussagen über die Güte unserer Annäherungsversuche zur Verfügung. Im Allgemeinen ist dies jedoch ein schwieriges und technisch aufwendiges Unterfangen. Hier wollen wir versuchen, eine wichtige Darstellung des Restglieds inhaltlich zu verstehen.

Dazu beginnen wir mit dem einfachsten Fall, nämlich dem nullten Taylor-Polynom. Das Restglied ist $R_0(x) = f(x) - T_0(x) = f(x) - f(x_0)$. Nach dem Hauptsatz der Differenzial- und Integralrechnung wissen wir, dass das Integral über der Ableitung $f'(z)$ im Intervall $[x_0, x]$ gleich der Differenz der Funktionswerte von f an den Intervallenden ist, weil f die Stammfunktion seiner Ableitung f' ist. Es gilt

$$f(x) - f(x_0) = \int_{x_0}^{x} f'(z)\, \mathrm{d}z, \qquad (11.8)$$

wobei wir die Integrationsvariable z gewählt haben, um mit den x-Werten nicht durcheinander zu kommen. Hier ist ein Wort zur mathematischen Systematik angebracht, denn typischerweise waren Integrale bei der Besprechung der Taylor-Entwicklung noch nicht Gegenstand der Vorlesung. Wir gehen jedoch davon aus, dass Sie bereits eine Vorstellung vom Integralbegriff haben. Wir legen zugrunde, dass das Integral in Gl. 11.8 die Fläche unter der Funktion $f'(z)$ über dem Intervall $[x_0, x]$ beschreibt. Sie sehen diese Fläche in Abb. 11.5. Die Argumentation funktioniert natürlich auch, wenn x links von x_0 liegt, also wenn die beiden Intervallgrenzen vertauscht werden. Im Folgenden halten wir ohne Beschränkung der Allgemeinheit an der gewählten Ordnung $x_0 < x$ fest.

Die Fläche, die durch das Integral in Gl. 11.8 beschrieben wird, ist größer als die Intervallbreite $x - x_0$ multipliziert mit dem minimalen Wert $f'_{\min}$ der Ableitung $f'(x)$. Gleichzeitig ist die Fläche kleiner als $f'_{\max} \cdot (x - x_0)$ mit dem maximalen Wert $f'_{\max}$. Wir hatten generell vorausgesetzt, dass f genügend glatt ist. Jetzt brauchen wir eine stetig differenzierbare Funktion f. Dann ist auch ihre Ableitung f' eine stetige Funktion. Nach dem Zwischenwertsatz gibt es einen Wert $f'(\xi)$ der Ableitung, sodass die Fläche unter dem Integral gleich $f'(\xi) \cdot (x - x_0)$ ist. Betrachten Sie dazu

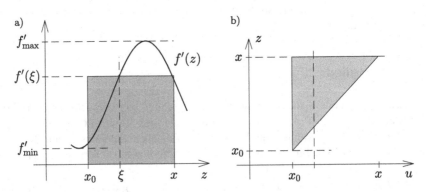

Abb. 11.5 (**a**) Die Fläche unter $f'(z)$ über dem Intervall $[x_0, x]$ entspricht der Fläche eines Rechtecks mit der Grundseite $[x_0, x]$ und der Höhe $f'(\xi)$ an einer Stelle $\xi \in [x_0, x]$. (**b**) Dreieck in der (u, z)-Ebene, über dem die mittlere Höhe von $f''(u)$ in Gl. 11.9 gebildet wird

bitte Abb. 11.5a. Der Zwischenwertsatz und unser Gefühl sagen uns, dass diese Stelle ξ zwischen x_0 und x liegt.

Gl. 11.8 wird wegen $T_0(x) = f(x_0)$ zu

$$f(x) - f(x_0) = f(x) - T_0(x) = f'(\xi) \cdot (x - x_0) = R_0(x).$$

Wir bemerken die Ähnlichkeit mit dem Term, um den wir die mecklenburgische Näherung T_0 zur ökonomischen Näherung T_1 ergänzt haben. Zum Vergleich notieren wir $T_1(x) = f(x_0) + f'(x_0) \cdot (x - x_0)$ und $f(x) = f(x_0) + f'(\xi) \cdot (x - x_0)$.

Wir betrachten diesen Zusammenhang noch einmal von einer anderen Seite. Wir addieren einen mittleren Anstieg multipliziert mit der Intervalllänge $x - x_0$ zu $f(x_0)$, um zu $f(x)$ zu gelangen. Wählen wir auf dem gesamten Intervall den maximalen Anstieg, dann werden wir zu groß, und mit dem minimalen Anstieg werden wir zu klein. Für einen Zwischenwert $f'(\xi) \in [f'_{min}, f'_{max}]$ treffen Sie $f(x) = f(x_0) + f'(\xi) \cdot (x - x_0)$. Machen Sie bitte eine Skizze, um sich die Gültigkeit von

$$f(x_0) + f'_{min} \cdot (x - x_0) \leq f(x) \leq f(x_0) + f'_{max} \cdot (x - x_0)$$

zu verdeutlichen. Beginnen Sie dazu beim Punkt $(x_0, f(x_0))$, und zeichnen Sie von dort eine Gerade mit dem Anstieg f'_{min} und eine mit dem Anstieg f'_{max} ein. In dem entstehenden geöffneten Kegel verläuft die Funktion f.

Wir sehen an dieser Argumentation, dass es sich bei der Angabe des Restgliedes um eine reine Existenzangabe einer Stelle ξ handelt und keineswegs um eine Möglichkeit, ξ auszurechnen. Beachten Sie bitte, dass wir zur Angabe des Restgliedes $R_0(x)$ an der Stelle x die unbekannte Zwischenstelle ξ brauchen.

Um das Restglied $R_1(x) = f(x) - T_1(x)$ anzugeben, greifen wir tief in die Trickkiste. Wir benutzen den Hauptsatz der Differenzial- und Integralrechnung, um diesmal auch $f'(z)$ in Gl. 11.8 durch das Integral von $f''(u)$ über dem Integrationsbereich $[x_0, z]$ auszudrücken. Es entsteht

$$f(x) - f(x_0) = \int_{x_0}^{x} \left(f'(x_0) + \int_{x_0}^{z} f''(u)\,du \right) dz.$$

Nach der Integration des konstanten Summanden $f'(x_0)$ zu $f'(x_0) \cdot (x - x_0)$ wird daraus

$$f(x) = f(x_0) + f'(x_0) \cdot (x - x_0) + \int_{x_0}^{x} \int_{x_0}^{z} f''(u)\,du\,dz. \qquad (11.9)$$

Jetzt heißt es tapfer sein. In der (u, z)-Ebene bilden die möglichen Kombinationen von u und z, die im Integral auf der rechten Seite verwendet werden, das in Abb. 11.5b dargestellte Dreieck mit der Fläche $\frac{1}{2}(x - x_0)^2$. Über diesem Dreieck tragen wir gedanklich auf einer dritten Achse, die aus dem Papier herauszeigt, die Höhe $f''(u)$ ab und erhalten ein Gebirge über dem Dreieck. Die Höhe des Gebirges verändert sich nur in u-Richtung. Irgendwo in diesem Dreieck finden wir ein $u = \xi$, für das $f''(\xi)$ die mittlere Höhe des Gebirges ist, sodass wir das Volumen des Gebirges als Grundfläche mal Höhe berechnen können. Wir erhalten die Formel für das Restglied $R_1(x)$ mit

$$f(x) = f(x_0) + f'(x_0) \cdot (x - x_0) + R_1(x) = f(x_0) + f'(x_0) \cdot (x - x_0) + \dots$$
$$+ \frac{f''(\xi)}{2}(x - x_0)^2.$$

Wieder verwenden wir eine unbekannte Zwischenstelle ξ, um das Restglied an der Stelle x auszudrücken. Die Stelle ξ bezeichnet eine nicht näher bekannte Zwischenstelle, und sie ist im Allgemeinen eine andere als in Gl. 11.8.

Ohne größere Mühe können wir dieselbe Argumentation fortsetzen und erhalten das n-te Restglied

$$R_n(x) = \frac{f^{(n+1)}(\xi)}{(n+1)!}(x - x_0)^{n+1},$$

das demjenigen Term zum Verwechseln ähnlich sieht, um den wir T_n ergänzen, um zu T_{n+1} zu gelangen. Wie beim nullten Restglied $R_0(x)$ argumentieren wir auch hier, dass die $(n+1)$-te Ableitung zwischen ihrem minimalen und maximalen Wert liegt und dass der Zwischenwertsatz die Existenz der Stelle ξ aufzeigt. Er sagt jedoch nichts darüber, wie wir sie finden.

Wir benutzen das Restglied, um nachzuweisen, dass die Taylor-Reihe in Gl. 11.6 tatsächlich gegen $f(x) = \sin x$ konvergiert. Das entsprechende Restglied lautet

$$R_n(x) = \frac{f^{(n+1)}(\xi)}{(n+1)!}\left(x - \frac{\pi}{4}\right)^{n+1},$$

wobei die Ableitungen der Sinusfunktion $f(x) = \sin x$ immer nur Sinus- und Kosinusterme sind. Ihre Werte liegen im Intervall $[-1, 1]$. Deshalb gilt

$$|f(x) - T_n(x)| = |R_n(x)| \leq \left| \frac{1}{(n+1)!} \cdot \left(x - \frac{\pi}{4}\right)^{n+1} \right|,$$

und die Fakultät $(n+1)!$ wächst viel schneller als die Potenz, denn mit jeder weiteren Erhöhung von n kommt im Zähler der Faktor $x - \frac{\pi}{4}$ dazu, im Nenner hingegen ein immer größerer Faktor $n+1$. Das Restglied konvergiert also gegen null. Es gilt

$$\lim_{n\to\infty} R_n(x) = 0 \text{ und damit } \lim_{n\to\infty} T_n(x) = f(x).$$

Für dieses Beispiel haben wir, ohne weitere Kenntnis der Zwischenstelle ξ, zeigen können, dass die Taylor-Reihe gegen die Funktion $f(x)$ strebt, und zwar für alle $x \in \mathbb{R}$. Es gilt tatsächlich $T(x) = f(x)$ Dies ist, wie oben angesprochen, umso erstaunlicher, wenn man bedenkt, dass die Sinusfunktion eine beständig sich wiederholende Schwingung beschreibt, während es in der Natur der Polynome liegt, für größere und kleine x gegen $+\infty$ oder $-\infty$ zu streben.

Man darf hier kurz staunen. Oh!

11.2.3 Exponential- und Sinusreihe

Sehr prominente Taylor-Reihen sind die Exponentialreihe, die wir aus Kap. 2 kennen, und die trigonometrischen Reihen, die aus der Taylor-Entwicklung der trigonometrischen Funktionen entstehen.

Die Taylor-Reihe zur Funktion $f(x) = e^x$ an der Entwicklungsstelle $x_0 = 0$ lautet

$$e^x = 1 + x + \frac{x^2}{2} + \frac{x^3}{3!} + \dots = \sum_{k=0}^{\infty} \frac{x^k}{k!},$$

wie Sie mit $f^{(k)}(x) = e^x$ und damit $f^{(k)}(0) = 1$ für alle $k \in \mathbb{N}$ leicht nachrechnen. Ebenso leicht zeigen Sie mit dem Quotientenkriterium, dass die Exponentialreihe für alle $x \in \mathbb{R}$ absolut konvergiert. Wir finden wieder, dass die Reihe für betragskleine x schnell konvergiert, weil die Summanden schnell abklingen. Für betragskleine x sind selbst die ersten Taylor-Polynome schon gute Näherungen. Machen Sie dazu bitte eine Skizze und ein paar Testrechnungen.

Die Sinusreihe ist die Taylor-Reihe zur Funktion $f(x) = \sin x$ an der Entwicklungsstelle $x_0 = 0$. Sie lautet

$$\sin x = x - \frac{x^3}{3!} + \frac{x^5}{5!} - \frac{x^7}{7!} \pm \dots,$$

und sie ist ebenfalls absolut konvergent für alle $x \in \mathbb{R}$. Sie erkennen einige Terme aus der Exponentialreihe wieder. Schauen Sie sich im Internet nach schön animierten Graphiken um, die zeigen, wie sich die Partialsummen der Sinusreihe, also die n-ten Taylor-Polynome $T_n(x)$, mit wachsendem n an immer mehr und mehr Buckel der Sinusfunktion anschmiegen. Keine Sorge. Es sieht schick aus, und Sie werden gewiss die schönen und instruktiven Animationen von den langweiligen unterscheiden können.

Aus der Sinusreihe leitet sich die Näherung $\sin x \approx x$ für kleine x ab, die unter anderem verwendet wird, um beim Pendel auf lineare Bewegungsgleichungen zu kommen. Es ist ein weiteres Beispiel für das Konzept der Linearisierung.

Jetzt kommt eine Übungsaufgabe für Sie: Zuerst bestimmen Sie die Kosinusreihe als Taylor-Reihe von $f(x) = \cos x$ an der Entwicklungsstelle $x_0 = 0$. Dann setzen Sie $x = i\varphi$ in die Exponentialreihe ein, sortieren die Terme nach dem Real- und Imaginärteil, was Sie wegen der absoluten Konvergenz der Exponentialreihe tun

können, ohne den Wert der Reihe zu verändern. Schließlich führen Sie einen Koeffizientenvergleich nach Real- und Imaginärteil durch. Sie erhalten eine Motivation
für die Gültigkeit der Euler'schen Identität, die wir schon in Gl. 3.4 diskutiert haben.

Probieren Sie es aus. Blättern Sie eventuell ein wenig zurück. Wir haben die
Euler'sche Identität bereits angesprochen.

Nach dieser Motivation der Euler'schen Identität – wenn man will, kann man
sogar von einem Beweis sprechen – haben wir leider immer noch keine anschauliche
Vorstellung von $e^{i\varphi}$. Damit leben wir, weil die komplexe Potenz bei der Beschreibung von Schwingungsvorgängen so unheimlich nützlich ist.

11.3 Regel von de l'Hospital

Eine ganz andere Baustelle ist die Regel von de l'Hospital. Hier geht es um
Grenzwerte von Quotienten von Funktionen. Speziell geht es um solche

$$\lim_{x \to z} \frac{f(x)}{g(x)}, \tag{11.10}$$

bei denen wir den Quotienten für $x \neq z$ problemlos auswerten können, bei dem aber,
sobald wir z für x einsetzen, scheinbar Terme Null durch Null oder Unendlich
durch Unendlich entstehen. Alle anderen möglichen Quotienten sind dagegen
unproblematisch, wenn f und g genügend glatt sind.

Ein Beispiel für einen problematischen Grenzwert ist

$$\lim_{x \to 0} \frac{\sin x}{x}. \tag{11.11}$$

Für alle $x \neq 0$ können wir den Quotienten locker auswerten, aber für $x = 0$ steht dort
$0:0$, was bekanntlich nicht definiert ist.

Wir betrachten die Grenzwerte, die scheinbar auf Terme der Art $0:0$ führen,
genauer. Es sei jetzt $f(z) = g(z) = 0$. Der ganze Trick besteht darin, dass wir Zähler
und Nenner in Gl. 11.10 durch ihre Taylor-Reihe mit der Entwicklungsstelle z
ersetzen und dann den Grenzwert für $x \to z$ betrachten. Genau genommen reicht die
Linearisierung, denn die zweiten Ableitungen sind beschränkt und die quadratischen
Terme $\frac{1}{2}f''(z)(x - z)^2 = \mathcal{O}((x - z)^2)$ und $\frac{1}{2}g''(z)(x - z)^2 = \mathcal{O}((x - z)^2)$ gehen
schneller gegen null als x gegen z. Mit $f(x) = f(z) + f'(z) \cdot (x - z) + R_1^f(x)$ und
$g(x) = g(z) + g'(z) \cdot (x - z) + R_1^g(x)$ ergibt sich

$$\lim_{x \to z} \frac{f(x)}{g(x)} = \lim_{x \to z} \frac{f(z) + f'(z) \cdot (x - z) + \frac{1}{2}f''(\xi_f) \cdot (x - z)^2}{g(z) + g'(z) \cdot (x - z) + \frac{1}{2}g''(\xi_g) \cdot (x - z)^2}$$

mit zwei unterschiedlichen Zwischenstellen ξ_f und ξ_g zwischen x und z. Wir haben
vorausgesetzt, dass $f(z) = 0$ und $g(z) = 0$ sind, und die absoluten Werte tragen nichts
bei. Nach dem Kürzen von $(x - z)$ entsteht

$$\lim_{x \to z} \frac{f(x)}{g(x)} = \lim_{x \to z} \frac{f'(z) + \frac{1}{2}f''(\xi_f) \cdot (x - z)}{g'(z) + \frac{1}{2}g''(\xi_g) \cdot (x - z)} = \frac{f'(z)}{g'(z)}.$$

Im mittleren Grenzwert geht der jeweils zweite Summand im Zähler und im Nenner für $x \to z$ gegen null, und $f'(z)$ und $g'(z)$ bleiben unverändert.

Wir formulieren die Aussage etwas mathematischer: Falls der Quotient aus $f'(z)$ und $g'(z)$ eine reelle, also insbesondere eine endliche und korrekt definierte, reelle Zahl ist, dann ist dieser Quotient gleich dem Grenzwert in Gl. 11.10. Natürlich gilt dies nur, wenn der Quotient aus $f(z)$ und $g(z)$ die Form $0 : 0$ hat. Probieren Sie solche und andere Fälle mit Polynomen aus. Wenn das Zähler- und Nennerpolynom an derselben Stelle z eine Nullstelle haben, so ist die Regel von de l'Hospital anwendbar. Mit sehr einfach gewählten Polynomen können Sie zur Probe die Grenzwerte ablesen.

Die mathematischer formulierte Aussage ist etwas sperrig. Sagen wir mal so: Wenn uns ein Grenzwert wie in Gl. 11.10 begegnet, der beim Einsetzen $0 : 0$ liefern würde, dann passt die Regel von de l'Hospital, um den Grenzwert für $x \to z$ zu bestimmen. Falls trotz einmaliger Anwendung der Regel von de l'Hospital der Quotient an der Stelle $x = z$ immer noch $0 : 0$ oder $\infty : \infty$ sein sollte, schaut man, ob die Regel von de l'Hospital noch einmal anwendbar ist. Ist sie es, dann auf ans Werk. Ist sie es nicht, dann überlegen wir uns, ob der erstbetrachtete Grenzwert existiert oder vielmehr nicht. Selbstverständlich sollte man beachten, wofür die Regel von de l'Hospital gültig ist, nämlich zur Bestimmung von Grenzwerten von Funktionen. Sie verwendet Ableitungen, aber sie ist keine Regel zum Ableiten von Quotienten.

Für uns ist an dieser Stelle die Beobachtung interessant, wie die Linearisierung von f und g die Regel von de l'Hospital verständlich macht. Dazu denken wir uns zwei Funktionen f und g, die beide an der Stelle z den Wert null haben. Günstigerweise schneiden beide Funktionen die x-Achse in erkennbar unterschiedlichem Winkel.

Wegen $f(z) = 0$ ist das erste Taylor-Polynom $T_1^f(x) = f'(z)(x - z)$. Diese Linearisierung von f beschreibt die Tangente an die Funktion f an der Stelle z. Ebenso ist die Linearisierung der Funktion g deren erstes Taylor-Polynom $T_1^g(x) = g'(z)(x - z)$, also die Tangente an g. Beachten Sie bitte, dass in den Taylor-Polynomen die Werte $f(z)$ und $g(z)$ nicht einfach weggelassen oder vergessen wurden. Sie sind null. Außerdem sind f und g glatt. Sie haben keine Knicke, und ihre Tangenten nähern sie wenigstens in der Umgebung von z an.

Beide Tangenten haben nun Funktionswerte, die proportional zum Abstand von x und z sind, und die Proportionalitätsfaktoren sind die Anstiege $f'(z)$ und $g'(z)$. Damit stehen die Werte der Linearisierungen $T_1^f(x) : T_1^g(x)$ in demselben Verhältnis wie die Anstiege $f'(z) : g'(z)$. Schauen Sie in Ihre Skizze. Es gilt also

$$\frac{T_1^f(x)}{T_1^g(x)} = \frac{f'(z)}{g'(z)} \quad \text{für alle} \quad x \in \mathbb{R}.$$

Da die Linearisierungen für immer näher an der Entwicklungsstelle z liegende Argumente x immer bessere Annäherungen an die Funktionen f und g sind, finden wir auch so eine Begründung für die Regel von de l'Hospital.

Zum Abschluss dieses kleinen Abschnitts wollen wir nachweisen, dass wir den entsprechenden Gedankengang auch verwenden können, wenn in Gl. 11.10 durch Einsetzen von z der formale Ausdruck $\infty : \infty$ entsteht. Dazu schreiben wir den Quotienten in der Form

$$\lim_{x \to z} \frac{f(x)}{g(x)} = \lim_{x \to z} \frac{\frac{1}{g(x)}}{\frac{1}{f(x)}}$$

und wenden darauf die Regel von de l'Hospital an. Wenn nämlich $f(x) \to \infty$ für $x \to z$ divergiert, so strebt das Reziproke gegen null. Wir leiten oberhalb und unterhalb des langen Bruchstrichs ab, beachten, dass es sich beim Reziproken um eine Verkettung der Funktion selbst und der Bildung des Reziproken handelt, und erhalten

$$a = \lim_{x \to z} \frac{f(x)}{g(x)} = \lim_{x \to z} \frac{-\frac{g'(x)}{g(x)^2}}{-\frac{f'(x)}{f(x)^2}} = \lim_{x \to z} \frac{g'(x)}{f'(x)} \cdot \lim_{x \to z} \frac{f(x)^2}{g(x)^2}.$$

Im letzten Faktor taucht der Grenzwert a auf. Der Faktor ist a^2. Unter der Annahme, dass der Grenzwert a des Quotienten existiert und nicht gerade null ist, kann man auf jeder Seite durch $a \neq 0$ dividieren, den Grenzwert der Ableitungen umkehren und findet

$$a = \lim_{x \to z} \frac{f(x)}{g(x)} = \lim_{x \to z} \frac{f'(x)}{g'(x)},$$

falls $f(z) : g(z)$ den Ausdruck $\infty : \infty$ liefert. Überlegen Sie, wie Sie die Argumentation anpassen können, um die Anwendbarkeit auch für den Fall $a = 0$ nachzuweisen.

Ein Beispiel, bei dem man die Regel von de l'Hospital nutzen kann, entsteht für $f(x) = \ln 2x$ und $g(x) = \ln x$. Man findet

$$\lim_{x \to 0} \frac{\ln 2x}{\ln x} = \lim_{x \to 0} \frac{\frac{2}{2x}}{\frac{1}{x}} = 1.$$

Die Anwendung der Potenzgesetze hätte dies einfacher ergeben. Wir können zur Probe

$$\frac{\ln 2x}{\ln x} = \frac{\ln 2 + \ln x}{\ln x} = \frac{\ln 2}{\ln x} + 1 \to 1 \quad \text{für} \quad x \to 0$$

schreiben, weil der Logarithmus $\ln x$ für $x \to 0$ gegen $-\infty$ geht. Suchen Sie andere Beispiele.

Das Beispiel in Gl. 11.11 ist noch offen. Wir besprechen es erst jetzt, weil wir neben der Regel von de l'Hospital eine alternative Herangehensweise vorstellen. Der Zähler ist $f(x) = \sin x$ mit der Ableitung $f'(x) = \cos x$ und $f'(0) = 1$. Der Nenner ist $g(x)$ mit $g'(x) = 1$ und $g'(0) = 1$. Deshalb gilt

$$\lim_{x \to 0} \frac{\sin x}{x} = \frac{f'(0)}{g'(0)} = \frac{1}{1} = 1.$$

Wir sehen hieran, dass sich die Funktion $\sin x$ für kleine x an ihre Tangente anschmiegt, und in der Tat vergleichen wir hier $\sin x$ mit der Linearisierung $T_1(x) = x$ an der Entwicklungsstelle 0.

Wir verdeutlichen uns diese Beobachtung auf eine andere Weise, wenn wir für $\sin x$ die Sinusreihe einsetzen. Dann wird der Grenzwert zu

$$\lim_{x \to 0} \frac{\sin x}{x} = \lim_{x \to 0} \frac{1}{x} \left[x - \frac{x^3}{3!} + \frac{x^5}{5!} - \frac{x^7}{7!} \pm \ldots \right],$$

und nach dem Kürzen entsteht

$$\lim_{x \to 0} \frac{\sin x}{x} = \lim_{x \to 0} \left[1 - \frac{x^2}{3!} + \frac{x^4}{5!} - \frac{x^6}{7!} \pm \ldots \right] = 1.$$

Den Grenzwert konnten wir auf diese Art bestimmen, weil die Potenzen x^k mit $k \geq 1$ für $x \to 0$ gegen null streben und wir sicher waren, dass die Sinusreihe absolut konvergiert.

Landau-Symbole: Warum sollte man ungenau rechnen?

12

Diese Frage müsste man aus Sicht vieler Anwendungen andersherum stellen: Warum sollte man genau rechnen?

Viele unserer Rechnungen sind ungenau. Viele Parameter aus den Naturwissenschaften kennen wir nur mit einer mäßigen Genauigkeit. Selbst die Gravitationskonstante und damit die sich daraus ergebenden Fallbeschleunigungen auf unterschiedlichen Himmelskörpern und in unterschiedlichen Höhen sind nur bis auf vier Stellen genau bekannt. Trotzdem gelingt es der Raumfahrt, Flugkörper auf dem Mond oder dem Mars landen zu lassen. Viele andere Größen wie Reaktionskonstanten oder biochemische Parameter aus unserem Metabolismus sind noch weniger genau bekannt. Manchmal kennt man nur die ungefähre Größenordnung und möchte dennoch Aussagen über den Einfluss dieser Größen gewinnen.

Es kann vorkommen, dass wir das Ergebnis unserer Rechnung nicht übermäßig genau brauchen oder dass ein übergenaues Ergebnis nicht sinnvoll ist. Beispielsweise schätzt man die Baukosten von Gebäuden, die erst erstellt werden sollen, indem man unterstellt, die Baukosten seien ungefähr proportional zum umbauten Volumen. Zusammen mit Erfahrungswerten für den Proportionalitätsfaktor gelangt man damit zu ungefähren Angaben der erwarteten Baukosten. Die Angabe einer Baukostenschätzung auf Euro und Cent genau wäre aber sinnlos, irreführend und sicher falsch.

Aus der Proportionalität der Baukosten zum Volumen des Baus kann man die Baukosten im Vergleich mit anderen gleichartigen Gebäuden abschätzen. Allein dadurch hätte man wissen können, dass die ursprünglichen Versprechungen für die Elbphilharmonie höchstens für einen solchen Bau mit halber Länge, halber Breite und halber Höhe gereicht hätten.

Wir sehen bereits aus diesen Überlegungen, dass wir uns nicht vorgaukeln lassen sollten, wir bräuchten die jeweils mögliche volle Genauigkeit. Die Mathematik kann auf Objekten unseres Denkens eine immense Genauigkeit entfalten. Beispielsweise sind aktuell einige Billionen Nachkommastellen von π berechnet, obwohl einige

© Der/die Autor(en), exklusiv lizenziert durch Springer-Verlag GmbH, DE, ein Teil von Springer Nature 2021
D. Langemann, *So einfach ist Mathematik – Zwölf Herausforderungen im ersten Semester*, https://doi.org/10.1007/978-3-662-63720-3_12

wenige für alle praktischen Belange ausreichen. In normaler Schriftgröße ausge-
druckt, würden diese Stellen ein stattliches Bibliotheksgebäude füllen. Manche
Studierenden geben aber auch Temperaturen mit fünf Stellen hinter dem Komma
an. Dabei ist es sehr schwierig und auch nur selten nötig, Temperaturen so genau zu
messen.

Hier plädieren wir dafür, so genau zu rechnen, wie wir es in der jeweiligen Anwendung brauchen. In Abschn. 1.5.1 haben wir mit dem Landau'schen
Ordnungssymbol ein geeignetes Werkzeug dafür kennengelernt. Es erlaubt uns
einerseits, ungenau zu rechnen und nur die wichtigen Terme zu berücksichtigen.
Andererseits ermöglicht es Aussagen über die Art der Ungenauigkeit. Die Mathematik ist selbst in der Behandlung der Ungenauigkeit genau.

Bei Plausibilitätsüberlegungen oder groben Rechnungen, die mit dem Lan-
dau'schen Ordnungssymbol formalisiert werden können, braucht man Gefühl für
die Größenordnungen von Zahlen und für das Wachstumsverhalten von Termen.
Da sich das Zahlengefühl deutlich schwerer erwerben lässt als jede noch so große
Menge von Fakten, Begriffen und Schlüssen, steht dieses kurze Kapitel zum
Zahlengefühl am Ende des Buches.

Bevor wir das ungenaue Rechnen an einigen Beispielen diskutieren, erinnern
wir uns an die Notation $\sqrt[n]{n!} = \mathcal{O}(n)$, die wir in Abschn. 1.5.1 diskutiert haben.
Diesen Ausdruck lesen wir so, dass der komplizierte Ausdruck der n-ten Wurzel
aus der Fakultät von n, der sich nur schwer berechnen lässt, bei Vergrößerung des
n höchstens proportional zu n wächst. In der Tat ist $\sqrt[10]{10!} \approx 4.53$, $\sqrt[20]{20!} \approx 8.30$,
$\sqrt[40]{40!} \approx 15.77$ und $\sqrt[80]{80!} \approx 30.60$. Wir sehen an diesen Zahlen beispielhaft, dass
eine Verdopplung von n ungefähr zu einer Verdopplung von $\sqrt[n]{n!}$ führt. Die Notation
mit dem Landau'schen Ordnungssymbol enthält die entsprechende Aussage für alle
$n \in \mathbb{N}$, wobei wachsende und große n gemeint sind.

12.1   Zeitbedarf von Algorithmen

Stellen wir uns eine Mitarbeiterin namens Lea einer Entwicklungsabteilung in
der Automobilindustrie vor, die sich mit virtuellen Crashtests beschäftigt. Neben
vielen konzeptionellen Überlegungen zur Durchführung und Bewertung virtueller
Crashtests veranlasst Lea auch die eigentlichen Simulationen. Die dafür verwendeten netzartigen Fahrzeugmodelle haben Sie sicher schon in Zeitschriften oder
populärwissenschaftlichen Fernsehsendungen gesehen.

Typischerweise sind die Netzstrukturen, mit denen die Fahrzeuge beschrieben
werden, gerade so fein, dass die Simulationen bei vertretbarer Rechenzeit die als
wichtig erkannten Deformationen zeigen. Ein noch stärkerer Rechner als der für die
virtuellen Crashtests ist in Leas Firma nicht verfügbar, und der Zugriff auf externe
Lösungen ist sehr teuer.

Wir stellen uns vor, dass Lea typischerweise mit N Knoten des Netzes rechnet
und dass eine solche Rechnung eine Zeit T, beispielsweise eine Stunde, benötigt.
Wir stellen uns weiter vor, dass ihre Chefin Constanze, eine studierte Betriebswirtin,
versucht, veränderten Anforderungen an die virtuellen Crashtests durch eine feinere

Rechnung gerecht zu werden. Constanze kommt zu Lea und fordert diese auf, mit zehnfacher Genauigkeit in jeder Dimension zu rechnen. Da Leas Simulationen drei-dimensionale Fahrzeugkarosserien und einige andere dreidimensionale Strukturen abbilden, würde sich die Anzahl der Knoten wegen $10^3 = 1000$ vertausendfachen. Nun möchte Lea ihrer Chefin erklären, wie lange das Programm für eine Simulation mit $1000 \cdot N$ Knoten braucht.

Dazu könnte Lea ihre Simulation mit der halben Anzahl Knoten laufen lassen. Das Programm wird dafür weit weniger als die Hälfte der Rechenzeit benötigen, sa-gen wir etwa 12 Minuten. Bei einer weiteren Halbierung der Knotenanzahl braucht das Programm möglicherweise etwas mehr als 2 Minuten. Lea schreibt diese Zeiten auf ein Blatt Papier und erklärt ihrer Chefin, dass eine Verdopplung der Knotenzahl ungefähr zu einer Verfünffachung der Rechenzeit des Simulationsprogramms führt und dass dies schon ein sehr geringer Wert für eine Simulationsrechnung sei. Von N bis $1000 \cdot N$ sind wegen $2^{10} = 1024$ ungefähr zehn Verdopplungen der Knotenanzahl nötig. Von anderen Problemen abgesehen, würde die Rechenzeit ungefähr mit $5^{10} \approx 10\,000\,000$ multipliziert. Dabei sind 10 Millionen Stunden etwa $400\,000$ Tage und damit etwas mehr als 1000 Jahre.

Mathematisch gesprochen, hat Lea in ihrer Argumentation verwendet, dass sich die Rechenzeit T wie N^α mit noch unbekanntem α verhält, d. h. $T = \mathcal{O}(N^\alpha)$. Dabei bedeutet $\alpha = 1$, dass sich die Rechenzeit proportional zur Anzahl der verwendeten Größen N entwickelt, und dies ist ein nur von wenigen speziellen Anwendungen erreichter Zusammenhang. Gemäß Leas Testrechnungen führt eine Verdopplung von N zu einer Verfünffachung von T, also muss $(2N)^\alpha \approx 5N^\alpha$ sein, selbst wenn wir den Proportionalitätsfaktor von T und N^α nicht kennen. Damit gilt ungefähr $2^\alpha = 5$ oder $\alpha = \log_2 5 \approx 2.3$.

Selbstverständlich sind andere Zusammenhänge zwischen T und N denkbar. Beispielsweise taucht oft der Logarithmus von N auf. Aber auch die Vermutung $T = \mathcal{O}(N^2 \ln N)$, die sich aus Leas Testrechnungen ebensogut begründen ließe, ergibt verheerende Zeitprognosen für Chefin Constanzes Pläne.

Möglicherweise beginnt die Chefin zu verstehen, dass ihre Mitarbeiter tagsüber noch etwas anderes tun, als sie an der Erfüllung der vorgegebenen Planziele zu hindern.

Ein anderes Beispiel ist der Gauß-Algorithmus zur Lösung von linearen Glei-chungssystemen. Wir haben ihn nur angerissen, und er ist einfach.

Trotzdem gibt es immer wieder Studierende, die – möglicherweise von Anver-wandten mit einem Studienabschluss aus den 1960er-Jahren – gehört haben, dass es eine „ach so einfache Regel" gäbe, nämlich die Cramer'sche Regel, bei der man „nur ein paar Determinanten ausrechnen" müsse und dann hätte man alles.

Abgesehen davon, dass wir die Determinanten nicht besprochen haben, weil sie fast nur als Rechenhilfsmittel dienen, und dass die Cramer'sche Regel viele andere Schwächen hat, zählen wir einmal die Anzahl der benötigten Rechenoperationen. Eine Zählung der Multiplikationen und Additionen, die zur Ausführung der beiden Rechenverfahren auf ein Gleichungssystem mit N Unbekannten benötigt werden, liefert

$$A_G = \frac{4N^3 + 9N^2 - N}{6} \quad \text{und} \quad A_C = 2 \cdot (N+1)! - 1,$$

wobei A_G die Anzahl der Rechenoperationen beim Standard-Gauß-Algorithmus bezeichnet und A_C die Anzahl der Rechenoperationen der Cramer'schen Regel, wenn man die Determinanten auf eine ganz bestimmte Weise, nämlich mit dem Laplace'schen Entwicklungssatz berechnet.

Grob gesprochen wächst der Rechenaufwand beim Gauß-Algorithmus mit der dritten Potenz von N, d. h. $A_G = \mathcal{O}(N^3)$ und der der Cramer'schen Regel mit der Fakultät $(N+1)!$. Rechnen Sie nach, dass dann auch $A_C = \mathcal{O}((N+1)!)$ gilt. Die Schreibweise durch das Landau'sche Ordnungssymbol schätzt das wesentliche Wachstumsverhalten bis auf den Vorfaktor von oben ab.

Beim numerischen Aufwand für den Gauß-Algorithmus sind schon für recht kleine N die Terme $9N^2$ und N relativ klein im Verhältnis zu $4N^3$. Der dominante Term für den Aufwand ist also $\frac{2}{3}N^3$. Die anderen Terme liefern nur Peanuts. Da die genaue Anzahl der Rechenoperationen davon abhängt, wie oft Rechenoperationen eingespart werden können, weil mit 1 multipliziert wird, oder davon, wie der Rechenweg optimiert wird, kommt es auf die Peanuts nicht an. Oft ist nur das prinzipielle Wachstumsverhalten wichtig, um Abschätzungen, wie Lea sie machen muss, zu bestimmen oder zu begründen.

Für größere N wäre der Wettkampf zwischen beiden Verfahren schnell für den Gauß-Algorithmus entschieden, denn eine Verdopplung von N führt bei diesem zu einer Verachtfachung des Aufwands, wie bei den Baukosten in Abhängigkeit von einer Kantenlänge des geplanten Gebäudes, und bei der Cramer'schen Regel wegen $(2N+1)! \geq ((N+1)!)^2$ zu mehr als einer Quadrierung des Aufwands. Wir erkennen, dass der Rechenaufwand bei der Cramer'schen Regel viel schneller wächst. Er wächst sogar schneller als exponentiell, aber das ist wieder eine Nachdenkaufgabe für Sie.

Im speziellen Fall erhalten wir schon für kleine N einen klar erkennbaren Unterschied. Für $N = 2$ kommt mit $A_G = A_C = 11$ ein Gleichstand heraus, wobei niemand ein 2×2-Gleichungssystem schematisch mit einem Verfahren lösen würde. Schon für die typische Klausuraufgabe eines 3×3-Gleichungssystems ist $A_G = 31$ und $A_C = 47$. Viel eindrücklicher wird der Unterschied für $N = 4$ mit $A_G = 66$ gegen $A_C = 239$. Da wahrscheinlich niemand ein 8×8-Gleichungssystem per Hand ausrechnet, sind $A_G = 436$ und $A_C = 725\,759$ hierbei von eher theoretischer Natur. Der eindrucksvolle Aufwandunterschied von über 150 000 % macht sich bei der Lösung mithilfe eines Computers bereits deutlich bemerkbar.

Für viele praktische Simulationen, in denen die Lösung großer linearer Gleichungssysteme benötigt wird, wie beispielsweise für Verformungsprobleme in den oben angesprochenen virtuellen Crashtests, verwendet man statt des Gauß-Algorithmus Iterationsverfahren, die teilweise sehr genau auf die zu lösenden Gleichungssysteme abgestimmt sind und günstigenfalls mit $\mathcal{O}(N \ln N)$ auskommen.

12.2 Differenzenquotienten und Restglieder

Nachdem wir uns kurz mit dem Wachstumsverhalten von Folgen beschäftigt und Beispiele für dominante Terme für wachsende Anzahlen $N \to \infty$ gesammelt haben, werden wir uns nun eine ganz ähnliche Technik für kleiner werdende Ausdrücke ansehen.

Wir betrachten dazu die Taylor-Entwicklung einer Funktion $f : \mathbb{R} \to \mathbb{R}$, deren Taylor-Reihe $T(x)$ in der Nähe der Entwicklungsstelle x_0 gegen die Funktion $f(x)$ konvergiert, vgl. Kap. 11. Wir brauchen die Konvergenz nicht für alle $h = x - x_0$, sondern nur für kleine h. Die Taylor-Reihe soll also

$$f(x_0 + h) = f(x_0) + f'(x_0)h + \frac{1}{2}f''(x_0)h^2 + \frac{1}{6}f'''(x_0)h^3 + \dots$$

zumindest für $|h| < H$ mit einem positiven H erfüllen. Dazu müssen alle Ableitungen von f bei x_0 existieren. Wir verraten hier ohne Beweis, dass sie in der Umgebung von x_0 auch stetig sein müssen. Der erste oder nullte Summand $f(x_0)$, der allein schon die mecklenburgische Näherung ausmacht, ist unabhängig von h. Der nächste Summand, der die ökonomische Näherung bestimmt, wächst linear mit h, der übernächste wächst mit h^2 usw.

Wir können das Wachstum der einzelnen Summanden bezüglich h zu

$$f'(x_0)h = \mathcal{O}(h), \quad \frac{1}{2}f''(x_0)h^2 = \mathcal{O}(h^2) \quad \text{und} \quad \frac{1}{k!}f^{(k)}(x_0)h^k = \mathcal{O}(h^k) \qquad (12.1)$$

zusammenfassen, weil alle Summanden aus dem Vorfaktor und der k-ten Ableitung von f an der Stelle x_0 und der Potenz von h bestehen.

Die Taylor-Polynome nähern nur für kleine Abweichungen h der Stelle x von der Entwicklungsstelle x_0 die Funktionswerte $f(x)$ an. Für große h können sie hingegen ganz anders aussehen als die Funktion f.

Für kleiner werdende h haben wir das Wachstumsverhalten der Summanden der Taylor-Entwicklung in Gl. 12.1 eingefangen. Dabei ist das Wort Wachstumsverhalten nicht ganz richtig. Es geht eher darum, wie schnell die Terme klein werden. Der erste Term wird linear in h kleiner. Der zweite wird quadratisch in h kleiner. Das quadratische Kleinwerden ist für kleine h schneller, denn für betragskleine h ist h^2 viel kleiner als $|h|$. Überzeugen Sie sich, indem Sie betragskleine Zahlen wie $h = 0.1$, $h = 0.01$ usw. einsetzen und sich eine Vorstellung davon verschaffen, um wie viel schneller die Summanden klein werden, wenn h klein wird.

Mit diesen Beobachtungen formulieren wir

$$f'(x_0)h + \frac{1}{2}f''(x_0)h^2 = \mathcal{O}(h) \quad \text{für} \quad h \to 0.$$

Der Zusatz $h \to 0$ ist jetzt wichtig. Der gesamte Term wird wie h klein, weil der quadratische Term nur Peanuts beiträgt. Für größer werdende h dominiert dagegen der quadratische Term das Wachstum. Beim Kleinerwerden wird der Term mit der kleinsten Potenz in h dagegen am langsamsten klein. Diesmal ist also der lineare Term der dominierende.

Mit derselben Überlegung sehen wir, dass alle anderen späteren Summanden der Reihe noch schneller gegen null gehen, weil sie eine noch höhere Potenz von h enthalten. Wir können die Taylor-Reihe also an jeder Stelle abbrechen und

$$f(x_0 + h) = f(x_0) + \mathcal{O}(h)$$

oder

$$f(x_0 + h) = f(x_0) + f'(x_0)h + \mathcal{O}(h^2) \qquad (12.2)$$

oder auch

$$f(x_0 + h) = f(x_0) + f'(x_0)h + \frac{1}{2}f''(x_0)h^2 + \mathcal{O}(h^3) \qquad (12.3)$$

schreiben. Damit haben wir immer bessere Annäherungen an f angegeben und erhalten immer schneller fallende Abweichungen zwischen f und T_n. Aber Vorsicht: Diese Zusammenhänge gelten nur, wenn die Taylor-Reihe von f für h mit $|h| < H$ gegen f konvergiert. Dafür ist die Glattheit der Funktion f eine notwendige Voraussetzung, denn allein zur Auswertung der Taylor-Reihe benötigen wir Ableitungen $f^{(k)}(x_0)$ beliebiger Ableitungsordnung an der Stelle x_0. Die Existenz dieser Ableitungen ist jedoch längst nicht hinreichend für die Konvergenz der Taylor-Reihe.

Auf analoge Weise und mit etwas mehr mathematischer Sicherheit können wir das Restglied taxieren, denn

$$R_{n+1}(x_0 + h) = \frac{1}{(n+1)!}f^{(n+1)}(\xi)h^{n+1} = \mathcal{O}(h^{n+1})$$

gilt, weil die $(n + 1)$-te Ableitung im Intervall $[x_0 - H, x_0 + H]$ eine stetige Funktion ist und damit ihr Maximum und ihr Minimum annimmt. Das Betragsmaximum der jeweiligen Ableitung kann somit zusammen mit dem Vorfaktor als das c in der Erklärung des Landau'schen Ordnungssymbols in Abschn. 1.5.1 dienen. Wir erkennen an der Betrachtung des Restgliedes, dass die Differenz $f(x) - T_n(x)$ zwischen der Funktion und dem Taylor-Polynom vom Grad n mit h^{n+1} für $h \to 0$ klein wird.

Einerseits gibt uns Gl. 12.2 an, welchen Fehler wir bei der Linearisierung machen, und mit dieser Aussage meinen wir, mit welchem Verhalten der Fehler für $h \to 0$ klein wird. Andererseits können wir Gl. 12.2 benutzen, um anzugeben, wie gut der Differenzenquotient den Differenzialquotienten annähert.

Betrachten wir den Differenzenquotienten und setzen für $f(x_0 + h)$ die Taylor-Entwicklung in der Form von Gl. 12.2 ein, so finden wir

$$\frac{f(x_0 + h) - f(x_0)}{h} = \frac{1}{h}\left[f(x_0) + f'(x_0)h + \mathcal{O}(h^2) - f(x_0) \right] = f'(x_0) + \mathcal{O}(h).$$

Dieses Argument werden Sie noch häufig wiedererkennen. Die Technik, eine Funktion in eine Taylor-Reihe zu entwickeln und mit dieser weiter zu rechnen, führt oft überraschend schnell auf schöne Resultate. Hier haben wir gefunden, dass wir die Ableitung $f'(x_0)$ bis auf lineare Terme $\mathcal{O}(h)$ durch den Anstieg der Sekanten über dem Intervall $[x_0, x_0 + h]$ annähern können.

Oft wird gefragt, wie aus dem quadratischen Ausdruck $\mathcal{O}(h^2)$ im Zähler auf der rechten Seite das lineare Verhalten in $\mathcal{O}(h)$ geworden ist. Die Antwort besteht wieder in einer Rückbesinnung auf die dominierenden Terme. Der Ausdruck $\mathcal{O}(h^2)$ besagt, dass das stärkste Wachstumsverhalten, also die langsamste Möglichkeit, klein zu werden, ein Term mit h^2 ist. Alle anderen Terme, die sich in dem quadratischen Ausdruck $\mathcal{O}(h^2)$ als Peanuts versteckt haben, gehen für kleiner werdende h schneller gegen null. Da bei der Bildung des Differenzenquotienten einmal durch h dividiert wurde, kürzt sich das h an $f'(x_0)$, und der dominierende Term in $\mathcal{O}(h^2)$ wird ebenfalls durch h dividiert. Es entsteht ein dominierender Term von höchstens erster Potenz in h.

Probieren Sie dies, indem Sie mithilfe von Gl. 12.3 abschätzen, wie gut

$$\frac{f(x_0 + h) - f(x_0 - h)}{2h} \quad \text{und} \quad \frac{f(x_0 + h) - 2f(x_0) + f(x_0 - h)}{h^2}$$

die erste bzw. die zweite Ableitung der Funktion f an der Stelle x_0 annähern. Sie finden, dass der erste Term die erste Ableitung mit $\mathcal{O}(h^2)$ annähert, also genauer als vorher. Der erste Quotient wird übrigens zentraler Differenzenquotient genannt. Er beschreibt den Anstieg einer Sekanten über dem beidseitigen Intervall $[x_0 - h, x_0 + h]$, das symmetrisch zu x_0 ist, und benutzt den Anstieg der Sekanten zur Näherung von $f'(x_0)$. Verdeutlichen Sie sich dies an einer Skizze, und überlegen Sie, warum der zentrale Differenzenquotient eine bessere Näherung der Ableitung liefert.

Mit den Überlegungen zu den Differenzenquotienten bewegen wir uns in das Gebiet der Numerik und der Rechenalgorithmen für Simulationen. Doch wir schließen unsere Überlegungen mit diesem Ausblick.

12.3   Ein Wort zum Schluss

Sie haben sich durch viele Überlegungen gekämpft, viele Begriffe bedacht und nach Veranschaulichungen gesucht. Wir hoffen, dass Sie möglichst viele mathematische Begriffe und Überlegungen so vor Ihrem inneren Auge sehen, dass sie diese Begriffe und Überlegungen ohne besondere Planung auch mathematikfernen Interessierten erklären können. Der Schlüssel dazu und zu Ihrem Verständnis sind Skizzen, Zeichnungen und alltagsnahe Interpretationen der Begriffe und Zusammenhänge.

Die mangelnde Systematik in unserer Darstellung macht das Buch zu einem Hilfsmittel, um Begriffe und einfache Zusammenhänge, die in einer Mathematikvorlesung vorkommen, gründlicher zu durchdenken. Damit sollten Sie auf weiterführende Überlegungen besser vorbereitet sein. Dieses Buch ersetzt aber keine Vorlesung, und es ersetzt nicht das eigene Nachdenken über mathematische Zusammenhänge, Übungsaufgaben oder mathematikhaltige Probleme aus dem Alltagsleben.

Häufig taucht die Frage auf, welche Lehrbücher gut geeignet seien. Dazu ein letzter Tipp: Gehen Sie in eine Bibliothek, schlagen Sie die unterschiedlichen Lehrbücher auf, und lesen Sie ein wenig darin. Sie werden einige Bücher finden, die zu Ihnen sprechen, denen Sie also folgen können. Erfahrungsgemäß ist diese Auswahl sehr individuell, und nur wenige Bücher passen zu Ihnen und Ihren Vorkenntnissen.

Wir hoffen, dass das Buch, das Sie noch in den Händen halten, Ihnen einen Anfang für den Zugang zu wichtigen Begriffen und grundlegenden Zusammenhängen gegeben hat, sodass Sie auch formalisiertere Darstellungen mathematischer Zusammenhänge mit Leben füllen können.

Anhang A: Differenzial- und Integralrechnung

In dem Buch *So einfach ist Mathematik – Basiswissen für Studienanfänger aller Disziplinen* aus demselben Verlag haben wir in den Abschn. 5.5 bis 5.8 die Begriffe der Ableitung einer Funktion, der Stammfunktion und des bestimmten Integrals motiviert und eingeführt und die grundsätzlichen Rechenregeln und -verfahren hergeleitet. In dem jetzigen Text verwenden wir Differenzieren und Integrieren als rein technische Hilfsmittel. Das entspricht ihrer Rolle in vielen Studienfächern und bei der Beschreibung realistischer Zusammenhänge.

Dadurch, dass wir beide Rechentechniken voraussetzen, können wir einige Zusammenhänge besser illustrieren. Natürlich soll man, einem systematischen Aufbau der Analysis folgend, erst differenzieren, wenn man den Grenzwertbegriff auf Funktionen übertragen hat. Für die Integration muss man genau genommen sogar noch weiter ausholen. Da unserer Erfahrung nach Ihre Vorstellung und Anschauung jedoch nicht dem systematischen Aufbau folgt, sehen wir die Differenziation und Integration als Werkzeuge an, welche nicht einzusetzen, verschwenderisch wäre.

In diesem Anhang sammeln wir deshalb sehr grundsätzliche Schritte, um auf der technischen Ebene zu differenzieren und zu integrieren. Die angesprochenen Begriffe und Zusammenhänge können Sie im erwähnten Vorgängerband und an vielen anderen Stellen nachlesen. Die technische Ausführung des Differenzierens und Integrierens enthebt natürlich keinen Studierenden davon, sich eine inhaltliche Vorstellung davon zu machen, was beim Bilden einer Ableitung oder beim Berechnen eines Integrals passiert.

A.1   Differenzieren

Die Ableitung einer Funktion $f : \mathbb{R} \to \mathbb{R}$ an der Stelle x beschreibt ihren Anstieg bzw. ihre Steigung an dieser Stelle. Wie wir in Kap. 5 diskutiert haben, ist die Vorstellung von einer Funktion an einer Stelle oder gar eines Zuwachses an einer Stelle schwierig. Wir nähern den Anstieg an der Stelle x deshalb durch die Steigung im Intervall $[x, x+h]$ und schieben die Stelle $x+h$ dann in Richtung x. Wir betrachten den Zuwachs im Intervall $[x, x+h]$ für $h \to 0$.

© Der/die Herausgeber bzw. der/die Autor(en), exklusiv lizenziert durch Springer-Verlag GmbH, DE, ein Teil von Springer Nature 2021
D. Langemann, *So einfach ist Mathematik – Zwölf Herausforderungen im ersten Semester*, https://doi.org/10.1007/978-3-662-63720-3

Die Ableitung der durch $y = f(x)$ beschriebenen Funktion an einer festen Stelle x ist ihr Differenzialquotient

$$f'(x) = \lim_{h \to 0} \frac{f(x+h) - f(x)}{h} = \frac{dy}{dx}. \qquad (A.1)$$

Im Zähler des Differenzenquotienten steht die Differenz der Funktionswerte, im Nenner die Intervalllänge h von $[x, x+h]$. Insgesamt beschreibt der Differenzenquotient den Anstieg der Sekanten in diesem Intervall. Für $h \to 0$ gehen die Differenzen $f(x+h) - f(x)$ und $h = (x+h) - x$ in die Differenziale dy und dx über. Das sind jene Nullen mit Vergangenheit, die man unter der unendlichen Lupe als endlich lange Geradenstücke sieht. Lesen Sie es nach.

Mithilfe von Gl. A.1 bestimmen wir die Ableitungen der Standardfunktionen. Leicht ist dies für die Potenzfunktionen $f(x) = x^n$ mit natürlichem Exponenten n. Wir erhalten mit der binomischen Formel und dem Verschlucken aller Terme im Landau'schen Ordnungssymbol, die mit h^2 und schneller fallen, den Ausdruck

$$f'(x) = \lim_{h \to 0} \frac{(x+h)^n - x^n}{h} = \lim_{h \to 0} \frac{x^n + nhx^{n-1} + \mathcal{O}(h^2) - x^n}{h}$$

und damit nach dem Kürzen von h die Ableitung

$$(x^n)' = \lim_{h \to 0} \left(nx^{n-1} + \mathcal{O}(h) \right) = nx^{n-1}.$$

Ganz ähnlich leiten wir die Exponentialfunktion $f(x) = a^x = e^{x \ln a}$ ab, denn es gilt

$$(a^x)' = \lim_{h \to 0} \frac{e^{(x+h)\ln a} - e^{x \ln a}}{h} = e^{x \ln a} \lim_{h \to 0} \frac{e^{h \ln a} - 1}{h}.$$

Die Exponentialreihe beschert uns $e^{h \ln a} = 1 + h \ln a + \mathcal{O}(h^2)$, und wir finden $(a^x)' = \ln a \cdot a^x$. Insbesondere bemerken wir, dass sich die Exponential- und die Potenzialfunktionen ganz wesentlich unterscheiden. Man kann es daran erahnen, dass die Variable x an unterschiedlichen Stellen steht. Und selbstverständlich folgen sie nicht denselben Umformungsvorschriften bei der Bestimmung der Ableitung.

Als Drittes nehmen wir uns die Funktion $f(x) = \sin x$ vor. Mithilfe der Additionstheoreme, die wir in Kap. 3 hergeleitet haben, gelingt die Umformung

$$(\sin x)' = \lim_{h \to \infty} \frac{\sin (x+h) - \sin x}{h} = \lim_{h \to \infty} \frac{\sin x \cdot (\cos h - 1) + \cos x \sin h}{h}.$$

Hier verwenden wir die Regel von de l'Hospital oder die Reihenentwicklung der Kosinusfunktion, um beispielsweise den Grenzwert

$$\lim_{h \to 0} \frac{\cos h - 1}{h} = \lim_{h \to 0} \frac{1 - \mathcal{O}(h^2) - 1}{h} = \lim_{h \to 0} \mathcal{O}(h) = 0$$

zu bestimmen. Allerdings laufen wir Gefahr, uns in einem Zirkelschluss zu verrennen, weil wir den Grenzwert, den wir zur Bestimmung der Ableitung der Sinusfunktion brauchen, mithilfe der Taylor-Entwicklung ermitteln, zu deren Bestimmung wir wiederum die Ableitung der Kosinusfunktion brauchen. Diesen Zirkelschluss umgeht man, indem man die benötigten Grenzwerte aus geometrischen Überlegungen herleitet. Hier erinnern wir nur an das technische Werkzeug des Ableitens. Wir haben ein paar Ableitungen in Tab. A.1 zusammengefasst. Die Tabelle enthält absichtlich nicht besonders viele Funktionen, weil Sie für alle komplizierteren Ableitungen die Ableitungsregeln oder Computeralgebrasysteme verwenden werden.

Zu den Ableitungen der Standardfunktionen gibt es zwei Ableitungsregeln, nämlich die Produkt- und die Kettenregel. Die Produktregel fragt nach der Ableitung des Produkts der Funktionen $u = u(x)$ und $v = v(x)$. Und nein, es ist nicht das Produkt der Ableitungen, sondern

$$(uv)' = u'v + uv' \quad \text{oder} \quad \frac{d}{dx}(uv) = \frac{du}{dx} \cdot v + u \cdot \frac{dv}{dx}. \tag{A.2}$$

Die Kettenregel fragt nach der Ableitung einer Verkettung $u = u(v(x))$ zweier Funktionen $u = u(v)$ und $v = v(x)$. Hier muss man aufpassen, wonach abgeleitet wird. Die Kettenregel lautet

$$\frac{d}{dx}u(v(x)) = u'(v(x)) \cdot v'(x) \quad \text{oder} \quad \frac{du}{dx} = \frac{du}{dv} \cdot \frac{dv}{dx}. \tag{A.3}$$

In der zweiten Schreibweise erkennt man noch deutlicher, wonach man ableitet, nämlich auf der linken Seite das ganze u direkt nach x und auf der rechten Seite über den Zwischenschritt v. Auf geheimnisvolle Weise scheint man das Differenzial dv kürzen zu können. Wir haben dies im erwähnten Vorgängerband ausführlich diskutiert.

Zusätzlich notieren wir die Linearität der Ableitung, also $(\lambda u + \mu v)' = \lambda u' + \mu v'$ für alle differenzierbaren Funktionen $u = u(x)$ und $v = v(x)$ und alle reellen Koeffi-

Tab. A.1 Ableitungen der Standardfunktionen im jeweiligen Definitionsbereich

$f(x)$	$f'(x)$		$f(x)$	$f'(x)$
x^n	nx^{n-1} für $n \neq 0$		arcsin x	$\dfrac{1}{\sqrt{1-x^2}}$
a^x	$\ln a \cdot a^x$			
$\sin x$	$\cos x$		arccos x	$-\dfrac{1}{\sqrt{1-x^2}}$
$\cos x$	$-\sin x$			
$\ln x$	$\dfrac{1}{x}$		arctan x	$\dfrac{1}{1+x^2}$

zienten λ und μ. Die meisten Studierenden nutzen diese Umformung intuitiv. Es lohnt sich jedoch, einen kleinen Moment darüber nachzudenken. Zum einen ist der Hinweis $\lambda, \mu \in \mathbb{R}$ hier wichtig, denn sollten dies – in ungewöhnlicher Bezeichnung – selbst Funktionen sein, so muss natürlich die Produktregel Anwendung finden. Zum anderen enthält die Linearität den seltenen Fall der Vertauschbarkeit von zwei Handlungen, hier der Bildung der Ableitung und der Linearkombination, vgl. Kap. 8.

Jetzt üben wir die Anwendung der beiden Ableitungsregeln zuerst an Potenzfunktionen, die wir so gestalten, dass wir das Ergebnis schon kennen und damit überprüfen können. Nehmen wir beispielsweise $u(x) = x^3$ und $v(x) = x^4$. Wir kennen die Ableitungen $u'(x) = 3x^2$ und $v'(x) = 4x^3$ spätestens nach einem Blick in Tab. A.1. Das Produkt von u und v ist $(uv)(x) = x^7$, und seine Ableitung ist $(uv)'(x) = 7x^6$. Die Produktregel liefert uns wie erwartet

$$u'v + uv' = 3x^2 \cdot x^4 + 4x^3 \cdot x^3 = 7x^6.$$

Die Verkettung $u(v(x))$ fällt typischerweise etwas schwerer. Die Funktion $u = u(x) = x^3$ erhebt ihr Argument – was immer es auch sei – in die dritte Potenz. Würde u auf einen Prinzen angewandt, so würde sie auf ihr Bild „Prinz hoch drei" abgebildet, vgl. Kap. 4. So wird auch das Argument $v(x)$ der äußeren Funktion in die dritte Potenz gesetzt, und es ist $u(v(x)) = v(x)^3$. Mit der inneren Funktion $v(x) = x^4$ entsteht

$$u(v(x)) = \left(x^4\right)^3 = x^{12} \text{ mit } \frac{\mathrm{d}}{\mathrm{d}x}u(v(x)) = 12x^{11}.$$

Die Kettenregel braucht $u'(v(x))$, also die Ableitung von u an der Stelle $v(x)$ und die innere Ableitung $v'(x)$. Wir erhalten

$$u'(v(x)) \cdot v'(x) = 3v(x)^2 \cdot 4x^3 = 3\left(x^4\right)^2 \cdot 4x^3 = 12x^{11},$$

was glücklicherweise dasselbe ist. Auf diese Art kann man beliebig viele Übungsaufgaben zu den Ableitungsregeln generieren, deren Ergebnisse man kennt und zur Kontrolle nutzen kann.

Wir beschließen den Abschnitt zum Differenzieren mit einem länglicheren, technisch aufwendigeren Beispiel. Wir nehmen die Funktion $f(x) = \operatorname{arsinh} x = \ln(x + \sqrt{1 + x^2})$, sprich area sinus hyperbolicus. Wir haben diese Funktion ausgewählt, weil man an ihr den Umgang mit der oft als schwieriger empfundenen Kettenregel demonstrieren kann.

Um $f(x) = \ln(x + \sqrt{1 + x^2})$ abzuleiten, betrachten wir zuerst den Aufbau des Funktionsterms. Wenn wir uns vorstellen, dass die Funktion von innen nach außen aufgebaut ist, so beschreiben wir die Verwandlung des Arguments x in den Funktionswert $f(x)$. Ganz innen quadrieren wir x, addieren 1 dazu, ziehen die Wurzel, addieren wiederum x und bilden dann den Logarithmus des entstandenen

Ausdrucks. Für die Anwendung der Kettenregel ist jedoch die Lesart von außen nach innen oft praktischer.

Die äußere Funktion ist der Logarithmus, der auf den Ausdruck $x + \sqrt{1 + x^2}$ angewandt wird. Somit hat $x + \sqrt{1 + x^2}$ die Rolle der inneren Funktion v und der Logarithmus die von u. Bei einmaliger Anwendung der Kettenregel entsteht

$$\frac{\mathrm{d}}{\mathrm{d}x} \ln(x + \sqrt{1 + x^2}) = \frac{1}{x + \sqrt{1 + x^2}} \cdot \frac{\mathrm{d}}{\mathrm{d}x}\left(x + \sqrt{1 + x^2}\right).$$

Schreiben Sie sich die Ableitung einer verketteten Funktion zur Übung mindestens einmal so ausführlich wie hier auf, und Sie werden sehen, dass die Technik viel übersichtlicher wird. Im nächsten Schritt müssen wir die innere Funktion in der Klammer ableiten, die eben noch v hieß. Wir haben eine neue Teilaufgabe, die wir unabhängig von dem bisher Gewonnenen bearbeiten. Unabhängig heißt hierbei, dass wir das bisher Gewonnene unverändert beibehalten. Es steht also die Ableitung einer Summe an, und wir notieren ganz langsam

$$\frac{\mathrm{d}}{\mathrm{d}x} \ln(x + \sqrt{1 + x^2}) = \frac{1}{x + \sqrt{1 + x^2}} \cdot \left(1 + \frac{\mathrm{d}}{\mathrm{d}x}\sqrt{1 + x^2}\right),$$

wobei wir die Ableitung von x nach x als 1 bereits ausgerechnet haben. Nun steht der Differenzialoperator wieder vor einer verketteten Funktion, nämlich vor $\sqrt{1 + x^2}$. Deren äußere Funktion ist die Wurzelfunktion, und die innere Funktion ist $1 + x^2$, was unser neues v für diese Teilaufgabe ist. Wir schauen mit $n = \frac{1}{2}$ in Tab. A.1 für die Ableitung der Wurzelfunktion, die wir irgendwann auswendig wissen werden, und passen auf, dass wir wirklich nur den betreffenden Term bearbeiten. Alles andere bleibt unverändert. Es entsteht

$$\frac{\mathrm{d}}{\mathrm{d}x} \ln(x + \sqrt{1 + x^2}) = \frac{1}{x + \sqrt{1 + x^2}} \cdot \left(1 + \frac{1}{2\sqrt{1 + x^2}} \cdot \frac{\mathrm{d}}{\mathrm{d}x}(1 + x^2)\right).$$

Nachdem wir für diese innere Ableitung $2x$ ermittelt haben, sind wir fertig, denn wir haben die Ableitung

$$\frac{\mathrm{d}}{\mathrm{d}x} \ln(x + \sqrt{1 + x^2}) = \frac{1}{x + \sqrt{1 + x^2}} \cdot \left(1 + \frac{2x}{2\sqrt{1 + x^2}}\right)$$

der ursprünglichen Funktion arsinh x bestimmt.

Im Sinne des Aufräumens nach der Arbeit kürzen wir die 2 im letzten Bruch und bringen, möglicherweise in der Tradition des Rationalmachens des Nenners, die beiden Summanden in der hinteren Klammer auf einen Bruchstrich. Wir finden einen einfacheren Ausdruck, nämlich

$$\frac{\mathrm{d}}{\mathrm{d}x} \ln(x + \sqrt{1 + x^2}) = \frac{1}{x + \sqrt{1 + x^2}} \cdot \frac{\sqrt{1 + x^2} + x}{\sqrt{1 + x^2}} = \frac{1}{\sqrt{x^2 + 1}}.$$

Das Aufräumen von Termen ist immer ein wenig Glückssache. Manchmal erkennt man nicht, was man aufräumen kann, oder man erkennt nicht, dass man schon fertig ist. Man soll es aber immer versuchen, um bei eventuellen Fortsetzungen der Rechnung mit möglichst einfachen Ausdrücken umzugehen.

Viele Studierende, die glauben, das Ableiten wäre für sie schwierig, können nicht mit Termumformungen und mathematischen Notationen wie Klammern, Brüchen und Potenzen umgehen. Das Ableiten selbst ist eine rein handwerkliche Tätigkeit. Man kann es sehr gut üben, indem man sich beispielsweise von einem Computeralgebrasystem die Ableitung von willkürlichen Funktionen ausrechnen lässt und die Lösung per Hand mithilfe der beiden Ableitungsregeln reproduziert.

Bei aller Rechentechnik sollten wir nie vergessen, dass die Ableitung die Steigung der Funktion f an der jeweiligen Stelle x ist und dass wir das jeweilige Rechenergebnis durch Skizzen von f und f' auf Plausibilität prüfen sollten.

A.2   Integrieren

Das Integrieren ist längst nicht so handwerklich wie das Ableiten.

Wir haben zwei unterschiedliche Integralbegriffe. Zum einen ist eine Stammfunktion $F(x)$ einer Funktion $f(x)$ eine Funktion, deren Ableitung wieder f ist, d. h. $F'(x) = f(x)$. Natürlich ist die Stammfunktion nicht eindeutig bestimmt, denn $F(x)$ und $F(x) + c$ mit $c \in \mathbb{R}$ haben dieselbe Ableitung $(F(x) + c)' = F'(x) = f(x)$. Wir nennen c die Integrationskonstante, schreiben sie immer mit dazu und zeigen damit uns und anderen, dass wir um die Nichteindeutigkeit wissen. Die Stammfunktion, die auch als unbestimmtes Integral bezeichnet wird, ist – bis auf die Integrationskonstante c – die Umkehroperation zum Differenzieren.

Andererseits beschreibt das bestimmte Integral einer Funktion f über einem Intervall $[a, b]$ den vorzeichenbehafteten Flächeninhalt unter der Kurve f. Auf den ersten Blick sind das bestimmte und das unbestimmte Integral zwei unterschiedliche Begriffe. Das bestimmte Integral beschreibt mit dem Flächeninhalt einen geometrischen Sachverhalt, und das unbestimmte Integral kehrt die eher rechentechnische Bestimmung der Ableitung um. Der Zusammenhang zwischen den beiden Begriffen wird etwas deutlicher, wenn wir das unbestimmte Integral als Umkehrung der Bestimmung der Steigung interpretieren, f enthält also die Änderungsrate von F. Der Zusammenhang zwischen beiden Begriffen ist im Hauptsatz der Differenzial- und Integralrechnung

$$\int_a^b f(x)\, \mathrm{d}x = F(b) - F(a)$$

festgehalten. Die Stammfunktionen der Standardfunktionen findet man beispielsweise, indem man Ableitungen der Standardfunktionen umkehrt. Da $(x^n)' = nx^{n-1}$ ist, gilt für die Umkehroperation des Differenzierens, nämlich für das Integrieren

Tab. A.2 Stammfunktionen der Standardfunktionen im jeweiligen Definitionsbereich

$f(x)$	$F(x)$
x^n	$\dfrac{1}{n+1}x^{n+1}+c$ für $n \neq -1$
a^x	$\dfrac{1}{\ln a}\cdot a^x+c$
$\cos x$	$\sin x + c$
$\sin x$	$-\cos x + c$
$\dfrac{1}{x}$	$\ln x + c$

$$\int nx^{n-1}\,\mathrm{d}x = x^n + c \ \text{ und damit } \ \int x^m\,\mathrm{d}x = \frac{1}{m+1}x^{m+1}+c,$$

wobei wir $m = n-1$ gesetzt und uns wegen $n \neq 0$ nun $m \neq -1$ eingebrockt haben. Analog finden wir die Stammfunktionen der absoluten Standardfunktionen in Tab. A.2. Sie ist sehr, sehr kurz. Da das Integrieren eine trickreiche Kunst ist, gibt es lange Tabellen mit Stammfunktionen in alten Tafelwerken oder auf unterschiedlichen Internetseiten.

Tabellen mit Stammfunktionen sind sehr retro. Bei praktischen Problemen werden Sie Integrale mit Computeralgebrasystemen bestimmen. In Klausuren wird es auf die Kenntnis einzelner Stammfunktionen von anderen Funktionen als den absoluten Standardfunktionen eher nicht ankommen. Wenn Sie bei der Beschäftigung mit einer Thematik ausgewählte Integrale häufiger brauchen, so werden Sie bald mit ihnen vertraut sein. Lernen Sie bloß keine Tafeln mit Integralen auswendig.

Integriert man die beiden Ableitungsregeln, so erhält man die beiden Integrationsverfahren. Aus der Produktregel in Gl. A.2 wird durch Integration auf beiden Seiten als unbestimmtes bzw. als bestimmtes Integral

$$\int uv'\,\mathrm{d}x = uv - \int u'v\,\mathrm{d}x \ \text{ bzw. } \ \int\limits_a^b uv'\,\mathrm{d}x = uv\Big|_{x=a}^b - \int\limits_a^b u'v\,\mathrm{d}x. \qquad \text{(A.4)}$$

Diese Technik heißt partielle Integration, weil das Produkt uv' teilweise integriert wird. Der Faktor v' wird zu v integriert, während gleichzeitig der Faktor u zu u' abgeleitet wird. Die rechte Seite der Umformung enthält nun wieder ein Integral. Eine bessere Regel für die Integration eines Produkts von Funktionen gibt es leider nicht.

Anders als die Produktregel, die die Ableitung eines Produkts von Funktionen als rein handwerkliches Verfahren beschreibt, braucht man zur Anwendung der partiellen Integration ein wenig Geschick und manchmal – wie gleich beschrieben – überraschende Tricks bei der Auswahl der Faktoren.

Natürlich kann man die Anwendung der partiellen Integration wieder an den Potenzfunktionen üben, wie wir es bei der Anwendung der Ableitungsregeln

gemacht haben. Diesmal überlassen wir es Ihnen. Beginnen Sie beispielsweise mit
$u(x) = x^3$ und $v(x) = x^4$.

Ein anderes Beispiel liefert die Funktion $f(x) = xe^x$. Wählen Sie hier $u(x) = x$ mit
$u'(x) = 1$ und $v'(x) = e^x$ mit $v(x) = e^x$, so entsteht bei Anwendung der partiellen Integration ein einfacher zu behandelndes Integral, und Sie finden die Stammfunktion

$$\int xe^x \, dx = xe^x - \int 1 \cdot e^x \, dx = (x-1)e^x + c.$$

Würden Sie sich anders entscheiden und $u(x) = e^x$ und $v'(x) = x$ setzen, so würden
Sie im Integral auf der rechten Seite die kompliziertere Funktion $v(x)$ wiederfinden.
Es entsteht

$$\int xe^x \, dx = \frac{x^2}{2}e^x - \int \frac{x^2}{2} \cdot e^x \, dx,$$

was eine korrekte Anwendung der partiellen Integration ist. Die entstandene
Aussage ist richtig, und in mancher Anwendung mag sie nützlich sein. Für die
Bestimmung der Stammfunktion von $f(x)$ ist sie allerdings nicht zielführend. Bei
der Auswahl der Faktoren im Produkt uv' sollten u und v' so gewählt werden, dass
das Produkt $u'v$, was immer noch integriert werden muss, technisch einfacher ist.

Etwas trickreicher verhält sich die Integration der Funktion $f(x) = \ln x$, die
auf den ersten Blick gar kein Produkt ist. Erst die Ergänzung einer nahrhaften
Eins macht $f(x) = 1 \cdot \ln x$ zu einem Produkt. Hier gibt es nur eine Art, sinnvoll
die partielle Integration anzuwenden. Denn v' kann nicht $\ln x$ sein, weil Sie zur
Bestimmung von v gerade $\ln x$ integrieren müssten, was die ursprüngliche Aufgabe
war. Die einzige Wahl ist $u(x) = \ln x$ und $v'(x) = 1$ mit $v(x) = x$. Dann entsteht

$$\int 1 \cdot \ln x \, dx = x \ln x - \int x \cdot \frac{1}{x} \, dx = x \ln x - x + c = x(\ln x - 1) + c$$

und damit eine Stammfunktion, die man möglicherweise selbst bei scharfem
Hinsehen nicht geraten hätte.

Vielleicht haben Sie bemerkt, dass wir bei der Bestimmung von $v(x)$ aus $v'(x)$,
also bei der Integration von $v'(x)$, auf die Integrationskonstante wie nebenbei
verzichtet haben. Das ist nicht ohne Grund geschehen. Wir probieren die partielle
Integration mit $v(x) + c$, $c \in \mathbb{R}$ aus. Dies ist auch eine Stammfunktion von $v'(x)$ und
kommt damit ebenfalls als Faktor infrage. Wir erhalten

$$\int uv' \, dx = u(v+c) - \int u'(v+c) \, dx = uv + cu - \int u'v \, dx - c \int u' \, dx.$$

Neben u ist auch $u + \tilde{c}$ eine Stammfunktion von u'. Nach dem Einsetzen von $u + \tilde{c}$
für das letzte Integral entsteht

$$\int uv' \, \mathrm{d}x = uv + cu - \int u'v \, \mathrm{d}x - c(u + \tilde{c}) = uv - \int u'v \, \mathrm{d}x - c\tilde{c}.$$

Die rechte und die linke Seite in Gl. A.4 unterscheiden sich weiterhin um eine Konstante $c\tilde{c} \in \mathbb{R}$ und damit um jede beliebige reelle Zahl.

Der Schlüssel zu diesem Unterschied ist die Mehrdeutigkeit des unbestimmten Integrals. Wie durch die Integrationskonstante ausgedrückt, wird beim Integrieren nicht eine einzelne Funktion, sondern eine Klasse von Funktionen bestimmt. Die Funktionen innerhalb einer Klasse unterscheiden sich jeweils um eine additive Konstante. Die Gleichheit von unbestimmten Integralen besagt also, dass sie zu derselben Klasse gehören.

Das andere Integrationsverfahren erhalten wir, wenn wir die Kettenregel integrieren. Dazu verdeutlichen wir uns zunächst, dass eine bijektive Funktion $v : [a, b] \rightarrow [v(a), v(b)]$ das Integrationsintervall bijektiv in ein Intervall auf der v-Skala abbildet. Durch Multiplikation der inneren Ableitung $v'(x)$ mit dem Differenzial $\mathrm{d}x$ entsteht $\mathrm{d}v = v'(x)\mathrm{d}x$, und auf der linken Seite der Kettenregel in Gl. A.3 wird nun über $\mathrm{d}v$ integriert. Wir sagen, wir haben $v(x)$ durch v substituiert. Wenn wir dies im Integranden, im Differenzial und in den Integrationsgrenzen machen, so entsteht Integration mittels Substitution

$$\int\limits_{v(a)}^{v(b)} u(v) \, \mathrm{d}v = \int\limits_{a}^{b} u(v(x)) \cdot v'(x) \, \mathrm{d}x.$$

Wir können uns dies als

$$\int u(v) \, \mathrm{d}v = \int u(v(x)) \frac{\mathrm{d}v}{\mathrm{d}x} \, \mathrm{d}x$$

merken, wobei es so aussieht, als hätten wir das Differenzial $\mathrm{d}x$ gekürzt. Weiterhin steht links ein Integral bezüglich v und rechts eines bezüglich x. Diese spannende Umformung haben wir im Vorgängerband ausführlich besprochen.

Auf den ersten Blick erscheint es, als würde die Substitution die Integrale noch schwieriger machen. Ähnlich wie die partielle Integration muss die Integration mit Substitution mit Verstand und manchmal mit ein paar Tricks, für die man einige Erfahrung braucht, angewendet werden.

Ein Beispiel ist das Integral der Funktion $f(x) = x\sqrt{1 - x^2}$. Der Versuch, den Wurzelterm durch $v = 1 - x^2$ einfacher aussehen zu lassen, wird wegen $\mathrm{d}v = -2x \, \mathrm{d}x$ damit belohnt, dass der entscheidende Term x aus der Ableitung $v'(x) = -2x$ auch im Integranden steht. Es ergibt sich das unbestimmte Integral

$$F(x) = \int x\sqrt{1 - x^2} \, \mathrm{d}x = \frac{1}{-2} \int \sqrt{v} \, \mathrm{d}v = \frac{-2}{2 \cdot 3} v^{\frac{3}{2}} + c = -\frac{1}{3}\sqrt{1 - x^2}^3 + c.$$

Durch die Schreibweise $F(x)$ haben wir daran erinnert, dass wir eine Stammfunktion in Abhängigkeit von x suchen. Der Ausdruck in v ist nur bedingt eine fertige Stammfunktion. Wir substituieren ihn durch $v = 1 - x^2$ zu einem Ausdruck in x zurück.

Solche Aufgaben können wir wunderbar überprüfen, indem wir bei der Probe-rechnung das Ableiten der Stammfunktion als Umkehrung des Integrierens üben und wieder den ursprünglichen Integranden erhalten.

Etwas anders stellt sich die Substitution bei der Integration

$$\int_{-1}^{1} \sqrt{4 - v^2} \, dv$$

dar. Man sieht nicht sofort, dass $v = 2 \sin x$ zum Ziel führt. Durch Differenziation entsteht $dv = 2 \cos x \, dx$. Bei den Grenzen, die ebenfalls substituiert werden müssen, führt $v = \pm 1$ zu $\sin x = \pm \frac{1}{2}$ mit $x = \pm \frac{\pi}{6}$. In der Tat ist die Funktion $v = v(x)$ in dem Intervall $[-\frac{\pi}{6}, \frac{\pi}{6}]$ monoton wachsend und damit bijektiv. Nach dem Einsetzen zeigt sich

$$\int_{-1}^{1} \sqrt{4 - v^2} \, dv = \int_{-\frac{\pi}{6}}^{\frac{\pi}{6}} \sqrt{4 - 4 \sin^2 x} \cdot 2 \cos x \, dx = 4 \int_{-\frac{\pi}{6}}^{\frac{\pi}{6}} \cos^2 x \, dx = \sqrt{3} + \frac{2\pi}{3}.$$

Der erste Schritt ist die Integration mittels Substitution. Dann wird der Integrand mithilfe des Satzes des Pythagoras im Einheitskreis $\cos^2 x + \sin^2 x = 1$ aufgeräumt. Man sollte überprüfen, dass der entstehende $\cos x$ tatsächlich positiv im Integrationsintervall ist, und dann integriert man das so stehende Integral z. B. nach der Umformung $2 \cos^2 x = 1 + \cos(2x)$.

Vielleicht fragen Sie sich, wie Sie auf die Substitution $v = 2 \sin x$ hätten kommen sollen. Es ist ein wenig Übung dabei, aber bei einem Blick auf den Halbkreis, den der Funktionsgraph von $\sqrt{4 - v^2}$ bildet, und auf den Satz des Pythagoras ist die Substitution nicht mehr ganz so überraschend.

Sehr instruktiv ist es, selbst nach Funktionen zu suchen, die man mit bestimmten Substitutionen integrieren kann. Man erkennt schnell charakteristische Terme und charakteristische Situationen ihres Aufeinandertreffens. Versuchen Sie beispiels-weise gebrochen rationale Funktionen zu integrieren, bei denen der Zähler nahe an der Ableitung des Nenners ist.

Anhang B: Symbole

In diesem Anhang geben wir sehr kurze Erklärungen zu einigen mathematischen Symbolen, die wir größtenteils in *So einfach ist Mathematik – Basiswissen für Studienanfänger aller Disziplinen* ausführlich besprochen haben. Die Zusammenfassung dient Ihrer Erinnerung und ggf. als Anknüpfungspunkt für weitere Recherchen.

•) $\forall$

Allquantor, logischer Operator. Lies „für alle".
Bsp.: $\forall x \in \mathbb{R} : x^2 \geq 0$ heißt „Für alle reellen x gilt $x^2 \geq 0$".

•) $\exists$

Existenzquantor, logischer Operator. Lies „es gibt", „es existiert".
Bsp.: $\forall x \in \{$alle Töpfe$\} \exists y \in \{$alle Deckel$\}$ heißt „Für jedes x aus der Menge der Töpfe, gibt es ein y aus der Menge der Deckel."

•) $\wedge$

logisches Und, Abkürzung für „und". Bsp.: $x > 1 \wedge x < 3$ bedeutet $x \in (1, 3)$.

•) $\vee$

logisches Oder, Abkürzung für „oder".

•) $\Rightarrow$

logische Implikation. Bsp.: $x > 2 \Rightarrow x^2 > 4$ heißt „Aus $x > 2$ folgt $x^2 > 4$".

•) $\Leftrightarrow$

logische Äquivalenz.
Bsp.: $|x| > 2 \Leftrightarrow x^2 > 4$ heißt „$|x| > 2$ gilt genau dann, wenn $x^2 > 4$ gilt".

•) $f : \mathcal{U} \to \mathcal{V}$

Die Funktion f bildet die Menge $\mathcal{U}$ in die Menge $\mathcal{V}$ ab.

•) $f : u \mapsto v$

Die Funktion f bildet das Urbild u auf den Funktionswert bzw. das Bild v ab.

•) f^{-1}

Umkehrabbildung einer Funktion f, falls existent.

•) $u \in \mathcal{U}$

u ist Element der Menge $\mathcal{U}$. Die Menge $\mathcal{U}$ enthält u. Bsp.: $2 \in \{1, 2, 3, 4\}$.

•) $\mathcal{U} \times \mathcal{V}$

kartesisches Produkt der Mengen $\mathcal{U}$ und $\mathcal{V}$, Menge der Paare (u, v), $u \in \mathcal{U}$, $v \in \mathcal{V}$.

© Der/die Herausgeber bzw. der/die Autor(en), exklusiv lizenziert durch Springer-Verlag GmbH, DE, ein Teil von Springer Nature 2021
D. Langemann, *So einfach ist Mathematik – Zwölf Herausforderungen im ersten Semester*, https://doi.org/10.1007/978-3-662-63720-3

•) $\mathbb{N}$

Menge der natürlichen Zahlen $\mathbb{N} = \{0, 1, 2, \ldots\}$. Die Zahlbereiche werden in Abschnitt 3.6 des oben erwähnten Vorgängerbuchs besprochen.

•) $\mathbb{Z}$

Menge der ganzen Zahlen $\mathbb{Z} = \{\ldots, -1, 0, 1, 2, \ldots\}$.

•) $\mathbb{Q}$

Menge der rationalen Zahlen $\dfrac{p}{q}$, Brüche mit Zähler p und Nenner $q \neq 0$ aus $\mathbb{Z}$.

•) $\mathbb{R}$

Menge der reellen Zahlen. Faszinierender Gegenstand grundsätzlicher und sehr schöner mathematischer Überlegungen, die auch in diesem Buch bei einigen Argumentationen verwendet werden, leider ohne sie zu beweisen.

•) $\mathbb{C}$

Menge der komplexen Zahlen, siehe Kap. 3.

•) $\mathbb{R} \backslash \mathbb{Q}$

Mengendifferenz, hier von $\mathbb{R}$ und $\mathbb{Q}$, d. h. die Menge aller reellen Zahlen, die nicht rational sind, also der irrationalen Zahlen.

•) $\mathbb{R}^n, \mathbb{C}^n$

reeller bzw. komplexer n-dimensionaler Euklidischer Vektorraum.

•) $\mathbb{R}^{m \times n}, \mathbb{C}^{m \times n}$

Menge der reellen bzw. komplexen $m \times n$-Matrizen, siehe Kap. 8.

•) i

imaginäre Einheit $i \in \mathbb{C}$ mit $i^2 = -1$, siehe Kap. 3.

•) $\bar{z}$

zu $z \in \mathbb{C}$ konjugiert komplexe Zahl, siehe Kap. 3.

•) $|z|$

Betrag von z, Abstand von der Null.

•) $[a, b]$

abgeschlossenes Intervall, $[a, b] = \{x \in \mathbb{R} : a \leq x \leq b\}$.

•) (a, b)

offenes Intervall, $(a, b) = \{x \in \mathbb{R} : a < x < b\}$, ggf. bis $\pm\infty$. Laxe Eselsbrücke: $(a, b) \subset [a, b]$, denn in die eckige Klammer passt mehr hinein.

•) $n!$

Fakultät, sprich „n Fakultät", $n! = 1 \cdot 2 \cdot \ldots \cdot n$, Anzahl der möglichen Anordnungen von n paarweise unterscheidbaren Objekten. $0! = 1$, $1! = 1$, $2! = 2$, $3! = 6$, $4! = 24$, $5! = 120$, $6! = 720$, $7! = 5040$ und z. B. $10! = 3628800$.

•) $\dbinom{n}{k}$

Binomialkoeffizient, sprich „n über k", Anzahl der Möglichkeiten, aus n paarweise unterscheidbaren Objekten k Objekte auszuwählen:

$$\binom{n}{k} = \frac{n!}{k!(n-k)!} = \frac{n(n-1)(n-2) \cdot \ldots \cdot (n-k+2)(n-k+1)}{1 \cdot 2 \cdot 3 \cdot \ldots \cdot (k-1)k}.$$

Auffindbar im Pascal'schen Dreieck. Es gelten viele, teilweise überraschende Beziehungen zwischen unterschiedlichen Binomialkoeffizienten.

•) $x = \begin{pmatrix} x_1 \\ x_2 \end{pmatrix}$

Vektor bzw. Spaltenvektor aus $\mathbb{R}^2$ oder $\mathbb{C}^2$.

•) $x = (x_1, x_2)^T$

transponierter Vektor des Zeilenvektors (x_1, x_2), derselbe wie eben.

•) $x \cdot y = x^T y$

reelles Euklidisches Skalarprodukt.

•) $|x|$

Betrag des Vektors $x \in \mathbb{R}^n$, Abstand von der Null.

•) $(a_n)_{n=0}^{\infty} = a_0, a_1, a_2, \ldots$

Folge mit Folgengliedern a_n.

•) $n \to \infty$

Grenzübergang, über alle Maßen wachsende n.

•) $\lim\limits_{n \to \infty} a_n$

Grenzwert einer Folge, siehe Kap. 1.

•) $\limsup\limits_{n \to \infty} a_n$

Limes superior einer reellen Folge, größter Häufungspunkt, siehe Abschn. 2.3.

•) $\inf\limits_{n \in \mathbb{N}} a_n$, $\sup\limits_{n \in \mathbb{N}} a_n$

Infimum bzw. Supremum, siehe Kap. 1.

•) $\min\limits_{n=0,\ldots,N} a_n = \min\{a_0, \ldots, a_N\}$, $\max\limits_{n=0,\ldots,N} a_n$

Minimum bzw. Maximum der Werte $a_0, \ldots, a_N$.

•) $\sum\limits_{k=0}^{n} a_k = a_0 + a_1 + \ldots + a_n$

Summe der Werte für Indizes $k = 1, \ldots, n$.

•) $\sum\limits_{k=0}^{\infty} a_k = a_0 + a_1 + \ldots$

unendliche Summe der a_k für $k = 0, 1, \ldots$, Reihe, siehe Kap. 2.

•) $C([a, b])$

Vektorraum der in $[a, b]$ stetigen Funktionen, siehe Kap. 6.

•) $C^1([a, b])$

Vektorraum der in $[a, b]$ mindestens einmal stetig differenzierbaren Funktionen, vgl. Abschn. 8.2.2. Beispielsweise liegt $f(x) = x^2$ für jedes $[a, b]$ in $C^1([a, b])$, denn f ist sogar beliebig oft stetig differenzierbar, und es gilt $f^{(k)}(x) \equiv 0$ für $k \geq 3$. Dagegen ist $g(x) = |x|$ nicht in $C^1([a, b])$, sobald $0 \in [a, b]$.

•) $\mathrm{span}\langle v_1, \ldots, v_n \rangle$

lineare Hülle, Menge der Linearkombinationen der $v_1, \ldots, v_n$, siehe Kap. 6.

•) $\ker \varphi$, $\ker A$

Kern einer linearen Abbildung bzw. einer Matrix, siehe Kap. 9.

•) $\mathrm{im}\, \varphi$, $\mathrm{im}\, A$

Bild einer linearen Abbildung bzw. einer Matrix, siehe Kap. 9.

•) $\mathrm{rk}\, A$

Rang einer Matrix, Anzahl der linear unabhängigen Spalten, siehe Kap. 9.

•) A^{-1}
  inverse Matrix einer regulären Matrix $A \in \mathbb{C}^{n \times n}$.

•) $\mathcal{O}$
  Landau'sches Ordnungssymbol, Landau-Symbol, siehe Abs. 1.5.1 und Kap. 12.

•) ∂
  geschwungenes d in der partiellen Ableitung, vgl. Abschn. 10.3.2.

•) $\log_2 8 = 3$
  Logarithmus von 8 zur Basis 2, Umkehrung von $2^3 = 8$, $\sqrt[3]{8} = 2$.

•) $\ln x = \log_e x$
  natürlicher Logarithmus von $x > 0$.

Stichwortverzeichnis

© Der/die Herausgeber bzw. der/die Autor(en), exklusiv lizenziert durch
Springer-Verlag GmbH, DE, ein Teil von Springer Nature 2021
D. Langemann, *So einfach ist Mathematik – Zwölf Herausforderungen im ersten Semester*, https://doi.org/10.1007/978-3-662-63720-3

Printed in the United States
by Baker & Taylor Publisher Services